普通高等教育"十二五"电气信息类规划教材

西门子PLC应用与设计教程

柳春生 编著

机械工业出版社

西门子 S7-300 PLC 型属于中高端机型，在国内已非常流行。本书以西门子 S7-300 PLC 型为基础，以少量且必需的电气控制基础知识、PLC 应用技术与设计、实验指导等为主要内容来编写。其中很多内容为相关最新技术与新设备。此外，为了方便教学和自学，各章叙述详细、全面、易懂，并配有大量例题和习题，书后附有实验指导，可供读者选择。

本书可作为高等院校的电气工程及其自动化、自动化、机电一体化、测控技术与仪器、建筑电气与智能化及相关专业的理论教材和实践性环节的教材，也可供工程技术人员自学和作为培训教材使用，对 S7-300 PLC 的用户也有很大的参考价值。

图书在版编目（CIP）数据

西门子 PLC 应用与设计教程/柳春生编著.—北京：机械工业出版社，2011.2（2025.1 重印）

普通高等教育"十二五"电气信息类规划教材
ISBN 978-7-111-32979-4

Ⅰ.①西… Ⅱ.①柳… Ⅲ.①可编程序控制器-高等学校-教材 Ⅳ.①TM571.6

中国版本图书馆 CIP 数据核字（2011）第 001313 号

机械工业出版社（北京市百万庄大街 22 号　邮政编码 100037）
策划编辑：王雅新　责任编辑：王雅新　徐　凡
责任校对：李秋荣　封面设计：张　静　责任印制：张　博
北京建宏印刷有限公司印刷
2025 年 1 月第 1 版第 7 次印刷
184mm×260mm · 22.25 印张 · 552 千字
标准书号：ISBN 978-7-111-32979-4
定价：59.00 元

电话服务　　　　　　　　　　网络服务
客服电话：010-88361066　　　机 工 官 网：www.cmpbook.com
　　　　　010-88379833　　　机 工 官 博：weibo.com/cmp1952
　　　　　010-68326294　　　金　书　网：www.golden-book.com
封底无防伪标均为盗版　　　　机工教育服务网：www.cmpedu.com

前　　言

西门子 S7-300 PLC 型属于中高端机型，在国内已非常流行。目前，很多高校的 PLC 实验设备都在更新换代，采用 PLC 的中高端机型，以满足复杂控制的需要。近年来，西门子公司也在积极采用校企合作的方式加大在高校推广中高端 PLC 的力度，使得使用西门子 PLC 的实验室数量急剧增加，西门子中高端机型 PLC 的教材需求量也随之增大。此外，高校的自动化、电气工程及其自动化、机电一体化、测控技术与仪器和建筑电气与智能化专业及相关的许多专业都开设了"可编程序控制器原理及应用"这门课，故中高端机型 PLC 的教材需求量很大。然而，现在选用的中高端机型 PLC 的教材大多是专业书籍，只适合作教辅用书。因此，编写和出版内容系统、知识全面、讲解详细、应用性强、便于自学和掌握的中高端机型 PLC 的教材迫在眉睫。本教材正是以此为背景编写的。

本教材由少量且必需的电气控制基础知识、PLC 应用技术与设计、实验指导书等内容组成，其中很多内容为相关最新技术与新设备的内容。

本教材符合"优化基础、强化实践能力、提高素质、增强创新能力"的应用型人才培养教学改革要求，符合以学生为本的要求。其主要特色有：应用性强、最新的 PLC 的现状与发展趋势、最新的 PLC 网络技术、原理及指令全，每条指令都有例题，讲解详细、便于自学和掌握、PLC 控制系统设计内容详而全，便于应用。另外，本教材可一书多用，既可以作为理论教材，又可以作为设计指导书、实习指导书和实验指导书等实践性环节的教材。

本书可作为高等院校电气工程及其自动化、自动化、机电一体化、测控技术与仪器、建筑电气与智能化及相关专业的理论教材和实践性环节的教材，也可供工程技术人员自学和作为培训教材使用，对 S7-300 PLC 的用户也有很大的参考价值。

全书由浙江科技学院柳春生教授撰写。本书得到了机械工业出版社及作者所在单位的领导和同仁的全力支持与帮助，在此一并表示衷心的感谢！

由于作者水平有限，不妥之处在所难免，希望广大读者批评指正。

编　者

目 录

前言
第一章　电气控制基础知识 ………… 1
第一节　电器的作用与分类 …………… 1
一、电器的定义及作用 ………………… 1
二、电器的分类 ………………………… 1
三、电力拖动自控系统常用的低压电器 …… 2
习题 ……………………………………… 2
第二节　常用低压电器 ………………… 2
一、接触器 ……………………………… 2
二、继电器 ……………………………… 4
三、低压熔断器 ………………………… 6
四、主令电器 …………………………… 7
五、低压断路器 ………………………… 10
习题 ……………………………………… 11
第三节　电气控制电路 ………………… 12
一、电气控制电路的绘制 ……………… 12
二、组成电气控制电路的基本规律 …… 17
习题 ……………………………………… 19
第二章　PLC概述 …………………… 21
第一节　PLC的产生与发展 …………… 21
一、PLC的产生 ………………………… 21
二、国际上PLC的发展过程 …………… 22
三、我国PLC的发展过程 ……………… 23
四、PLC的发展趋势 …………………… 23
第二节　PLC的分类 …………………… 28
一、按I/O点数分类 …………………… 28
二、按功能分类 ………………………… 28
三、按结构形式分类 …………………… 28
第三节　PLC的基本特点和主要功能 …………………………………… 30
一、PLC的主要特点 …………………… 30
二、PLC的主要功能及应用领域 ……… 31
第四节　PLC与继电器接触器控制系统的比较 ………………………… 32
一、继电器接触器控制系统 …………… 32
二、PLC控制系统 ……………………… 33
习题 ……………………………………… 34
第三章　PLC的硬件组成及工作原理 … 35
第一节　PLC的基本组成及各部分的作用 ………………………………… 35
一、PLC的基本组成 …………………… 35
二、整体式和模块式PLC的组成 ……… 35
三、PLC各部分的作用 ………………… 35
习题 ……………………………………… 37
第二节　PLC的工作原理 ……………… 37
一、PLC的系统工作过程 ……………… 38
二、用户程序的循环扫描过程 ………… 40
三、PLC的I/O响应滞后问题 ………… 43
四、PLC的中断 ………………………… 44
习题 ……………………………………… 45
第三节　PLC的I/O模块和外部设备 … 45
一、数字量I/O模块 …………………… 46
二、模拟量I/O模块 …………………… 47
三、特殊I/O模块 ……………………… 49
四、外部设备简介 ……………………… 49
习题 ……………………………………… 51
第四节　西门子S7-300 PLC的硬件组成及硬件配置 ………………… 51
一、S7-300的概况 ……………………… 52
二、硬件组成 …………………………… 53
三、S7-300 PLC的模块简介 …………… 54
四、分布式I/O简介 …………………… 68
五、硬件配置 …………………………… 70
习题 ……………………………………… 76
第五节　西门子PLC网络通信简介 …… 76
一、西门子PLC网络概述 ……………… 77
二、西门子全集成自动化简介 ………… 82
习题 ……………………………………… 83
第四章　PLC的编程基础 …………… 84
第一节　PLC编程语言 ………………… 84
一、编程语言的种类及其特点 ………… 84
二、梯形图语言 ………………………… 84

三、语句表语言 ……………………… 85
　　四、梯形图的绘制原则 ……………… 85
　　习题 …………………………………… 86
第二节　S7-300 PLC 编程基础 …………… 86
　　一、STEP7 的程序结构 ……………… 86
　　二、STEP7 的编程语言 ……………… 87
　　三、结构化程序中的块 ……………… 88
　　四、STEP7 的数据类型 ……………… 95
　　五、PLC 中的存储器与寄存器 ……… 100
　　六、S7-300 PLC 编址 ………………… 106
　　七、STEP7 的指令类型与指令结构 … 111
　　习题 …………………………………… 117

第五章　S7-300 PLC 指令系统及编程 … 119
第一节　逻辑指令 …………………………… 120
　　一、位逻辑指令 ……………………… 120
　　二、字逻辑指令 ……………………… 132
　　习题 …………………………………… 135
第二节　定时器与计数器指令 ……………… 137
　　一、定时器指令 ……………………… 137
　　二、计数器指令 ……………………… 146
　　习题 …………………………………… 151
第三节　数据处理与算术运算指令 ………… 153
　　一、数据装入与传送指令 …………… 153
　　二、数据转换指令 …………………… 159
　　三、数据比较指令 …………………… 165
　　四、算术运算指令 …………………… 166
　　五、移位与循环移位指令 …………… 173
　　六、累加器操作指令 ………………… 177
　　七、地址寄存器加指令 ……………… 179
第四节　程序执行控制指令 ………………… 180
　　一、跳转指令 ………………………… 180
　　二、循环指令 ………………………… 186
　　三、功能块调用指令与数据块指令 … 187
　　四、主控继电器指令 ………………… 191
　　五、显示和空操作指令 ……………… 192
第五节　指令系统综合应用 ………………… 193
　　习题 …………………………………… 200

第六章　STEP7 结构化程序设计 ………… 202
第一节　结构化编程与中断 ………………… 202
　　一、结构化编程 ……………………… 202
　　二、PLC 中断 ………………………… 203
第二节　数据块及其数据结构 ……………… 206

　　一、数据块中存储数据的类型和结构 … 206
　　二、数据块的类型与建立 …………… 212
　　三、访问数据块 ……………………… 216
　　四、多重背景数据块 ………………… 219
第三节　功能块编程与调用 ………………… 219
　　一、功能块的结构 …………………… 219
　　二、功能块的调用 …………………… 226
　　三、块调用时参数传递的限制 ……… 229
　　四、功能和功能块编程与调用举例 … 230
　　五、系统功能和系统功能块 ………… 235
　　六、时间标记冲突与一致性检查 …… 235
第四节　组织块及其应用 …………………… 236
　　一、概述 ……………………………… 236
　　二、主程序循环组织块 ……………… 238
　　三、启动特性组织块 ………………… 239
　　四、定期执行的组织块 ……………… 241
　　五、事件驱动的组织块 ……………… 248
第五节　结构化程序设计举例 ……………… 269
　　一、控制对象及其控制要求 ………… 269
　　二、控制系统的硬件设计 …………… 271
　　三、应用程序设计 …………………… 273
　　习题 …………………………………… 279

第七章　PLC 控制系统设计 ……………… 281
第一节　PLC 控制系统的设计原则、
　　　　　内容与步骤 ………………………… 281
　　一、设计原则 ………………………… 281
　　二、设计内容 ………………………… 282
　　三、设计步骤 ………………………… 282
第二节　PLC 控制系统的硬件设计 ………… 284
　　一、PLC 的选型 ……………………… 284
　　二、PLC 容量的估算 ………………… 286
　　三、I/O 模块选择 …………………… 287
　　四、电源模块选择 …………………… 289
　　五、外部接线设计 …………………… 289
第三节　PLC 控制系统的软件设计 ………… 294
　　一、PLC 软件设计的一般步骤 ……… 294
　　二、西门子 STEP7 程序设计方法 …… 296
第四节　PLC 控制系统的人机接口
　　　　　设计 ………………………………… 298
　　一、人机接口（界面）概述 ………… 298
　　二、人机接口系统的选型 …………… 299
　　三、系统设计 ………………………… 300

第五节　PLC 控制系统的可靠性与抗
　　　　干扰设计 ……………………… 300
　一、PLC 的环境适应性设计 …………… 301
　二、PLC 控制系统的冗余性设计 ……… 302
　三、PLC 控制系统的抗干扰设计 ……… 303
　四、PLC 控制系统的故障诊断 ………… 307
第六节　PLC 控制系统设计举例 ……… 308
　一、机械手控制系统简介 ……………… 308
　二、使用起保停电路的编程方法 ……… 309
　三、使用置位复位指令的编程方法 …… 313
　习题 ……………………………………… 314

附录 …………………………………………… 315
　附录 A　STEP7 语句表指令一览表 … 315
　附录 B　PLC 实验指导 ………………… 320
　实验一　实验系统简介及 STEP7 编程软件
　　　　　编程练习 ……………………… 320
　实验二　基本指令的编程练习 I
　　　　　——与或非逻辑功能实验 …… 344
　实验三　基本指令的编程练习 II
　　　　　——定时器功能实验 ………… 346
　实验四　基本指令的编程练习 III
　　　　　——计数器功能实验 ………… 347
　实验五　移位指令练习——装配流水
　　　　　线控制的模拟 …………………… 348

参考文献 ……………………………………… 350

第一章 电气控制基础知识

本章主要学习常用低压电器的结构、工作原理和电气控制电路的组成、基本规律,为后面学习可编程序控制器(PLC)的原理及其控制技术打下必要的基础。

第一节 电器的作用与分类

一、电器的定义及作用

凡是能自动或手动接通和断开电路,以及对电路或非电对象能进行切换、控制、保护、检测、变换和调节的电器元件系统称为电器。简单地说,电器就是电的一种控制工具。

由此定义可以看出电器的作用:接通和断开电路,对电路或非电对象进行切换、控制、保护、检测、变换和调节。

电器的用途广泛、功能多样、种类繁多、构造各异,分类方法很多。下面介绍几种常用的分类方法。

二、电器的分类

1. 按工作电压等级

高压电器——指交流额定电压高于1200V或直流额定电压高于1500V的电器。

低压电器——指交流额定电压为1200V及以下或直流额定电压为1500V及以下的电器。

2. 按动作原理

手动电器——指需要人直接操作才能完成指令任务的电器,如按钮、转换开关、隔离开关等。

自动电器——指不需要人操作,而是按照电信号或非电信号自动完成指令任务的电器,如接触器、继电器、电磁阀等。

3. 按应用场合

分为一般工业用电器、特殊工矿用电器(如防爆电器)、农用电器、其他场合用电器(如航空及航舶用电器)。

4. 按用途

控制电器——用于各种控制电路和控制系统的电器,如接触器、继电器、电动机起动器等。

主令电器——用于自动控制系统中发送控制指令的电器,如按钮、主令开关、转换开关等。

执行电器——用于某种完成动作或传送功能的电器,如电磁阀、电磁离合器等。

配电电器——用于电能的输送和分配的电器,如高压断路器、隔离开关、母线等。

保护电器——用于保护电路及用电设备的电器,如熔断器、避雷器等。

三、电力拖动自控系统常用的低压电器

电力拖动自控系统常用的低压电器主要有：接触器、继电器、自动空气断路器、行程开关、熔断器及其他电器（如按钮、刀开关等）。

习 题

1. 什么叫电器，其作用是什么？
2. 电器按用途不同可以分为哪几类？

第二节 常用低压电器

一、接触器

接触器实际上是一个能频繁通断的由电磁铁带动的负荷开关。与别的开关相比，它可以频繁通断主电路的正常工作电流。因此，接触器常用于电路的频繁通断，电气设备（如电动机）的近、远距离控制，程序控制等。

（一）接触器的结构与工作原理

1. 结构

接触器结构如图 1-1 所示。其主要部件有：线圈、铁心、衔铁、主触点、辅助触点、灭弧罩等。在控制电路中只画线圈和触点，并采用图 1-1 上部所示符号。

（1）触点形式　触点形式如图 1-2 所示。点接触允许通过电流小；线接触允许通过电流中等；面接触允许通过电流大。

（2）触点种类

1）主触点。主触点容量大，用于通断高电压、大电流电路。

常开触点较多见，其符号为 ——/——。

常闭触点较少见，其符号为 ——\/——。

2）辅助触点。辅助触点容量小，用于通断低电压、小电流电路。如控制电路。

常开触点又称为常开接点，其符号为 ——/——。

常闭触点又称为常闭接点，其符号为 ——\/——。

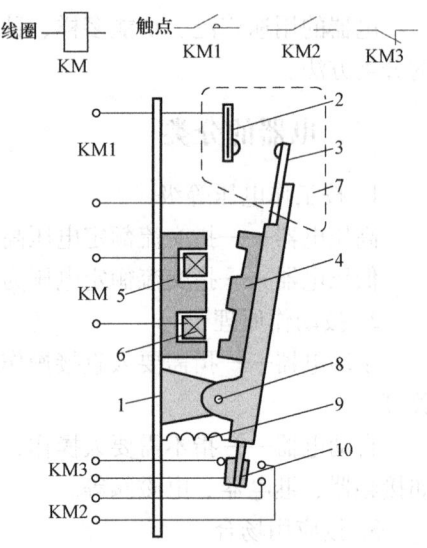

图 1-1　接触器的构造示意图
1—绝缘板　2—主静触点　3—主动触点
4—衔铁　5—铁心　6—线圈　7—灭弧罩
8—转轴　9—反作用弹簧　10—辅助触点

接触器的触点是最容易损坏的部件。其损坏的原因主要是磨损和电弧烧损，其中电弧烧损最为严重。为了保护触点，提高触点的分断能力，就必须加灭弧装置。如上面的灭弧罩就是灭弧装置之一。接触器能分断电流的大小与灭弧装置的灭弧能力大小有直接关系。

（3）电磁机构的组成与形式　电磁机构由吸引线圈和磁路两部分组成。磁路包括：铁心、衔铁、空气隙等。电磁机构实际上就是一个电磁铁。常用的电磁机构如图 1-3 所示，按衔铁的运动方式可分为：

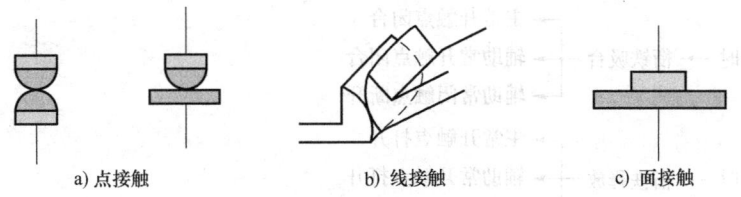

图1-2 触点的三种接触形式

衔铁绕棱角转动——适用于直流接触器,如图1-3a所示。

衔铁绕轴转动——多用于大功率的交流接触器,如图1-3b所示。

衔铁直线运动——多用于中、小功率的交流接触器,如图1-3c所示。

中小型接触器的外形和结构如图1-4所示。

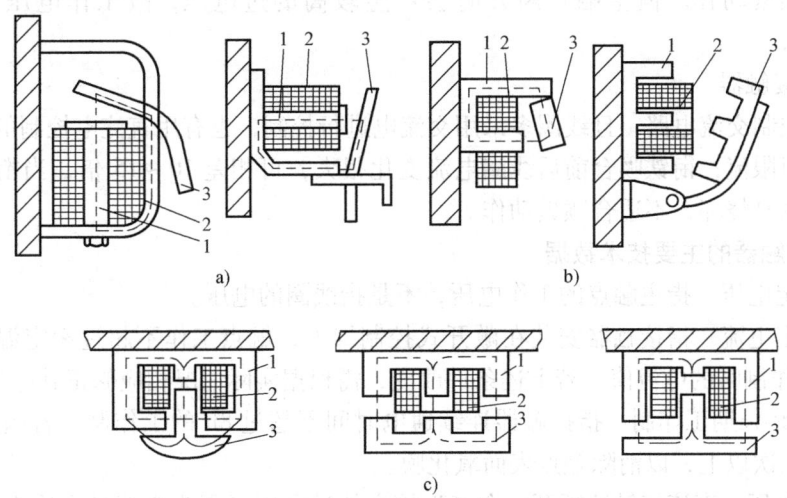

图1-3 常用电磁机构的形式
1—铁心 2—线圈 3—衔铁

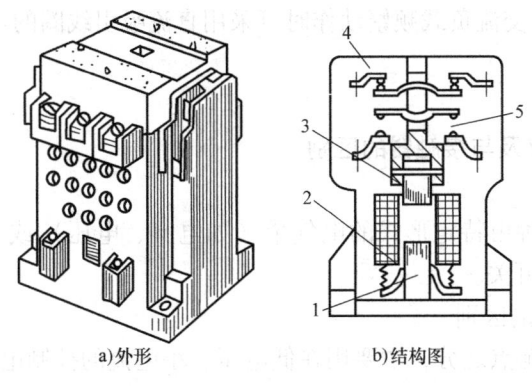

图1-4 中小型接触器的外形和结构
1—静铁心 2—线圈 3—动铁心 4—常闭触点 5—常开触点

2. 接触器的工作原理

接触器的工作原理可用下面的接触器动作过程来描述:

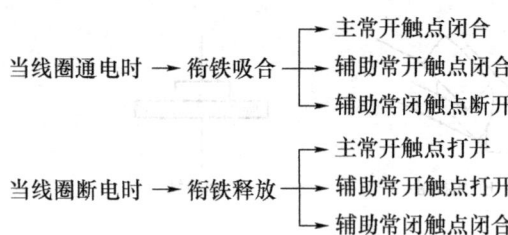

（二）交、直流接触器的特点对比

交、直流接触器在结构上基本相同，但各有其特点。

1. 直流接触器

主触点控制直流电路，且线圈也须通入直流电进行控制；衔铁吸合前后，线圈电流不变，适合于频繁动作。但主触点断开时会产生较高的过电压，故工作电压不允许过高（440V 以下）。

2. 交流接触器

主触点控制交流电路，且线圈多采用交流电进行控制，也有用直流电控制的，但须在线圈里串入电阻限流；衔铁吸合前后线圈电流变化很大，可相差 10～15 倍，当衔铁卡住或频繁动作时线圈易烧坏，不适合频繁动作。

（三）接触器的主要技术数据

（1）额定电压　指主触点的工作电压，不是指线圈的电压。

（2）额定电流　指接触器安装在敞开式控制屏上，触点工作不超过额定温升，负载为间断-长期工作制时的电流值。若上述条件改变，需根据实际情况相应修正其电流。

（3）间断-长期工作制　指接触器连续通电时间不超过 8h 的工作制。若超过 8h，须空载开闭触点三次以上，以消除触点表面氧化膜。

（4）过电压　直流接触器断开时会产生较高的过电压（因为直流是强迫为零，di/dt 很大）。过电压倍数可高达 10～20 倍，故不宜采用高电压等级（440V 已停止生产）。

（5）额定操作频率　即每小时接通次数。交流接触器最高为 600 次/h；直流接触器可高达 1200 次/h。因此，交流负载频繁动作时可采用直流吸引线圈的接触器。

二、继电器

（一）继电器的定义及与接触器的区别

1. 定义

继电器实际上是一种由特定形式的电气量（如电流、电压）或非电气量（如速度、温度）自动控制开闭的小开关。

2. 继电器与接触器的区别

继电器没有主、辅触点之分，主要用在低电压、小电流的控制电路中，其控制量可以是电气量，也可以是非电气量。

接触器有主、辅触点之分，其中主触点用在高电压、大电流的主回路中，辅助触点用在低电压、小电流的控制电路中，其控制量仅仅是电气量，即电压控制。

（二）继电器的种类及其特点

继电器的种类很多，在控制系统中常用的有：

1. 电磁式继电器

其结构与接触器类似，有电流继电器、电压继电器、中间继电器三种形式。

电流继电器线圈匝数少、导线粗。电压继电器线圈匝数多、导线细。电流继电器与电压继电器结构一样，动作灵敏、触点容量小，且只有一个触点。

中间继电器触点容量大且数量多，起中间放大和转换小继电器触点数量和容量的作用。

2. 磁电式继电器

其结构与电流表类似。灵敏度高，能反映信号的极性，触点容量小，常用于微弱信号的检测。

3. 时间继电器

指继电器通电（或断电）到其触点动作有一些延时，不是同步。时间继电器主要有以下四种形式：

电磁式（铜套阻尼式）——靠铜套延时，仅有断电延时，延时误差大，仅延时几秒。

空气阻尼式——靠气囊延时，延时误差大，可延时几秒到几分。

电动机式——靠齿轮变速延时，体积大、价格高，延时准确，可延时几秒到几小时。

半导体式——靠电容充、放电延时，体积小、价格低，延时准确，可延时几秒到几小时。

4. 舌（干）簧继电器

其特点是触点容量小，动作快，灵敏度高，用永磁体驱动可反映非电信号。

5. 热继电器

热继电器的结构类似于由热元件驱动的小开关。作过载保护用，控制量为过载电流。

6. 速度继电器

速度继电器的结构类似于小电动机驱动的小开关。控制量为速度，动作有方向性。

（三）继电器触点的种类

1. 瞬动触点

常开触点（动合触点）

常闭触点（动断触点）

2. 延时触点

延时闭合触点

延时断开触点

（四）继电器的结构及工作原理

继电器的种类很多，下面仅对常用的电磁式继电器的结构及工作原理作简单介绍。

1. 电磁式继电器

结构同接触器类似，靠电磁铁驱动，如图 1-5 所示。

2. 电磁式时间继电器

结构如图 1-6 所示。电磁式时间继电器靠阻尼铜（铝）套延时。当线圈断电时主磁通锐减，磁通变化率最大，铜套上感应出涡流，涡流产生的磁通继续维持衔铁吸合，达到延时释放的目的。

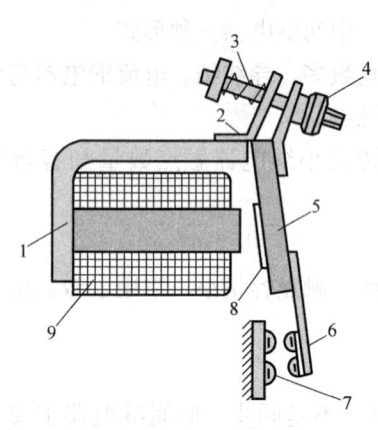 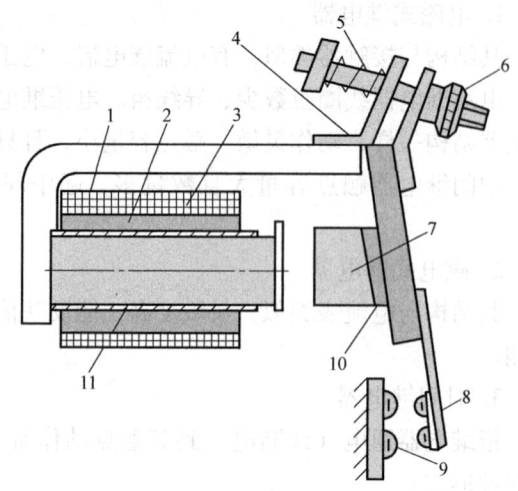

图 1-5 电磁式继电器原理图　　　　图 1-6 带有阻尼铜套的电磁式时间继电器
1—铁心　2—旋转棱角　3—释放弹簧　　　1—铁心　2—阻尼铜套　3—线圈　4—旋转棱角
4—调节螺母　5—衔铁　6—动触点　　　　5—释放弹簧　6—调节螺母　7—衔铁　8—动触点
7—静触点　8—非磁性垫片　9—线圈　　　 9—静触点　10—非磁性垫片　11—绝缘层

三、低压熔断器

(一) 功能

熔断器属于保护电器。它的灭弧能力很强,能分断短路电流。所以,熔断器是一种简单又可靠的过电流(短路、过负荷等)保护装置。它主要由外壳和熔体构成,如图 1-7 所示。熔体用熔点为 200~400℃ 的铅锡锌合金制成。熔体串接在电路中,当电路发生短路或严重过负荷时,大电流产生的高温使熔体熔断,切断故障电流,实现保护目的。

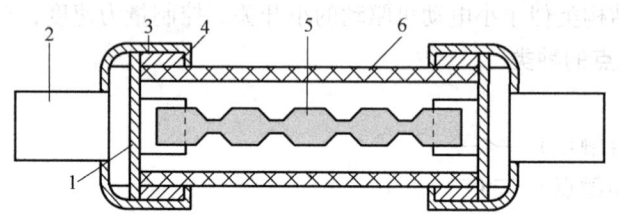

图 1-7 RM 型熔断器的结构图
1—堵盖　2—接触片(电极)　3—铜盖　4—丝环　5—变截面熔片(熔体)　6—管形外壳

(二) 种类与型号

1. 熔断器

R 型代表管式熔断器 (R-熔断器)。

RM 型代表密闭管式熔断器 (M-密闭),无填料,无限流作用。

RT 型代表填料管式熔断器 (T-填料),限流式,有限流作用。

NT 型为德国 AEG 公司技术,国内生产。有填料,密闭管式,有限流作用。

RC 型代表瓷插式熔断器 (C-瓷插),无填料,无限流作用。

RL 型代表螺塞式熔断器 (L-螺塞) 无填料,无限流作用。

RZ 型代表自复式熔断器 (Z-自复),采用钠熔体,有限流作用。自复式熔断器是熔断器的发展方向之一。

常用熔断器的结构如图1-8所示。

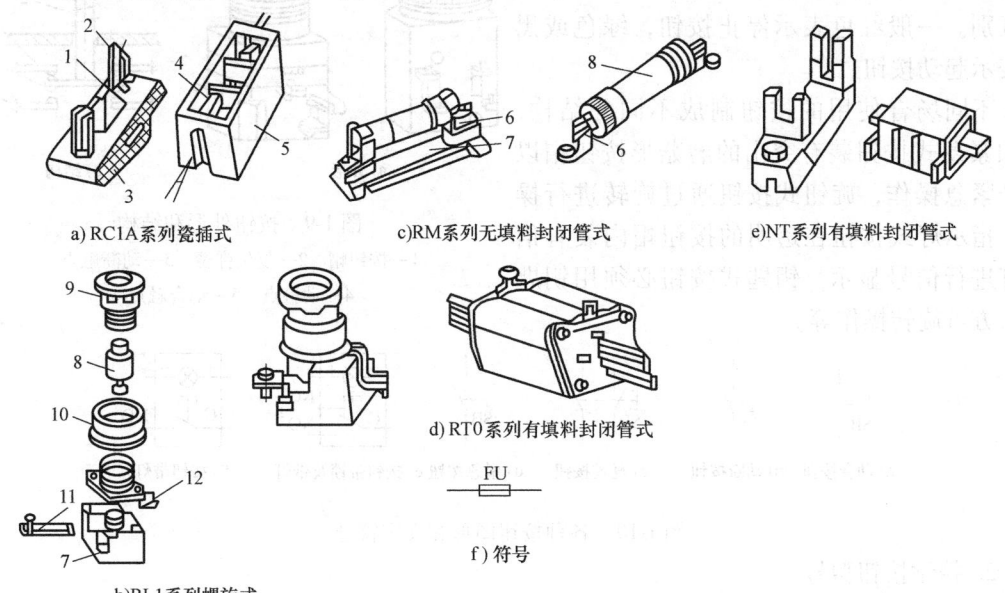

图1-8 常用的部分熔断器的结构图
1—熔丝 2—动触点 3—瓷盖 4—静触点 5—瓷底 6—夹座 7—底座
8—熔断管 9—瓷帽 10—瓷套 11—下接线端 12—上接线端

2. 熔体

当电流大于规定值并超过规定时间后熔化的熔断器部件称熔体。熔体呈片状者称熔片，呈丝状者称熔丝。熔丝俗称为保险丝。

熔片有变截面的和恒截面的两种。变截面熔片用在RM型的熔断器上，有助于灭弧。

笼状（栅状）熔体与RT0型熔断器配套使用。金属钠熔体与RZ型自复式熔断器配套使用，在大电流的作用下迅速汽化，切断电路。

四、主令电器

主令电器是一种在电气控制电路中起发送或转换控制指令作用的电器，常用于接通或断开控制电路，再通过接触器、继电器间接控制主电路的接通与断开。主令电器不能直接用于主电路的分合。电气控制电路中常用的主令电器主要有控制按钮、行程开关和转换开关等。

（一）控制按钮

控制按钮主要用于低压控制电路中，手动发出控制信号，以控制接触器、继电器等，按钮触点允许通过的电流较小，一般不超过5A。

1. 控制按钮结构

按钮外形及结构如图1-9所示，当手动按下按钮帽时，动断触点断开，动合触点闭合；当手松开时，复位弹簧将按钮的动触点恢复原位，从而实现对电路的控制。

控制按钮有单式按钮、复式按钮和三联式按钮等形式，按钮图形和文字符号如图1-10所示。

为便于识别各按钮作用,避免误操作,在按钮帽上制成不同标志并采用不同颜色以示区别。一般红色表示停止按钮,绿色或黑色表示起动按钮。

不同场合使用的按钮制成不同的结构,例如紧急式按钮装有突出的蘑菇形按钮帽以便于紧急操作,旋钮式按钮通过旋转进行操作,指示灯式按钮在透明的按钮帽内装有信号灯进行信号显示,钥匙式按钮必须用钥匙插入方可旋转操作等。

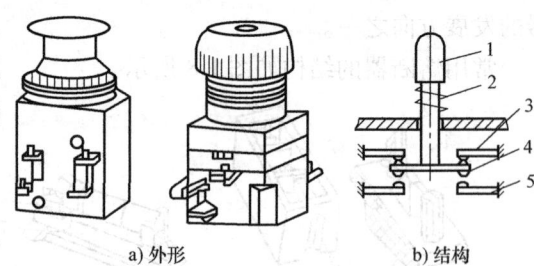

图 1-9 按钮外形和结构
1—按钮帽 2—复位弹簧 3—动断触点
4—动触点 5—动合触点

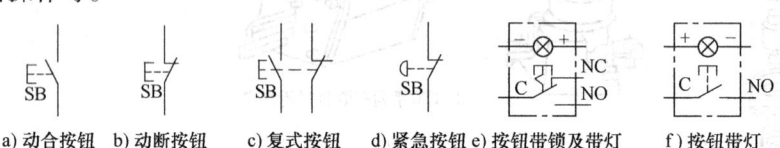

a) 动合按钮 b) 动断按钮 c) 复式按钮 d) 紧急按钮 e) 按钮带锁及带灯 f) 按钮带灯

图 1-10 各种按钮图形和文字符号

2. 控制按钮型号

控制按钮型号标注形式为

$$\text{L A} \underset{① ② ③}{\square} - \underset{④ ⑤ ⑥}{\square\square\square}$$

① 为主令电器代号;

② 表示按钮;

③ 为设计代号;

④ 为动合触点数量;

⑤ 为动断触点数量;

⑥ 为按钮结构形式(K—开启式,H—保护式,S—防水式,F—防腐式,J—紧急式,Y—钥匙式,X—旋钮式,D—带指示灯式,DJ—紧急带指示灯式)。

3. 控制按钮选用

按钮类型选用应根据使用场合和具体用途确定。例如控制柜面板上的按钮一般选用开启式,需显示工作状态则选用带指示灯式,重要设备为防止无关人员误操作就需选用钥匙式。按钮颜色根据工作状态指示和工作情况要求选择,见表1-1。

表 1-1 按钮颜色及其含义

按钮颜色	含 义	说 明	应用示例
红	紧急	危险或紧急情况时操作	急停
黄	异常	异常情况时操作	干预制止异常情况
绿	正常	正常情况时启动操作	
蓝	强制性	要求强制动作情况下操作	复位功能
白			启动/接通(优先)、停止/断开
灰	未赋予特定含义	除急停以外的一般功能的启动	启动/接通、停止/断开
黑			启动/接通、停止/断开(优先)

按钮数量应根据电气控制电路的需要选用。例如需要正、反和停三种控制处,应选用三只按钮并装在同一按钮盒内;只需起动及停止控制时,则选用两只按钮并装在同一按钮盒内等。

(二) 行程开关

行程开关又称限位开关,工作原理与按钮相类似,不同的是行程开关触点动作不靠手工操作,而是利用机械运动部件的碰撞使触点动作,从而将机械信号转换为电信号,再通过其他电器间接控制现场设备运动部件的行程、运动方向或进行限位保护等。

1. 行程开关结构

常用行程开关外形如图 1-11 所示,有直动式、单轮旋转式和双轮旋转式等。

直动式行程开关结构如图 1-12 所示,当运动机械的挡铁撞到行程开关的顶杆 1 时,顶杆受压触动使动断触点 3 断开,动合触点 5 闭合;顶杆上的挡铁移走后,顶杆在弹簧 2 的作用下复位,各触点回至原始通断状态。

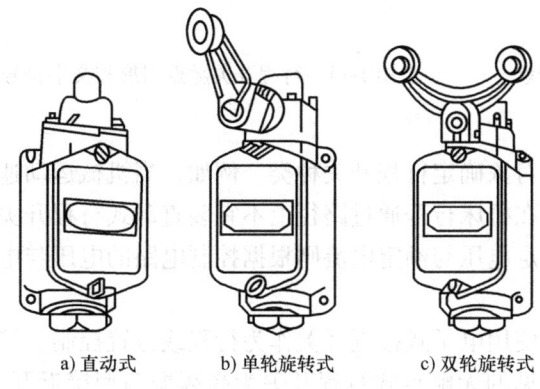

a) 直动式　　b) 单轮旋转式　　c) 双轮旋转式

图 1-11　行程开关外形

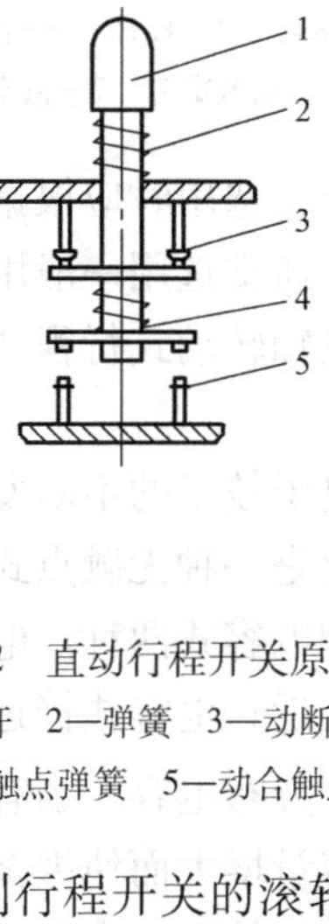

图 1-12　直动行程开关原理图
1—顶杆　2—弹簧　3—动断触点
4—触点弹簧　5—动合触点

旋转式行程开关结构如图 1-13 所示,当运动机械的挡铁撞到行程开关的滚轮 1 时,行程开关的杠杆 2 连同转轴 3、凸轮 4 一起转动,凸轮将撞块 5 压下,当撞块被压至一定位置时便推动微动开关 7 动作,使动断触点断开,动合触点闭合;当滚轮上的挡铁移走后,复位弹簧 8 就使行程开关各部件恢复到原始位置。

行程开关触点图形和文字符号如图 1-14 所示。

2. 行程开关系列

常用行程开关有 LX19 和 JLXK1 等系列,其型号标注形式为

$$\text{LX} \ \square\text{-}\square\square$$
　　①　②③④

① 为行程开关类别代号;
② 为设计代号;
③ 为操作机构形式 (1—直杆型,2—直杆滚轮型,3—单臂滚轮型,4—弹簧万向型);
④ 为外壳形式 (Q—防护型,S—防水型)。

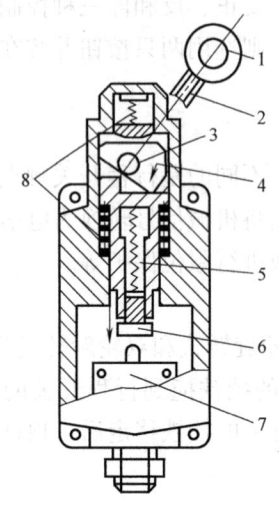
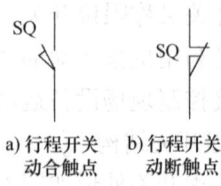

图1-13 旋转式行程开关结构
1—滚轮 2—杠杆 3—转轴 4—凸轮 5—撞块
6—调节螺钉 7—微动开关 8—复位弹簧

图1-14 行程开关触点图形和文字符号

行程开关选用时应根据使用场合和控制对象确定行程开关种类。例如,当机械运动速度不太快时,通常选用一般用途的行程开关,在机床行程通过路径上不宜装直动式行程开关而应选用凸轮轴转动式行程开关。行程开关额定电压与额定电流则根据控制电路的电压与电流选用。

随着电子技术的不断发展,目前还广泛使用电子式接近开关作为行程或位置控制。接近开关实际上是一种无触点式的行程开关。常见的无触点式行程开关为高频振荡型接近开关,有电感式和电容式两种。电感式的感应头是一个具有铁氧体磁心的电感线圈,故只能检测金属物体的接近;电容式接近开关的感应头只是一个圆形平板电极,这个电极与振荡电路的地线形成一个分布电容。当有导体或介质接近感应头时,电容量增大而使振荡器停振,输出电路发出信号去进行控制。由于电容式接近开关既能检测金属,又能检测非金属及液体,因而在国外应用得十分广泛,国内也有LXJ15和TC系列等产品。

五、低压断路器

(一) 低压断路器的工作原理

低压断路器俗称自动空气开关或自动开关。它是一种组合电器,即相当于刀开关(隔离开关)、熔断器或过电流继电器、热继电器和欠电压继电器的组合。低压断路器与接触器不同的是能够切断短路电流,但允许操作次数低。其工作

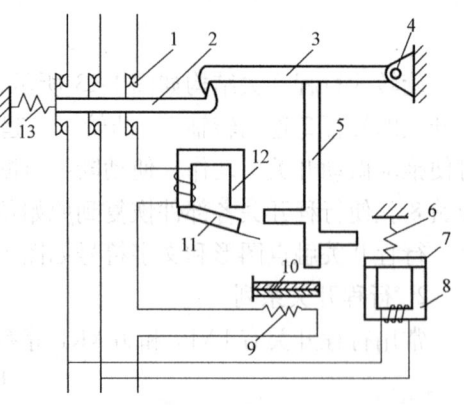

图1-15 低压断路器原理图
1—触点 2—锁键 3—搭钩 4—转轴 5—杠杆
6—弹簧 7—衔铁 8—欠电压脱扣器 9—加热
电阻丝 10—热脱扣器双金属片 11—衔铁
12—过电流脱扣器 13—弹簧

原理如图 1-15 所示。

当发生短路或严重过负荷（统称为过电流）时，过电流脱扣器衔铁吸合，断路器触点自动断开。当出现过负荷时，热脱扣器的双金属片向上弯曲，断路器的触点自动断开。当断路器的电源侧失电压或欠电压时，欠电压脱扣器衔铁释放，断路器的触点自动断开。

（二）低压断路器的种类

（1）塑壳式　又称封闭式，如 DZ10 系列（民用住宅用的就是此类微小型的），其结构外形如图 1-16 所示。

（2）万能式　又称框架式，保护方案和操作方式多，如 DW10、DW16 系列，其结构外形如图 1-17 所示。

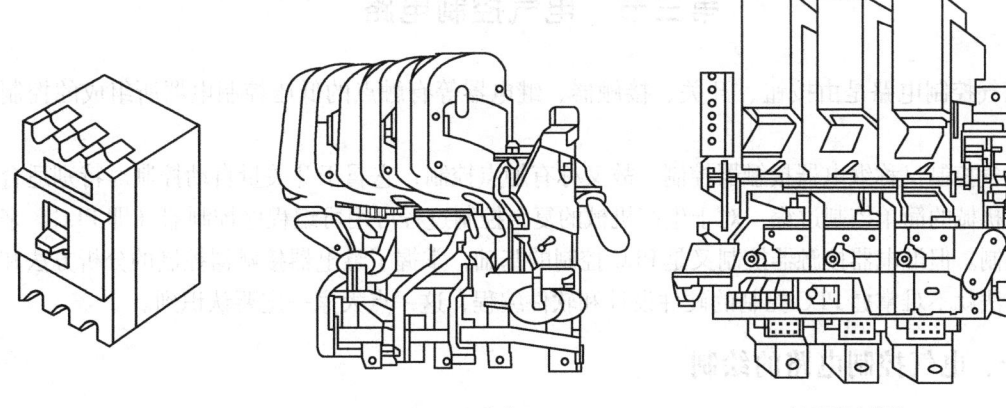

图 1-16　DZ10 系列断路器外形图

a) DW10 系列　　　b) DW16 系列

图 1-17　DW10 和 DW16 系列三相低压断路器的结构图

（三）低压断路器的功能

低压断路器既是控制电器，也是保护电器，故有以下功能：

1）正常时，手动或电动操作开、闭，控制电路的接通与分断。

2）故障（即在短路、过负荷和失电压或欠电压时）时，会自动跳闸。即断路器有短路保护、过负荷保护和失欠电压保护等三种保护功能。

顺便指出：用断路器保护短路比熔断器要方便得多。熔断器熔体熔断后，需更换熔体，比较麻烦。断路器跳闸后，排除电路故障，合上断路器，即可恢复正常工作。

（四）低压断路器的选择

选择低压断路器时，应注意以下条件：

1）断路器额定电压不低于线路的额定电压。

2）断路器额定电流不低于线路的额定电流。

3）断路器的极限分断电流大于线路最大短路电流。

习　题

1. 简述接触器的工作原理。
2. 交、直流接触器各有什么特点？线圈电流在衔铁吸合前后有何变化？
3. 继电器与接触器有哪些主要区别？
4. 中间继电器有什么特点？其主要作用是什么？

5. 在低压电器中,有哪几种时间继电器,分别用什么方法延时?请简述。
6. 常用的熔断器有哪几种类型?各有何特点?
7. 常用的熔体有哪几种类型?各有何特点?
8. 什么是主令电器?常用的主令电器有哪几种?
9. 什么是行程开关?常用的行程开关有哪几种?
10. 什么是接近开关?常用的接近开关有哪几种?各有何特点?
11. 低压断路器有哪些保护功能?简要说明电路发生短路时低压断路器自动跳闸的动作过程。
12. 在保护短路方面,断路器为什么比熔断器更方便?
13. 如何选择低压断路器?

第三节 电气控制电路

电气控制电路是由按钮、开关、接触器、继电器等有触点的低压控制电器所组成的控制电路。

电气控制又称继电器接触器控制,故又称有触点控制,它属于开关量自动控制。特别适合于生产机械的简单控制过程,对于生产机械的复杂控制过程可用可编程序控制器(即 PLC)来进行控制。但继电器接触器控制又是 PLC 控制的基础,掌握了继电器接触器控制的分析方法和设计方法就不难掌握 PLC 控制的硬件设计和软件编程,这一点大家一定要认识到。

一、电气控制电路的绘制

(一) 图形和文字符号

图形和文字符号必须标准化,以便于交流、沟通。为了便于掌握引进的国外先进技术和设备,便于国际交流和满足国际市场的需要,国家标准局参照国际电工委员会(IEC)颁布的有关文件,制定了我国电气设备的有关国家标准,采用新的图形和文字符号,颁布了最新的国家标准,即 GB/T 4728.1—2008《电气简图用图形符号》等 13 项系列标准。电气控制电路中的图形和文字符号必须符合最新的国家标准。一些常用的电工图形和文字符号见表 1-2 ~ 表 1-4。

表 1-2 常用电气图形符号

符号名称	图形符号	符号名称	图形符号
直流	——	负极	-
直流 当上面直流符号在某些场合会引起混乱时,则使用本直流符号	- - -	接地一般符号	⏚
交流	∼	接机壳或接底板	形式1 形式2
交直流	∼	导线	——
		柔软导线	⌢⌢
正极	+	导线的连接	●

(续)

符号名称	图形符号	符号名称	图形符号
端子 注：必要时圆圈可画成圆黑点	○	滑动触点电位器	
		N 型沟道结型场效应半导体管	
预调电位器		P 型沟道结型场效应半导体管	
具有固定抽头的电阻			
分流器		光敏二极管	
电容器一般符号 注：如果必须分辨同一电容器的电极时，弧形的极板表示：①在固定的纸介质和陶瓷介质电容器中表示外电极；②在可调和可变的电容器中表示动片电极；③在穿心电容器中表示低电位电极	优选形 其他形	光电池	
		三极晶体闸流管	
		极性电容器	优选形 其他形
		可变电容器 可调电容器	优选形 其他形
导线的交叉连接 ① 单线表示法 导线的交叉连接 ② 多线表示法		电感器	
		带磁心的电感器	
		半导体二极管	
导线的不连接 ① 单线表示法 导线的不连接 ② 多线表示法		PNP 型半导体管	
		NPN 型半导体管	
不需要示出电缆芯数的电缆终端头		他励直流电动机	
电阻器		电抗器、扼流圈	
		双绕组变压器	
可变电阻器 可调电阻器		电流互感器 脉冲变压器	

(续)

符号名称	图形符号	符号名称	图形符号
三相变压器 星形-三角形联结		动断（常闭）触点	
		先断后合的转换触点	
电机扩大机		中间断开的双向触点	
		当操作器件被吸合时，延时闭合的动合触点形式	
原电池或蓄电池		当操作器件被释放时，延时断开的动合触点形式	
旋转电机的绕组 ① 换相绕组或补偿绕组 ② 串励绕组 ③ 并励或他励绕组		多极开关一般符号单线表示	
集电环或换向器上的电刷 注：仅在必要时标出电刷		多线表示	
旋转电机一般符号： 符号中的星号必须用下述字母代替：C 同步发电机；G 发电机；GS 同步发电机；M 电动机；MS 同步电动机；SM 伺服电机；TG 测速发电机		接触器（在非动作位置触点闭合）	
		断路器	
三相笼型感应电动机		隔离开关	
串励直流电动机		接触器（在非动作位置触点断开）	
动合（常开）触点开关一般符号，两种形式		操作器件一般符号	

(续)

符号名称	图形符号	符号名称	图形符号
熔断器一般符号		吸合时延时闭合和释放时延时断开的动合触点	
熔断式开关		带复位的手动开关（按钮）形式	
熔断式隔离开关		双向操作的行程开关	
		热继电器的触点	
火花间隙		手动开关	
避雷器		电压表	V
缓慢吸合继电器的线圈		转速表	n
		力矩式自整角发送机	
位置开关的动合触点		灯 信号灯	
位置开关的动断触点		电喇叭	
		信号发生器 波形发生器	G
当操作器件被释放时，延时闭合的动断触点形式		电流表	A
		脉冲宽度调制	
当操作器件被吸合时，延时断开的动断触点形式		放大器	

表 1-3 常用电气文字符号

名　称	文字符号	名　称	文字符号
分离元件放大器	A	电抗器	L
晶体管放大器	AD	电动机	M
集成电路放大器	AJ	直流电动机	MD
自整角机旋转变压器	B	交流电动机	MA
旋转变压器	BR	电流表	PA
电容器	C	电压表	PV
双（单）稳压元件	D	电阻器	R
热继电器	FR	控制开关	SA
熔断器	FU	选择开关	SA
旋转发电机	G	按钮开关	SB
同步发电机	GS	行程开关	SQ
异步发电机	GA	三极隔离开关	QS
蓄电池	GB	单极开关	Q
接触器	KM	刀开关	Q
继电器	KA	电流互感器	TA
时间继电器	KT	电力互感器	TM
电压互感器	TV	信号灯	HL
电磁铁	YA	发电机	G
电磁阀	YV	直流发电机	GD
电磁吸盘	YH	交流发电机	GA
接插器	X	半导体二极管	V
照明灯	EL		

表 1-4 常用辅助文字符号

名　称	文字符号	名　称	文字符号
交流	AC	直流	DC
自动	A 或 AUT	接地	E
加速	ACC	快速	F
附加	ADD	反馈	FB
可调	ADJ	正，向前	FW
制动	B 或 BRK	输入	IN
向后	BW	断开	OFF
控制	C	闭合	ON
延时（延迟）	D	输出	OUT
数字	D	起动	ST

(二）电气控制电路的表示方法

电气控制电路的表示方法是采用电路图，常用以下两种电路图：

原理图——绘制时不考虑电器元件的实际位置，常在设计调试和故障分析时使用。

安装图（接线图）——绘制时装置的各器件都按实际位置画出，连线也基本如此，常在安装、接线和调试时使用。

(三）控制电路的组成及分类

控制电路通常有以下三种：

主回路——高电压大电流电路。如电动机绕组、接触器主触点电流电路。

控制回路——低电压小电流电路。如接触器、继电器的线圈等小电流电路。

辅助回路——不影响控制电路工作的独立的附加电路。如信号电路、保护电路及测量电路等。

(四）电气控制原理图的绘制原则

1）主回路、控制回路要分开，要遵循"主在左，控在右，辅助回路可插入"！

2）同一器件的各部分（如线圈、触点）可不画在一起，可按需要在方便的位置画出，但需用同一文字符号标出。如图1-18所示。

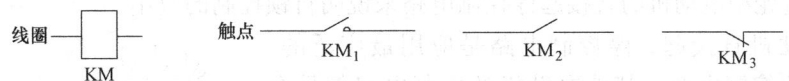

图1-18　同一器件各部分的标注法

3）所有的按钮、开关均没有外力作用；所有的线圈都不通电，以此作为控制电器的原始状态。

4）有分支电路时，尽量按动作先后顺序排列，二线交叉的电气连接点用黑点标出，如图1-19所示。

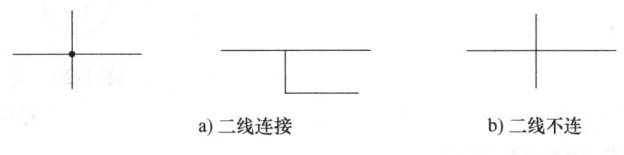

图1-19　二线交叉画法

二、组成电气控制电路的基本规律

组成电气控制电路的基本规律很重要，它是分析控制电路尤其是复杂控制电路的基础，也是设计控制电路的基本手段，因而必须掌握。基本规律共有以下三种：

（1）自锁控制　自锁也叫自保，即自保持。

（2）联锁控制　包括互锁、顺序控制的联锁、正常工作与点动的联锁。

1）互锁。当电动机需要正、反向起动时，需要用正、反向接触器的联锁控制，即互锁控制。互锁控制可以防止人为误操作使正反、向接触器同时吸合时而造成主回路短路。

2）顺序控制的联锁。可保证多台设备的工作顺序，以防反顺序而出现的事故或不正常情况。

3）正常工作与点动的联锁。某些情况下，生产机械常常要求既能正常起、制动，又能进行点动，但不能同时进行，需要正常工作与点动的联锁，即自动控制与手动控制的联锁。点动常在设备检修或调试时用。

（3）变化参量控制　在现代工业生产中，常要求实现整个生产工艺过程的全盘自动化。为此，只用联锁控制已不能满足要求。由于生产过程中常伴随着一些物理量的变化，如行程的变化，时间的变化，速度的变化，电流的变化等。故可利用这些参量的变化来实现自动控制，即采用变化参量控制，它是实现生产过程自动化的关键。它包括：

1）行程控制。变化参量为行程，用行程开关（或接近开关）来实现其控制。
2）时间控制。变化参量为时间，用时间继电器来实现其控制。
3）速度控制。变化参量为速度，用速度继电器来实现其控制。
4）电流变化参量控制。变化参量为电流，用电流继电器来实现其控制。

变化参量控制还有诸如温度控制、压力控制、流量控制、电压控制等，不再一一列举。

下面仅对常用的自锁控制和互锁控制来说明其控制电路，其余控制方式所对应的控制电路可参阅有关的书籍。

（一）自锁控制

下面通过笼型电动机的直接起停控制电路来说明自锁控制的应用。

笼型电动机直接起、停控制电路是应用最广泛的，也是最基本的控制电路，其他电动机的控制电路都是在此基础上增加一些功能演变而成的。笼型电动机直接起、停控制电路如图1-20所示。该图的左边为主回路，右边为控制回路，刀开关S、熔断器FU和热继电器FR属于辅助回路，分别接在（插入）主电路和控制电路中。下面分述控制电路的功能及其动作过程。

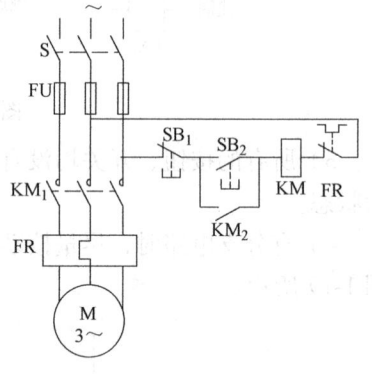

图1-20　笼型电动机直接起停控制电路

1. 控制功能

1）起动。
2）停止。

2. 保护功能

短路保护——用熔断器FU实现。
过载保护——用热继电器FR实现。
失电压保护——用自锁触点KM_2和自复位式起动按钮SB_2实现。

下面分述一下各功能是如何实现的，即动作过程。

3. 动作过程

（1）起动

按SB_2→KM吸合─┬→主触点KM_1闭合→电动机起动
　　　　　　　　└→自锁触点KM_2闭合→自锁（保）

（2）停止

按SB_1→KM释放─┬→主触点KM_1打开→电动机停止
　　　　　　　　└→自锁触点KM_2打开→自锁（保）解除→为下次起动作准备

（二）互锁控制

当电动机需要正、反向起动时，需要用正、反向接触器的联锁控制，即互锁控制。互锁控制可以防止人为误操作使正反、向接触器同时吸合时而造成主回路短路。如图1-21中的虚线所示。

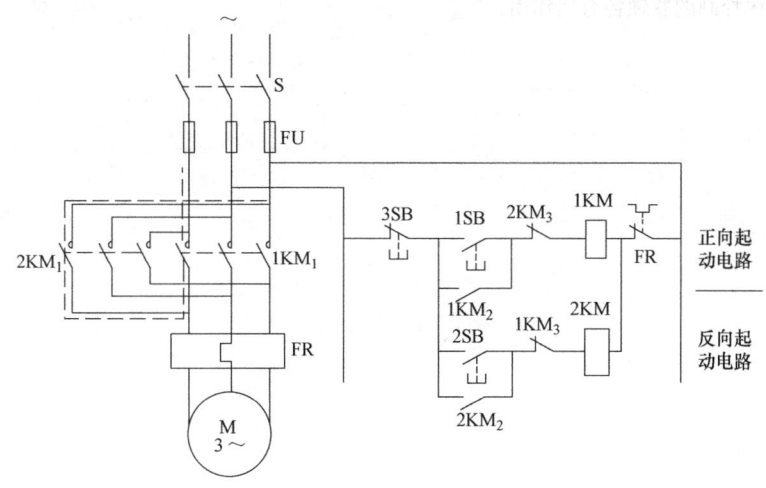

图1-21　正反向接触器的联锁控制（互锁）

（1）正向起动过程

按1SB→1KM 吸合┬→主触点 $1KM_1$ 闭合→电动机正转
　　　　　　　├→自锁触点 $1KM_2$ 闭合→自保（锁）
　　　　　　　└→互锁触点 $1KM_3$ 打开→切断反向起动电路→防止误按2SB时
　　　　　　　　　　　　　　　　　　　　　　　　　　　　2KM吸合而造成
　　　　　　　　　　　　　　　　　　　　　　　　　　　　主回路短路

（2）反向起动过程

按2SB→2KM 吸合┬→主触点 $2KM_1$ 闭合→电动机反转
　　　　　　　├→自锁触点 $2KM_2$ 闭合→自保（锁）
　　　　　　　└→互锁触点 $2KM_3$ 打开→切断正向起动电路→防止误按1SB时
　　　　　　　　　　　　　　　　　　　　　　　　　　　　1KM吸合而造成
　　　　　　　　　　　　　　　　　　　　　　　　　　　　主回路短路

（3）停止（以正向运行为例）

按3SB—1KM 释放┬→主触点 $1KM_1$ 打开→电动机停止正转
　　　　　　　├→自锁触点 $1KM_2$ 打开→自保（锁）解除
　　　　　　　└→互锁触点 $1KM_3$ 闭合→闭锁解除→可以反向起动

由以上分析可见，若起动电路没有互锁，即取消一对互锁触点 $2KM_3$ 和 $1KM_3$，则一旦同时按下1SB和2SB，将会造成正、反接触器同时吸合使主回路短路，这是不允许的。

习　题

1. 常用的控制电路图有哪几种？各有何特点？各用在什么场合？

2. 控制电路有哪些回路组成？每个回路各有何特点？
3. 画控制电路图时，按钮、开关、线圈等都要按原始状态画出。它们的原始状态分别指什么？
4. 结合图1-20，分述其功能和电动机起动与停止的动作过程。
5. 组成电气控制电路的基本规律有哪些？
6. 互锁和顺序控制的联锁各有何作用？

第二章 PLC 概 述

可编程序控制器（Programmable Controller）简称 PC。在它发展的初期，主要用来取代继电器接触器控制系统，也即用于开关量的逻辑控制系统。因此，可编程序控制器也称为可编程逻辑控制器（Programmable Logic Controller），简称 PLC。后来，随着微电子技术和计算机技术的发展，可编程序控制器已发展成"以微处理器为基础，结合计算机（Computer）技术、自动控制（Control）技术和通信（Communication）技术（简称3C技术）的高度集成化的新型工业控制装置"。尤其是近 20 年，可编程序控制器已发展成为一种具有逻辑控制、过程控制、运动控制、数据处理、联网通信等功能的名副其实的"多功能控制器"。显然，它的功能已远远超出逻辑控制、顺序控制的范围。因此可编程序控制器简称为 PC 是合适的。但由于 PC 这一缩写在我国早已成为"个人计算机（Personal Computer）"的代名词。所以，为了避免混淆和考虑我国大多数人的习惯，现仍将可编程序控制器简称为 PLC，但不要将此误认为或理解为可编程逻辑控制器。

由于 PLC 发展非常快，所以其定义也在随 PLC 功能的发展而不断地改变。直到 1987 年 2 月，国际电工委员会（IEC）给 PLC 下一个定义。即"可编程序控制器是一种用数字运算来操作的电子系统，是专为在工业环境下应用而设计的工业控制器。它采用了可编程序的存储器，用来在其内部存储执行逻辑运算、顺序控制、定时、计数和算术运算等操作指令，并通过数字式、模拟式的输入和输出，控制各种类型的机械设备和生产过程。可编程序控制器及相关的外部设备都按照易于与工业控制系统集成、易于扩展其功能的原则设计"。

近年来，PLC 技术发展飞快，每年都推出不少 PLC 及其网络新产品，其功能也超过了上述定义的范围。预计今后 PLC 的定义还要不断地更新。

第一节 PLC 的产生与发展

一、PLC 的产生

1968 年，美国最大的汽车制造商"通用汽车公司（GM）"为了适应汽车型号的不断翻新，想寻求一种新方法，用新的控制装置取代原继电器接触器的控制装置，并将这个设想归纳成以下 10 项功能指标，公开招标。

1）编程容易，并可在现场修改程序；
2）维修方便，采用插件式结构；
3）可靠性高，能在恶劣的环境下工作；
4）体积小于继电器接触器控制柜；
5）价格便宜，成本可以与继电器接触器系统竞争；
6）可以直接连接 115V 交流输入；
7）输出采用 115V 交流，可以直接驱动继电器、电磁阀；

8）具有数据通信功能，数据可以直接送入管理计算机；

9）通用性好，系统易于扩展；

10）用户程序存储器的容量至少能扩展到 4KB。

美国数字设备公司（DEC）首先响应并中标。1969 年，DEC 公司研制成功第一台 PLC，型号为 PDP-14。

PDP-14 是一种典型的可编程序逻辑控制器，应用于 GM 公司的汽车自动装配生产线（即底特律的一条汽车自动生产线）上取得了极大的成功。此后，这项新技术就迅速发展起来。

1971 年，日本从美国引进了这项新技术，由日立公司研制出日本第一台 PLC，型号为 DSC-8。

1973～1974 年，法国和德国也相继研制出自己的 PLC。

1974 年，我国开始引进、研制 PLC 技术，1977 年开始工业应用，但仅仅是初步认识与消化阶段。

二、国际上 PLC 的发展过程

从 1968 年到现在，在短短的 40 余年间，PLC 经历了 5 次换代。

第一代 PLC（1968～20 世纪 70 年代初期）是 PLC 的创始时期，其功能仅限于开关量的逻辑控制。

第二代 PLC（20 世纪 70 年代中期）是 PLC 的成熟时期，其功能增加了数字运算及处理和模拟量控制。

第三代 PLC（20 世纪 70 年代末～80 年代初）是 PLC 的大发展时期，其功能及处理速度大大增强，尤其是增加了一些特殊功能模块（如 PID 模块、远程 I/O 模块）和通信、自诊断等功能。

第四代 PLC（20 世纪 80 年初～90 年代中期）是 PLC 发展最快时期，年增长率一直保持为 30%～40%。在这时期，软、硬件功能发生巨大的变化，增加了各种内含 CPU 的智能模块，PLC 在处理模拟量能力、数字运算能力、人机接口能力和网络能力方面得到大幅度提高，PLC 逐渐进入过程控制领域，在某些应用上取代了在过程控制领域处于统治地位的 DCS 系统。PLC 已发展成一种具有逻辑控制、过程控制、运算控制、数据处理、联网通信等功能的名副其实的"多功能控制器"。

第五代 PLC（20 世纪 90 年代末期～近年）的发展特点是更加适应于现代工业的需要；诞生了各种各样的特殊功能单元、生产了各种人机界面单元、通信单元，使应用可编程序控制器的工业控制设备的配套更加容易；加强通信联网的信息处理能力；向开放性发展；体积大型化和超小型化，运算速度高速化；软 PLC 出现；编程语言趋于标准化。PLC 的应用领域不断扩大，并延伸到过程控制、批处理、运动和传动控制、无线电遥控以至实现全厂的综合自动化。近年，工业计算机技术（IPC）和现场总线技术（FCS）发展迅速，挤占了一部分 PLC 市场，PLC 增长速度出现渐缓的趋势，但其在工业自动化控制特别是顺序控制中的地位是无法取代的。

三、我国 PLC 的发展过程

我国 PLC 的发展过程大致可分为四个阶段：20 世纪 70 年代初步认识，80 年代引进试用，90 年代后推广应用。2000 年以后 PLC 生产有一定的发展，小型 PLC 已批量生产；中型 PLC 已有产品；大型 PLC 已开始研制。国内产品在价格上占有明显的优势，而在质量上还稍有欠缺或不足。目前，国内 PLC 形成产品化的生产企业约 30 多家，国内产品市场占有率不超过 10%，主要生产单位有：北京和利时系统工程股份有限公司、深圳德维森公司、苏州电子计算机厂、苏州机床电器厂、上海兰星电气有限公司、天津市自动化仪表厂、杭州通灵控制电脑公司、北京机械工业自动化所和江苏嘉华实业有限公司等。

特别是近几年，国产 PLC 有了更新的产品。北京和利时系统工程股份有限公司推出的 FO PLC 有小型、中型、大型三类。该公司推出的 HOLLiAS-LEC G3 新一代高性能的小型 PLC 有 14 点（8/6）、24 点（14/10）、40 点（24/16）三个规格，基本指令的执行时间为 0.6μs。程序存储器的容量为 52KB。为方便用户选用，该公司开发了 19 种、35 个不同规格的 I/O 扩展模块，G3 型 PLC 可最多扩展 7 个模块，I/O 最大可到 264 点。G3 系列 PLC 有符合 IEC61131-3 的 5 种编程语言，编程软件具有超强的计算功能，如其他小型 PLC 所不具备的 64 位浮点数运算、优化的 PID 可同时处理有十几个模拟量的多个闭环回路等。G3 系列 PLC 具有极强的通信功能，有基于 CPU 模块的标准 Modbus 协议、专有协议和自由协议的通信接口，通过该接口可方便的挂到 Profibus 等总线上去。该公司的 FO PLC 中型机，开关量 I/O 为 256 点；内置 TCP/IP 通信接口，很容易接入管理网；配有 Profibus-DP 现场总线的主站、从站和远程 I/O 都通过 ISO9001 严格的质量保证体系认证。FO PLC 编程语言符合 IEC61131-3 标准。

深圳德维森公司开发的基于 PC 的软 PLC TOMC 系列，其特点是符合 IEC61131-3 国际标准的编程语言，允许梯形图、顺序功能图和功能块图混合编程；用户可开发基于内置 PC 资源的 C 语言和定义功能块，通过以太网、TCP/IP 与上位机联网。TOMC1 软 PLC 可连接最多 32 个本地 I/O 模块，最多 15 个远程站，每个远程站可带 32 个 I/O 点。

在 90% 的国内 PLC 市场由国外 PLC 产品占领的今天，国产 PLC 能脱颖而出，并具有和国外同类产品进行竞争的能力，相信不久的将来，国产 PLC 将占更大市场份额。

四、PLC 的发展趋势

（一）向超大型、超小型两个方向发展

从体积上讲，目前 PLC 总的发展趋势是两极分化，同时尽量做到系列化、通用化和高性能化。两极分化是指向大型化和超小型或微型化两个方向发展。

当前中小型 PLC 比较多，为了适应市场的多种需要，今后 PLC 要向多品种方向发展，特别是向超大型和超小型或微型化两个方向发展。

（1）超小型或微型化 是指向体积更小、更专业、速度更快、功能更强、价格更低及更简易化的方向发展。

发展超小型或微型化 PLC 的目的是为了适应广大的、分散的、中小型的工业控制场合。小型 PLC 由整体结构向小型模块化结构发展，使配置更加灵活。开发各种简易、经济的超小型或微型 PLC，最小配置的 I/O 点数为 8~16 点，以适应单机及小型自动控制的需要，如

三菱公司α系列PLC。超小型或微型PLC也非常适合于机电一体化（如机器人、智能电器等），也是实现家庭自动化的理想控制器。例如OMRON（欧姆龙）的SRMI微型PLC的体积只有一叠扑克牌的大小，却能支持256个点。它不仅完成逻辑控制，还具有数字运算、模拟量处理及调节、数据通信等功能。

（2）超大型化　是指向大存储容量、高速（0.2~0.4μs/指令）、高性能、更多I/O点（10000点以上）和多功能（如各种特殊功能模块、智能模块等）方向发展，使其能取代工业控制微机（IPC）、集散控制系统（DCS）的功能，对大规模、复杂的系统进行综合控制。现已有I/O点数达14336点的超大型PLC，其使用32位微处理器和大容量存储器，多CPU并行工作，功能十分强大。

（二）向性能更高、功能更强的方向发展

从性能和功能上讲，目前PLC总的发展趋势是向性能更高、功能更强的方向发展。其发展主要表现以下几个方面：

1. 向高速度、大容量方向发展

为了提高PLC的处理能力，要求PLC具有更好的响应速度和更大的存储容量。PLC的扫描速度已成为很重要的一个性能指标。目前，有的PLC其扫描速度可达0.1ms/千步左右。

2. 大力发展智能模块

智能模块是以微处理器为基础的功能模块。它们的CPU与PLC的CPU并行工作，占用主机CPU时间很少，有利于提高PLC的扫描速度和完成特殊的控制要求。

为满足各种自动化控制系统的要求，近年来不断开发出许多功能模块，如：通信模块、位置控制模块、快速响应模块、闭环控制模块、模拟量I/O模块、高速计数模块、数控模块、计算模块、模糊控制模块、语言处理模块、人机接口模块等。这些带CPU和存储器的智能I/O模块，既扩展了PLC功能，使用又灵活方便，扩大了PLC应用范围。

3. 增强联网通信功能

网络通信功能可使PLC构成的网络向下将多个PLC、多个I/O模块相连；向上与工业控制微机（IPC）、以太网（Ethernet）和MAP网（采用制造自动化协议，是美国通用汽车公司在1982年推出的）等相连，构成整个工厂的综合自动化、消灭"自动化孤岛"。另外，可使PLC网络系统具有信息管理功能，并且与其生产控制功能融为一体，以满足现代化大生产的控制与管理的需要。

加强PLC联网通信的能力，是PLC技术进步的潮流。PLC的联网通信有两类：一类是PLC之间联网通信，各PLC生产厂家都有自己的专有联网手段；另一类是PLC与计算机之间的联网通信，一般PLC都有专用通信模块与计算机通信。为了加强联网通信能力，PLC生产厂家之间也在协商制订通用的通信标准，以构成更大的网络系统，PLC已成为集散控制系统（DCS）不可缺少的重要组成部分。

4. 提高外部故障诊断与处理能力

根据统计资料表明：在PLC控制系统的故障中，CPU占5%，I/O接口占15%，输入设备占45%，输出设备占30%，线路占5%。前两项中20%故障属于PLC的内部故障，它可通过PLC本身的软、硬件实现检测、处理；而其余80%的故障属于PLC的外部故障，若能快速准确地诊断与处理外部故障将大大减少维修时间和提高开机率。因此，PLC生产厂家都致力于研制、发展用于检测外部故障的专用智能模块，进一步提高系统的可靠性。如研制了

智能可编程 I/O 系统，供用户了解 I/O 组件状态和监测系统的故障。

5. 编程语言与编程工具标准化、高级化

编程语言与编程工具标准化、高级化可使编程统一、简单，并有利于编制复杂的和多功能的程序。高级语言有利于通信、运算、打印、报表等。

在 PLC 系统结构不断发展的同时，PLC 的编程语言也越来越丰富，功能也不断提高。除了大多数 PLC 使用的梯形图语言和语句表语言外，为了适应各种控制要求，出现了面向顺序控制的步进编程语言、面向过程控制的流程图语言、与计算机兼容的高级语言（BASIC、C 语言等）等。多种编程语言的并存、互补与发展是 PLC 进步的一种趋势。不过，目前 PLC 的编程语言在标准化方面还有待于进一步完善，使之具有良好的兼容性或开放性。

编程工具也在向小型化、通用化、标准化和多功能方向发展。如，编程工具已从手持式编程器发展为个人计算机（PC）编程（需安装编程软件包）。

6. 开放性和互操作性大大发展，实现软、硬件标准化

实现软、硬件标准化可使各厂家的 PLC 的软、硬件相互兼容，人们只学会一种 PLC 就可以了。

PLC 在发展过程中，各 PLC 制造商为了垄断和扩大各自市场，处于群雄割据的局面，各自发展自己的标准，兼容性很差。在硬件方面各厂家的 CPU 和 I/O 模块互不通用，通信网络和通信协议往往也是专用的。在软件方面，各厂家的编程语言和指令系统的功能和表达方式也不一致，甚至差异很大，因而各厂家的 PLC 互不兼容，这给用户使用带来不便，并增加了维护成本。

为了解决这一问题，国际电工委员会（IEC）于 1994 年 5 月公布了 PLC 标准（IEC61131），其中的第三部分（IEC61131-3）是 PLC 的编程语言标准。标准中共有五种编程语言，顺序功能图（SFC）是一种结构块控制程序流程图，梯形图和功能块图是两种图形语言，此外还有两种文字语言指令表和结构文本。除了提供几种编程语言可供用户选择外，标准还允许编程者在同一程序中使用多种编程语言，这使编程者能够选择不同的语言来适应特殊的工作。几乎所有的 PLC 厂家都表示在将来完全支持 IEC61131-3 标准，但是不同厂家的产品之间的程序转换仍有一个过程。

开放是发展的趋势，这已被各厂商所认识，形成了长时期妥协与竞争的过程，并且这一过程还在继续。

7. 与其他工业控制产品更加融合或集成

PLC 与个人计算机、集散控制系统（又称分布式控制系统）和计算机数控（CNC）在功能和应用方面相互渗透，互相融合，使控制系统的性价比不断提高。目前的趋势是采用开放式的应用平台，即网络、操作系统、监控及显示均采用国际标准或工业标准，如操作系统采用 Windows 等，这样可以把不同厂家的 PLC 产品连接在一个网络中运行。

（1）PLC 与 PC 的融合　个人计算机的价格便宜，有很强的数据运算、处理和分析能力。目前个人计算机主要用作 PLC 的编程器、操作站或人/机接口终端。将 PLC 与工业控制计算机有机地结合在一起，形成了一种称之为 IPLC（Integrated PLC）的新型控制装置。可以认为 IPLC 是能运行 Windows 操作系统的 PLC，也可以认为它是能用梯形语言以实时方式控制 I/O 的计算机。

（2）PLC 与 DCS 的融合　DCS（Distributed Control System）主要用于石油、化工、电

力、造纸等流程工业的过程控制。它使用计算机技术对生产过程进行集中监视、操作、管理和分散控制，是一种新型控制装置，是由计算机技术、信号处理技术、测量控制技术、通用网络技术和人机接口技术竞相发展、互相渗透而产生的。它既不同于分散的仪表控制技术，又不同于集中式计算机控制系统，而是吸收了两者的优点，在此基础上发展起来的一门技术。PLC 渗透到以多回路为主的分布式控制系统之中，是因为 PLC 已经能够提供各种类型的多回路模拟量输入/输出和 PID 闭式控制系统，以及高速数据处理能力和高速数据通信联网功能。PLC 擅长于开关量逻辑控制，DCS 擅长于模拟量回路控制，二者相结合，则可以优势互补。

（3）PLC 与 CNC 的融合　计算机数控（CNC）已受到来自 PLC 的挑战，可编程序控制器已经用于控制各种金属切削机床、金属成型机械、装配机械、机器人、电梯和其他需要位置控制和进度控制的场合。过去控制几个轴的内插补是 PLC 的薄弱环节，而现在已经有一些公司的 PLC 能实现这种功能。例如三菱公司的 A 系列和 AnS 系列大中型 PLC 均有单轴、双轴、三轴位置控制模块，集成了 CNC 功能的 IPCL620 控制器，可以完成 8 轴的插补运算。

8. PLC 与现场总线相结合更加广泛

现场总线（Field Bus）是连接智能现场设备和自动化系统的数字式、双向传输、多分支结构的通信网络，它是当前工业自动化的热点之一。现场总线以开放的、独立的、全数字化的双向多变量通信代替 0~10mA 或 4~20mA 现场电动仪表信号。现场总线 I/O 集检测、数据处理、通信为一体，可以代替变送器、调节器、记录仪等模拟仪表，它接线简单，只需一根电缆，从主机开始，沿数据链从一个现场总线 I/O 连接到下一个现场总线 I/O。

PLC 与现场总线相结合，可以组成价格便宜、功能强大的分布式控制系统。由于历史原因，现在有多种现场总线标准并存，如基金会现场总线（Foundation Field Bus）、过程现场总线（Profibus）等。一些主要的 PLC 厂家将现场总线作为 PLC 控制系统中的底层网络，如西门子公司的 PLC 可以连接 Profibus 网络，该公司的 S7-215 型 CPU 模块能提供 Profibus-DP 接口，传输速率可达 12Mbit/s，可选双绞线或光纤电缆，连接 127 个节点，传输距离为 9.6km（双绞线）/23.8km（光纤电缆）。

9. 替代嵌入式控制器

据相关调查报告显示，现在对于低端 PLC 市场的争夺仍在继续进行，这也进一步促进了 PLC 的发展。随着微型和超微型 PLC 技术的发展和数量的增长，它们已经开始进入到新的应用领域。例如，微型 PLC 已经开始替代嵌入式控制器的工作内容。像日本欧姆龙公司已经察觉到这一技术发展的新动向，并逐渐计划将其产品应用于商业器具、饮料分发设备以及商业、工业等。这些行业之所以正在应用微型 PLC，正是由于它具有卓越的灵活性、市场开发周期短、适应性强、竞争性的价格等一系列优点所致。

对于 PLC 或者嵌入式控制器的选择主要依赖于它们的体积大小，尤其是如果需要特殊功能时，嵌入式控制器的缺陷就逐渐显露出来了。尽管嵌入式控制器具有很低的价格，但其中仍然包含了质量控制、维修以及服务等方面的价格。

如日本三菱（Mitsubishi）公司的 FX1S 超微型和 FX1N 微型 PLC 系列产品正在面向嵌入式应用领域发展，它们能够处理从 10~128 个 I/O 通道，并且具有两个轴向的运动控制性能，还具备 PID 控制指令，应用于连续过程控制。

10. 冗余特性更加完善和加强

在工业过程控制领域，每年对具有更高可靠性系统产品的需求都在逐年增加，其中绝大多数是受经济利益的驱动所产生的。工厂停机损失所带来的代价是极大的，而且所造成的生产成本也会随之增加。尤其在欧洲，一系列规章制度的主体正在逐步得到完善和加强。现在公布的 IEC 61508 标准为过程控制系统的安全性能提供了设计依据，该标准主要针对可编程电子系统内的功能性安全设计而制定的。

德国西门子（Siemens）公司已经开始积极主动介入这一领域，并及时推出了 SIMATIC S7-400F 产品。该产品属于 S7-400 PLC 的一个具有自动保安装置的高端版本，主要目的是为安全停机系统应用而设计的。它能够满足 IEC61508 标准所制定的 SIL 3 安全等级的运行要求。如果有临界应用情形发生，控制器能够进入到用户定义的安全状态，以便按照预定的顺序执行停机程序，随后就可以向工业用户提供诊断数据信息报告。系统程序由 SIMATIC STEP7 通用开发环境来完成，该开发环境为工业用户提供了程序模块库和安全功能模块。

11. 完善和加强编程软件和组态软件

个人计算机（PC）的价格便宜，有很强的数字运算、数据处理、通信和人机交换（即人机界面全）的功能。近年来，许多厂家推出了在个人计算机上运行的可实现 PLC 功能的软件包，可完成 PLC 硬件组态、人机界面组态、编程及仿真等功能。大大地方便了 PLC 系统的开发应用及操作使用。

目前，PLC 制造商纷纷通过收购或联合软件企业或发展软件产业，大大提高了其软件水平，多数 PLC 品牌拥有与之相应的开发平台和组态软件，软件和硬件的结合，提高了系统的性能，同时，降低了用户的开发和维护成本，更易形成人机界面更加友好的控制系统，目前，PLC + 网络 + IPC + CRT 的模式被广泛应用。

12. 发展软 PLC

所谓软 PLC，实际就是在 PC 的平台上，在 Windows 操作环境下，用软件来实现 PLC 的功能。也就是说，软 PLC 是一种基于 PC 开发结构的控制系统，它具有硬 PLC 的功能，可靠性、速度、故障查找等方面的特点，利用软件技术可以将标准的工业 PC 转换为全功能的 PLC 过程控制器。软 PLC 综合了计算机和 PLC 的开关量控制、模拟量控制、数学运算、数值处理、网络通信等功能，通过一个多任务控制内核，提供强大的指令集、快速而准确的扫描周期、可靠的操作和可以连接各种 I/O 系统及网络的开放式结构。软 PLC 具有硬 PLC 的功能，同时又提供了 PC 环境下的各种优点。GE Fanuc 公司推出了一种外形类似笔记本电脑的 PC，以 Windows 为操作系统，可实现 PLC 的 CPU 模块的功能，通过以太网和 I/O 模块、通信模块用于工厂的现场控制。在美国底特律汽车城，大多数汽车装配自动生产线、热处理工艺生产线等都已由传统 PLC 控制改为软件 PLC 控制。可以说，高性能价格比的软 PLC 将成为今后高档 PLC 的发展方向。

13. PLC 将会成为过程控制领域内的日用品

仅仅从 PLC 系统价格正在逐渐降低的理由进行推理，尤其在低端应用方面，PLC 将会成为这一领域的日用品。由于 PLC 系统最小模块单元的价格也只不过 100 美元，甚至更低，即使这些模块出现故障，工业用户从心理上已经感觉不到是否还值得重新修理。许多工业用户直接采取了抛弃出现故障的模块，进而换上一块新模块的处理方式，因为重新修理这样的故障模块也许会花费同样甚至更多的费用。

相反,我们不要被低价格所愚弄。一些小型甚至超小型 PLC 系统已经向工业用户提供了模拟量 I/O、PID 控制回路、通信接口,甚至与企业网络系统相连接的现场总线。具有 14 个通道的 I/O 和 4 个 PID 控制回路的 PLC 系统,其价格才 99 美元,这种产品非常适合小系统控制应用的需要。

总之,面对激烈市场竞争所带来的局面,企业只有紧紧把握市场运行的脉搏,充分结合自身的特点,面向世界经济的大潮,不断融入新技术、新方法,推陈出新。同时,随着 PLC 供应商的不断努力,并进一步在 e-制造(数字制造)和 e-控制技术方面实现新的突破,所推出的新一代 PLC 将能够更加满足各种工业自动化控制应用的需要。

第二节 PLC 的分类

目前,PLC 的品种繁多,型号和规格也不统一。通常只能按其 I/O 点数、功能多少以及结构形式三大方面来大致分类。

一、按 I/O 点数分类

PLC 按 I/O 点数不同可分为超小型机、小型机、中型机、大型机和超大型机等 5 种类型,其点数的划分如表 2-1 所示。

表 2-1 按 I/O 点数分类的类型

类型	I/O 点数	存储器容量/KB	机型举例
超小型	64 以下	1~2	三菱 F10、F20、A-B Micrologix1000、西门子 S7-200, S5-90U 及 95U
小型	64~128	2~4	三菱 F-40、F-60、FX 系列、A-B SLC-500、西门子 S5-100U
中型	128~512	4~16	三菱 K 系列, A-B SLC-504, 西门子 S5-115U, S7-300
大型	512~8192	16~64	三菱 A 系列、A-B PLC-5;西门子 S5-135U, S7-400
超大型	大于 8192	64~128	A-B PLC-3, 西门子 S5-155U

二、按功能分类

低档机——有开关量控制、少量的模拟量控制、远程 I/O 和通信等功能。
中档机——有开关量控制、较强的模拟量控制、远程 I/O 和较强的通信联网等功能。
高档机——除有中档机的功能外,运算功能更强、特殊功能模块更多,有监视、记录、打印和极强的自诊断功能,通信联网功能更强,能进行智能控制、运算控制、大规模过程控制,可方便地构成全厂的综合自动化系统。

三、按结构形式分类

按结构形式的不同,PLC 可分为整体式、模块式和软 PLC(即集成的 PLC)等三类。

(一)整体式 PLC

整体式 PLC 就是将电源、CPU、存储器及 I/O 接口等部件集中装在一起,通常称为主机。可扩展一定数量的 I/O 接口(即不含 CPU 的整体式 I/O 组件),如图 2-1 所示。

(二)模块式 PLC

模块式 PLC 就是将 PLC 的各部分以模块(板)形式分开,各模块结构上是互相独立的,

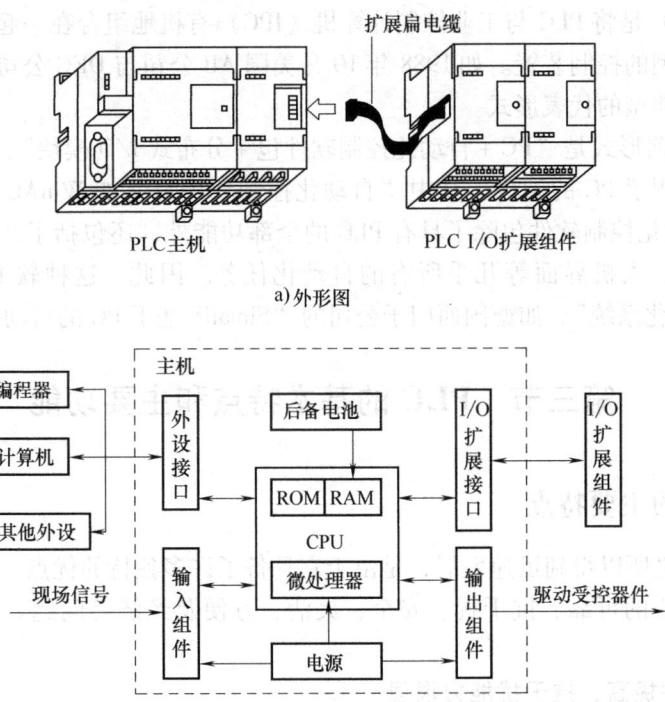

图 2-1 整体式 PLC 结构

可根据需要灵活选择和组合。它们之间通过总线连接，安装在专用的机架内或导轨上，如图 2-2 所示。

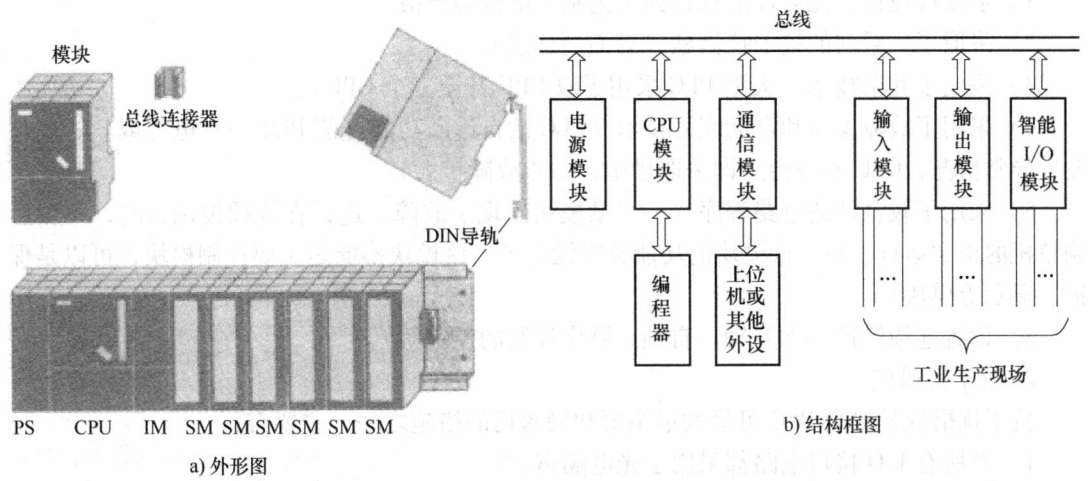

图 2-2 模块式 PLC 结构

（三）软 PLC（集成的 PLC）

软 PLC 就是在 PC 里装上能实现 PLC 功能的专用软件，并将 PC 与分布式 I/O 模块连在一起组成的，故也叫集成的 PLC（即 IPLC）。

早期的软 PLC 是将 PLC 与工业控制计算机（IPC）有机地组合在一起，放在一块总线底板上构成一种新型的控制装置。如 1988 年 10 月美国 AB 公司与 DEC 公司联合开发的金字塔集成器就是一种典型的代表形式。

软 PLC 的目前形式是"PC + 自动化控制软件包 + 分布式 I/O 模块"。这种形式已无 PLC 的硬件，完全利用了 PC 的硬件，其中"自动化控制软件包"如 WinAC（Windows Automation Center）自动化控制软件包除了具有 PLC 的全部功能外，还包括了开、闭环控制、运动控制、视频系统、人机界面等几乎所有的自动化任务。因此，这种软 PLC 又广义地称为"基于 PC 的自动化系统"。如德国西门子公司的"Simatic 基于 PC 的自动化系统"。

第三节 PLC 的基本特点和主要功能

一、PLC 的主要特点

当今，PLC 之所以得到迅速发展，是由于它具备了许多独特的优点，能较好地解决工业控制领域普遍关心的可靠、抗干扰、安全、灵活、方便及经济等问题。PLC 的主要特点如下：

（一）可靠性极高、抗干扰能力很强

可靠性高是 PLC 最突出的特点之一。PLC 本身平均无故障时间可达几十万小时。一年有 8765 小时，这意味着 PLC 连续使用几十年不会出问题，通常高于 35 年以上，可称得上无故障设备。由于 PLC 抗干扰能力强、可靠性高，故能用于恶劣的环境中。

1. 提高可靠性的措施

PLC 之所以可靠性高是因为采取了以下主要措施：

1）从硬件设计、元器件的选择到工艺制作都极为严格。

2）采取了一系列的抗干扰措施（后面会详述）。

3）采用了冗余技术（大型 PLC 采用了双 CPU 甚至三个 CPU）。

4）采用了故障诊断和自动恢复技术（PLC 的自诊断功能可使 PLC 一旦电源或软、硬件发生异常情况，CPU 本身会立即采取措施，防止故障扩大）。

5）采用了较合理的电路程序（一旦某模块出现了故障，进行在线插拔调试时，不会影响整机的正常运行，只是该模块的功能暂时没有了。该模块不能是主要控制模块，可以是保护、显示等模块）。

6）设置连锁保护（如互锁、自锁、顺序控制的连锁等）。

2. 抗干扰措施

抗干扰措施是提高 PLC 可靠性最主要和最密切的措施之一，主要有：

1）对所有 I/O 接口电路都采用了光电隔离。

2）对所有输入端均采用 RC 滤波（即硬件滤波），对高速输入端还加上了软件数字滤波。

3）内部采用电磁屏蔽措施，防止辐射干扰。

4）采用优良的开关电源，防止由电源回路串入的干扰信号。

5）完善的接地。

以上是硬件抗干扰措施，软件抗干扰措施如下：

1）采用诸如数字滤波、指令复执、程序回卷、差错校验等一系列软件抗干扰措施。

2）PLC 采用了周期循环扫描工作方式。PLC 采用周期循环扫描工作方式，本身就有利于屏蔽干扰。因为这种方式对输入输出操作是集中进行的。在一个循环周期中，仅有一小段时间进行 I/O 口处理（即输入采样，刷新输出）。俗话说，病从口入，也只有在这一小段输入采样时间内，干扰才会被引入 PLC 内部，在扫描周期的其余大部分时间内，干扰都被阻挡在 PLC 之外。所以，PLC 的这种工作方式本身就有利于屏蔽干扰。

由以上可见，PLC 具有极高的可靠性。控制系统在运行中，80% 以上的故障出现在外围。据统计，传感器及外部开关故障率占 45%；执行装置故障率占 30%；接线方面的故障率占 5%；I/O 模块（板）故障率占 15%；CPU 故障率仅占 5%。

（二）编程简单、使用方便

编程简单、使用方便是 PLC 迅速普及和推广的主要原因之一。PLC 的梯形图语言与继电器控制电路很相似，编程直观、容易掌握，不需专门的计算机知识，只要具有一定电工知识的人都能很快学会。

（三）功能齐全、通用性强、灵活性好

除了 PLC 的常规功能外，大量的特殊功能模块使 PLC 功能大大增强。PLC 在大、中、小型控制系统中都能用，故通用性强。当控制系统要求变动或改变控制功能时，大部分只需修改程序即可满足要求，故灵活性好。

（四）设计、安装容易，维护工作量小

PLC 用软件功能代替了继电器接触器控制系统中大量的中间继电器、时间继电器和计数器等硬器件和硬接线逻辑，大大减少了控制设备的设计和安装接线的工作量，使控制系统设计及建造的周期大为缩短。PLC 不需要专门的机房，可以在各种工业环境下直接运行。使用时只需将现场的各种设备与 PLC 相应的 I/O 端相连接，即可投入运行。在维护方面，由于 PLC 本身的故障率极低，维护工作量很小，并且 PLC 的各种模块上均有运行和故障指示装置，便于用户了解运行情况和查找故障。由于采用模块化结构，因此一旦某模块发生故障，用户可以通过更换模块的方法，使系统迅速恢复运行。

（五）体积小、耗能低，便于机电一体化

由于体积小，PLC 很容易嵌入机械设备内部，是实现机电一体化的理想设备。

（六）联网方便，便于系统集成，性价比高

对产生过程控制和生产管理结合起来实现"管、控一体化"或构建计算机集成制造系统（CIMS），控制设备是否具备联网通信能力是十分重要的。经过多年的努力，PLC 的联网通信功能已有很大的增强。不少 PLC 均配置了各种通信接口及模块，这是原有的继电器控制系统所无法比拟的。PLC 网络与其他工业局域网相比，虽没有什么特别之处，但它具有较高的性价比，却不能不说是一个优势。

二、PLC 的主要功能及应用领域

（一）主要功能

随着 PLC 技术的不断发展，它与 3C 技术（Computer、Control、Communication）逐渐融

为一体。PLC 已从原先的小规模的单机开关量控制,发展到包括过程控制、运动控制等场合的所有控制领域,能组成工厂自动化的 PLC 综合控制系统。PLC 的主要功能如下:

1. 开关量逻辑控制

这是 PLC 最基本、应用最广泛的功能。可以用来取代继电器控制、机电式顺序控制等所有的开关量控制系统。它可以用于单台设备、也可用于自动化生产线。

2. 模拟量控制

PLC 具有 A/D 和 D/A 转换及算术运算功能,可以实现诸如温变、压力、流量、电流、电压等连续变化的模拟量控制,而且 PLC 大都具有 PID 闭环控制功能。这一控制功能可用 PID 子程序来实现,也可用专用的智能 PID 模块实现。

3. 数字控制

PLC 能和机械加工中的数字控制及计算机数控组成一体,实现数字控制。

4. 机器人控制

随着工业自动化的发展,使用的机器人将越来越多,很多工厂也选用 PLC 来控制机器人,自动地执行它的各种机械动作。

5. 分布式控制系统

现代 PLC 具有较强的通信联网功能。PLC 与 PLC,PLC 与远程 I/O,PLC 与上位计算机之间可以通信,从而构成"集中管理,分散控制"(即采用多台 PLC 分散控制,由上位计算机集中管理的模式)的分布式控制系统,并能满足工厂自动化(FA)和计算机集成制造系统(CIMS)发展的需要。

6. 监控功能

PLC 能对系统异常情况进行识别、记忆,或在发生异常情况时自动终止运行。操作员也可通过监控命令监视有关部分的运行状态,可以调整定时、计数等设定值。

7. 其他功能

其他功能主要指显示、打印、报警以及对数据和程序硬复制等功能。

(二)应用领域

PLC 可广泛应用于冶金、化工、机械、电力、建筑、交通、环保、矿业等有控制需要的各个行业。可用于开关量控制、模拟量控制、数字控制、闭环控制、过程控制、运动控制、机器人控制、模糊控制、智能控制以及分布式控制等各种控制领域。

第四节 PLC 与继电器接触器控制系统的比较

一、继电器接触器控制系统

这种控制系统属于有触点控制系统,它具有如下优缺点:

(一)缺点

1. 控制系统的可靠性差

继电器接触器控制系统需使用大量的继电器和接触器,因而系统接线非常复杂。由于系统接线多、复杂和凌乱,加上继电器和接触器触点可靠性差(因是机械驱动触点,加之触点磨损及电弧烧坏等原因),所以控制系统的可靠性差。

2. 控制系统的灵活性和通用性差

对于某一控制系统来说,系统接线是固定不变的。故当生产过程稍有变化,就需要重新改动接线,很不方便;若是生产过程变化很大,原控制系统及接线作废,需要重新设计制造,因而系统的灵活性和通用性差。

3. 查找故障繁琐、系统难于维护

继电器接触器控制系统维护困难、检修繁琐。特别是大系统,由于需使用大量的继电器和接触器,系统接线非常复杂,加上继电器和接触器的触点多且可靠性差(主要是接触不良或损坏),使得查线和寻找故障点非常困难,严重地影响生产。

4. 装置体积大、占地面积大

由于体积大,继电器接触器控制系统的应用受到限制。

(二)优点

1. 原理简单,容易掌握

继电器接触器控制系统是 PLC 控制系统的基础,它原理简单,物理概念清楚,控制过程(或动作过程)直观,容易分析和掌握。

2. 抗干扰能力非常强

继电器接触器控制系统因工作电压高、电流大以及使用有触点(机械触点)控制,其抗干扰能力非常强,这是它的一个独特的优点。因此,目前微机控制系统或 PLC 控制系统的输入回路常使用继电器隔离来增加系统的抗干扰能力。

3. 小型而简单的系统成本低,也比较可靠

对动作过程比较简单、控制规模较小的场合,继电器接触器控制系统系统又体现了简单和经济的优点,而且也比较可靠,应优先采用。

二、PLC 控制系统

(一)优点

1. 可靠性极高,抗干扰性能很强

PLC 控制系统最大的优点就是可靠性极高,抗干扰性能很强,能适用于恶劣的控制环境。继电器接触器控制系统中的继电器、接触器及其大量的连接线,在 PLC 控制系统中都可以用软件来实现,即用软继电器、软接触器及其软接点和软连线来代替硬继电器、硬接触器、硬触点和硬连接线,故微机控制系统没有众多的硬继电器、接触器及其硬触点和大量的连接线,所以可靠性极高,几乎没有维护和检修工作量。

2. 灵活性和通用性很高

在 PLC 控制系统中,其控制功能是通过程序实现的,改变了程序,即改变了控制的功能。因此,灵活性和通用性很高。

3. 功能强大

PLC 不仅可以进行开关量控制、模拟量控制,还能进行数字控制、闭环控制、过程控制、运动控制、机器人控制、模糊控制、智能控制以及与计算机联网实现分布式控制。

此外,体积小,重量轻,占地面积少,安装简单,使用维护方便。

(二)缺点

1. 小型而简单的 PLC 控制系统性价比低

PLC 用于小型而简单的控制系统时，价格偏高，且功能不能充分利用，即性能价格比低。

2. PLC 输出电流较小，不能直接控制大功率设备

PLC 输出电流较小，输出电流只有 5A 左右，只能控制一些小功率设备，如信号灯、小电动机等。对控制大功率设备，常需用接触器进行转换和放大其输出电流。

近年来，可编程序控制器以其安装简单、使用方便、可靠性高、抗干扰能力强、适应性强、功能强大和价格低廉等特点，迅速占领了国内外生产过程控制领域的市场。大量的继电器接触器系统和常规的电子系统已被取代。所以，国外有些技术刊物称之为"控制设备的革命"。有人甚至说，"未来的现代化工厂将是这样一副情景，工人左腰别着螺丝刀，右腰别着编程器。"

习　题

1. 简述我国 PLC 的发展过程。
2. PLC 按功能和结构形式分别分为哪几类？各有何特点？
3. PLC 有哪些主要特点？
4. PLC 有哪些主要功能？
5. 简述 PLC 的应用领域。
6. PLC 为什么有极高的可靠性？
7. PLC 主要采取了哪些抗干扰措施？
8. 简述继电器接触器控制系统的优、缺点。
9. 简述 PLC 控制系统的优、缺点。
10. 对动作过程比较简单、控制规模较小的电控系统是采用继电器接触器控制还是采用 PLC 控制？为什么？

第三章 PLC 的硬件组成及工作原理

目前 PLC 产品种类繁多，不同型号的 PLC 结构也各不相同，但它们的基本组成和工作原理却大致相同。

第一节 PLC 的基本组成及各部分的作用

从广义上讲，PLC 是一种特殊的工业控制计算机，只不过比一般的计算机具有更强的与工业过程相连接的接口和更直接的适用于控制要求的编程语言。所以 PLC 与微机控制系统十分相似。

一、PLC 的基本组成（或称为最小系统）

PLC 的最小系统由以下四部分组成：
1) 中央处理单元（CPU）。
2) 存储器（RAM、ROM）。
3) 输入/输出单元（I/O 接口）。
4) 电源（开关式稳压电源）。

其结构框图如图 3-1 所示。

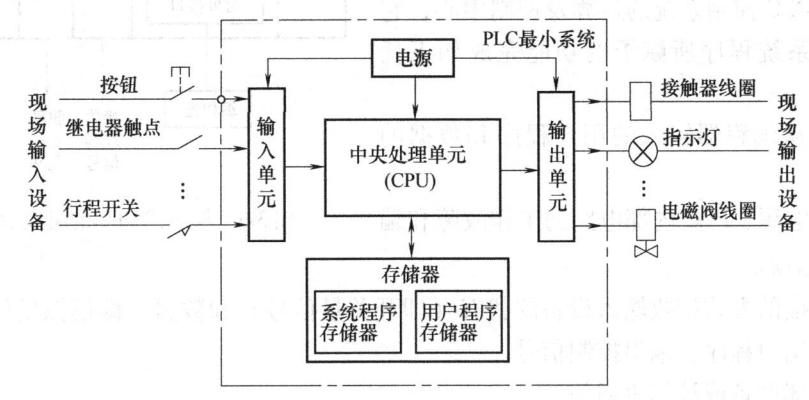

图 3-1 PLC 的基本组成（最小系统）

二、整体式和模块式 PLC 的组成

根据物理结构形式的不同，PLC 可分为整体式和模块式两类，其组成如图 3-2 和图 3-3 所示。

三、PLC 各部分的作用

（一）中央处理单元（CPU）的作用

CPU 是 PLC 的核心部件。小型 PLC 多用 8 位微处理器或单片机；中型的 PLC 多用 16 位

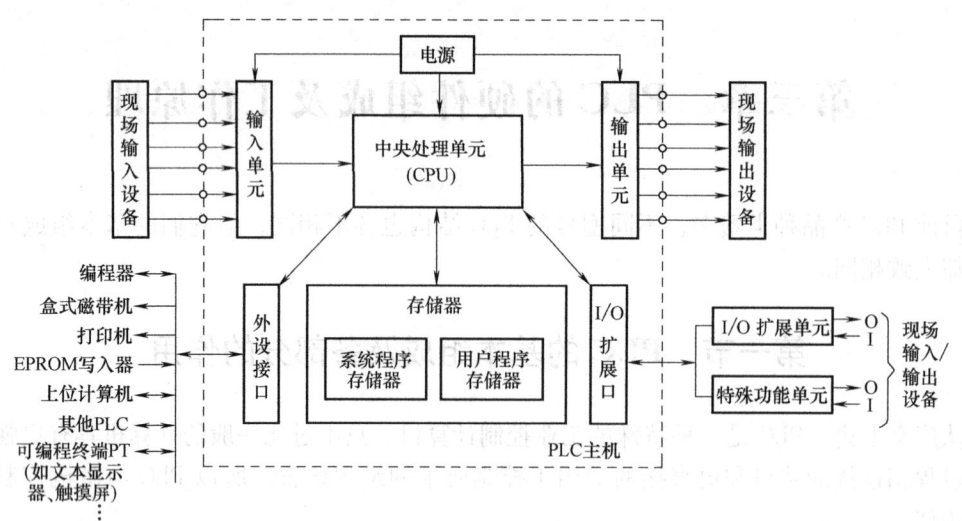

图 3-2 整体式 PLC 的组成示意图

微处理器或单片机；大型的 PLC 多用双极型位片机。双极型位片机是采用位片式微处理器，如 AMD（2900、2901、2903、N8×300）。位片式微处理器是独立于微型机的另一分支，因为它采用双极型工艺，所以比一般的 MOS 型微机处理器在速度上要快一个数量级。

CPU 是 PLC 控制系统的运算及控制中心，它按照 PLC 的系统程序所赋予的功能完成如下任务：

1）控制从编程器输入的用户程序和数据的接收与存储。

2）诊断电源、PLC 内部电路的工作故障和编程中的语法错误。

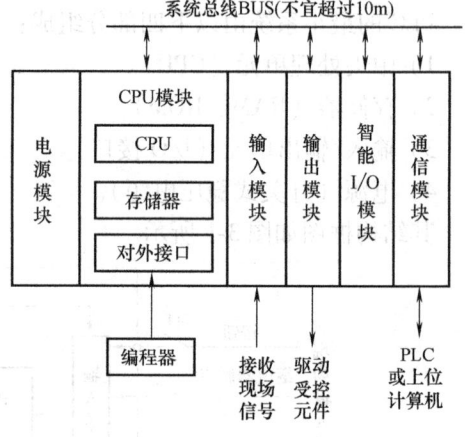

图 3-3 模块式 PLC 的组成示意图

3）用扫描的方式接收输入设备的状态（即开关量信号）和数据（即模拟量信号）。

4）执行用户程序，输出控制信号。

5）与外部设备或计算机通信。

（二）存储器的作用

存储器是用来储存系统程序、用户程序与数据的，故 PLC 的存储器有系统存储器和用户存储器两大类。

1. 系统存储器

系统存储器使用 EPROM（只读存储器），用于存放系统程序（相当于计算机的操作系统，用户不能更改）。广义上讲，有了系统程序，单片机组成的系统就变成了 PLC。

2. 用户存储器

用户存储器通常由用户程序存储器（程序区）和功能存储器（数据区）组成。

(1) 用户程序存储器　用户程序存储器一般用 RAM（有后备电池维持）存放用户程序。但用户程序调试好以后可固化在 EPROM 或 E^2PROM 中。

(2) 功能存储器　功能存储器用随机读写存储器（RAM）存放 PLC 运行中的各种数据，如 I/O 状态、定时值、计数值、模拟量、各种状态标志的数据。由于这些数据在 PLC 运行中是不断变化的，不需要长久保持，故功能存储器采用随机读写存储器（RAM）。

(三) I/O 接口的作用

PLC 的 I/O 接口是 PLC 与现场生产设备直接连接的端口。PLC 的 I/O 接口与现场工业设备"直接连接"是 PLC 的特色之一。它用于接收现场的输入信号（如按钮、行程开关、传感器等的输入信号）；输出控制信号直接或间接地控制或驱动现场生产设备（如信号灯、接触器、电磁阀等），如图 3-1 所示。

(四) 电源的作用

PLC 配有开关式稳压电源，供 PLC 内部使用。与普通电源相比，这种电源输入电压范围宽、稳定性好、抗干扰能力强、体积小、重量轻。有些机型还可向外提供 DC 24V 的稳压电源，用于对外部传感器供电。这就避免了由于电源污染或使用不合格电源产品引起的故障，使系统的可靠性提高。

(五) 编程器的作用

编程器是 PLC 最重要的外部设备。利用编程器可编制用户程序、输入程序、检查程序、修改程序和监视 PLC 的工作状态。

编程器一般分为简易型和智能型两种。简易型编程器常采用在小型 PLC 上，只能联机编程，且往往需要将梯形图程序转化为语句表程序才能送入 PLC 中。智能型编程器又称图形编程器，可直接输入梯形图程序，它可以联机，也可以脱机编程，常用于大中型 PLC 的编程。

除此之外，在个人计算机上添加适当的硬件接口（如编程电缆）和配置编程软件包，就可以用个人计算机对 PLC 编程，且可以向 PLC 输入各种类型的程序。它既可以联机编程也可以脱机编程，且能监视 PLC 的运行状态，还能进行系统仿真，使用起来非常方便。目前，这种编程方式已非常流行和普遍，可用于各种类型的 PLC。

习　题

1. PLC 的最小系统由哪几部分组成？简述各部分的作用。
2. PLC 的 CPU 有哪些作用？
3. PLC 有哪些存储器？各用来储存什么信息？
4. PLC 的编程器有哪些作用？
5. PLC 的编程器有哪几种？各有何功能？各用在什么场合？

第二节　PLC 的工作原理

可编程序控制器是一种特殊的工业控制计算机。但它的工作方式与普通微机有很大的不同。普通微机一般采用等待命令的工作方式，如键盘扫描方式和 I/O 扫描方式。当有键按下或有 I/O 动作则转入相应子程序去处理，也有的是查询某一变量并据此决定下一步的操作。

但 PLC 要查看的变量（输入信号）太多，采用这种等待查询的方式已不能满足要求。因此 PLC 采用了"循环扫描"的工作方式，即在每一次循环扫描中采样所有的输入信号，随后转入程序执行，最后把程序执行结果输出（即信号输出）去控制现场的设备。总之，PLC 是靠 CPU 循环扫描的机制来进行工作的，下面以德国西门子生产的 PLC 产品 S7-300 为例介绍 PLC 的工作原理。

一、PLC 的系统工作过程

PLC 的系统工作是采用"循环扫描"的工作方式。PLC 在运行时，其内部要进行一系列操作，大致包括 6 个方面的内容，其执行顺序和过程如图 3-4 所示。

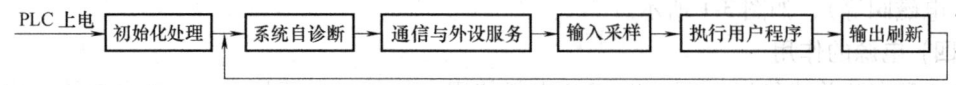

图 3-4 PLC 工作过程框图

PLC 系统工作过程的详细流程图如图 3-5 所示。现分述如下：

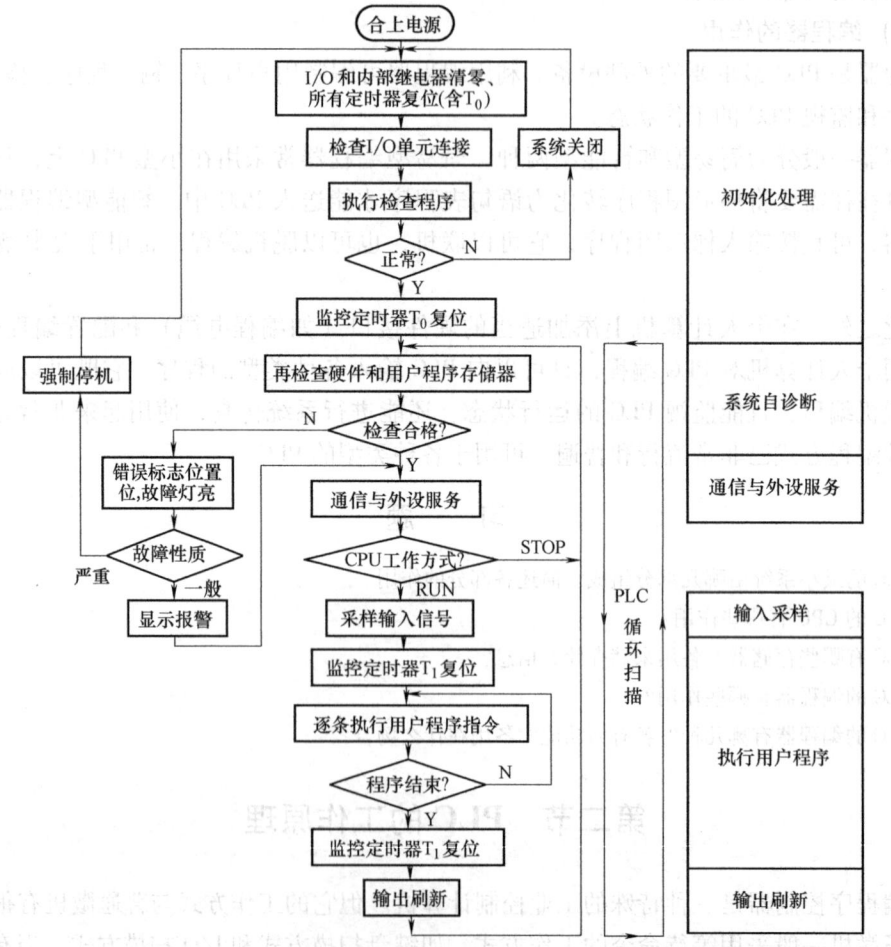

图 3-5 PLC 系统工作过程流程图

(一) 初始化处理

PLC 上电后，首先进行系统初始化，其中检查自身完好性是起始操作的主要工作。初始化的内容是：

1) 对 I/O 单元和内部继电器清零，所有定时器复位（含 T_0），以消除各元件状态的随机性。

2) 检查 I/O 单元连接是否正确。

3) 检查自身完好性：即启动监控定时器（就是通常说的看门狗 Watch Dog Timer，WDT）T_0，用检查程序（即一个涉及到各种指令和内存单元的专用检查程序）进行检查。

执行检查程序所用的时间是一定的，用 T_0 监测执行检查程序所用的时间。如果所用的时间不超过 T_0 的设定值，即不超时，则可证实自身完好，如果超时，用 T_0 的触点使系统关闭。若自身完好，则将监控定时器 T_0 复位，允许进入循环扫描工作。由此可见，T_0 的作用就是监测执行检查程序所用的时间，当所用的时间超时时又用来控制系统的关闭。故 T_0 叫监控定时器。

(二) 系统自诊断

在每次扫描前，再进行一次自诊断，检查系统的完好性，即检查硬件（如 CPU、系统程序存储器、I/O 口、通信口、后备锂电池电压等）和用户程序存储器等，以确保系统可靠运行。若发现故障，将有关错误标志位置位，再判断一下故障性质，若是一般性故障，只报警而不停机，等待处理；若是严重故障，则停止运行用户程序，PLC 切断一切输出联系。

(三) 通信与外设服务（含中断服务）

通信与外设服务指的是与编程器、其他设备（如终端设备，彩色图形显示器，打印机等）进行信息交换，与网络进行通信以及设备中断（用通信口）服务等。如果没有外设请求，系统会自动向下循环扫描。

(四) 采样输入信号

采样输入信号是指 PLC 在程序执行前，首先扫描各输入模块，将所有的外部输入信号的状态读入（存入）到输入映像存储器 I 中。

(五) 执行用户程序

在执行用户程序前，先复位看门狗（即监控定时器 WDT）T_1，当 CPU 对用户程序扫描时，T_1 就开始计时，在无中断或跳转指令的情况下，CPU 就从程序的首地址开始，按自左向右、自上而下的顺序，对每条指令逐句进行扫描，扫描一条，执行一条，并把执行结果立即存入输出映像存储器 Q 中。

当正常时，执行完用户程序所用的时间不会超过 T_1 的设定值，接下来，T_1 复位，刷新输出。当程序执行过程中存在某种干扰，致使扫描失控或进入死循环时，执行用户程序就会超时，T_1 的触点会接通报警电路，发出超时警报信号并重新扫描和执行程序（即程序复执）。如果是偶然因素或者瞬时干扰而造成的超时，则重新扫描用户程序时，上述"偶然干扰"就会消失，程序执行便恢复正常。如果是不可恢复的确定性故障，T_1 的触点使系统自动停止执行用户程序，切断外部负载电路，发出故障信号，等待处理。

由上述可见，T_1 的作用就是监测执行用户程序所用的时间，当所用的时间超时时又用来控制报警和系统的关闭。另外还可以看出，程序复执也是一种有效的抗干扰措施。

(六) 输出刷新

输出刷新就是指 CPU 在执行完所有用户程序后（或下次扫描用户程序前）将输出映像存储器 Q 的内容送到输出锁存器中，再由输出锁存器送到输出端子上去。刷新后的状态要保持到下次刷新。

二、用户程序的循环扫描过程

PLC 循环扫描机制就是 CPU 用周而复始的循环扫描方式去执行系统程序所规定的操作。对 PLC 周期扫描机制的理解和应用是能否发挥 PLC 控制功能的关键所在。

由图 3-5 可以看出，PLC 的系统工作过程与 CPU 的操作方式有关。CPU 有两个操作方式，即 STOP 方式和 RUN 方式。其主要差别是：RUN 方式下，CPU 执行用户程序；STOP 方式下，CPU 不执行用户程序。

下面对 CPU 在 RUN 方式下执行用户程序的过程作详尽的讨论，以便对 PLC 循环扫描的机制有更深入的了解，这也是理解 PLC 工作原理的关键所在。

(一) 扫描的含义

CPU 执行用户程序和其他的计算机系统一样，也是采用"分时"原理，即一个时刻执行一个操作，并一个操作一个操作地顺序进行，这种分时操作过程叫做 CPU 对程序"扫描"。若是周而复始的反复扫描就叫做"循环扫描"。显然，只有被扫描到的程序（或指令）或元件（线圈或触点）才会被执行或动作。

扫描是一个形象性术语，用来描述 CPU 如何完成赋予它的各种任务。也就是说如果用户程序是由若干条指令组成，指令在存储器内是按顺序排列的，则 CPU 从第一条指令开始顺序地逐条执行，执行完最后一条指令又返回第一条指令，开始新的一轮扫描，并且周而复始地循环。故可以说 PLC 是采用循环扫描的工作方式进行工作的，如图 3-5 所示。

由以上可见，PLC 与继电器控制系统对信息的处理方式是不同的，它们的区别如下：

继电器控制系统对信息的处理是采用"并行"处理方式，只要电流形成通路，就可能有几个电器同时动作。

PLC 控制系统对信息的处理是采用扫描方式，它是顺序地、连续地、循环地逐条执行程序，在任何时候它只能执行一条指令（即正被扫描到的指令），即以"串行"处理方式工作。

显然，这种"串行"处理方式可有效避免继电器控制系统中"触点竞争"和"时序失配"的问题；但会使 I/O 响应慢（即输入 I 延时，输出 O 滞后），影响 PLC 的控制速度，故 PLC 一般都设有 1~2 个高速输入点。

(二) 扫描周期

扫描周期是指在正常循环扫描时，从扫描过程中的一点开始，经过顺序扫描又回到该点所需要的时间。例如，CPU 从扫描第一条指令开始到扫描最后一条指令后又返回到第一条指令所用的时间就是一个扫描周期。

PLC 运行正常时，扫描周期的长短与下列因素有关：

1) CPU 的运算速度。
2) I/O 点的数量。
3) 外设服务的多少与时间（如编程器是否接上、通信服务及其占用时间等）。

4）用户程序的长短。

5）编程质量（如功能程序长短，使用的指令类别以及编程技巧等）。

（三）循环扫描过程

根据 PLC 的工作方式，如果运行正常，通信服务暂不考虑，从图 3-5 可以看出，PLC 对用户程序进行循环扫描的过程可分为三个阶段，即

→输入采样→程序执行→输出刷新→

下面对 PLC 的循环扫描过程进行较为详细的分析，并形象地用图 3-6 表示。

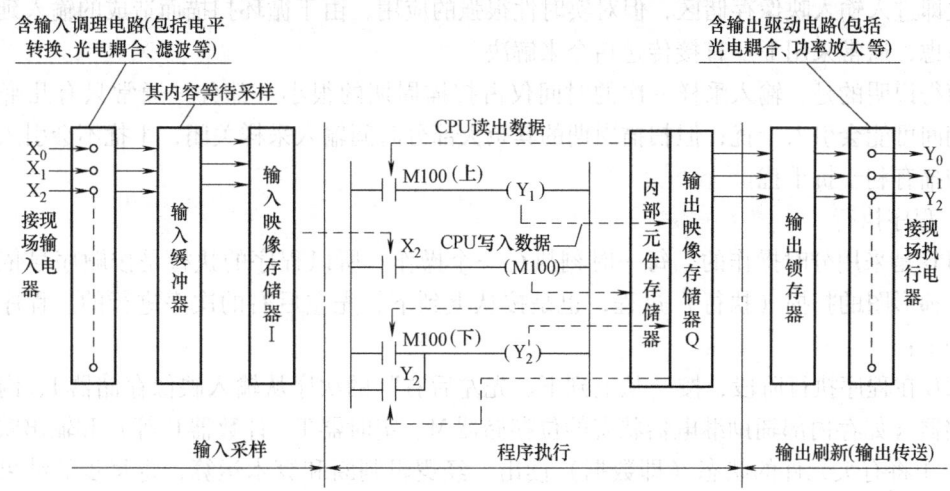

图 3-6 PLC 的输入、输出和程序执行过程

1. 输入采样

我们知道，PLC 的中央处理单元（CPU）是不能直接与外部接线端子联系的。送入到 PLC 端子上的输入信号，经过调理电路（包括电平转换、光电耦合、滤波处理等）进入输入缓冲器等待采样。没有 CPU 采样允许，外部输入信号不能进入内存（即输入映像存储器）。输入映像存储器是 PLC 的 I/O 存储区中一个专门存储输入数据映像（即不是直接数据而是数据的影像）的储存区。当 CPU 执行输入操作时，现场输入信号经 PLC 的输入端子由输入缓冲器进入输入映像存储器，这就是输入采样。如图 3-7 所示。

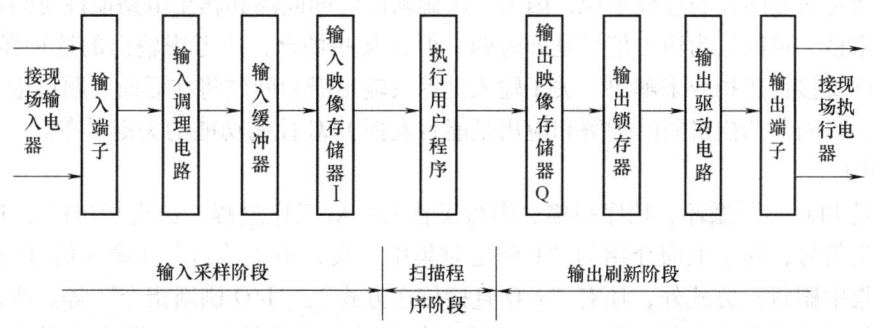

图 3-7 PLC 处理 I/O 信号的过程

在程序执行前，PLC 首先扫描输入模块，将所有外部输入信号的状态读入（存入）到输入映像存储器中，随后转入程序执行阶段并关闭输入采样。在程序执行期间，即使外部输

入信号的状态发生了变化，输入映像存储器的内容也不会随之改变，这些变化只能在下一个扫描周期的输入采样阶段才能被读入。就是说采用输入映像存储器的内容，在本工作周期内不会改变。

在循环扫描过程中，只有在采样时刻，输入映像存储器暂存的输入信号状态才与输入信号一致，其他时间输入信号变化不会影响输入映像存储器的内容，这会导致 PLC 的输入延迟和输出滞后于输入，使实时性变差。由于 PLC 扫描周期一般只有几毫秒，所以二次采样间隔很短，对于一般开关量来说，可以认为间断采样不会引起误差，即认为输入信号一旦变化就立即进入输入映像存储区，但对实时性很强的应用，由于循环扫描而造成的输入延迟就必须考虑，通常采用 I/O 直接传送指令来解决。

值得说明的是，输入采样一次的时间仅占扫描周期的很小一部分（通常只有几毫秒），在此期间可能会引入干扰；但扫描周期的其余大部分时间输入采样关闭，干扰不会引入，故循环扫描有利于抗干扰。

2. 程序执行

CPU 是采用分时操作的，每一时刻执行一个操作。所以程序的执行是按顺序号依次进行的。梯形图的扫描（执行）过程，也是按从上到下、先左后右的次序进行的。程序执行过程如下：

PLC 在程序执行阶段，按"从上到下、先左后右"的次序从输入映像存储器 I、内部元件存储器（如存内部辅助继电器状态的位存储器 M、定时器 T、计数器 C 等）和输出映像存储器 Q 中将有关元件的状态（即数据）读出，经逻辑判断和算术运算，将每步的结果立即写入有关的存储器（如位存储器 M、输出映像存储器 Q）中。因此各元件（实装输入点除外）存储器的内容，随着程序的执行在不断变化，如图 3-6 带箭头的虚线所示。

3. 输出刷新

同样道理，CPU 不能直接驱动负载。CPU 的运算结果也不是直接送到实际输出点，而是存放在输出映像存储器中。在执行完所有用户程序后（或下次扫描用户程序前），CPU 将输出映像存储器 Q 的内容通过输出锁存器输出到输出端子上，去驱动外部负载。这步操作过程就称为输出刷新。

输出刷新是在执行完所有用户程序后集中进行的，刷新后的状态要持续到下次刷新。同样，对于变化较慢的控制过程来说，因为二次刷新的时间间隔和输出电路惯性时间常数一般只有几十毫秒，可以认为输出信号是即时的。但在某些场合，应考虑输出的这种滞后现象，如采用 I/O 直接传送指令来解决。关于输入延迟及输出滞后问题将在后面专题讨论。

总之，对周期扫描机制的理解和应用是能否发挥 PLC 控制功能的关键所在。

4. 说明

以上是 PLC 不断循环、顺序扫描、串行工作的一般工作过程。值得指出的是 PLC 处理输入、输出信号，除了上面介绍的"I/O 定时集中采集，集中传送"（输入信号集中采集，输出信号集中刷新）方式外，还有"I/O 直接传送方式"、"I/O 刷新指令"等。所谓 I/O 直接传送是指随着程序的执行，需要哪一个输入信息就立即直接从输入模块取用这个输入状态。如有的 PLC 执行"直接输入指令"就是这样，但此时输入映像存储器内容不变化，要到下次定时采样时才变化。同样，当执行"直接输出指令"时可将该输出结果立即向输出模块输出，此时输出映像存储器中相应内容更新。这种情况送出输出信号不需等到输出集中刷新的时候。有的 PLC 还设有 "I/O 刷新指令"。设计程序时在需要的地方设置这类指令，执行这类指令可对全部或部分输入点信号读入一次，以刷新输入映像存储器内容；或在此时将输出结果立即向输出模块输出。

三、PLC 的 I/O 响应滞后问题

PLC 的输出输入响应滞后时间指的是输出动作滞后输入动作的时间。造成这一滞后的原因如下：

1) PLC 通过它的输入、输出模块与外部联系，为了提高 PLC 工作的可靠性，所有外部的 I/O 信号都要经过光耦合器或继电器等隔离后才能传入与送出 PLC。

2) 在设计输入电路时，为了防止由于输入触点的颤振、输入线混入的干扰而引起的误动，电路中一般均设有 RC 滤波器。因此外部输入从断开到接通或从接通到断开变化时，PLC 内部约有 10ms 的响应滞后，这种滞后属于 "物理滞后"。这对于一般系统来说，这点滞后可忽略。但对于高速输入来说，滤波都成了高速的障碍。电子固态开关（无触点）没有抖动噪声，为了实现高速输入，一般 PLC 上均设有 "高速输入点"，通常其滞后时间变短。有的高速输入点采用了滤波器，可用指令设定其滤波时间（如 0~60ms）。实际高速输入点也有 RC 滤波器，其最小滤波时间不小于 50μs。

PLC 的输出电路通常有三种形式：①继电器输出型，CPU 接通继电器的线圈，继而吸合触点，而触点与外线路构成回路。②晶体管输出型，通过光耦合使开关晶体管通断以控制外电路。③晶闸管和固态继电器（SSR）输出型，其一般用光电晶闸管实现隔离，由双向晶闸管的通断实现对外部电路的控制。它们的响应时间各不相同，继电器型响应时间最慢，晶体管型和 SSR 型响应时间都很快。继电器型从输出继电器的线圈通电（或断电）到其触点接通（或断开）的响应时间均为 10ms；SSR 型从光电晶闸管驱动（或断开）到输出三端双向晶闸管开关元件接通（或断开）的时间为 1ms 以下；晶体管型从光耦合器动作（或关断）到晶体管导通（或截止）的时间为 0.2ms 以下。

以上由元件和电路原因造成的滞后均属于 "物理滞后"。由于 PLC 是采用扫描方式进行工作的，所以还存在着由于扫描工作方式而引起的输入/输出响应延迟。这种滞后是因为输入/输出刷新时间和运行用户程序所造成的。可以说是属于 "逻辑滞后"。下面以图 3-6 为例分析一下这种滞后有多长时间。

输入信号出现是随机性的，设 X_2 的状态刚变化完就执行 "输入采样"，即当 X_2 状态刚变化后就读入到输入映像存储器中，经程序执行（从用户程序第一条指令开始，顺序逐条执行，直到用户程序执行结束为止），然后进行 "输出刷新"，这样输出 Y_2 滞后输入 X_2 的变化大约 1 个扫描周期。可以说 I/O 采用成批传送方式时 I/O 响应最短延迟时间为 1 个扫描周期。

I/O 响应最长延迟时间为多少呢？设 "输入采样" 刚结束，输入 X_2 状态就由断开（OFF）变为接通（ON）。下面看一下输出继电器 Y_1 的对外触点何时接通？

第一扫描周期：X_2 接通（ON）状态未读入，在输入状态表中 X_2 为 OFF 状态，所以线圈 Y_1、M100、Y_2 均为 OFF 状态，未被激励。输出 Y_1、Y_2 滞后输入 X_2 变化 1 个周期。

第二扫描周期：输入采样阶段，输入映像存储器中 X_2 变为 ON 状态。因为 PLC 扫描（执行程序）对梯形图来说是自上而下、自左而右进行的；当扫描 M100（上）支路时，由

于 M100 线圈在上一周期中未被激励；M100（上）仍为 OFF 状态，因而 Y_1 仍为 OFF 状态；当扫描 X_2 支路时由于输入状态表中 X_2 已为 ON 状态；因而 M100 线圈被激励；这时 M300（下）被接通；当扫描 M300（下）支路时，Y_2 线圈被激励。在此周期中，由于 Y_2 线圈被激励，并写入输出映像存储器中；当进至输出刷新阶段时，输出继电器 Y_2 对外触点动作，但已比输入 X_2 状态变化滞后了两个周期。Y_1 状态尚未变。

第三扫描周期：扫描自上而下、自左而右进行。由于 M100 线圈在元件存储器中的状态已为 ON，因此，M300（上）也为 ON，扫描执行 M300（上）支路时 Y_1 被激励。待用户程序执行完毕进至输出刷新阶段，输出继电器 Y_1 对外触点才动作；此时输出 Y_1 已比输入 X_2 状态变化滞后了 3 个周期。

由上分析可知，一般来说，I/O 采用集中传送方式时，I/O 响应滞后时间最长 2~3 个周期。这与编程方法（程序中语句安排等）有关。

图 3-6 中各元件在不同阶段的状态用表 3-1 表示，表中填有"ON"表示接通（线圈则为被激励），填"/"表示断开（线圈未被激励）。从表中也可以明显看出输出继电器 Y_1 线圈其对外触点动作时间比输入 X_2 动作时间已滞后了近 3 个扫描周期。

表 3-1 不同阶段图 3-6 中各元件状态变化

扫描时间	元件	X_2	M100 线圈	M100 触点（下）	Y_2 线圈	Y_2 触点	M100 触点（上）	Y_1 线圈
第一周期	输入采样阶段	/	/	/	/	/	/	/
	程序执行阶段	ON	/	/	/	/	/	/
	输出刷新阶段	ON	/	/	/	/	/	/
第二周期	输入采样阶段	ON	/	/	/	/	/	/
	程序执行阶段	ON	ON	ON	ON	/	/	/
	输出刷新阶段	ON	ON	ON	ON	ON	/	/
第三周期	输入采样阶段	ON	ON	ON	ON	ON	/	/
	程序执行阶段	ON	ON	ON	ON	ON	ON	ON
	输出刷新阶段	ON	ON	ON	ON	ON	ON	ON

注：程序执行阶段的元件状态，是指扫描该元件时元件的状态。

以上的分析可得出如下结论：

1）为了保证输入信息可靠进入"输入采样阶段"，输入信息的稳定驻留时间必须大于 PLC 的扫描周期，这样可保证输入信息不至于丢失。

2）要减少 I/O 响应时间（输出滞后输入的时间），除在硬件上想办法减少延迟时间外，在 I/O 传送方式上可采用直接传送方式。

3）定时器的时间设定值不能小于 PLC 的扫描周期。

4）在同一扫描周期内，输出值保留在输出映像存储器 Q 内且不变。因此，此输出值也可看成输出值的反馈值在用户程序中当作逻辑运算的变量或条件使用。

四、PLC 的中断

（一）一般中断的概念

可编程序控制器应用在工业过程中常常遇到这样的问题，要求 PLC 在某些情况下中止正常的输入输出循环扫描和程序运行，转而去执行某些特殊的程序或应急处理程序，待特殊程序执行完毕后，再返回执行原来的程序，PLC 的这样一个过程称为中断。中断过程中执行的特殊程序称为中断服务程序，每一个可以向 PLC 提出中断处理要求的内部原因或外部设备称为"中断源"（意为中断请求源）。

（二）PLC 对于中断的处理

PLC 系统对于中断的处理思路与一般微机系统对于中断处理的思路基本是一样的，但不同的厂家、不同型号的 PLC 可能有区别，使用时要做具体分析。

1. 中断响应问题

CPU 的中断过程受操作系统管理控制。一般微机系统的 CPU，在执行每一条指令结束时去查询有无中断申请。有的 PLC 也是这样，如有中断申请，则在当前指令结束后就可以响应该中断。但有的 PLC 对中断的响应是在系统巡回扫描周期的各个阶段，如它是在相关的程序结束后和执行用户程序时查询有无中断申请，如有中断申请，则转入执行中断服务程序。如果用户程序以块式结构组成，则在每块结束或实行块调用时处理中断。

2. 中断源先后排队顺序及中断嵌套问题

在 PLC 中，中断源的信息是通过输入点而进入系统的，PLC 扫描输入点是按输入点编号的前后顺序进行的，因此中断源的先后顺序只要按输入点编号的顺序排列即可。系统接到中断申请后，顺序扫描中断源，它可能只有一个中断源申请中断，也可能同时有多个中断源提出中断申请。系统在扫描中断源的过程中，就在存储器的一个特定区建立起"中断处理表"，按顺序存放中断信息。中断源被扫描过后，中断处理表也已建立完毕，系统就按照该表中的中断源先后顺序转至相应的中断程序入口地址去工作。

必须说明的是：PLC 可以有多个中断源。多个中断源可以有优先顺序，但有的 PLC 其中断无嵌套关系。即中断程序执行中，若有新的中断发生，不论新中断的优先顺序如何，都要等执行中的中断处理结束后，再进行新的中断处理。所以在 PLC 系统工作中，当转入中断服务程序时，并不自动关闭中断，所以也没有必要去开启中断。然而有的 PLC 中断是可以嵌套的，如西门子公司 S7 系列 PLC 高优先级的中断组织块可以中断低优先级的中断组织块，进行多层嵌套调用。

习 题

1. 简述 PLC 的系统工作过程。
2. 什么是 PLC 的周期扫描工作机制？扫描周期长短与什么有关？
3. 简述 PLC 的循环扫描过程。
4. 循环扫描为什么会导致输入延迟、输出滞后的问题？通常用什么方法解决？
5. 循环扫描为什么有利于 PLC 的抗干扰？
6. 名词解释。
(1) 输入采样　(2) 输出刷新　(3) 扫描　(4) 扫描周期

第三节　PLC 的 I/O 模块和外部设备

PLC 对外是通过各类 I/O 接口模块的外接线，来完成对工业设备或生产过程的检测与控制。为了适应各种输入/输出过程信号的需要，相应有许多种 I/O 接口模块。这里主要从应用的角度对 PLC 常用的 I/O 接口模块的功能、类型、原理电路及其外接线等进行重点介绍，为正确选用各种 I/O 接口模块奠定基础。

一、数字量 I/O 模块

（一）功能

数字量输入模块接收现场输入电器的开关量输入信号、光电隔离，并通过电平转换将开关量输入信号转换成 CPU 所需的信号电平。

数字量输出模块起光电隔离、电平转换的作用，并通过功率放大器输出（或驱动）去控制现场的执行电器。

（二）数字量 I/O 模块的类型及特点

1. 输入模块

直流输入模块——外接直流 12V、24V、48V 电源。

交流输入模块——外接交流 110V、220V 电源。

交直流输入模块——外接交直流电源，即交、直流电源都能用。

无源输入模块（干接触型）——由 PLC 内部提供电源，无须外接电源。

2. 输出模块

继电器输出（交直流输出模块）——输出电流大（3~5A），交直流两用，适应性强，但动作速度慢（10~12ms），工作频率低。

晶体管输出（直流输出模块）——外接直流电源，动作速度快（≤2ms），工作频率高（可达20kHz），但输出电流小（≤1A）。

晶闸管或固态继电器输出（交流输出模块）——外接交流电源，输出电流大，动作速度快，工作频率高。

（三）数字量 I/O 模块的内部电路及其外接线

图 3-8 与图 3-9 分别是西门子 S7-300 型 PLC 的数字量直流输入模块和数字量交流输入模块的内部电路及其外接线图。图中只画出了一路输入电路，M、N 分别是直流输入模块和交流输入模块的同一输入组的各输入信号的公共点。背板总线接口是将处理过的输入信号传送给 CPU 模块。数字量模块的输入/输出电缆的最大长度为 1000m（对屏蔽电缆）或 600m（对非屏蔽电缆）。

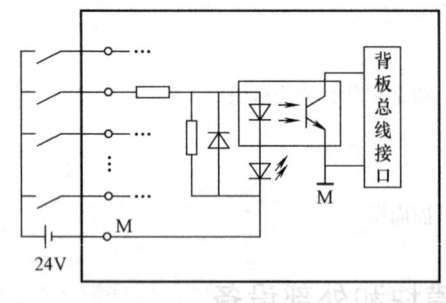

图 3-8　数字量直流输入模块

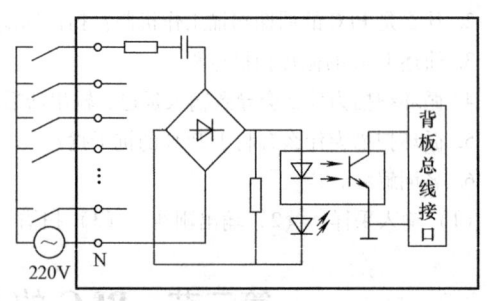

图 3-9　数字量交流输入模块

图 3-10、图 3-11、图 3-12 分别是西门子 S7-300 型 PLC 的数字量交直流输出模块（继电

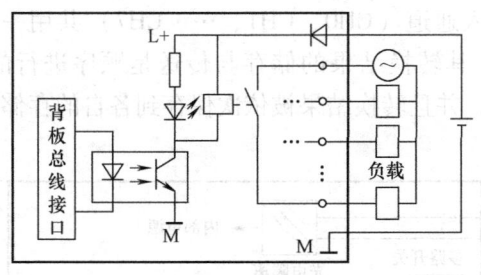

图 3-10 数字量交直流输出模块（继电器输出）

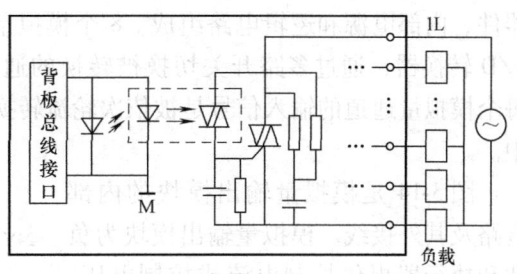

图 3-11 数字量交流输出模块（晶闸管输出）

器输出）、数字量交流输出模块（晶闸管输出）和数字量直流输出模块（晶体管输出）的内部电路及其外接线图，图中只画出了一路输出电路。

在选择数字量输出模块时，应注意负载电压的种类和大小、工作频率和负载的类型（如电阻性、电感性负载、白炽灯等）；除了每一点的输出电流外，还应注意每一组的最大输出电流不要超过允许值，否则，输出模块会烧坏。

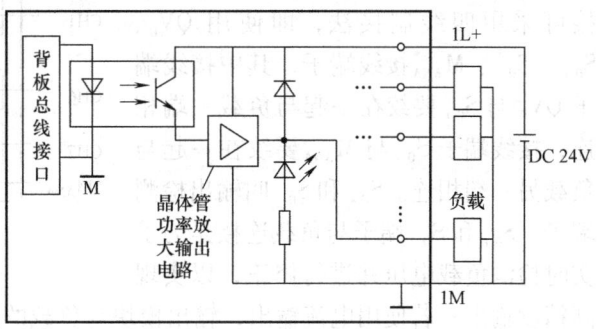

图 3-12 数字量直流输出模块（晶体管输出）

二、模拟量 I/O 模块

（一）模拟量输入模块

模拟量输入模块的作用就是通过 A/D 转换把外部模拟量输入信号转换成 CPU 所需的数字信号电平。其参数如下：

（1）模拟电压输入范围（典型值）

单极性：0~5V；0~10V

双极性：-5~+5V；-10~+10V

（2）模拟电流输入范围（典型值） 0~10mA；4~20mA

（二）模拟量输出模块

模拟量输出模块的作用就是通过 D/A 转换把 CPU 输出的数字信号转换成外部控制所需的模拟量输出的控制信号。其参数如下：

（1）模拟电压输出范围（典型值）

单极性：1~5V；1~10V

双极性：-10~+10V

（2）模拟电流输出范围（典型值） 0~20mA；4~20mA

（三）模拟量输入/输出模块

模拟量输入/输出模块是将模拟输入/输出集成在同一模块中，其电压和电流输入/输出范围的典型值同上。

（四）模拟量 I/O 模块的内部电路及其外接线

图 3-13 是模拟量输入模块的内部电路。它由多路开关、A/D 转换器（ADC）、光电隔离

器件、内部电源和逻辑电路组成。8个模拟量输入通道(CH0、CH1、…、CH7)共用一个A/D转换器,通过多路开关切换被转换的通道,其转换结果的储存与传送是顺序进行的,每个模拟量通道的输入信号是被依次轮流转换的,并且转换结果被依次保存到各自的存储器中。

图3-14是模拟量输出模块的内部电路及其外接线。模拟量输出模块为负载和执行器提供控制电流或控制电压。若使用电压输出,输出模块与负载的连接可采用四线制接法,即使用 QV_0、S_{0+}、S_{0-}、M_{ANA} 接线端子,其中接线端子 QV_0 与 S_{0+} 要绞在一起与负载一端相连;接线端子 S_{0-} 与 M_{ANA} 要绞在一起与负载另一端相连。S_{0+} 和 S_{0-} 叫输出检测端子,S_{0+} 和 S_{0-} 端子与负载连接是为了实时检测负载电压并进行修正,以实现

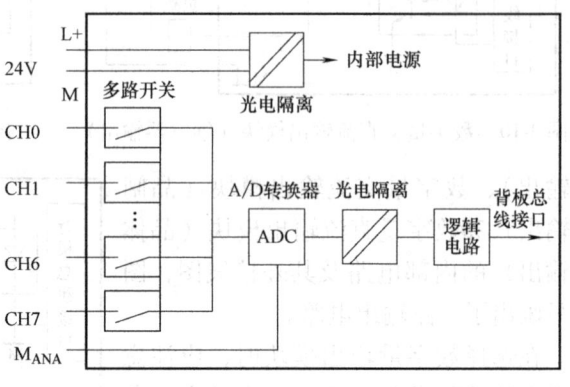

图3-13 模拟量输入模块

高精度输出。若使用电流输出,输出模块与负载的连接只能采用二线制接法,即使用 QI_0 和 M_{ANA} 接线端子。

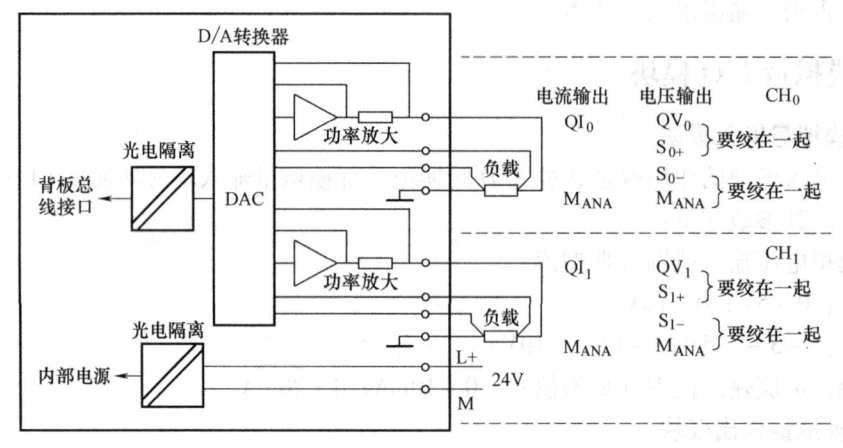

图3-14 模拟量输出模块

模拟量输入/输出信号都应使用屏蔽电缆或双绞线电缆来传送,并将屏蔽电缆两端的屏蔽层都接大地;若屏蔽电缆的屏蔽层两端有电位差(即不等电位),则两端的屏蔽层都接地后,屏蔽层内会有电流通过且干扰传输的模拟信号,此时应将屏蔽电缆的屏蔽层一点接地。

一般情况下,在CPU模块的内部,CPU模块的模拟电位参考点(即模拟地)M端子与接地端子(接大地的)用短接片相连。对带隔离的模拟量I/O模块(即图3-13、图3-14中,去与CPU相连的"背板总线接口"之前有"光电隔离"的),其模拟电位参考点 M_{ANA} 端子与CPU模块内部的模拟电位参考点M端子之间可不作电气连接;若模拟量I/O模块的 M_{ANA} 端子与CPU模块内部的模拟电位参考点M端子之间有电位差 U_{ISO},则模拟量I/O模块的 M_{ANA} 端子与CPU模块内部的模拟电位参考点M端子之间必须用导线作等电位连接,以确保

U_{ISO} 不超过允许值,否则 U_{ISO} 会造成模拟信号中断。对不带隔离的模拟量 I/O 模块(即图 3-13、图 3-14 中,去与 CPU 相连的"背板总线接口"之前无"光电隔离"的),其模拟电位参考点 M_{ANA} 端子与 CPU 模块内部的模拟电位参考点 M 端子之间必须作电气连接,否则,这些端子之间的电位差 U_{ISO} 会破坏模拟量信号,如图 3-15 和图 3-16 所示。

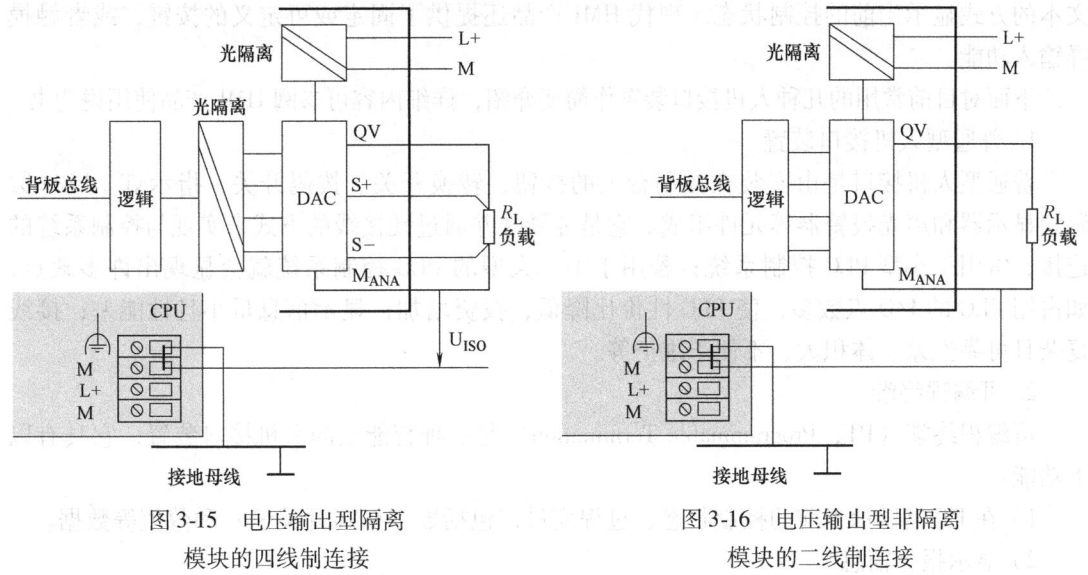

图 3-15 电压输出型隔离模块的四线制连接　　图 3-16 电压输出型非隔离模块的二线制连接

三、特殊 I/O 模块

(一) 特殊模块的涵义与特点

特殊模块是自带微处理器、存储器和系统程序的功能模块,也称智能模块。其特点是:模块的 CPU 与 PLC 的 CPU 并行工作(也可独立地连续工作),占用 PLC 的 CPU 时间很少,有利于提高 PLC 的扫描速度和完成特殊功能,并大大减少用户程序的编程难度和编程量。

(二) 特殊模块的种类

根据 PLC 对特殊功能的需要,PLC 除了常规的 I/O 模块,还配有多种特殊 I/O 模块,以便完成各种控制任务。常见的特殊 I/O 模块有:PID 调节模块、高速计数器模块、温度传感器模块、通信模块、运动控制模块等,此外,还有快速响应模块、数控模块、计算模块、模糊控制模块、语言处理模块、阀门控制模块和中断控制模块等。

四、外部设备简介

PLC 的外部设备有很多,如编程器、人机接口装置、打印机、EPROM 写入器、盒式磁带机或微存储卡(MMC 卡)等,其中最常用的有人机接口装置和编程器,下面对此作简要介绍。

(一) 人机接口装置 (HMI)

人机接口装置简称 HMI(即人机操作界面,Human Machine Interface),是用来实现操作人员与 PLC 控制系统之间的对话和相互作用的装置,或简单地说是人与机器直接打交道的工具或界面。

最简单的 HMI 只由几个开关、按钮和指示灯组成。操作人员通过这些设备把操作指令传送到控制系统中，控制系统也通过它们显示当前的控制数据和状态，这是一个传统的人机操作界面。其最大的缺点是占用 PLC 的 I/O 点数多、接线复杂、显示性能差。随着控制技术，尤其是微机控制技术和 PLC 技术的提高，新的模块化的、集成的人机接口装置被开发出来。这些 HMI 产品具有灵活的可由用户（开发人员）自定义的信号显示功能，用图形和文本的方式显示当前的控制状态。现代 HMI 产品还提供了固定或可定义的按键，或者触摸屏输入功能。

下面对目前常用的几种人机接口装置作简要介绍，详细内容可参阅 HMI 产品使用说明书。

1. 普通型人机接口装置

普通型人机接口是由安装在控制台上的按钮、转换开关、拨码开关、指示灯、LED 数码管显示器和声光报警器等元件组成。它是纯硬件并通过硬接线的方式来实现与控制系统的连接，常用于小型 PLC 控制系统；若用于中、大型的 PLC 控制系统就会显现出许多缺点，如占用 PLC 的 I/O 点数多，使 PLC 性价比降低，投资增加；显示信息量小且性能差；接线复杂且可靠性差、体积大、不便于维护等。

2. 可编程终端

可编程终端（PT，Programmable Termination）是一种智能型的人机接口装置，它具有以下功能：

1）在 PT 上显示当前的控制状态、过程变量，包括数字量（开关量）和数值等数据。

2）显示报警信息。

3）通过硬件和可视化图形按键输入数字量（如起动或停止按钮信号）、数值等控制参数。

4）使用 PT 的内置功能对 PLC 内部进行简单的监控、设置等。

可编程终端是专为工业现场而设计的，有较高的防护等级，能适应恶劣的工作环境；它体积小，重量轻、安装方便，可嵌入在控制柜的门上或控制台的面板上。如西门子的可编程终端产品有：文本显示器（TD）、操作员面板（OP）、触摸屏（TP）等。它们可以用专用的组态软件进行不同的组态，以实现其相应的显示、参数设置、控制等功能。

（1）文本显示器（TD） 一种低档的人机界面产品，硬键盘操作。一般只能用于显示中文和英文信息，部分文本显示器也能做简单的图形显示，其显示面积较小，一般只能显示 2~4 行汉字，每行 8~12 个汉字。文本显示器除了用于参数设置的几个功能键外，一般也设有几个操作键，适用于小型的 PLC 控制系统，完成不太复杂的显示与操作。文本显示器外形结构如图 3-17 所示。

（2）操作员面板（OP） 一种中档的人机界面产品，硬键盘操作。有文本操作面板和图形操作面板两大类。操作员面板除具有文本显示器的功能外，显示面积大，显示功能更强大，可显示更多的文字和图形；操作键和功能键更多，可完成更多的设置与操作。适用于中小型的 PLC 控制系统，完成较复杂的显示与操作。操作员面板外形结构如

图 3-17 文本显示器

图 3-18 所示。

（3）触摸屏（TP） 一种高档的人机界面产品，具有显示和软键盘操作功能，操作人员能够在触摸屏上操作。一个触摸屏可支持上千个页面，每个页面支持上千个变量和几十到几百个可自由定义的按键，操作界面设置方便。触摸屏一般和中大型 PLC 连接构成一个控制系统，用于较大型的、工作流程较复杂的、显示和设置较多的、且需较多操作单元的过程控制。触摸屏外形结构如图 3-19 所示。

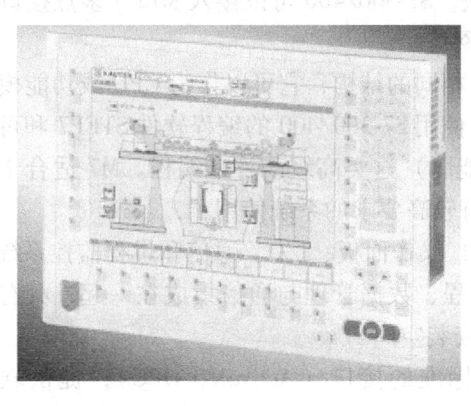
图 3-18 操作员面板

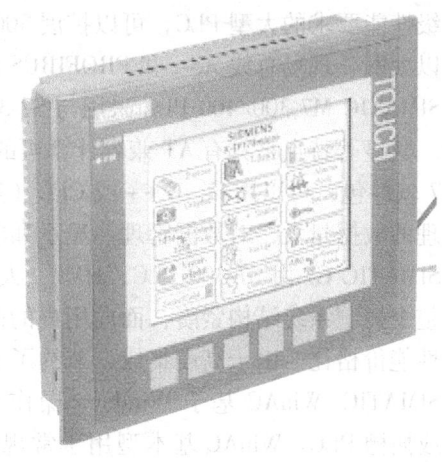
图 3-19 触摸屏

3. 组合型人机接口装置

组合型人机接口装置就是以上两种人机接口的组合，常用于大型 PLC 控制系统。

4. 监控计算机系统

监控计算机系统是用通用计算机和监控软件结合而形成的一种人机接口装置。它除了能实现可编程终端的全部功能外，在显示、对数据库的支持、对网络的支持、对大量数据的记录、统计和报表的打印等功能方面明显增强。监控计算机系统多用于监控中心内作为整个控制网络的监控站使用。

（二）编程器

编程器的内容已在本章第一节中介绍过，这里不再重复。

习 题

1. 简述开关量 I/O 模块的功能。
2. 开关量输入模块有哪几种？各有何特点？
3. 开关量输出模块有哪几种？各有何特点？
4. 模拟量 I/O 模块有哪几种？其模拟电压、电流值的范围（典型值）各是多少？
5. 什么是特殊 I/O 模块（智能模块），其特点是什么？列举 3~5 种常见的智能模块。
6. PLC 有哪些常用的外部设备？各有何作用？
7. 常用的人机接口装置有哪几种？各有何特点？各用在什么场合？

第四节 西门子 S7-300 PLC 的硬件组成及硬件配置

西门子公司的 PLC 产品有 SIMATIC S7、M7、和 C7 等几个系列。S7 系列是传统意义的

PLC 产品，其中的 S7-200 是针对低性能要求的小型 PLC。

S7-200 是在美国德州仪器公司的小型 PLC 的基础上发展起来的，其编程软件为 STEP7-Micro/WTN32。S7-300/400 的前身是西门子公司的 S5 系列 PLC，其编程软件为 STEP7。S7-200 和 S7-300/400 虽然有很多共同之处，但是在指令系统、程序结构和编程软件等方面均有相当大的差异。

S7-300 是一种通用型的模块式中、小型 PLC，最多可以扩展 32 个模块。S7-400 是用于中高级性能要求的大型 PLC，可以扩展 300 个模块。S7-300/400 可以接入 MPI（多点接口）、工业以太网、现场总线 AS-i 和 PROFIBUS 等通信网络。

SIMATIC M7-300/400 PLC 采用与 S7-300/400 相同的结构，它可以作为 CPU 或功能模块使用。其显著特点是具有 AT 兼容计算机的功能，使用 S7-300/400 的编程软件 STEP7 和可选的 M7 软件包，可以用 C、C++ 或 CFC（连续功能图）这类高级语言来编程。M7 适合于需要处理的数据量大，对数据管理、显示和实时性有较高要求的系统使用。

SIMATIC C7 由 S7-300 PLC、HMI（人机接口）操作面板、I/O、通信和过程监控系统组成。整个控制系统结构紧凑，面向用户的配置/编程、数据管理与通信集成在一起，具有很高的性能价格比。由于高度集成，节约了 30% 的安装空间。

SIMATIC_WinAC 基于 Windows 操作系统和标准的接口（ActiveX，OPC），提供软件 PLC 或插槽 PLC。WinAC 基本型用于常规控制系统；WinAC 实时型用于实时性、确定性要求非常高的控制场合，例如运动控制和快速控制等；WinAC 插槽型具有硬件 PLC 的所有特性，适用于实时性、安全性、可靠性要求均较高的场合。WinAC 具有良好的开放性和灵活性，可以方便的集成第三方的软件和硬件（即成熟的商用软件和硬件），例如运动控制卡、快速 I/O 卡或控制算法等。

西门子公司的大、中型 PLC 在我国自动化领域中占有重要的地位，因此，本书重点学习 S7-300 机型。

一、S7-300 的概况

S7-300（见图 3-20）是模块化的中小型 PLC，适用于中等性能的控制要求。品种繁多的 CPU 模块、信号模块和功能模块能满足各种领域的自动控制任务，用户可以根据系统的具体情况选择合适的模块，维修时更换模块也很方便。

S7-300 的每个 CPU 都有一个编程用的 RS-485 接口，使用西门子的 MPI（多点接口）通信协议。有的 CPU 还带有集成的现场总线 PROFIBUS-DP 接口或 PtP（点对点）串行通信接口。S7-300 不需要附加任何硬件、软件和编程

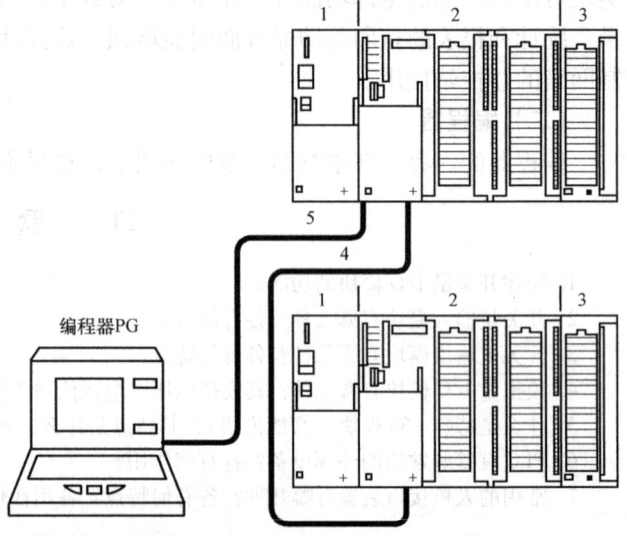

图 3-20　由两台 S7-300 PLC 组成的 PLC 组态
1—电源模块 PS（Power Supply）　2—中央处理单元 CPU
3—信号模块 SM（Signal Module）　4—PROFIBUS 总线电缆
5—连接编程器 PG 的电缆

就可以建立一个 MPI 网络，通过 PROFIBUS-DP 接口可以建立一个 DP 网络。

功能最强的 CPU 的 RAM 存储容量为 512KB，有 8192 个存储器位，512 个定时器和 512 个计数器，数字量通道最大为 65536 点，模拟量通道最大的为 4096 个。

S7-300/400 有很高的电磁兼容性和抗振动抗冲击能力。S7-300 标准型的环境温度为 0 ~ 60℃。环境条件扩展型的温度范围为 –25 ~ +60℃，有更强的耐振动和耐污染性能。

通过系统功能和系统功能块的调用，用户可以使用集成在操作系统内的程序，从而显著地减少所需要的用户存储器容量，它们可以用于中断处理、出错处理、复制和处理数据等。

S7-300/400 有 350 多条指令，其编程软件 STEP7 功能强大，可以使用多种编程语言，有的编程语言可以相互转换。STEP7 用软件工具来为所有的模块和网络设置参数。

CPU 用智能化的诊断系统连续监控系统的功能是否正常，记录错误和特殊系统事件（例如超时、模块更换等）。S7-300 有看门狗中断、过程报警、日期时间中断和定时中断功能。

S7-300/400 已将 HMI（人机接口）服务集成到操作系统内，大大减少了人机对话的编程要求。S7-300/400 按指定的刷新速度自动地将数据传送给 SIMATIC 人机界面。

二、硬件组成

S7-300 采用紧凑的、无槽位限制的模块结构。一台 S7-300 PLC 可由下述部分组成：①导轨、②电源模块（PS）、③CPU 模块、④信号模块（SM）、⑤功能模块（FM）、⑥接口模块（IM）、⑦通信处理器（即通信模块 CP）。其中电源模块、CPU 模块、信号模块、功能模块、接口模块、通信模块都安装在导轨上。导轨是一种安装各类模块的专用金属机架，只需将模块钩在 DIN 标准的导轨上，然后用螺栓锁紧即可，有多种不同长度规格的导轨供用户选择。S7-300 的硬件组成如图 3-21 所示。

电源模块总是安装在机架的最左边，CPU 模块紧靠电源模块，如果有接口模块，可放在 CPU 模块的右侧。余下的位置可任意安装信号模块、功能模块和通信模块，如图 3-22 所示。S7-300 PLC 还有一些辅助模块，如占位模块（DM370）、仿真模块（SM374）等。

S7-300 用背板总线将除电源模块之外的各个模块连接起来。背板总线集成在各个模块上，各个模块都通过 U 形总线连接器相连，每个模块都有一个总线连接器，总线连接器插在模块的背后。安装时，先将总线连接器插在 CPU 模块的背后并固定在导轨上，然后，依次装入各个模块。

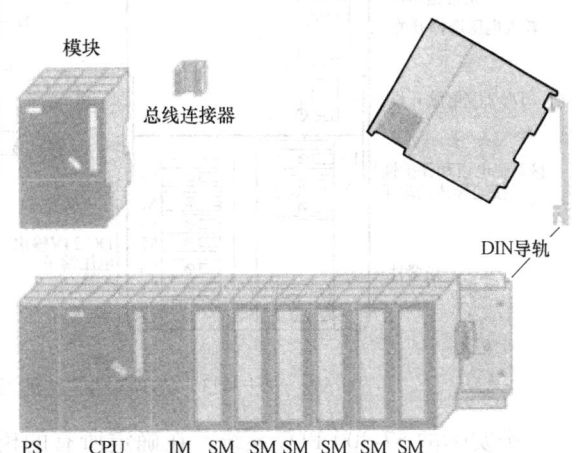

图 3-21　S7-300 PLC 的硬件结构

S7-300 的电源模块通过电源连接器或导线与 CPU 模块相连，为 CPU 模块提供 DC 24V 电源，也可为信号模块提供 DC 24V 电源。

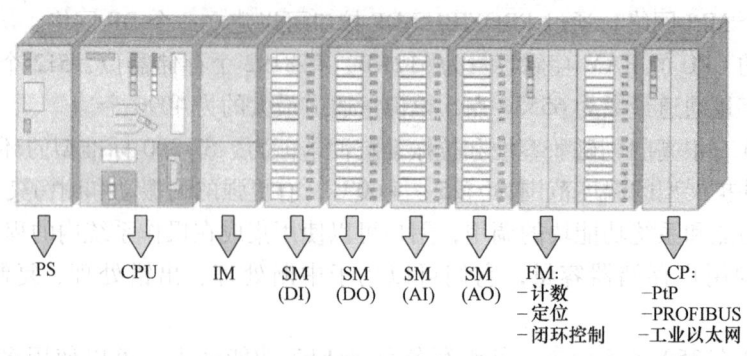

图 3-22　S7-300 PLC 模块组成（组态）实例

三、S7-300 PLC 的模块简介

（一）电源模块（PS）

S7-300 PLC 有多种电源模块可供选择，其中的 PS305 为户外型电源模块，输入电压为直流 24/48/72/96/110V，输出电压为直流 24V；PS307 普通型电源模块，输入电压为交流 120/230V，输出电压为直流 24V，比较适合大多数应用场合。根据输出电流的不同，PS307 有三种规格的电源模块：2A、5A、10A，它们除额定电流不同外，其工作原理及接线端子完全一样，如图 3-23 所示。

PS307 电源模块可安装在导轨上，除了给 S7-300 的 CPU 模块外，也可给信号模块、传感器和执行器提供负载电源。它与 CPU 模块、信号模块等之间是通过电缆连接，而不是通过背板总线连接。

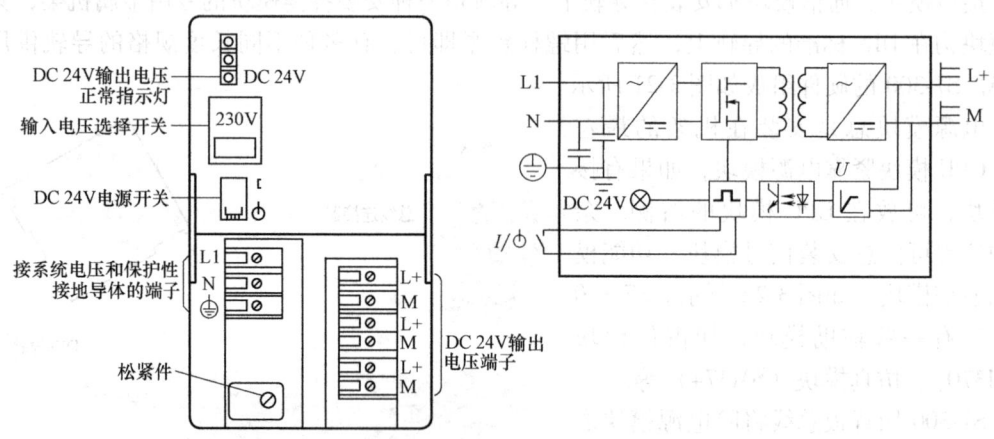

图 3-23　PS307 端子接线及内部原理框图

一个实际的 S7-300 PLC 系统，在确定所有的模块后，要选择合适的电源模块。所选定的电源模块的输出功率必须大于 CPU 模块及所有 I/O 模块、各种智能模块等消耗功率之和，并且要留有 30% 左右的裕量。当同一电源模块既要为主机单元供电又要为扩展单元供电时，从主机单元到最远一个扩展单元的线路压降必须小于 0.25V。

（二）S7-300 PLC 的 CPU 模块

1. CPU 模块的面板构成

CPU 内的元件封装在一个牢固而紧凑的塑料机壳内,面板上有状态和故障指示 LED、模式选择开关和通信接口。存储器插槽可以插入多达数兆字节的 Flash EPROM 微存储器卡(简称为 MMC),用于掉电后程序和数据的保存。

图 3-24 是新型号的 CPU 31xC 的面板图,新型号的 CPU 必须有微存储器卡才能运行,新面板横向的宽度只是原来的一半。大多数 CPU 没有集成的输入/输出模块,有些 CPU 的 LED 要多一些,有些 CPU 只有一个 MPI 接口。老式的 CPU 模式选择开关是可以拨出来的钥匙开关,有的还有后备电池盒。

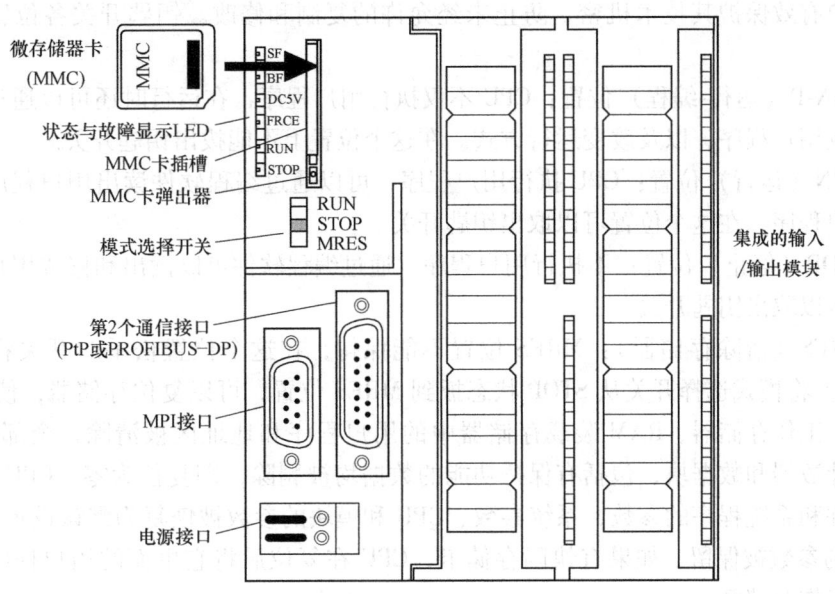

图 3-24 CPU31xC 的面板

(1) 状态与故障显示 LED　CPU 模块面板上的 LED(发光二极管)的意义如下:

1) SF(系统出错/故障显示,红色):CPU 硬件故障或软件错误时亮。

2) BF(BATF,电池故障,红色):电池电压低或没有电池时亮。

3) DC5V(+5V 电源指示,绿色):CPU 和 S7-300 总线的 5V 电源正常时亮

4) FRCE(强制,黄色):至少有一个 I/O 被强制时亮

5) RUN(运行方式,绿色):CPU 处于 RUN 状态时亮;重新启动时以 2Hz 的频率闪亮;HOLD 状态时以 0.5Hz 的频率闪亮。

6) STOP(停止方式,黄色):CPU 处于 STOP、HOLD 状态或重新启动时常亮,执行存储器复位时闪亮。

7) BUSF(总线错误,红色):PROFIBUS-DP 接口硬件或软件故障时亮,集成有 DP 接口的 CPU 才有此 LED。集成有两个 DP 接口的 CPU 有两个对应的 LED(BUS1F 和 BUS2F)。

(2) CPU 的运行模式　CPU 有 4 种操作模式:STOP(停机)、STARTUP(启动)、RUN(运行)和 HOLD(保持)。在所有的模式中,都可以通过 MPI 接口与其他设备通信。

1) STOP 模式:CPU 模块通电后自动进入 STOP 模式,在该模式不执行用户程序,可以接收全局数据和检查系统。

2) RUN 模式:执行用户程序,刷新输入和输出,处理中断和故障信息服务。

3) HOLD 模式：在 STARTUP 和 RUN 模式执行程序时用到调试用的断点，用户程序的执行被挂起（暂停），定时器被冻结。

4) STARTUP 模式：启动模式，可以用模式选择开关或编程软件启动 CPU。如果模式选择开关在 RUN 或 RUN-P 位置，通电时自动进入启动模式。

(3) 模式选择开关　有些 CPU 的模式选择开关（模式选择器）是一种钥匙开关，操作时需要插入钥匙，用来设置 CPU 当前的运行方式。钥匙拔出后，就不能改变操作方式。这样可以防止未经授权的人员非法删除或改写用户程序，还可以使用多级口令来保护整个数据库，使用户有效保护其技术机密，防止未经允许的复制和修改。钥匙开关各位置的意义如下：

1) RUN-P（运行-编程）位置：CPU 不仅执行用户程序，在运行时还可以通过编程软件读出和修改用户程序，以及改变运行方式。在这个位置上不能拔出钥匙开关。

2) RUN（运行）位置：CPU 执行用户程序，可以通过编程软件读出用户程序，但是不能修改用户程序，在这个位置可以取出钥匙开关。

3) STOP（停止）位置：不执行用户程序，通过编程软件可以读出和修改用户程序，在这个位置可以取出钥匙开关。

4) MRES（清除存储器）：MRES 位置不能保持，在这个位置松手时开关将自动返回 STOP 位置。将模式选择开关从 STOP 状态扳到 MRES 位置，可以复位存储器，使 CPU 回到初始状态。工作存储器、RAM 装载存储器中的用户程序和地址区被清除，全部存储器位、定时器、计数器和数据块，包括有保持功能的数据均被删除，即复位为零。CPU 检测硬件，初始化硬件和系统程序的参数，系统参数、CPU 和模块的参数被恢复为默认设置，MPI（多点接口）的参数被保留。如果有快闪存储卡，CPU 在复位后将它里面的用户程序和系统参数复制到工作存储区。

复位存储器按下述顺序操作：PLC 通电后将钥匙开关从 STOP 位置扳到 MRES 位置，"STOP" LED 熄灭 1s，亮 1s，再熄灭 1s 后保持亮。放开开关，使它回到 STOP 位置，然后又回到 MRES，"STOP" LED 以 2Hz 的频率至少闪动 3s，表示正在执行复位，最后 "STOP" LED 一直亮，可以松开模式开关。

存储卡被取掉或插入时，CPU 发出系统复位请求，"STOP" LED 以 0.5Hz 的频率闪动。此时应将模式选择开关扳到 MRES 位置，执行复位操作。

(4) 微存储器卡　Flash EPROM 微存储卡（MMC）用于在断电时保存用户程序和某些数据，它可以扩展 CPU 的存储器容量，也可以将有些 CPU 的操作系统保存在 MMC 中，这对于操作系统的升级是非常方便的。MMC 用作装载存储器或便携式保存媒体。MMC 的读写直接在 CPU 内进行，不需要专用的编程器。由于 CPU31xC 没有安装集成的装载存储器，在使用 CPU 时必须插入 MMC，CPU 与 MMC 是分开订货的。

如果在写访问过程中拆下 SIMATIC 微存储卡，卡中的数据会被破坏。在这种情况下，必须将 MMC 插入 CPU 中并删除它，或在 CPU 中格式化存储卡。只有在断电状态或 CPU 处于 "STOP" 状态下，才能取下存储卡。

(5) 通信接口　所有的 CPU 模块都有一个多点接口 MPI，有的 CPU 模块有一个 MPI 和一个 PROFIBUS-DP 接口，有的 CPU 模块有一个 MPI/DP 接口和一个 DP 接口。

MPI 用于 PLC 与其他西门子 PLC、PG/PC（编程器或个人计算机）、OP（操作员接口）

通过 MPI 网络的通信。PROFIBUS-DP 的最高传输速率为 12Mbit/s，用于与别的西门子带 DP 接口的 PLC、PG/PC、OP 和其他 DP 主站和从站的通信。

（6）电池盒　电池盒是安装锂电池的盒子，在 PLC 断电时，锂电池用来保证实时钟的正常运行，并可以在 RAM 中保存用户程序和更多的数据，保存的时间为一年。有的低端 CPU（例如 312 IFM 与 313）因为没有实时钟，没有配备锂电池。

（7）电源接线端子　电源模块的 L1、N 端子接 AC220V 电源，电源模块的接地端子和 M 端子一般用短路片短接后接地，机架的导轨也应接地。

电源模块上的 L＋和 M 端子分别是 DC 24V 输出电压的正极和负极。用专用的电源连接器或导线连接电源模块和 CPU 模块的 L＋和 M 端子。

（8）实时钟与运行时间计数器　CPU312 IFM 与 CPU 313 因为没有锂电池，只有软件实时钟，PLC 断电时停止计时，恢复供电后从断电瞬间时的时刻开始计时。有后备锂电池的 CPU 有硬件实时钟，可以在 PLC 电源断电时继续运行。运行小时计数器的计数范围为 0～32767h。

（9）CPU 模块上的集成 I/O　某些 CPU 模块上有集成的数字量 I/O，有的还有集成的模拟量 I/O，如图 3-25 所示。

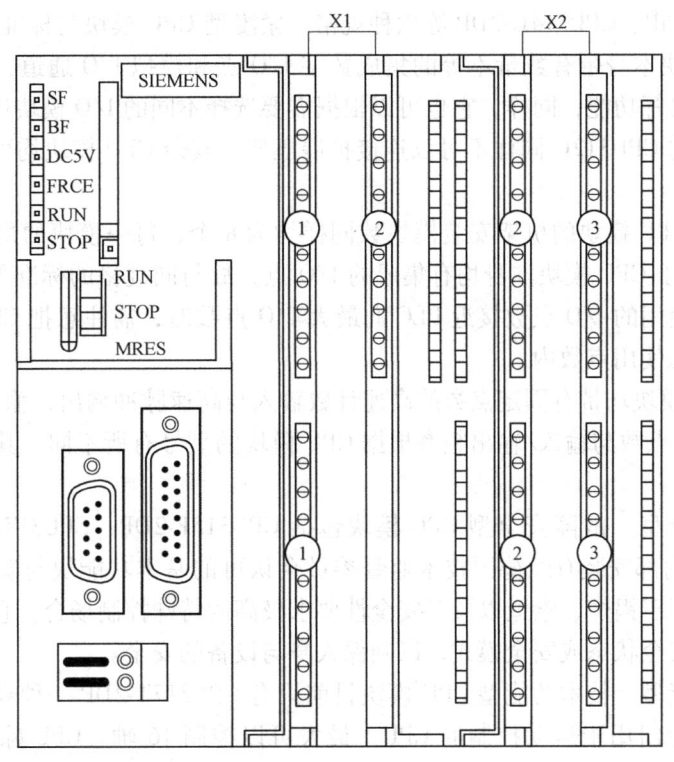

图 3-25　CPU 31xC 的集成数字和模拟 I/O
①模拟量输入和模拟量输出　②8 个数字量输入　③8 个数字量输出

2. CPU 模块分类及其特点

S7-300 PLC 的 CPU 型号有 CPU312 IFM、CPU313、CPU314、CPU314IFM、CPU315、CPU315-2DP、CPU316-2DP、CPU318-2DP 等 20 多种且不断更新。CPU312IFM、CPU314IFM

中的 IFM 表示该 CPU 模块上集成有数字量 I/O 接口、模拟量 I/O 接口和特殊功能；CPU313、CPU314、CPU315 模块上不带有集成的 I/O 接口；CPU315-2DP、CPU316-2DP、CPU318-2DP 中的-2DP 表示该 CPU 模块都有第二通信接口，即现场总线 PROFIBUS-DP 通信接口，通过它可使该 CPU 模块作为主站或从站接入现场总线（PROFIBUS）网络，以构成大规模 I/O 配置和建立分布式 I/O 结构等分布式设备（Distribution Peripheral，即 DP）配置。CPU 模块的存储容量、指令执行速度、可扩展的 I/O 点数、计数器/计时器的数量、功能软件块数量等指标是随着型号中数字序号的递增而增加。

S7-300 PLC 的 CPU 模块大致可以分为以下几类：

（1）标准型　标准型 CPU 模块包括 CPU312、CPU314、CPU315-2DP、CPU315-2PN/2DP、CPU317-2DP、CPU317-2PN/2DP、CPU318-2DP 等七种规格，且都没有集成 I/O 点。其中 CPU312 模块不可以连接扩展机架，即只有一个主机架，主机架上的最大安装模块数为 8 个，每一模块最大数字 I/O 点数为 32 点，最大数字 I/O 总点数为 256 点。其余 CPU 均可以连接最多 3 个扩展机架，每一机架的安装模块数均为 8 个，连同主机架的最大安装模块数为 32 个，因此，S7-300 PLC 的最大数字 I/O 总点数为 1024 点。

（2）紧凑型　紧凑型 CPU 模块包括 CPU312C、CPU313C、CPU313C-2PtP、CPU313C-2DP、CPU314C-2PtP、CPU314C-2DP 等六种规格。紧凑型 CPU 模块与标准型 CPU 模块的主要区别是 CPU 模块本身带有数量不等的集成数字 I/O 点和模拟 I/O 通道，集成高速计数输入、高速脉冲输出等功能，同样，它也可以根据需要选择不同的 I/O 模块进行扩展。与标准型一样，紧凑型的 CPU312C 同样不可以连接扩展机架，其余 CPU 模块均可以连接最多 3 个扩展机架。

虽然紧凑型 CPU 模块的机架安装模块数同样均为 8 个，每一模块的最大数字 I/O 点数也为 32 点，但由于 CPU 模块本身均有集成的 I/O 点，故与同规格的标准型 CPU 模块不同，当控制系统实际使用的 I/O 点数接近 PLC 的最大 I/O 点数时，需注意把 CPU 模块本身集成的 I/O 点也算进总使用点数内。

紧凑型 CPU 模块均带有固定点数的高速计数输入与高速脉冲输出，输入/输出频率可以达到 10～60kHz，点数与输入/输出频率根据 CPU 模块的型号有所不同，其详细的技术参数如表 3-2 所示。

（3）故障安全型　故障安全型 CPU 模块包括 CPU315F-2DP、CPU317F-2DP 两种规格。故障安全型 PLC 内部安装有经德国技术监督委员会认可的基本功能块与安全型 I/O 模块参数化工具，可以用于锅炉、索道以及对安全性要求极高的特殊控制场合，它可以在系统出现故障时立即进入安全状态或安全模式，以确保人身与设备的安全。

（4）技术功能型　技术功能型 CPU 模块目前只有 CPU317T-2DP 一种规格。技术功能型 CPU 模块是一种专门用于运动控制的 CPU，最大可以控制 16 轴。CPU 除可以控制轴定位外，还可以实现简单的插补与同步控制，可以用于需要进行坐标位置控制、速度控制等控制的场合。

（5）户外型　前期的 S7-300 PLC 系列有专门的所谓"户外型"CPU，常用的有户外型 CPU312 IFM、CPU314、CPU314 IFM 三种规格。户外型 CPU 模块的基本性能与同规格的紧凑型、标准型 CPU 类似，其主要特点是防护等级高，允许在 -25～+70℃并且含有氯、硫气体的环境下使用。

表 3-2 紧凑型 CPU 技术参数

	CPU	312C	313C	313C-2PtP	313C-2DP	314C-2PtP	314C-2DP
存储器	RAM/KB	16	32			48	
	用存储器卡扩展存储器/MB			最大 4			
执行时间	位操作（最小）/μs	0.2~0.4		0.1~0.2			
	字操作（最小）/μs	1		0.5			
	定点数加法（最小）/μs	2		0.1			
	浮点数加法（最小）/μs	30		15			
点数	集成的数字量输入/输出	10/6	24/16	16/16	16/16	24/16	24/16
	集成的模拟输入/输出	—	4/1	—	—	4/1	4/1
	数字量输入/输出（最大）	256/256		992/992			
	模拟量输入/输出（最大）	64/32		248/124			
	位存储器/B	1024		2048			
	每个中央控制器可扩展单元	0		3			
	每个系统的模块数量（最大）	8		31			
	计数器	128		256			
	定时器	128		256			
接口	第 1 个接口	MPI	MPI	MPI，点到点	MPI	MPI，点到点	MPI
	MPI 连接数量	6		8		12	
	第 2 个接口	—	—	点到点	DP 主、从	点到点	DP 主、从
	DP 主站连接最大数量	—	—	—	8	—	12
	DP 从站连接最大数量	—	—	—	32	—	32

3. CPU 模块的功能

CPU 模块是 PLC 控制系统的运算与控制的核心。它根据系统程序的要求完成以下任务：

1) 接收现场输入设备的状态和数据。
2) 接收并存储用户程序和数据。
3) 诊断 PLC 内部电路工作状态和编程过程中的语法错误。
4) 完成用户程序规定的运算任务。
5) 更新有关标志位的状态和输出状态寄存器的内容。
6) 实现输出控制或数据通信等功能。
7) 配合编程器具有监视、监控和信息显示等功能。
8) 为背板总线提供直流 5V 电源。

（三）接口模块 IM

接口模块用于 S7-300 PLC 的中央机架到扩展机架的连接，S7-300 有三种规格的接口模块，即 IM360、IM361、IM365 等。

1. IM365 接口模块

IM365 接口模块专用于 S7-300 PLC 的双机架系统扩展，由两个 IM365 配对模块和一个 368 连接电缆组成，如图 3-26a 所示。其中一块 IM365 为发送模块，必须插入 0 号机架（中央机架）的 3 号槽位；另一块 IM365 为接收模块，必须插入扩展机架（1 号机架）的 3 号槽位，且在扩展机架上最多只能安装 8 个信号模块，不能安装具有通信总线功能的功能模块，如通信模块 FM。IM365 发送模块和 IM365 接收模块通过 1m 长的 368 连接电缆固定连接，总驱动电流为 1.2A，其中每个机架最多可使用 0.8A。

2. IM360/IM361 接口模块

IM360 和 IM361 接口模块必须配合使用，用于 S7-300 PLC 的多机架连接。其中 IM360（如图 3-26b 所示）必须插入 0 号机架的 3 号槽位，用于发送数据；IM361（如图 3-26c 所示）则插入 1~3 号机架的 3 号槽位，用于接收来自 IM360 的数据。数据通过 368 连接电缆从 IM360 传送到 IM361，或者从 IM361 传送到下一个 IM361，前后二个接口模块的通信距离最长为 10m。

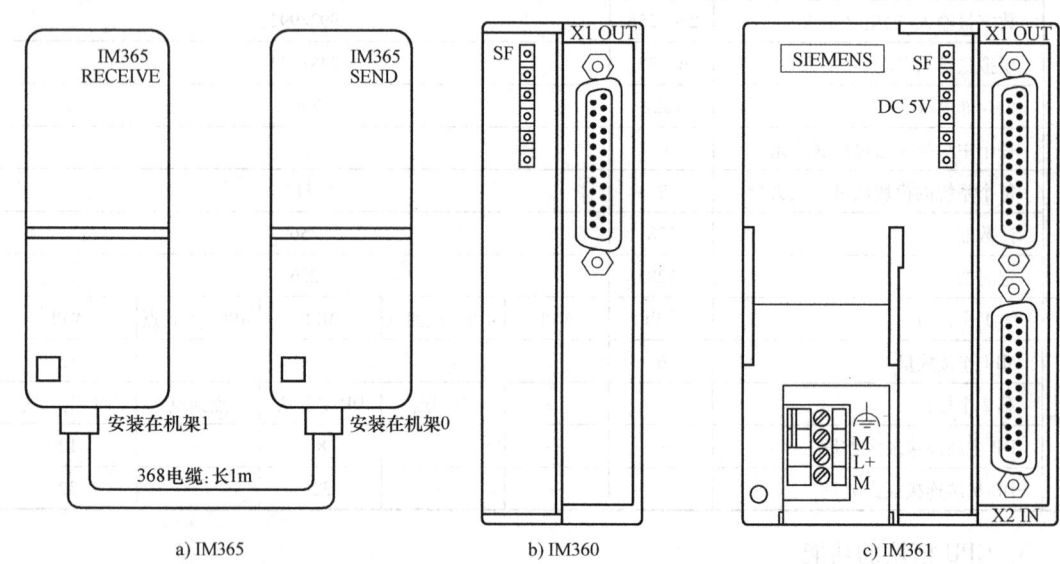

图 3-26 接口模块

（四）信号模块 SM

S7-300 的信号模块 SM 有数字输入/输出模块、模拟量输入/输出模块以及与连接爆炸等危险场合的输入/输出模块。

1. 数字量输入/输出模块

（1）数字量输入模块 SM312 数字量输入模块（DI）将现场的数字信号电平转换成 PLC 内部信号电平，经过光隔离和滤波后，送到输入缓冲区等待 CPU 采样，采样后的信号状态经过背板总线进入输入映像区。根据输入信号的极性及其端子数，SM321 共有 14 种数字量输入模块，常用的 4 种见表 3-3。

表 3-3 常用 SM321 数字量输入模块技术特性

技术特性	直流 16 点输入模块	直流 32 点输入模块	交流 8 点输入模块	交流 32 点输入模块
输入端子数	16	32	8	32
额定负载电压/V	DC24	DC24		
负载电压范围/V	20.4~28.8	20.4~28.8		

（续）

技术特性	直流16点输入模块	直流32点输入模块	交流8点输入模块	交流32点输入模块
额定输入电压/V	DC24	DC24	AC120	AC120
输入电压为1的范围	13~30	13~30	79~132	79~132
输入电压为0的范围	-3~+5	-3~+5	0~20	0~20
输入电压频率/Hz			47~63	47~63
隔离（与背板总线）方式	光耦合器	光耦合器	光耦合器	光耦合器
输入电流为1的信号/mA	7	7.5	6	21
最大允许静态电流/mA	1.5	1.5	1	4
典型输入延迟/ms	1.2~4.8	1.2~4.8	25	25
背板总线最大消耗电流/mA	25	25	16	29
功率损耗/W	3.5	4	4.1	4.0

图 3-27 是数字量输入模块 SM321（直流 16 点）的外观图。模板的每个输入点有 1 个绿色发光二级管显示输入状态，输入开关闭合时有输入电压，二极管亮。

（2）数字量输出模块 SM322　数字量输出模块（DO）将 S7-300 内部信号电平转换成现场外部信号电平，可直接驱动电磁阀线圈、接触器线圈、微型电动机、指示灯等负载。根据负载回路使用电源的要求，数字量输出模块可分为直流输出模块（晶体管输出方式）、交流输出模块（晶闸管输出方式）和交直流两用输出模块（继电器输出方式）等。SM322 有七种输出模块，其技术特性见表 3-4。

（3）数字量输入/输出模块 SM323　数字量输入输出模块（DI/DO）在一块模块上同时具有数字量输入点和输出点。SM323 有两种模块，一种带有 8 个共地输入端和 8 个共地输出端；另一种带有 16 个共地输入端和 16 个共地输出端，两种模块的输入输出特性相同：I/O 额定负载电压 DC 24V、输入电压"1"时信号电平为 13~30V、"0"时信号电平为 -3~+5V、额定输入电压下输入延迟为 1.2~4.8ms、与背板总线通过光耦合器隔离。其技术特性见表 3-5。

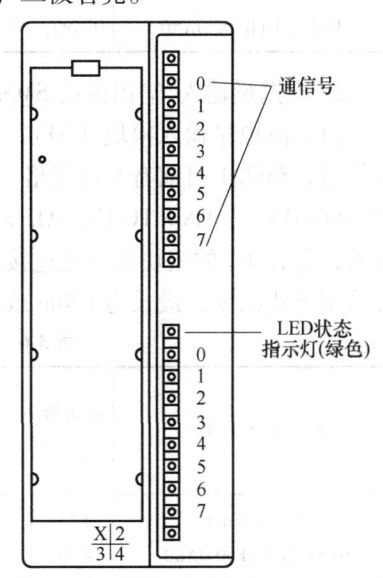

图 3-27　直流 16 点数字量输入模块 SM321 外观图

表 3-4　SM322 数字量输出模块技术特性

技术特性	8点晶体管	16点晶体管	32点晶体管	16点晶闸管	32点晶闸管	8点继电器	16点继电器
输出点数	8	16	32	16	32	8	16
额定电压/V	DC24	DC24	DC24	AC120	AC120	AC120	AC230
与背板总线隔离方式	光耦合器	光耦合器	光耦合器	光耦合器	光耦合器	光耦合器	光耦合器
输出组数	4	8	8	8	8	2	8
最大输出电流/A	0.5	0.5	0.5	0.5	1	2	2

(续)

技术特性	8点晶体管	16点晶体管	32点晶体管	16点晶闸管	32点晶闸管	8点继电器	16点继电器
短路保护	电子保护	电子保护	电子保护	电子保护	熔断保护	熔断保护	熔断保护
最大消耗电流/mA	60	120	200	184	275	40	100
功率损耗/W	6.8	4.9	5	9	25	2.2	4.5

表 3-5　SM323 数字量输入/输出模块的技术参数

模块型号订货号	点数及分组	额定输入电压	1信号电压范围/V	0信号电压范围/V	1信号输入电流/mA	额定负载电压	输出电流/A	输出器件	功率损耗/W
DI 8/DO 8×24V DC/0.5A 6AG1323-1BH01-2AA0	8 DI, 1组 8 DO, 1组	DC 24V	13～30	−3～5	7	DC 24V	0.5	晶体管	6.5
DI 16/DO 16×24V DC/0.5A 6ES7 323-1BL00-0AA0	16 DI, 2组 16 DO, 1组	DC 24V	13～30	−3～5	7	DC 24V	0.5	晶体管	3.5

2. 模拟量输入/输出模块 SM331

（1）模拟量输入模块（AI）　可将控制过程中的模拟信号转换为 PLC 内部处理用的数字信号，SM331 目前有 8 种规格，常用模块规格有 AI8×16 位（8 通道 16 位）、AI8×12 位、AI8×RTD 位、AI8×TC 位、AI2×12 位等。其中带有 RTD 的模块是只能连接电阻或热电阻输入，带有 TC 的模块是只能连接热电偶输入。所有模块内部均设有光电隔离电路，输入一般采用屏蔽电缆，最长为 100m 或 200m，各模块的主要技术参数如表 3-6 所示。

表 3-6　SM331 模拟量输入模块的技术参数

模块型号订货号	通道数及分组	精度	测量方法	测量范围	可编程诊断	诊断中断	极限值监控	输入之间的允许电位差（ECM）	备注
AI 8×16bit 6ES7331-7NF00-0AB0	8AI 4组	可调整 15bit+符号	电流电压	任意	✓	可调整	2通道可调整	DC 50V	
AI 8×16bit 6ES7331-7NF10-0AB0	8AI 4组	可调整 15bit+符号	电流电压	任意	✓	可调整	8通道可调整	DC 60V	
AI 8×14bit 6ES7331-7HF00-0AB0	8AI 4组	可调整 13bit+符号	电流电压	任意	✓	可调整	2通道可调整	DC 11V	高速时钟
AI 8×13bit 6ES7331-1KF00-0AB0	8AI 8组	可调整 12bit+符号	电流电压电阻温度	任意	✓	×	×	DC 2.0V	
AI 8×12bit 6ES7331-7KF02-0AB0	8AI 4组	可调整 9bit+符号 12bit+符号 14bit+符号	电流电压电阻温度	任意	×	可调整	2通道可调整	DC 2.5V	

模块型号订货号	通道数及分组	精度	测量方法	测量范围	可编程诊断	诊断中断	极限值监控	输入之间的允许电位差（ECM）	备注
AI 8×RTD 6ES7331-7PF00-0AB0	8AI 4组	可调整 15bit+符号	电阻 温度	任意	✓	可调整	8通道 可调整	DC 75V AC 60V	
AI 8×TC 6ES7331-7PF10-0AB0	8AI 4组	可调整 15bit+符号	温度	任意	✓	可调整	8通道 可调整	DC 75V AC 60V	
AI 2×12bit 6ES7331-7KBx2-0AB0	2AI 1组	可调整 9bit+符号 12bit+符号 14bit+符号	电流 电压 电阻 温度	任意	✓	可调整	1通道 可调整	DC 2.5V	

注：栏内"✓"表示具有此功能；"×"表示不具有此功能。

（2）模拟量输出模块 SM332 SM332 用于将 S7-300PLC 的数字信号转换成系统所需要的模拟量信号，控制模拟量调节器或执行机构。SM332 目前有 4 种规格的模块，所有模块内部均有光隔离电路，各模块的主要技术参数见表 3-7。

表 3-7 SM332 模拟量输出模块的技术参数

模块型号订货号	通道数及分组	精度	输出方式	可编程诊断	诊断中断	替代值输出	负载阻抗 电压输出/kΩ	负载阻抗 电流输出/kΩ	负载阻抗 容性输出/μF	负载阻抗 感性输出/mH	备注
AO 8×12bit 6ES7332-5HF00-0AB0	8AO 8组	12bit	按通道输出 电压、电流	✓	可调整	可调整	1	0.5	1	1	
AO 4×16bit 6ES7332-7ND01-0AB0	4AO 4组	16bit	按通道输出 电压、电流	✓	可调整	不可调整	1	0.5	1	1	时钟功能
AO 4×12bit 6ES7332-5HD01-0AB0	4AO 4组	12bit	按通道输出 电压、电流	✓	可调整	可调整	1	0.5	1	1	
AO 2×12bit 6ES7332-5HB01-0AB0	2AO 2组	12bit	按通道输出 电压、电流	✓	可调整	可调整	1	0.5	1	1	

注：栏内"✓"表示具有此功能。

（3）模拟量输入/输出模块 模拟量输入/输出模块有 SM334 和 SM335 两个子系列。SM334 为通用模拟量输入/输出模块，SM335 为高速模拟量输入/输出模块，并具有一些特殊功能。SM334 和 SM335 模块的主要技术参数见表 3-8。

表 3-8 模拟量输入/输出模块的技术参数

模块型号订货号	输入通道及分组	输出通道及分组	精度	测量方法	输出方式	可编程诊断	诊断中断	测量范围	输出范围
AI 4/AO 2×8/8bit 6ES7 334-0CE01-0AA0	4输入 1组	2输出 1组	8bit	电压 电流	电压 电流	×	×	0~10V 0~20mA	0~10V 0~20mA

（续）

模块型号订货号	输入通道及分组	输出通道及分组	精度	测量方法	输出方式	可编程诊断	诊断中断	测量范围	输出范围
AI 4/AO 2×12bit 6ES7 334-0KE00-0AB0	4 输入 2 组	2 输出 1 组	12bit + 符号	电压 电阻 温度	电压	×	×	0~10V 10kΩ Pt 100	0~10V
AI 4/AO 4×14bit/12bit 6ES7 335-7HG01-0AB0	4 输入	4 输出	输入 14bit 输出 12bit	具有 1 路脉冲输入和编码器电源					
AI 4/AO 4×14bit/12bit 6ES7 335-7HG00-0AB0	4 输入	4 输出	输入 14bit 输出 12bit	带有噪声滤波器					

注：栏内"×"表示不具有此功能。

（五）功能模块 FM

S7-300 PLC 有大量的功能模块。功能模块自身带有 CPU，并能实现特定的功能，可为 PLC 的 CPU 模块分担大量的任务。用户可减少大量的编程工作量。

1. 闭环控制模块

（1）FM335 闭环控制模块　FM335 有 4 个闭环控制通道，用于压力、流量、液位等控制。有自优化温度控制算法和 PID 算法。FM355C 是有 4 个模拟量输出端的连续控制器，FM355S 是有 8 个数字输出点的步进或脉冲控制器。CPU 停机或出现故障后，FM355 仍能继续进行。控制程序存储在模块中。

FM355 的 4 个模拟量输入端用于采集模拟数值和前馈控制，附加的一个模拟量输入端用于热电偶的温度补偿。可以使用不同的传感器，例如热电偶、Pt100 热电阻、电压传感器和电流传感器。FM355 有 4 个单独的闭环控制通道，可以实现定值控制、串级控制、比例控制和三分量控制，几个控制器可以集成到一个系统中使用。有自动、手动、安全、跟随、后备这几种操作方式。12 位分辨率时的采样时间为 20~100ms，14 位分辨率时为 100~500ms。

自优化温度控制算法存储在模块中，当设定点变化大于 12% 时自动启动自优化；可以使用组态软件包对 PID 控制算法进行优化。CPU 有故障或 CPU 停止运行时控制器可以独立地继续控制。为此，在"后备方式"功能中，设置了可调的安全设定点或安全调节变量。可以读取和修改模糊温度控制器的所有参数，或在线修改其他参数。

（2）FM355-2 闭环控制模块　FM355-2 是适用于温度闭环控制的 4 通道闭环控制模块，可以方便地实现在线自动化温度控制，包括加热、冷却控制，以及加热、冷却的组合控制。FM355-2C 是有 4 个模拟量输出端的连续控制器。FM355-2S 是有 8 个数字量输出端的步进或脉冲控制器。CPU 停机或出现故障后 FM355 仍能继续运行。

2. 计数器模块

（1）计数器模块的共同性能　模块的计数器均为 0~32 位或 31 位加减计数器，可以判断脉冲方向，给编码器供电。模块有比较功能，达到比较值时，通过集成的数字量输出响应信号，或通过背板总线向 CPU 发出中断。可以 2 倍频和 4 倍频计数，4 倍频是指在两个互差 90°的 A、B 相信号的上升沿、下降沿都计数。通过集成的数字量输入直接接收启动、停止计数器的数字量信号。

（2）FM350-1 计数器模块　FM350-1 是智能化的单通道计数器模块，可以检测最高达

500kHz 的脉冲。有连续计数、单向计数、循环计数三种工作模式。它有三种特殊功能：设定计数器、门计数器和用门功能控制计数器的启/停。达到基准值、过零点和超限时可以产生中断。有 3 个数字量输入，2 个数字量输出。

(3) FM350-2 计数器模块　FM350-2 是 8 通道智能型计数器模块，有 7 种不同的工作方式：连续计数、单次计数、周期计数、频率测量、速度测量、周期测量和比例运算。

对于 24V 增量编码器，计数的最高频率为 10kHz；对于 24V 方向传感器、24V 起动器和 NAMUR 编码器，计数最高频率为 20kHz。

(4) CM35 计数器模块　CM35 是 8 通道智能计数器模块，可以执行通用的计数和测量任务，也可以用于最多 4 轴的简单定位控制。CM35 有 4 种工作方式：加计数或减计数、8 通道定时器、8 通道周期测量和 4 轴简易定位。8 个数字量输出点用于对模块的高速响应输出，也可以由用户程序指定输出功能，计数频率每通道最高 10kHz。

3. 称重模块

(1) SIWAREX U 称重模块　SIWAREX U 是紧凑型电子称，用于化学工业和食品工业等行业来测定料仓和储斗的料位，用于对起重机载荷测试进行监控，对传送带载荷进行测量或对工业提升机、轧机超载进行安全防护等；可以作为功能模块集成到 S7/M7-300 中，也可以通过 ET 200M 连接到 S7 系列 PLC。

SIWAREX U 有下列功能：衡器的校准、质量值的数字滤波、质量测定、衡器置零、极限值监控和模块的功能监控，模块有多种诊断功能。

SIWAREX U 有单通道和双通道两种型号，分别连接一台或两台衡器。SIWAREX U 有两个串行接口，RS-232C 接口用于连接设置参数用的计算机，TTY 接口用于连接最多 4 台数字式远程显示器。模块的参数可以用组态软件 SIWATOOL 设置，并存入磁盘。

(2) SIWAREX M 称重模块　SIWAREX M 是有校验能力的电子称重和配料单元。可以用它组成多料秤称重系统。可以准确无误地关闭配料阀，达到最佳的配料精度。它可以作为功能模块集成到 S7/M7-300 中，也可以通过 ET 200M 连接到 S5/S7 系列 PLC。

SIWAREX M 有下列功能：置零和称皮重、自动零点追踪、设置极限值（Min/Max/空值/过满）、操纵配料阀（粗/精配料）、称重静止报告和配料误差监视等。

SIWAREX M 可以安装在易爆区域，还可以独立于 PLC 的现场仪器使用。它有一个称重传感器通道，3 个数字输入端和 4 个数字输出端用于选择称重功能，一个模拟量输出端用于连接模拟显示器或在线记录仪等。RS-232C 串行接口用于连接 PC 或打印机，TTY 串行接口用于连接有校验能力的数字远程显示器或主机。

4. FM351 双通道定位模块

FM351 是快速进给和慢速驱动的双通道定位模块，主要功能特性如下：

1) 用于快速定位和慢速驱动的双通道定位模块。

2) 每个通道具有 4 个数字输出点，用于电动机控制。

3) 可进行增量或同步串行位置检测。

5. FM353 步进电动机定位模块

FM353 是通过步进电动机，实现各种定位任务的智能模块，主要功能特性如下：

1) 使用于简单的点到点定位，或者用于响应、精度和速度有极高要求的复杂运动模式，是高速机械设备定位任务的理想解决方案。

2）控制步进电动机的 FM353 定位模块可用于定位进给轴、调整轴、设定轴和传送带式轴（直线和旋转轴）。

6. FM354 伺服电动机定位模块

FM354 是通过伺服电动机，在高速机械设备中实现各种定位任务（位置闭环）的智能模块，主要功能特性如下：

1）使用于简单的点到点定位，或者用于响应、精度和速度有极高要求的复杂运动模式，是高速机械设备定位任务的理想解决方案。

2）控制伺服电动机的 FM354 定位模块可用于定位进给轴、调整轴、设定轴和传送带式轴（直线轴、旋转轴）。

3）FM354 处理轴的实际定位，用模拟驱动接口（-10～+10V）控制驱动器。编码器（SSI 或增量）报告目前轴的位置，FM354 利用此信息来修正输出电压。

4）定位功能包括：手动调整（用点动键来移动伺服轴），增量方式（沿预定义的路径移动伺服运动轴），MDI（手动数据输入），运动中的 MDI（在任意希望的、可指定的位置，随时进行伺服定位），手动/单段控制（用于复杂路径的伺服定位，连续/周期进给、向前/向后）。

5）通过模板 FM354 集成的数字量输入，还有一些特殊功能可供选择：长度测量，通过 FM354 的快速输入起动、停止定位运动、寻找参考点、运动中设定实际值等。

（六）通信模块 CP

CP340 用于建立点对点（Point to Point）低速连接，最大传输速率为 19.2kbit/s。有三种通信接口，即 RS-232、RS-422、RS-485，可通过 ASCII、3964（R）通信协议及打印机驱动软件，实现 S7-300 系列 PLC 与其他厂商的控制系统、机器人控制器、条形码阅读器、扫描仪等设备通信连接。

CP341 用于建立点对点（Point to Point）高速连接，最大传输速度为 76.8kbit/s。

CP342-2 和 CP343-2 用于实现 S7-300 到 AS-I 接口总线的连接，最多可连接 31 个 AS-I 从站，具有监视 AS-I 电缆电源电压的功能和许多状态诊断的功能。

CP342-5 用于实现 S7-300 到 PROFIBUS-DP 现场总线的连接，分担 CPU 的通信任务，为用户提供各种 PROFIBUS 总线系统服务，通过 PROFIBUS-DP 现场总线进行远程组态和远程编程。

CP343-1 用于实现 S7-300 到工业以太网总线的连接。它自身具有处理器，在工业互联网上独立处理数据通信并允许进一步连接，完成与编程器、PC、人机界面装置、其他 PLC 之间的数据通信。

CP343-1 TCP 使用标准的 TCP/IP 通信协议，实现 S7-300（只限服务器）到工业互联网的连接。

CP343-5 用于实现 S7-300 到 PROFIBUS-DP 现场总线的连接，分担 CPU 的通信任务，为用户提供各种 PROFIBUS 总线系统服务，通过 PROFIBUS-FMS 对系统进行远程组态和远程编程。

（七）前连接器与其他模块

1. 前连接器

前连接器用于将传感器和执行元件连接到信号模块上。它被插入到模块上，有前盖板保护。更换模块时接线仍然在连接器上，只需要拆下前连接器，不用花费很长时间重新接线。模块上有两个带顶罩的编码元件，第一次插入时，顶罩永久的插入到前连接器上。为避免更换模块时发生错误，第一次插入前连接器时，它就已被编码，前连接器以后只能插入同样类型的模块。

20 针的前连接器用于信号模块（32 通道模块除外）、功能模块和 312 IFM CPU。40 针的前连接器用于 32 通道信号模块。

2. TOP 连接器

TOP 连接器包括前连接器模块、连接电缆和端子块。所有部件均可以方便地连接，并可以单独更换。TOP 全模块化端子允许方便、快速和无错误地将传感器和执行元件连接到 S7-300 上，最长距离为 30m。模拟信号模块的负载电源 L＋和地 M 的允许距离为 5m，超过 5m 时前连接器的一端和端子块一端均需要加电源。前连接器模块代替前连接器插入到信号模块上，用于连接 16 通道或 32 通道信号模块。

如果总电流超过 4A，不要通过连接电缆将外部电源送给信号模块。此时，电源应直接接到前连接器模块。

3. 占位模块

占位模块 DM370 为模块保留一个插槽，如果用一个其他模块替换占位模块，整个配置和地址设置保持不变。占用两个插槽的模块，必须使用两个占位模块。

模块上有一个开关，开关在 NA 位置时，占位模块为一个接口模块保留插槽，NA 表示没有地址，即不保留地址空间，不用 STEP7 进行组态。

开关在 A 位置时，占位模块为一个信号模块保留插槽。A 表示保留地址，需要用 STEP7 对占位模块进行组态。

4. 仿真模块

仿真模块 SM374 用于调试程序，用开关来模拟实际的输入信号，用 LED 显示输出信号的状态。

仿真模块 SM374 可以仿真 16 点输入、16 点输出、8 点输入和 8 点输出的数字量模块。图 3-28 所示是 SM374 的前视图，用旋具改变面板中间开关的位置，即可仿真所需的数字量模块。仿真模块没有列入 S7 组态工具的模块目录中，也即 S7 结构不承认仿真模块的工作方式，但组态是可以填入被仿真模块的代号。例如，组态时若 SM374 仿真 16 点输入模块的工作方式，就填入 16 点数字量输入模块的代号 6ES7 311-1BH00-0AA00；若 SM374 仿真 16 点输出模块的工作方式，就填入 16 点数字量输出模块的代号 6ES7 322-1BH00-0AA00。SM374 面板上有 16 个开关，用于输入状态的设置；还有 16 个绿色 LED，

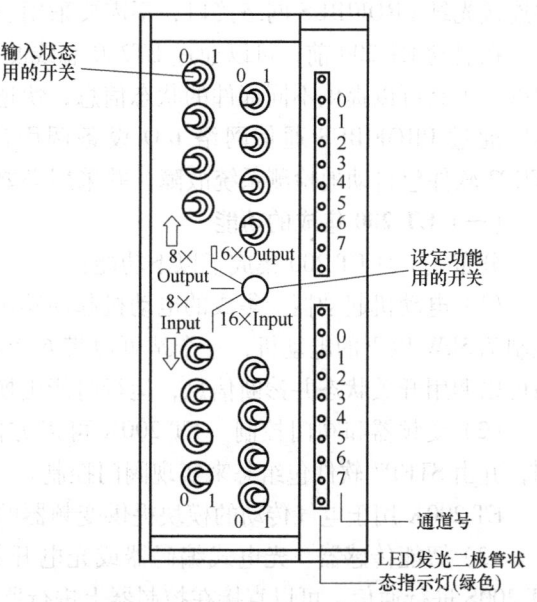

图 3-28 仿真模块 SM374 的前视图

用于指示 I/O 状态。使用 SM374 后，PLC 应用系统的模拟调试变得简单而方便。

5. EX 系列数字联 I/O 模块和模拟量 I/O 模块

EX 模块可以在化工等行业的自动化仪表和控制系统中使用，主要作用是将外部的本质—安全回路与 PLC 非本质—安全的内部回路隔开。

EX 系列模块包括 EX 数字量输入/输出模块和 EX 模拟量输入/输出模块，可以用于 S7-300 或 ET 200M 分布式 I/O 装置，作为所有 SIMATIC PLC 的分布式 I/O 及 PROFIBUS-DP 网络的标准从站。它们属于"本质—安全型保护"的电子器件，包括非本质—安全回路和本质—安全回路。EX 模块本身应安装在爆炸危险的区域之外，除非附加另一种类型的保护（例如增压防护），才能应用于有爆炸危险的区域。

将外部的 EX 区域的本质—安全数字设备（用于有爆炸危险区域的传感器和执行器）连接到 EX 模块上，可以实现有爆炸危险的区域和与 PLC 系统的非本质—安全内部回路的隔离。传感器和执行元件由模块供电。

本质—安全型防护有以下优点：在操作过程中可以方便地更换本质—安全型设备和对被测系统进行测量和校准，PLC 不需要昂贵的增压防护的防爆机壳。

四、分布式 I/O 简介

西门子公司的 ET 200 是基于 PROFIBUS-DP 现场总线的分布式 I/O 接口。PROFIBUS 是为全集成自动化定制的开放的现场总线系统，它将现场设备连接到控制装置，并保证在各个部件之间的高速通信，从 I/O 接口传送信号到 PLC 的 CPU 模块只需毫秒级的时间，ET 200 可作为 PROFIBUS-DP 网络系统的从站，由于 ET 200 只需要很小的空间，能使用体积更小的控制柜。集成的连接器代替了过去繁杂的电缆连接，加快了安装过程，紧凑的结构使成本大幅度降低。

ET 200 能在非常严酷的环境（如：酷热、严寒、强压、潮湿或多粉尘）中使用。能提供连接光纤 PROFIBUS 网络接口，不需要采用费用昂贵的抗电磁波干扰措施。

在启动 ET 200 前，可以通过 ET200 总线测试单元来检查部件的状态；在运行时，监视和诊断工具可以提供不同部件的状态信息，快速和高效地确定运行过程中发生的故障。PLC 可以通过 PROFIBUS 通信网络 I/O 设备调用诊断信息，并可以接收到易于理解的报文；STEP7 软件包自动地检测系统故障，并采用必要的相应措施。

（一）ET 200 集成的功能

分布式 I/O ET 200 集成了以下功能：

(1) 电动机起动器　集成的电动机起动器用于异步电动机的单向或可逆起动，可以直接控制 7.5kW 以下的电动机，一个站可以带 6 个电动机起动器。通过 PROFIBUS 现场总线网络可以调用开关状态并诊断信息，运行时能更换电动机起动器。

(2) 变频器和阀门控制　ET 200X 可以方便地安装上阀门，直接由 PROFIBUS 总线控制，并由 STEP7 软件包组态来实现阀门控制。

ET 200X 用于电气传动的模块提供变频器的所有功能。

(3) 智能传感器　光电式编码器或光电开关等可以与使用智能传感器（IQ Sensor）的 ET 200S 进行通信。可以直接在控制器上进行所有设置，然后将数值传送到传感器。传感器出现故障时，系统诊断功能自动发出报警信号。

(4) 分布式智能　ET 200S 中的 IM 151/CPU 类似于大型 S7 控制器的功能,可以用 STEP7 对它进行编程。它用于传送 I/O 子任务,能对时间要求很高的信号快速作出响应,因而减轻中央控制器的分担并简化对部件的管理。

(5) 安全技术　ET 200 可以在冗余设计的容错控制系统或安全自动化系统中使用。集成的安全技术能显著地降低接线费用,安全技术包括紧急断开开关,安全门的监控以及众多与安全有关的电路技术。通过 ET 200S 故障防止模块、故障防止 CPU 和 PROFI Safe 协议,与故障有关的信号也能同标准功能一样在 PROFIBUS 网络上进行传送。

(6) 功能模块　ET 200M 和 ET 200S 还能以模块化的方法扩展功能,可扩展的附加模块有计数器、定位模块等。

(二) ET 200 的分类

ET 200 可分为以下几个子系列:

(1) ET 200B　ET 200B 是整体式的一体化分布式 I/O。有交流或直流数字量 I/O 模块和模拟量 I/O 模块,具有模块诊断功能。

(2) ET 200eco　ET 200eco 是经济实用的分布式 I/O。它的数字量 I/O 具有很高的保护等级 (IP67),在运行时更换模块,不会中断总线或供电。

(3) ET 200is　ET 200is 是本质安全系统,通过紧固和本质安全的设计,适用于有爆炸危险的场合,能在运行时更换各种模块。

(4) ET 200L　ET 200L 是经济而小巧的分布式 I/O, I/O 模块像明信片大小,适用于小规模的任务,可方便地安装在 DIN 导轨上。ET 200L 分为以下三种:

1) ET 200L:整体式单元,不可扩展,只有数字量 I/O 模块。

2) ET 200L-SC:整体式单元,通过灵活连接系统 (Smart Connect) 最多可扩展 8 个数字量/模拟量模块。

3) ET 200L-SCIM-SC:完全模块化的灵活连接系统,最多可以扩展 16 个模块。

(5) ET 200M　ET 200M 是多通道模块化的分布式 I/O,可采用 S7-300 的全系列模块,最多可扩展 8 个模块,可以连接 256 个 I/O 通道,适用于大点数、高性能的应用。它有支持 HART 协议的模块,可以将 HART 仪表接入现场总线。它具有集成的模块诊断功能,在运行时可以更换有源模块。提供与 S7-400H 系统相连的冗余接口模块和 IM 153-2 集成光纤接口,其中,户外型 ET 200M 为野外应用设计,工作温度范围可达 -25 ~ +60℃。

(6) ET 200R　ET 200R 适用于机器人控制,有坚固的金属外壳和高的保护等级 (IP65),可抗冲击、防尘、不透水,适用于恶劣的工业环境,可以用于没有控制柜的 I/O 系统。由于 ET 200R 中集成有转发器功能,因而能减少机器人硬件部件的数量。

(7) ET 200S　ET 200S 是分布式 I/O 系统,特别适用于需要电动机起动器和安全装置的开关柜,一个站最多可连接 64 个子模块,子模块种类丰富,有带通信功能的电动机起动器和集成的安全防护系统 (适用于机床及重型机械工业) 和智能传感器等。集成有光纤接口。

(8) ET 200X　ET 200X 是具有高保护等级 (IP65/67) 的分布式 I/O 设备,其功能相当于 S7-300 的 CPU314,最多 7 个具有多种功能的模块连接在一块基板上,可以连接电动机起动器、气动元件以及变频器,有气动模块和气动接口,实现了机动、电动、气动一体化。可以直接安装在机器上,节省了开关柜。它封装在一个坚固的玻璃纤维的塑料外壳中,可以用于有粉末和水流喷溅的场合。

五、硬件配置

(一) 硬件配置的涵义

硬件配置即 PLC 的硬件组态，它的任务是根据控制对象的不同，选用不同型号、不同数量的模块安装在一个机架或多个机架上，组装成所需的 PLC 系统。PLC 的硬件组态又分单机架组态和多机架组态。

(二) 硬件配置的原则

硬件配置原则主要指如何选择机架，模块在机架中如何配放。其主要原则如下：

1. 机架选择的原则

1) CPU312、CPU312C、CPU312IFM 和 CPU313 等 CPU 模块扩展能力最小，只能使用一个机架，机架上除了电源模块（PS）、CPU 模块和接口模块（IM）外，最多只能再安装 8 块其他模块（如信号模块 SM、功能模块 FM 和通信模块 CP）。

2) 采用 CPU314 及以上 CPU 模块可以扩展 3 个机架（即一个主机架加上 3 个扩展机架，共 4 个机架，即 S7-300PLC 最多用 4 个机架）扩展机架上除电源模块和接口模块外最多也只能装 8 块其他模块。

3) 配置多个机架时，需要安装接口模块（一个机架不需要接口模块）。其中主机架用 IM360 接口模块，装在 3 号槽位上；扩展机架用 IM361 接口模块，两接口模块之间连接电缆最长为 10m。

4) 如果只扩展一个机架，可选用较经济的 IM365 接口模块对。这一对接口模块由 1m 长的连接电缆相互固定连接。IM365 不能提供背板总线的直流 5V 电源，只能用主机架 CPU 模块上的，因此，两个机架背板总线电流之和应限制在 1.2A 之内。另外，IM365 不能给扩展机架提供通信总线，故此种情况下的扩展机架上只能安装信号模块 SM，不能安装功能模块 FM、通信模块 CP 等智能模块。

5) 每个机架上所能安装的信号模块 SM、功能模块 FM 和通信模块 CP 的组合数不能超过 8 块，并且还受到背板总线 5V 电源的供电电流限制 (0.8~1.2A)，即每个机架上各模块消耗的电流之和应小于该机架允许提供的最大电流。具体参数如下：

① 主机架背板总线上的直流 5V 电源由 CPU 模块提供。CPU313 及以上 CPU 模块所提供的背板总线电流不超过 1.2A；唯有 CPU312 IFM 模块所提供的背板总线电流不超过 0.8A。

② 扩展机架上背板总线的直流 5V 电源由接口模块 IM361 提供（从电源模块的直流 24V 转换而来），供电电流不超过 0.8A。

CPU 模块所提供的背板总线电流以及各类模块消耗的电流如表 3-9、表 3-10 所示。

表 3-9　S7-300 CPU 所提供的背板总线电流及功耗

模块类型		订货号	从 L+/L- 吸取的电流/mA	所提供的背板总线电流/mA	功耗/W
CPU 模块	CPU 312 IFM	6ES7 312-5AC00-0AB0	800 + 500	800	9
	CPU 312	6ES7 312-1AD10-0AB0	600	1200	2.5
	CPU 312C	6ES7 312-5BD01-0AB0	500	1200	6

(续)

模块类型		订货号	从L+/L-吸取的电流/mA	所提供的背板总线电流/mA	功耗/W
CPU模块	CPU 313	6ES7 313-1AD00-0AB0	1000	1200	8
	CPU 313C	6ES7 313-5BE00-0AB0	700	1200	14
	CPU 313C-2PtP	6ES7 313-6BE01-0AB0	900	1200	10
	CPU 313C-2DP	6ES7 313-6CE01-0AB0	900	1200	10
	CPU 314-IFM	6ES7 314-5AE00-0AB0	1000	1200	16
	CPU 314	6ES7 314-1AE10-0AB0	1000	1200	8
	CPU 314C-2PtP	6ES7 314-6BF01-0AB0	800	1200	14
	CPU 314C-2DP	6ES7 313-6CF01-0AB0	1000	1200	14
	CPU 315	6ES7 315-1AF00-0AB0	1000	1200	8
	CPU 315-2DP	6ES7 315-2AF00-0AB0	1000	1200	8
	CPU 316	6ES7 316-1AG00-0AB0	—	1200	8
	CPU 316-2DP	6ES7 316-2AG00-0AB0	1000	1200	8
	CPU 317-2DP	6ES7 317-2AJ10-0AB0	—	1200	4
	CPU 317-2PN/DP	6ES7 317-2EJ10-0AB0	—	1200	3.5
	CPU 317T-2DP	6ES7 317-6TJ10-0AB0	100	1200	6
	CPU 318-2	6ES7 318-2AJ00-0AB0	1200	1200	12

表3-10 S7-300 PLC系统模块所需背板总线电流及功耗

模块类型		订货号	从L+/L-吸取的电流/mA	所需背板总线电流/mA	功耗/W
电源模块	PS 305，2A	6ES7 305-1BA80-0AA0	—	—	16
	PS 307，2A	6ES7 307-1BA00-0AA0	—	—	10
	PS 307，5A	6ES7 307-1EA80-0AA0	—	—	18
	PS 307，10A	6ES7 307-1KA00-0AA0	—	—	30
接口模块	IM360（中央机架）	6ES7 360-3AA01-0AA0	—	350	2
	IM361（扩展机架）	6ES7 361-3CA01-0AA0	500	800①	5
	IM365（中央机架）	6ES7 365-0BA01-0AA0	800②	100	0.5
	IM365（扩展机架）	6ES7 365-0BA01-0AA0	800③	100	0.5
数字量输入模块	SM321 DI 8×120/230 VAC ISOL	6ES7 321-1FF10-0AA0	—	100	4.9
	SM321 DI 8×120/230 VAC	6ES7 321-1FF01-0AA0	—	29	4.9
	SM321 DI 16×24 VDC	6ES7 321-1BH02-0AA0	25	25	3.5
	SM321 DI 16×24 VDC	6ES7 321-7BH00-0AB0	40	55	3.5
	SM321 DI 16×24 VDC 高速模块	6ES7 321-1BH10-0AA0	—	110	3.8
	SM321 DI 16×24 VDC 带硬件和诊断中断及时钟功能	6ES7 321-7BH01-0AB0	90	130	4

(续)

模块类型		订货号	从L+/L-吸取的电流/mA	所需背板总线电流/mA	功耗/W
数字量输入模块	SM321 DI 16×24 VDC 源输入	6ES7 321-1BH50-0AA0	—	10	3.5
	SM321 DI 16×24/48 VDC	6ES7 321-1CH00-0AA0	—	100	1.5/2.8
	SM321 DI 16×48-125 VDC	6ES7 321-1CH20-0AA0	—	40	4.3
	SM321 DI 16×120/230 VAC	6ES7 321-1FH00-0AA0	—	29	4.9
	SM321 DI 16×120 VAC	6ES7 321-1EH01-0AA0		16	
	SM321 DI 32×24 VDC	6ES7 321-1BL00-0AA0	—	15	6.5
	SM321 DI 32×120 VAC	6ES7 321-1EL00-0AA0	—	16	4
数字量输出模块	SM322 DO 8×24 VDC/2A	6ES7 322-1BF01-0AA0	60	40	6.8
	SM322 DO 8×24 VDC/0.5A 带诊断中断	6ES7 322-8BF00-0AB0	90	70	5
	SM322 DO 8×48-125 VDC/1.5A	6ES7 322-1CF00-0AA0	40	100	7.2
	SM322 DO 8×120/230 VAC/2A 晶闸管	6ES7 322-1FF01-0AA0	2④	100	8.6
	SM322 DO 8×120/230 VAC/2A ISOL	6ES7 322-5FF00-0AA0	2	100	8.6
	SM322 DO 8×230 VAC 继电器	6ES7 322-1HF01-0AA0	160	40	3.2
	SM322 DO 8×230 VAC/5A 继电器	6ES7 322-5HF00-0AA0	160	100	3.5
	SM322 DO 8×230 VAC/5A 继电器	6ES7 322-1HF10-0AA0	125	40	4.2
	SM322 DO 16×120/230 VAC/1A 晶闸管	6ES7 322-1FF00-0AA0	2	200	8.6
	SM322 DO 16×24/48 VDC/0.5A	6ES7 322-5GH00-0AA0	200	100	2.8
	SM322 DO 16×24 VDC/0.5A 高速模块	6ES7 322-1BH10-0AA0	110	70	5
	SM322 DO 16×24 VDC/0.5A	6ES7 322-1BH01-0AA0	120	80	4.9
	SM322 DO 16×120/230 VAC 继电器	6ES7 322-1HH01-0AA0	250	100	4.5
	SM322 DO 32×24 VDC/0.5A	6ES7 322-1BL00-0AA0	160	110	6.6
	SM322 DO 32×120/230 VAC/1A 晶闸管	6ES7 322-1FL00-0AA0	10	190	25
数字量输入/输出模块	SM323 DI 8/DO 8×24 VDC/0.5A	6ES7 323-1BH01-0AA0	40	40	3.5
	SM323 DI 16/DO 16×24 VDC/0.5A	6ES7 323-1BL00-0AA0	80	80	6.5
	SM323 DI 8/DO 8×24 VDC/0.5A	6ES7 327-1BH00-0AB0	20	60	3
模拟量输入模块	SM331 AI 8×RTD	6ES7 331-7PF00-0AB0	240	100	4.6
	SM331 AI 8×TC	6ES7 331-7PF10-0AB0	240	100	3
	SM331 AI 2×12bit	6ES7 331-7KB02-0AB0	30②	50	1.3
	SM331 AI 8×12bit	6ES7 331-7KF02-0AB0	30②	50	1
	SM331 AI 8×13bit	6ES7 331-1KF01-0AB0	—	90	0.4
	SM331 AI 8×14bit 高速,带时钟功能	6ES7 331-7HF00-0AB0	50	100	1.5
	SM331 AI 8×16bit	6ES7 331-7NF10-0AB0	200	100	3
	SM331 AI 8×16bit	6ES7 331-7NF00-0AB0	—	130	0.6

(续)

模块类型		订货号	从L+/L-吸取的电流/mA	所需背板总线电流/mA	功耗/W
模拟量输出模块	SM332 AO 2×12bit	6ES7 332-5HB01-0AB0	135	60	3
	SM332 AO 4×12bit	6ES7 332-5HD01-0AB0	240	60	3
	SM332 AO 8×12bit	6ES7 332-5HF00-0AB0	340	100	6
	SM332 AO 4×16bit 带时钟功能	6ES7 332-7ND01-0AB0	240	100	3
模拟量输入/输出模块	SM334 AI 4/AO 2×8/8bit	6ES7 334-0CE01-0AA0	110	55	3
	SM334 AI 4/AO 2×12bit	6ES7 334-0KE00-0AB0	80	60	2
	SM335 AI 4/AO 4×12bit	6ES7 335-7HG01-0AB0	150	75	3
仿真模块	SM374 IN/OUT 16	6ES7 374-2XH01-0AA0	—	80	0.35
占位模块	DM370	6ES7 370-0AA01-0AA0	—	5	0.03
功能模块	SM338 位置检测模块	6ES7 338-4B001-0AB0	10	160	3
	SM338 位置检测模块	6ES7 338-7UH01-0AC0	100	100	
	CM35 计数器模块	6AT1735-0AA01-0AA0	—	150	
	FM350-1 计数器模块	6ES7 350-1AH02-0AE0	20	160	4.5
	FM350-2 计数器模块	6ES7 350-2AH01-0AE0	150	100	10
	FM351 位控模块	6ES7 351-1AH01-0AE0	350	200	
	FM352 电子凸轮模块	6ES7 352-1AH01-0AE0	200	100	
	FM353 位控模块	6ES7 353-1AH01-0AE0	300	100	
	FM354 位控模块	6ES7 354-1AH01-0AE0	350	100	
	FM357 位控模块	6ES7 357-4AH01-0AE0	1000	100	24
	FM355C 控制模块，4AO	6ES7 355-0VH10-0AE0	310	75	7.8
	FM355S 控制模块，8DO	6ES7 355-1VH10-0AE0	270	75	6.9
	FM356-4 应用模块，4MB	6ES7 356-4BM00-0AE.	400	80	
	FM356-4 应用模块，8MB	6ES7 356-4BN00-0AE.	400	80	
	SIWAREX U 称重模块	7MH4601-1AA01	220	100	
	SIWAREX U 称重模块	7MH4601-1BA01	220	100	
	SIWAREX M 称重模块	7MH4553-1AA41	300	50	
通信模块	CP 340，RS232C	6ES7 340-1AH01-0AE0	—	160	
	CP 340，20mA	6ES7 340-1BH00-0AE0	—	220	
	CP 340，RS422/485	6ES7 340-1CH00-0AE0	—	165	
	CP 341，RS232C	6ES7 341-1AH01-0AE0	200	70	
	CP 341，20mA	6ES7 341-1BH01-0AE0	200	70	

（续）

模块类型		订货号	从 L+/L- 吸取的电流 /mA	所需背板总线电流 /mA	功耗 /W
通信模块	CP 341，RS422/485	6ES7 341-1CH01-0AE0	240	70	
	CP 342-5	6GK7 342-5DA02-0XE0	250	70	
	CP 343-1	6GK7 343-1EX10-0XE0	600	70	
	CP 343-1IT	6GK7 343-1GX00-0XE0	600	70	
	CP 343-2	6ES7 343-2AH00-0XA0	—	200	
	CP 343-5	6CK7 343-5FA00-0XE0	250	70	

① 通过背板总线的最大输出电流；
② 不包括双线变送器；
③ 1.2A 总电流，每个机架最多使用 800mA；
④ 从 L1 吸取的电流。

2. 模块配放的原则

1）模块必须无间隙地插入到机架中，否则背板总线将被中断。

2）在 0 号机架中，CPU 模块装在主机架（即 0 号机架）的 2 号槽位上，电源模块 PS 装在主机架的 1 号槽位上，接口模块 IM 安装在 3 号槽位上（不管哪种机架，接口模块 IM 均安装在 3 号槽位上），4~11 号槽位可自由分配信号模块 SM、功能模块 FM 和通信模块 CP。

3）在 1~3 号的扩展机架中，1、2、3 号槽位是固定的，即插槽 1 插电源模块或为空；插槽 2 为空；插槽 3 插接口模块。即便只有一个主机架，3 号槽位不装 IM 接口模块，也不能装其他模块，可安装占位模块补空位并连续背板总线，也方便以后扩展。4~11 号槽位可自由分配信号模块 SM、功能模块 FM 和通信模块 CP，它们中间有不用的槽位可用占位模板补空位并连续背板总线，此地址空缺，不能作模块地址使用，但可作为中间继电器使用。

图 3-29 和图 3-30 分别是根据上述原则进行硬件状态的单机架结构和多机架结构的示意图。

一个实际的 S7-300 PLC 系统，在确定所有的模块后，要选择合适的电源模块。所选定的电源模块的输出功率必须大于 CPU 模块、所有 I/O 模块、各种智能模块等消耗功率之和，并且要留有 30%左右的裕量。当同一电源模块既要为主机单元供电又要为扩展单元供电时，从主机单元到最远一个扩展单元的线路压降必须小于 0.25V。

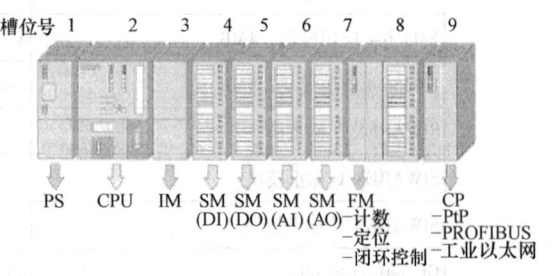

图 3-29　S7-300 PLC 硬件组态单机架结构示意图

示例：一个 S7-300 PLC 控制系统组成有：CPU314 模块一块，数字量输入模块 SM321 DI 16×24VDC 两块，数字量输出模块 SM322 DO 16×24VDC/0.5A 一块，数字量输出模块 SM322 DO 16×120/230VAC 继电器一块，模拟量输入模块 SM331 AI 2×12bit 一块，模拟量

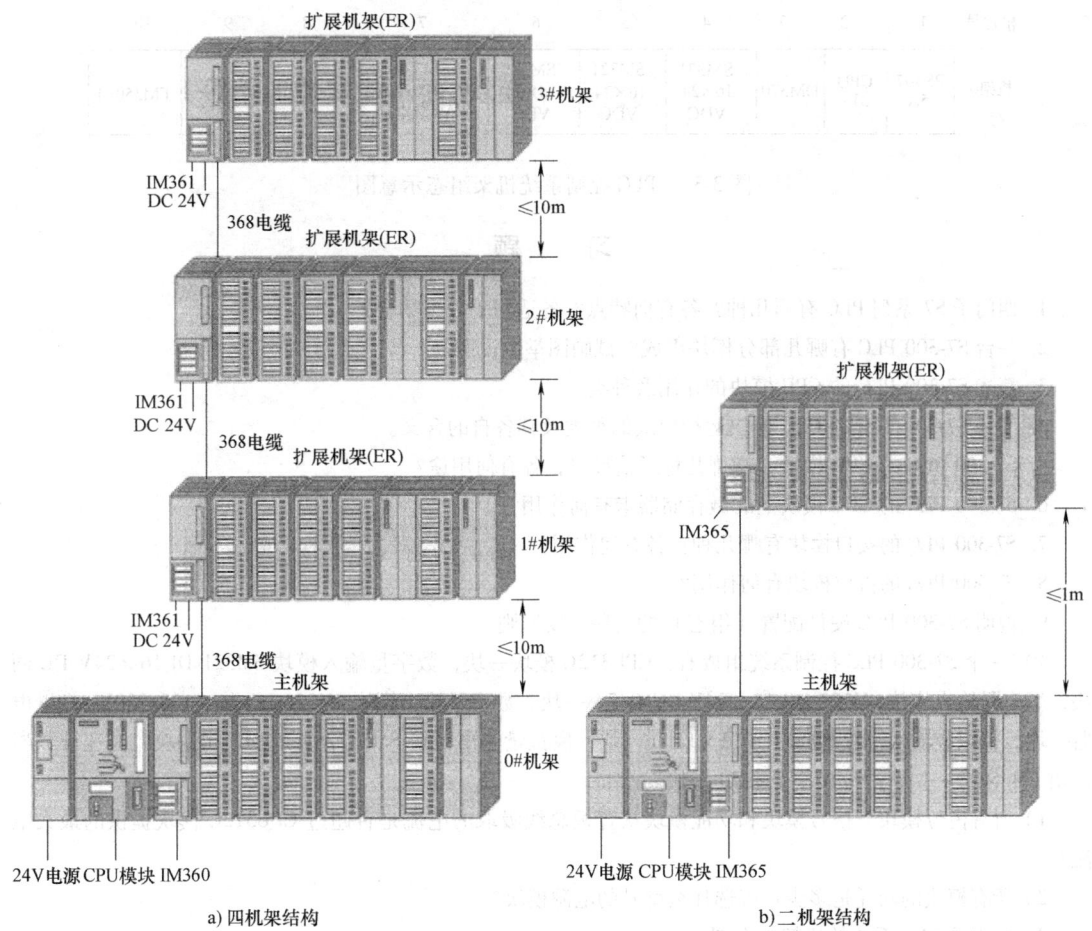

图 3-30　S7-300 PLC 硬件组态多机架结构示意图

输出模块 SM332 AO 2×12bit 一块，高速计数器模块 FM350-1 一块，占位模块 DM370 一块。

1）所有占位模块、信号模块和功能模块从背板总线吸取的电流是否超过 CPU314 模块提供的最大电流？

2）所有模块的功耗是多少？应选什么型号的电源模块？

3）画出该 PLC 系统的机架组态图。

解　1）查表 3-10 可得所有信号模块和功能模块从背板总线吸取的电流为

$$25×2+80+100+50+60+160+5mA=505mA$$

查表 3-9 可得 CPU314 所提供的背板总线电流为 1200mA，大于 505mA，故所有信号模块和功能模块从背板总线吸取的电流没有超过 CPU314 模块提供的最大电流。

2）所有模块的功耗

$$8+2×3.5+4.9+4.5+1.3+3+4.5+0.03W=33.23W$$

查表 3-10，并考虑数字量输入模块和数字量输出模块也使用直流 24V 电源，应选 PS307 5A 的电源模块。

3）机架组态图如图 3-31 所示。

槽位号	1	2	3	4	5	6	7	8	9	10
机架0	PS307 5A	CPU 314	DM370	SM321 16×24 VDC	SM321 16×24 VDC	SM322 16×24 VDC	SM322 16×120/230 VAC继电器	SM331 2AI	SM332 2AO	FM350-1

图 3-31　PLC 控制系统机架组态示意图

习　题

1. 西门子 S7 系列 PLC 有哪几种？各有何特点？各适用于什么场合？
2. 一台 S7-300 PLC 有哪几部分模块组成？试画图举例说明。
3. 简述 S7-300 PLC 的 CPU 模块的作用及种类。
4. 简述 S7-300 PLC 的 CPU 模块运行模式的种类及其各自的含义。
5. S7-300 PLC 的 CPU 模块上有哪几种通信接口，各有何用途？
6. S7-300 PLC 的 CPU 模块上的微存储器卡有何作用？
7. S7-300 PLC 的接口模块有哪几种？各有何作用？
8. S7-300 PLC 的占位模块有何作用？
9. 说明 S7-300 PLC 硬件配置（组态）的一些主要原则。
10. 一个 S7-300 PLC 控制系统组成有：CPU312C 模块一块，数字量输入模块 SM321 DI 16×24V DC 两块，数字量输出模块 SM322 DO 16×24V DC/0.5A 一块，数字量输出模块 SM322 DO 16×120/230V AC 继电器一块，模拟量输入模块 SM331 AI 2×12bit 一块，模拟量输出模块 SM332 AO 2×12bit 一块，高速计数器模块 FM350-2 一块，占位模块 DM370 一块。

　　1）所有占位模块、信号模块和功能模块从背板总线吸取的电流是否超过 CPU312C 模块提供的最大电流？

　　2）所有模块的功耗是多少？应选什么型号的电源模块？

　　3）画出该 PLC 系统的机架组态图。

第五节　西门子 PLC 网络通信简介

　　随着生产工艺水平和控制要求的不断提高，控制系统规模越来越大，设备和系统在较大的范围内分布，依靠单台控制设备来完成所有任务不仅不可能，也是不合理的。此外，随着生产规模的扩大和自动化程度的提高，对生产过程的管理也提出了更高的要求。现代 PLC 具有较强的通信联网功能。PLC 与 PLC、PLC 与远程 I/O 设备、PLC 与上位计算机之间都可以联网通信，从而构成"集中管理，分散控制"的分布式控制系统，并能满足工厂自动化（FA）和计算机集成制造系统（CIMS）发展的需要。因此，国际上对 PLC 的联网通信技术都给予了充分的重视。

　　西门子公司的 PLC 网络与美国、日本的 PLC 网络不同。美国、日本的 PLC 网络通信是在程序中直接使用通信指令，而西门子 PLC 网络的通信程序采用 DHB（Data Hand Block）数据管理功能块调用实现。利用 DHB 可以实现 CPU 模块与 CP 通信模块之间的数据交换。完成一个通信过程，常常需要按一定的顺序及相互关系调用几种 DHB，在编写 PLC 和通信程序（DHB 采用形式参数编程）时，这是成功与否的关键。西门子 S7 系列 PLC 网络与 S5 系列 PLC 网络比较，变化不大，只不过 S7 系列更突出 PROFIBUS 现场总线的使用。这里对

S7 系列 PLC 网络做一简单介绍。

一、西门子 PLC 网络概述

SINEC 是西门子公司为其网络产品注册的统一商标，从 1997 年开始注册商标改为 SIMATIC NET。它是一个对外开放的通信网络，具有广泛的应用领域。西门子公司的 PLC 网络可分为 4 个层次，分别用于现场级、控制级、监控级与管理级，如图 3-32 所示。它们有不同的协议规范，遵循不同的国际标准，具有不同的通信速度和数据处理能力。PLC 通过 CPU 上的集成接口或使用接口模块 IM 或通信处理器 CP 与网络相连，在不同层次的网络之间也提供了互联模块或装置以实现它们之间的通信。

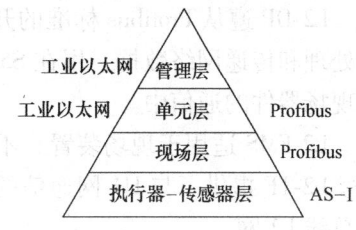

图 3-32 西门子网络通信的金字塔结构

（一）西门子 PLC 网络分类

西门子公司针对应用场合的不同为 PLC 产品设计了不同层次的网络产品，由低到高分为 4 个层次：SINEC S1，SINEC L2，SINEC H1，SINEC H3。它们遵循不同的国际标准，针对不同的应用场合，具有不同的通信速度和数据处理能力。表 3-11 所示为 4 种网络的技术特性。

表 3-11 西门子 4 种网络的技术特性

	SINEC S1	SINEC L2	SINEC H1	SINEC H3
采用标准	IEC TG 17B ASI 标准	DIN 19245 PROFIBUS	IEEE802.3 以太网标准	ISO9314 FDDI
访问方式	主从方式	令牌传送/主从方式	载波监听多路访问/冲突检测	令牌传送
传输速率	对 31 个从站的扫描时间：5ms	9.6~1500kbit/s（可选）	10Mbit/s	100Mbit/s
传输媒介	不带屏蔽的双线电缆	带屏蔽的双线电缆/光纤电缆	带屏蔽的双线电缆/光纤电缆	光纤电缆
最多可连站数	31	127	1024	500
网络大小（估计值）	100m	9.6km（屏蔽双线）/23.8km（光纤电缆）	1.5km（双屏蔽双线）/4.3km（光纤电缆）	100km
拓扑结构	总线型/树型	总线型/树形/环形/星形	总线型/树形/星形	环形/星形
通信协议	ASI 协议	SINEC L2-FMS SINEC L2-DP SINEC L2-TF	SINEC H1-TF SINEC H1-MAP	
应用	驱动装置/传感器接口	单元网络/现场网络	局域网络/单元网络	干线网络

1. SINEC S1

SINEC S1 网络遵从 IEC TG 17B 的 ASI 技术规范，是用于连接执行器、传感器、驱动器等现场器件的总线规范，可与简单开关形式的传感器及驱动机构直接相连，介质为双绞线电缆，采用主从方式。西门子公司设计的 CP2413 用于 PC 机与 S1 网络的连接，CP2433 用于

S5 系列 PLC 与 S1 网的连接。

2. SINEC L2

SINEC L2 遵从 DIN 19245 标准，是西门子的过程现场总线标准（Profibus），它为分布式 I/O 站或驱动器等现场器件提供了高速通信所需的用户接口，以及在主站间大量数据内部交换的接口。SINEC L2 又分为如下子协议：L2-TF、L2-FMS、L2-DP 及 L2-AP。

L2-DP 遵从 Profibus 标准的开放式结构，适用于对时间要求严格的现场，能够以最快速度处理和传递网络数据，用在 S5、S7 与分布式 I/O 系统 ET200 之间或与驱动器、阀门等其他现场器件的通信中。

L2-FMS 适用于现场装置、不同厂家生产的 PLC 之间的通信。

L2-TF 提供了与 H1 网通信的技术功能，使 H1 网能够利用西门子的低成本的 Profibus 现场总线 L2 网。

3. SINEC H1

SINEC H1 是高速工业控制 PLC 网络，是以 IEEE802.3 以太网标准为基础设计的局域网，因此，称为工业以太网。SINEC H1 使用 SINEC H1-TF 和 SINEC H1-MAP 协议。SINEC H1 是基于以太网的工业标准总线系统，它将 MAP 通信所认定的以太网作为通信的基础。

H1-TF 包括开放的 SINEC AP 自动化协议，已经在很多应用领域得到验证。实现 AP 是 SINEC 的技术功能，它遵从 MAP3.0 的制造信息规范，使用 MMS 作两用户接口。H1-MAP 是以太网上的基于 MAP3.0 的国际标准。

4. SINEC H3

SINEC H3 功能强大，能长距离传输不同网络间的数据，并且绝对安全可靠。FDDI 是针对高速网络的新的国际标准 ISO9314，这个标准是面向未来的，它保证了 100Mbit/s 的数据传输率，允许分布区域的最大环周长为 100km，并有高的负载承受能力。通信介质为光纤，双环拓扑结构，H3 的高可靠性表现在，即使介质在某一点被断开，信号也能利用其闭合返回传输功能进行正常的数据通信，这是它的优异的双环冗余设计所保证的。

Simatic S7-300 PLC 具有多种不同的通信接口：

多种通信处理器模块用来连接 AS-I 接口、工业以太网总线系统；串行通信处理器用来连接点到点的通信系统，这些处理器模块如 CP340、CP342-5DP、CP343-FM5 等。有为装置进行点对点通信设计的模块，有为 PLC 上网到西门子的低速现场总线网 SINEC L2 和高速 SINEC H1 网设计的网络接口模块。多点接口（MPI）集成在 CPU 中，用于同时连接编程器、PC、人机界面系统及其他 Simatic S7/M7/C7 等自动化控制系统。

S7-300 CPU 支持下列通信类型：

过程通信：通过总线（AS-I 或 PROFIBUS）对 I/O 模块周期寻址（过程映像交换）。

数据通信：在自动控制系统之间或人机界面（HMI）和几个自动控制系统之间，数据通信会周期地进行或被用户程序及功能块调用。

实现 S7 PLC 数据通信最常用的有以下几种典型类型：多点接口网络（MPI）、工业以太网、Profibus 现场总线等。

在数据通信时是否采用多点接口（MPI）、Profibus 或工业以太网，取决于网络的大小、数据量、节点数和扩展能力等的需要。表 3-12 列出了 S7 系列 PLC 网络的规范及性能，在选择 PLC 网络时可供参考。

表3-12 西门子 S7 系列 PLC 网络

网络名称	AS-I	MPI	Profibus	工业以太网
标准	ASI 规范 IEC TG 17B	S7 协议	PROFIBUS DINE19245	以太网 IEEE802.3
可连接的设备	二值输入/输出 模拟量输入/输出	SIMATIC： S7/C7、PG/PC HMI、WinAC	SIMATIC： S7/C7、PG/PC HMI、WinAC	SIMATIC： S7/C7、PG/PC HMI、WinAC、PCS7 工作站、计算机
访问方式	主机/从机	主-主/主-从	低层主机/从机式的令牌传递	CSMA/CD
传输率	<5ms	187.5kbit/s	9.6~1500kbit/s	10Mbit/s
传输介质	无屏蔽双绞线电缆	屏蔽电缆/光缆	屏蔽电缆/光缆	屏蔽电缆/光缆
最大站数	31 个从机，每个从机最大 4 个二进制元件	32 个	126 个	1024 个
网络最大尺寸	线长 100m	电气：100m 光缆：23.8km	电气：9.6km 电缆：90km	电气：1.5km 光缆：200km TCP/IP 为全球范围
拓扑结构	总线型、树形	总线型	总线型、树形、星形	总线型、树形、星形
协议	SINEC S1（ASI 协议）	内置的 S7 协议	SINEC L2-FMS L2-DP L2-TF L2-S7	SINEC H1-TF H1-MAP
提供的通信功能 ·PG/OP 通信 ·S7 基本通信 ·S7 通信 ·S5 兼容的通信 ·标准通信	与执行器 与传感器 与驱动器	PG/OP 通信 S7 基本通信 S7 通信	PG/OP 通信 S7 通信 S5 兼容的通信 标准通信	PG/OP 通信 S7 通信 S5 兼容的通信 标准通信（MAP，IT，Socket）
通信处理器的使用	使用	不使用	使用	使用

　　AS-I 接口利用两芯电缆连接大量传感器和执行器。单主机时可以有 31 个从站，线路长度最长 100m。它只传输简单的二进制编码的传感器和执行器信号，可以用通信电缆直接供电。主站可以是 PLC 或 PC，也称 SINCE S1 网络。

　　MPI 网络可接入 S7/C7、编程装置（编程器 PG/个人计算机 PC）、操作员接口系统（OP）等。因为几个设备（从不同点）都能通过此接口访问 CPU，所以称之为多点接口。用 MPI 接口可构成低成本的小型 MPI 网，实现网上数据共享。

Profibus 现场总线是西门子的过程现场总线，也称为 SINEC L2 网络，它为主从站间以及分布式 I/O 站或驱动器等现场器件提供了高速通信所需的总线接口，以便进行数据交换，节点数为 126 个，介质为带屏蔽的双绞线电缆或光缆，为光缆时表示为 L2FO。Profibus-DP 特别适用于 PLC/PC 与分散的现场设备（如 I/O 设备、驱动器、阀门等）进行通信。Profibus-FMS 旨在解决车间一级的通信，L2-TF 提供了与以太网（H1）通信的方便技术功能。

工业以太网，也称为 SINEC H1 网，遵守以太网（IEEE802.3）协议，介质为带屏蔽的双绞线电缆或光缆，为光缆时表示为 H1FO，可以用于构成单元网络或局域网络。网络节点数可以达到 1024 个，协议采用 H1-TF 和 H1-MAP。

为了满足不同的物理要求，H1 的单元网络或局域网存在着两种不同的实现方式：铜技术和光纤技术。如果要求网络的成本低、扩展简单，那么 H1 是个理想的选择。如果要求利用现存的电缆通道，并且要求覆盖更大更广的距离，那么 H1FO 光纤网是最佳的方案。

SINEC H1 网络可用在大量的总线部件、接口模块的连接上，例如采用铜或光纤技术的设有 1~2 个端接口的收发器，或者为 Simatic、PC 装置所设计的接口模块。SINEC H1 电缆有附加的屏蔽层，因此有更高的可靠性。SINEC H1 的独特接地技术可以保护接入的各种装置，使用带有两端口的收发器可以大大节约系统成本。

西门子公司还有 SINEC H3 是遵从 FDDI（ISO9314）规范的主干网，通信介质为光缆，双环拓扑结构，可以扩至 500 个网络节点，保证了 100Mbit/s 的数据传输速度，允许分布区域的最大周长为 100km，绝对安全可靠。在此不多介绍。

（二）西门子 PLC 网络通信方法的分类

1. 全局数据通信

全局数据通信连接示意图如图 3-33 所示。这种通信方法通过 MPI 在 CPU 间循环地交换数据，而不需要编程。当过程映像被刷新时，在循环扫描检测点上进行数据交换。全局数据可以是输入、输出、标志位、定时器、计数器和数据块区。数据通信不需要编程，不需要 CPU 的连接，而是利用全局数据表来配置。

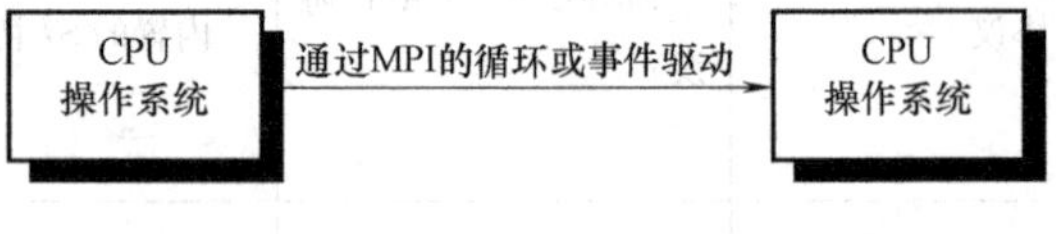

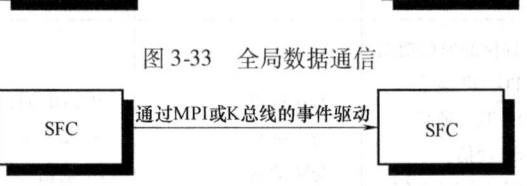

图 3-33 全局数据通信

2. 基本通信（非配置连接通信）

基本通信连接示意图如图 3-34 所示。这种通信方法可用于所有 S7-300/400 CPU，它通过 MPI 子网或站中的 K 总线（通信总线，或称 C 总线）来传送数据。最大用户数据量为 76B。当系统功能被调用时，通信连接被动态地建立和断开。在 CPU 上需要有一个自由的连接。

图 3-34 基本通信

3. 扩展通信（配置连接通信）

扩展通信连接示意图如图 3-35 所示。这种通信方法可用于所有的 S7-400 CPU。通过任何子网（MPI、Profibus、工业以太网）可以传送最多 64KB 的数据。它是通过系统功能块（SFB）来实现的，支持有应答的通信。数据也可以读出或写入到 S7-300

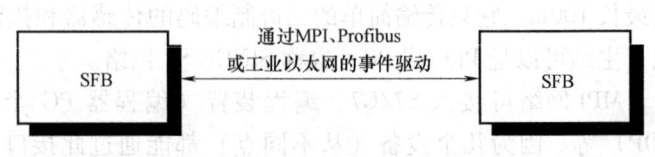

图 3-35 扩展通信

(PUT/GET 块)。不仅可以传送数据，而且可以执行控制功能，例如控制通信对象的起动和停机。这种通信方法需要配置连接（连接表）。该连接在一个站的全起动时建立并且一直保持。在 CPU 上需要有自由的连接。

（三）西门子 PLC 网络示例

西门子 PLC 网络结构示意图如图 3-36 所示。为了满足在单元层（时间要求不严格）和现场层（时间要求严格）的不同要求。西门子公司提供了下列网络：

（1）MPI 网络　可用于单元层，它是 SIMATIC S7 和 C7 的多点接口。MPI 本质上是一个 PG 接口，它被设计用来连接 PG（为了起动和测试）和 OP（人机接口）。MPI 网络只能用于连接少量的 CPU。

（2）工业以太网（Industrial Ethernet）　是一个开放的用于工厂管理和单元层的通信系统。工业以太网被设计为对时间要求不严格，用于传输大量数据的通信系统，可以通过网关设备来连接远程网络。

（3）工业现场总线（Profibus）　是开放的用于单元层和现场层的通信系统。有两个版本：对时间要求不严格的 Profibus，用于连接单元层上对等的智能节点；对时间要求严格的 Profibus-DP，用于智能主机和现场设备间循环的数据交换。

（4）点到点连接（Point-to-Point Connections PtP）　通常用于对时间要求不严格的数据交换，可以连接两个站或 OP、打印机、条码扫描仪、磁卡阅读机等。

（5）ASI（Actuator-Sensor-Interface）　是位于自动控制系统最底层的网络，可以将二进制传感器和执行器连接到 ASI 网络上。

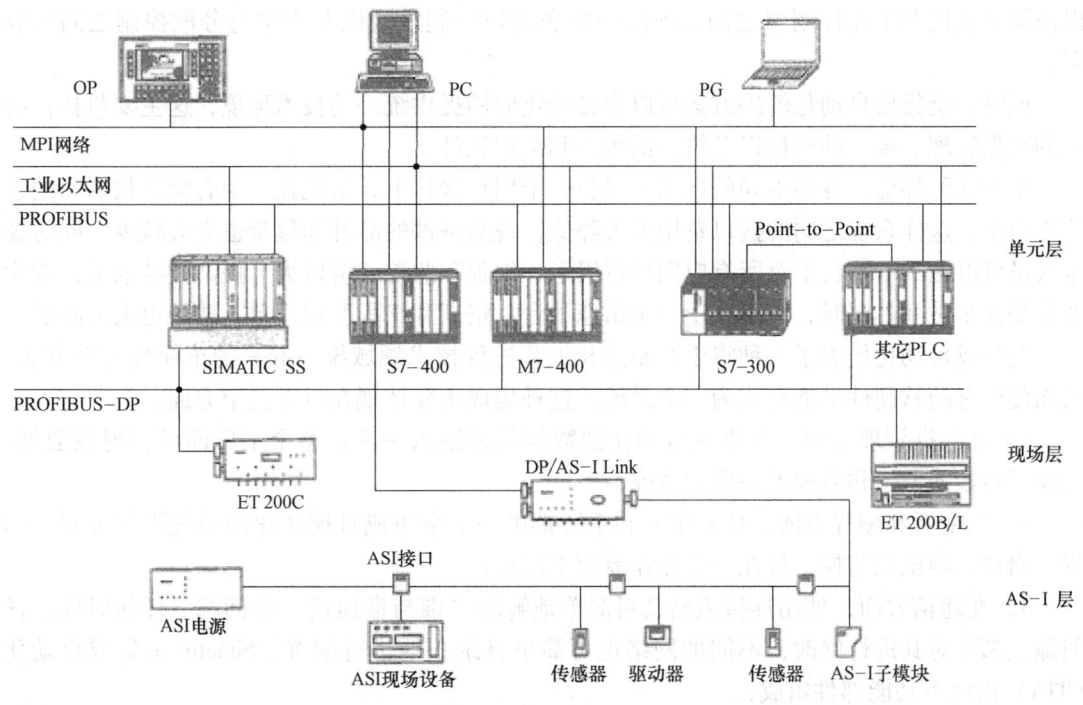

图 3-36　西门子 PLC 网络

二、西门子全集成自动化简介

现场总线产生以后,世界各大公司纷纷推出自己的以现场总线与企业内部网为基础的工业企业网解决方案。典型的方案有以下几种。

西门子公司提出了基于 Profibus 的全集成自动化 TIA (Totally Integrated Automation) 的概念,它是一种开放式的利用 Simatic 系列产品实现的工厂控制网络的全面解决方案。罗克韦尔自动化公司推出了将信息网(Ethernet)、控制网(ControlNet)、设备网(DeviceNet)集成到一起的系列产品,并在世界各地迅速推广。美国 Honeywell 公司也推出了 TPS (Total Plant Solution System)。Fisher-Rosemount 公司提出了利用 FF 总线实现的 PlantWeb 的概念。以上 4 种网络的共同之处在于实现了数据管理、组态和编程、通信的集成,消除了计算机与 PLC 之间的壁垒、操作员与控制系统之间的壁垒以及集中式与分布式自动化组态之间的壁垒和工厂自动化与过程自动化之间的壁垒。下面对西门子的全集成自动化方案进行介绍。

随着自动化技术的不断发展和计算机技术的飞速进步,今天的自动化控制概念也发生了巨大的变化。在传统的自动化解决方案中,自动控制实际上是由各种独立的、分散的技术和不同厂家的产品搭配起来的,比如一个大型工厂经常是由过程控制系统、可编程序控制器、上位监控计算机、SCADA 系统和人机界面产品共同进行控制。为了把所有这些产品组合在一起,需要采用各种类型和不同厂商的接口软件和硬件来对这些产品进行连接、配置和调试。

全集成自动化思想就是用一种系统完成原来由多种系统搭配起来才能完成的所有功能。应用这种解决方案,可以大大简化系统的结构,减少了大量接口部件,应用全集成自动化可以消除上位机和工业控制器之间、连续控制和逻辑控制之间以及集中与分散控制之间的界限。

同时,全集成自动化解决方案可以为自动化应用提供统一的技术环境,这主要包括:统一的数据管理、统一的通信以及统一的组态和编程软件。

基于这种环境,各种不同的技术可以在一个用户接口下,集成在一个有全局数据库的总体平台中,这样系统之间的接口费用大大降低,备品备件的品种和数量也大大减少。同时技术人员可以在一个平台下对所有应用进行组态、编程和监控,可以大大提高监控水平,减少非计划停车时间。同时,由于应用一个组态平台,培训和工程变得简单,费用也大大降低。

全集成自动化代表了一种将生产制造和工艺过程技术领域统一起来的革命性的新方法,从而使所有的软硬件都能合成为一个系统。这种集成主要体现在以下三个方面:

1) 在数据管理方面,全集成自动化使数据仅需输入一次,整个工厂即可获得该数据,减少了传输的差错和数据不一致的情况;

2) 在配置和编程方面,所有单元和系统都由一个全集成且模块化的系统进行配置、编程、启动、测试和监控,且在一个操作界面下进行;

3) 在通信方面,使用连接表格就可简单地解决"谁与谁通信"的问题。任何时候、任何地点都可对其进行修改,不同的网络也可简单且统一地进行配置。Simatic 全集成自动化(TIA)由以下功能部件组成:

- SIMATIC 控制器,SIMATIC S7、SIMATIC M7、SIMATIC C7;
- SIMATIC DP,分布式 I/O;

- SIMATIC 工业软件，工程工具软件系统；
- SIMATIC PG，工业 PC；
- SIMATIC HMI，人机界面；
- SIMATIC NET，功能强大的通信单元；
- SIMATIC PCS7，SIMATIC 过程控制系统。

习 题

1. 西门子公司的 PLC 网络可分为哪 4 个层次？试画出其金字塔结构图。
2. 西门子 PLC 网络是如何分类的？
3. 西门子 PLC 网络的通信方法是如何分类的？
4. 西门子 PLC 网络结构中包含了哪几种网络？
5. 简述西门子全集成自动化（TIA）的含义。

第四章 PLC 的编程基础

第一节 PLC 编程语言

不同生产厂家的 PLC 的编程语言通常都有较大的差异,即使同一生产厂家不同型号的 PLC 的编程语言也有差异。它们的基本逻辑指令则较多类似,而功能指令相差较远。但如对一些基本知识能理解得较为深刻,如梯形图特点及变化、助记符格式及变化,则掌握了一种 PLC 的编程语言和编程方法,再学习另一种类型 PLC 的编程语言和编程方法,虽不能做到举一反三,但还是较容易做到触类旁通。

一、编程语言的种类及其特点

(1) 梯形图(LAD)语言 与继电器控制电路图类似,容易掌握,各种 PLC 均将其作为第一语言。

(2) 语句表(STL)语言 又称助记符语言或指令表语言,容易记忆和掌握,比梯形图语言更能编制复杂的、功能多的程序。

(3) 功能块图(FBD)语言 与半导体逻辑电路的逻辑框图类似,常用"与、或、非"三种逻辑功能的组合来表达。

(4) 高级语言 如 BASIC 语言和 C 语言等,适用于编制复杂的程序,用个人计算机(PC)加专用编程软件(如西门子的 STEP7)来实现高级语言的编程。

目前各种类型的 PLC,一般都同时具备两种及两种以上的编程语言,而且大多数 PLC 都同时具备和使用 LAD 语言和 STL 语言。故下面重点介绍 LAD 语言和 STL 语言。

二、梯形图语言

梯形图是 PLC 中使用最多的一种语言,属图形编程语言,各厂家的、各型号的 PLC 都把它当作第一编程语言。因为它与继电器控制电路图类似,容易编程和掌握。该语言编程需用专用的图形编程器或"PC + 编程软件"式编程器。下面举例说明梯形图语言的使用。

为了便于比较,我们分别用日本三菱公司的 PLC 和德国西门子公司的 PLC 梯形图语言对图 4-1a 所示的继电器控制电路进行编程,分别如图 4-1b 和图 4-1c 所示。

编程说明如下:

1) 三菱和西门子梯形图类似,但不完全一样。三菱的用─○─表示继电器或接触器线圈,而西门子的用─( )─来表示线圈。

2) 三菱梯形图有右母线,而西门子的没有右母线。

3) 西门子的梯形图程序由若干个程序块(如 Network 1、Network 2)组成,而三菱的梯形图程序则不分块。

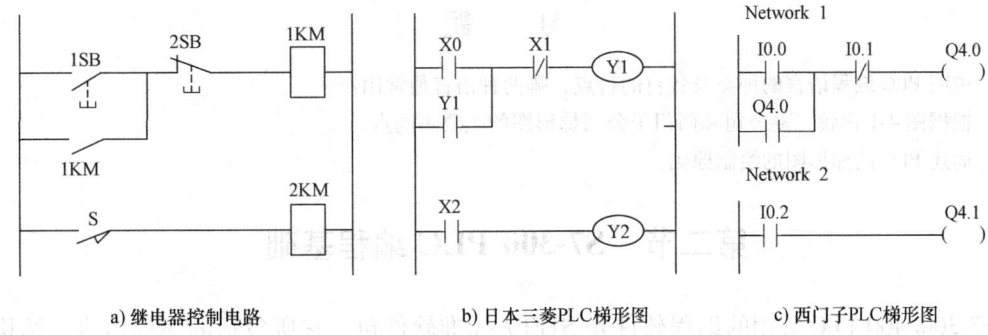

a) 继电器控制电路　　　　b) 日本三菱 PLC 梯形图　　　c) 西门子 PLC 梯形图

图 4-1　电路图与梯形图

4）三菱用 X 和 Y 分别表示输入点和输出点，而西门子则用 I 和 Q 分别表示输入点和输出点（1SB、2SB、S 叫输入点，1KM 和 2KM 叫输出点）。

5）两种梯形图的地址格式也不一样。

三、语句表语言

语句表语言也称助记符语言，它是一种类似于微机的汇编语言的编程语言，所编的程序由若干条指令组成。需采用简易编程器，比较抽象。一般与梯形图语言配合使用，互为补充。通常，设计者先编制梯形图，然后再转换成助记符语言的程序。因不同的厂家使用的助记符不同，故对同一个梯形图所编制的指令表语言也不相同，图 4-1b 和 4-1c 梯形图所对应的指令表语言的程序如下：

```
三菱：LD   X0           西门子：Network 1
      OR   Y1                   O   I0.0
      ANI  X1                   O   Q4.0
      OUT  Y1                   AN  I0.1
      LD   X2                   =   Q4.0
      OUT  Y2                   Network 2
                                A   I0.2
                                =   Q4.1
```

四、梯形图的绘制原则

1）梯形图按元件从左到右、从上到下绘制。

2）梯形图中的触点应画在水平支路上，不应画在垂直支路上。

3）梯形图中只出现输入电器的触点而不出现输入电器的线圈。

4）梯形图中的触点原则上可以无限次的引用。

5）在编程时，首先对梯形图中的元件进行编号（即标注地址），同一个编程元件的线圈和触点要使用同一编号（或地址）。

6）梯形图中的触点可以多次串联或并联（但有上限的要求），但线圈只能并联而不能串联。

习 题

1. 说明 PLC 编程语言的种类及各自的特点,哪两种语言最常用?
2. 根据图 4-1 比较三菱公司和西门子公司梯形图的主要不同点。
3. 简述 PLC 的梯形图的绘制原则。

第二节　S7-300 PLC 编程基础

S7-300/400 PLC 常用的编程软件是 STEP7 标准软件包。它所包括的编程语言、结构化程序的组成及其所用的数据类型、指令结构与寻址方式在未学习指令系统之前应当有较清楚的了解。

一、STEP7 的程序结构

为了适应用户程序设计的要求,STEP7 为 S7-300/400 提供了三种程序设计的方法,或者说三种用户程序结构,即线性编程、分块编程和结构化编程。

1) 线性编程　所谓线性编程就是将整个用户程序都放在 OB1(循环控制组织块)中,CPU 循环扫描时依次不断循环顺序执行 OB1 中的全部指令,如图 4-2a 所示。这种方式编程简单,不必考虑功能块、数据块、局部变量等。由于只有一个程序文件,软件管理也十分简单。这种方法对处理一些简单的自动控制任务是可以的,适于一个人进行程序编写。

2) 分块编程　将用户程序分隔成一些相对独立的部分,每部分就是一个"控制分块",每个块中包含一些指令,完成一定的功能。这些块执行顺序由放置在组织块 OB1 中的程序来确定,如图 4-2b 所示。这些块虽然也是控制某一设备或控制某一状态,但这些块与结构化编程中的功能块不同,块中编程用的是实际参数而不是形式参数。这种方法可分配多个设计人员同时编程,彼此间不会发生冲突。

3) 结构化编程　在为一个复杂的自动控制任务设计时,我们会发现部分控制逻辑常常被重复使用。这种情况便可采用结构化编程方法来设计用户程序。编一些通用的指令块来控制哪些相同或相似的功能,这些块就是功能块(FB)或功能(FC),如图 4-2c 所示。在功能块中编程用的是"形参",在调用它时要给"形参"赋给"实参",依靠赋给不同的"实参",便可完成对多种不同设备的控制,这是一个功能块能多处使用的道理。

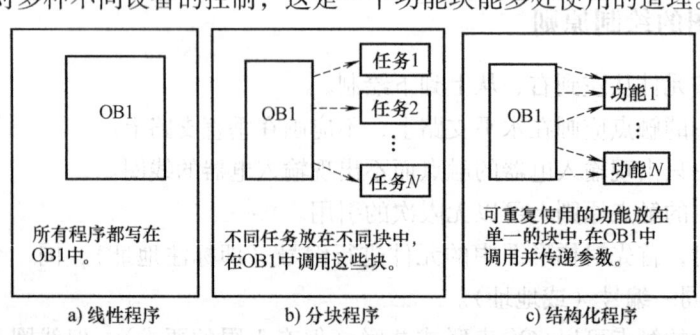

图 4-2　STEP7 的程序结构

二、STEP7 的编程语言

STEP7 标准软件包中,提供了 LAD(梯形图)、STL(语句表)、FBD(功能块图)三种编程语言。如果用户需要,购买"可选软件包"的"工程工具"(Engineering Tool)还可以提供多种高级语言,已如前述。用户可选择最适合自己的开发应用的某种语言来编写应用程序。

STEP7 中提供的三种编程语言,可以互相转换。如可以把 LAD/FBD 图形语言编写的程序转换成 STL 语言程序,也可反向转换。不能转换的 STL 程序仍用语句表显示,在转换中程序不会丢失。在用 STEP7 生成用户程序时,需将用户程序的指令存入逻辑块中,读者在使用 STEP7 软件时将会看到,STEP7 可提供"增量输入方式"和"自由编辑方式"两种输入方式。但增量输入方式更适合初学者,因为它对输入的每句立即进行句法检查,只有改正了错误才能完成输入。

(一)梯形图(LAD)

梯形图和电路图很相似,采用诸如触点和线圈的符号,有的地方也采用梯形图方块,如图 4-3a 所示。这种语言较适合熟悉电气控制电路的人员使用。

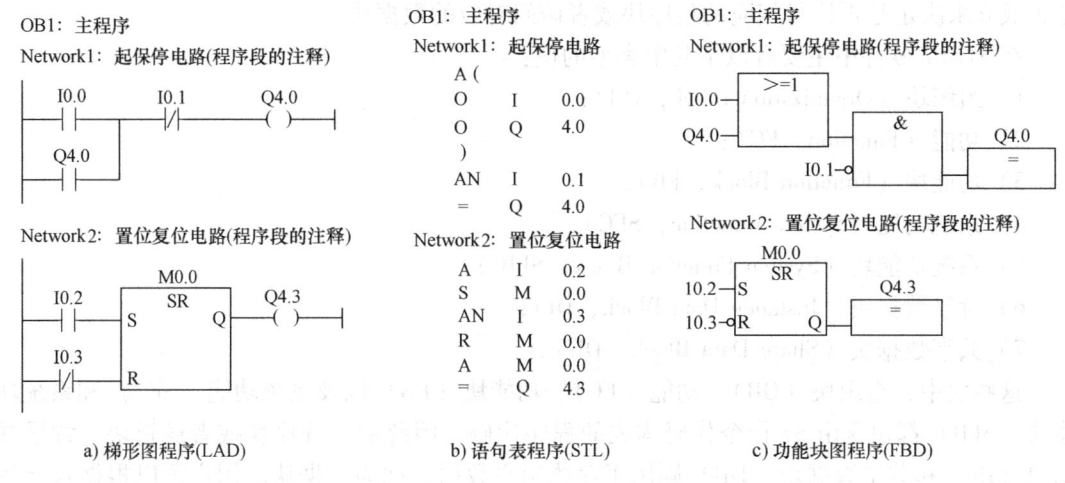

图 4-3 STEP7 的三种程序及其转换

STEP7 的一个逻辑块中的一个程序可以分成很多段,如 Network 1 等。Network 为段,后面的编号为段号。一个段实际就是一个逻辑行,编程时可以明显看出各段的结构。为了程序易读,可以在 Network 后面注释中输入程序标题或说明,段只是为了便于程序说明而附加的,实际编程可以不进行输入或变更,梯形图程序是用增量输入方式(增量编辑器)生成的。

(二)语句表(STL)

语句表是一种助记符语言,一种以文本方式表示的程序。熟悉编程语言的程序员喜欢使用这种语言。1 条语句对应程序中的 1 步,多条语句组成一段。图 4-3b 列出了与图 4-3a 相对应的语句表指令。

语句表程序既可用增量编辑器生成,也可以用文本编辑器生成。

(三)功能块图(FBD)

功能块图是一种用不同的功能框图(如"与"、"或"、"非"等逻辑图)来表示操作功能的图形编程语言,在 STEP7 V3.0 及更高版本中提供,熟悉逻辑电路设计的人员较喜欢使用。如图 4-3c 所示,FBD 程序用增量编辑器生成。

（四）结构控制语言 S7 SCL

这是 STEP7 标准软件包通过可选软件包扩展后使用于 S7-300/400 PLC 的一种高级语言，是符合 EN61131—3（IEC1131—3）标准的高级文本语言。它的语言结构与 Pascal 和 C 语言类似，所以 S7 SCL 特别适合于习惯使用高级编程语言的人使用。

此外，可选软件包还有适于连续过程描述的 S7 CFC 连续功能图编程语言；适于顺序控制的 S7 GRAPH 编程语言；适于状态图形式的 S7 HiGraph 编程语言等。S7 的编程语言非常丰富，用户可以选一种或几种混合编程，使编程工作简化。

三、结构化程序中的块

西门子 S7 系列 PLC 的 CPU 中运行着两种程序：操作系统程序和用户程序。操作系统程序是固化在 CPU 中的程序，它提供 PLC 系统运行和调度的机制。用户程序则是为了完成特定的自动化控制任务，由用户自己编写的程序。CPU 的操作系统是按照事件驱动扫描用户程序的。用户的程序或数据写在不同的块中（包括程序块或数据块），CPU 按照执行的条件是否成立来决定是否执行相应的程序块或者访问对应的数据块。

在 STEP7 软件中主要有以下几中类型的块：

1）组织块（Organization Block，OB）；
2）功能（Function，FC）；
3）功能块（Function Block，FB）；
4）系统功能（System Function，SFC）；
5）系统功能块（System Function Block，SFB）；
6）背景数据块（Instance Data Block，DI）；
7）共享数据块（Share Data Block，DB）。

这些块中，组织块（OB）、功能（FC）、功能块（FB）以及系统功能（SFC）和系统功能块（SFB）都包含由 S7 指令代码构成的程序代码，因此称为程序块或者逻辑块。背景数据块（DI）和共享数据块（DB）则用于存放用户数据，称为数据块。用户可以根据自己的需要将程序写在对应的程序块中。

下面先介绍结构化编程的概念，然后逐一介绍各种块的特点和使用方法。

结构化编程是将复杂的自动化任务分解为能够反映生产过程的工艺、功能或可以反复使用的小任务，这些任务有相应的程序块（或逻辑块）来表示。程序运行时所需的大量数据和变量存储在数据块中。某些程序块可以用来实现相同或相似的功能，这些程序块是相对独立的，它们被组织块 OB1（主程序循环块）或别的程序块调用，如图 4-4 所示。

在块调用中，调用者可以是各种逻辑块，包括用户编写的 OB、FB、FC 以及系统提供的 SFB 与 SFC，被调用的块是 OB 之外的逻辑块。调用功能块时需要为它指定一个背景数据块，后者随功能块的调用而打开，在调用结束时自动关闭。

在给功能块编程时使用的是"形参"（形式参数），调用它时需要将"实参"（实际参数）赋值给形参。在一个项目中，可以多次调用同一个块，例如在调用控制发动机的块时，将不同的实参赋值给形参，就可以实现对类似但是不完全相同的被控对象（例如汽油机和柴油机）的控制。

块调用即子程序调用，块可以嵌套调用，即被调用的块又可以调用别的块。允许嵌套调

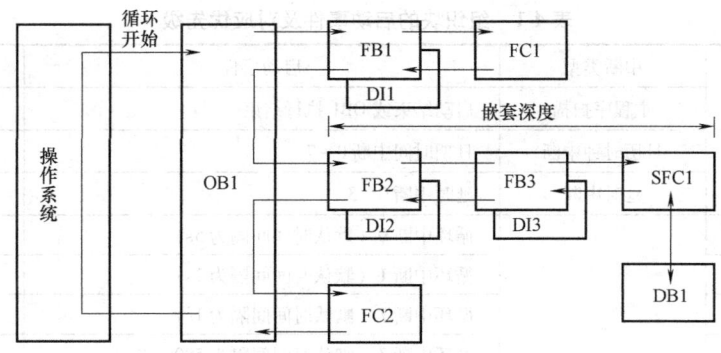

图 4-4 块调用的分层结构

用的层数（嵌套深度）与 CPU 的型号有关。

块嵌套调用的层数还受到 L 堆栈大小的限制。每个 OB 需要至少 20B 的 L 内存空间。当块 A 调用块 B 时，块 A 的临时变量将压入 L 堆栈。

在图 4-4 中，OB1 调用 FB1，FB1 调用 FC1。应按下面的顺序创建块：FC1→FB1 及其背景数据块 DI1→OB1，即编程时被调用的块应该是已经存在的。

（一）用户程序中的逻辑块

所谓逻辑块，实际上就是用户根据控制需要，将不同设备的控制程序和不同功能的控制程序写入的程序块。在编程时，用户将其程序用不同的逻辑块进行结构化处理，也就是用户将程序分解为单个的、自成体系的多个部分（块）。程序分块后有以下优点：

1）规模大的程序段更容易理解；
2）可以对单个的程序段进行标准化；
3）简化程序组织；
4）程序修改更容易；
5）由于可以分别测试各个单个程序段，差错更为简单；
6）系统的调试更容易。

用户程序中的逻辑块有以下几种类型。

1. 组织块（OB）

每个 S7 CPU 均包括一套可在其中编写程序的组织块（随 CPU 而有所不同），它们是操作系统和用户应用程序在各种条件下的接口界面，或者说 OB 是由操作系统调用，可用于控制循环或中断执行（包括故障中断）及 PLC 启动方式等。组织块的种类可参见表 4-1。

OB1 是主程序循环块，由操作系统不断循环调用，在编程时总是需要的。编程时可将所有程序放入 OB1 中，或将部分程序放入 OB1，加上在 OB1 中调用其他块来组织程序。OB1 在运行时，操作系统可能调用其他 OB 块以响应确定事件。其他 OB 块的调用实际上就是 "中断"，一个 OB 的执行可以被另一个 OB 的调用而中断。一个 OB 是否可以中断另一个 OB 由它的优先级决定。组织块 OB 的优先级可参见表 4-1。OB1 的优先级最低。中断优先级响应原则是：高优先级的 OB 可以中断低优先级的 OB，而低优先级的 OB 则不能中断同级或高优先级的 OB；具有相同优先级的 OB 按照其起动事件发生的先后次序进行处理。

表 4-1 组织块的启动事件及对应优先级

OB	中断类型	启动事件	默认优先级
OB1	主程序扫描	启动结束或 OB1 执行结束	1
OB10~OB17	日历时钟中断	日期时间中断 0~7	2
OB20~OB23	延时中断	延时中断 0~3	3~6
OB30	循环中断	循环中断 0（默认时间间隔为 5s）	7
OB31		循环中断 1（默认时间间隔为 2s）	8
OB32		循环中断 2（默认时间间隔为 1s）	9
OB33		循环中断 3（默认时间间隔为 500ms）	10
OB34		循环中断 4（默认时间间隔为 200ms）	11
OB35		循环中断 5（默认时间间隔为 100ms）	12
OB36		循环中断 6（默认时间间隔为 50ms）	13
OB37		循环中断 7（默认时间间隔为 20ms）	14
OB38		循环中断 8（默认时间间隔为 10ms）	15
OB40~OB47	硬件中断	硬件中断 0~7	16~23
OB55	DPV1 中断	状态中断	2
OB56		刷新中断	2
OB57		制造厂商特殊中断	2
OB60	多处理中断	SFC35 "MP_ALM" 调用	25
OB61~OB64	同步循环中断	同步循环中断 0~3	25
OB70	冗余故障中断（只适于 H 型 CPU）	I/O 冗余故障	25
OB72		CPU 冗余故障	28
OB73		通信冗余故障	25
OB80	异步故障中断	时间故障	26 或 28（如果 OB 存在于启动程序中优先级为 28）
OB81		电源故障	
OB82		诊断故障	
OB83		插入/删除模板中断	
OB84		CPU 硬件故障	
OB85		程序周期错误	
OB86		扩展机架、DP 主站系统或分布式 I/O 从站故障	
OB87		通信故障	
OB88		过程中断	28
OB90	背景循环	暖或冷启动或删除一个正在 OB90 中执行的块或装载一个 OB90 到 CPU 或中止 OB90	29（优先级 29 对应于优先级 0.29）
OB100	启动	暖启动	27
OB101		热启动（S7-300 和 S7-400H 不具备）	27
OB102		冷启动	27
OB121	同步错误中断	编程错误	取引起错误 OB 的优先级
OB122		I/O 访问错误	

S7-300 CPU（CPU318 除外）的每个组织块的优先级都是固定的，而对于 CPU318 则可以通过 STEP7 修改下列组织块的优先级：

1）OB10～OB47，可设置优先级为 2～23；
2）OB70～OB72（仅适用于 H CPU），可设置优先级为 2～28；
3）OB81～OB87 可设置优先级为 24～26。

S7 系统允许为多个 OB 分配相同的优先级。

由同步错误起动的错误 OB，其执行优先级与块发生错误时的执行优先级相同。

2. 功能块（FB）

功能块（FB）属于用户自己编程的块，实际上相当于"子程序"。它带有一个附属的存储数据块（Instance Data Block），称为"背景数据块"（DI）。传递给 FB 的参数的静态变量存在背景数据块中，临时变量存在 L 数据堆栈中。DI 的数据结构与其功能块（FB）的"参数表"（变量声明表）相同。DI 随 FB 的调用而打开，随 FB 的执行结束而关闭，所以存在 DI 中的数据不会丢失，但保存在 L 堆栈中的临时数据将丢失。

FB 可以使用共享数据块（DB，又称全局数据块）。

3. 功能（FC）

功能（FC）也是属于用户自己编程的块，但它是"无存储区"的逻辑块。FC 的临时变量存储在 L 堆栈中，但 FC 执行结束后，这些数据丢失。要将这些数据存储，功能（FC）可以使用全局数据块（DB）。

由于 FC 没有自己的存储区，所以必须为它内部的形式参数制定实际参数，不能够为 FC 的局域数据分配初始值。

4. 系统功能块（SFB）和系统功能（SFC）

用户不需要每种功能都自己编程。S7 CPU 为用户提供了一些已经编好程序的系统功能块（SFB）和系统功能（SFC），如表 4-2 和表 4-3 所示。它们属于操作系统的一部分，用户可以直接调用它们来编制自己的程序。与 FB 块相似，用户必须为 SFB 生成一个背景数据块（DI），并将其下载到 CPU 中。SFC 则与 FC 相似，不需要背景数据块。

（二）**用户程序所用的数据块**

除逻辑块（即程序块）外，用户程序还包括数据块（DB）。数据块是用户定义的用于存取数据的存储区，该存储区在 CPU 的存储器中，可以被打开或关闭。用户可在 CPU 的存储器中建立一个或多个数据块，用来存储过程状态和其他信息，即用来保存用户程序中使用的变量数据（如数值）。用户程序可以以位、字节、字、或双字操作，访问数据块中的数据。

数据块可分为：共享数据块（DB）和背景数据块（DI）。从存储区来看它们都是放在数据块存储区（属工作存储区），没有什么区别。但它们的使用范围、数据结构、打开数据块方式均有不同。这里只强调一点：共享数据块（DB）是用户程序中的所有逻辑块都可以使用（读/写）。而背景数据块总是分配给指定的 FB，只在所分配的 FB 中使用背景数据块。

（三）**系统数据块**（SDB）

系统数据块（SDB）是为存放 PLC 参数所建立的系统数据存储区。SDB 中存有操作控制器的必要数据，如组态数据、通信连接数据和其他操作参数等，用 STEP7 中不同的工具建立。

表 4-2 SFC 编号及功能一览表

编号	短名	功能描述
SFC0	SET_CLK	设系统时钟
SFC1	READ_CLK	读系统时钟
SFC2	SET_RTM	运行时间计时器设定
SFC3	CTRL_RTM	运行时间计时器启/停
SFC4	READ_RTM	运行时间计时器读取
SFC5	GADR_LGC	查询模块的逻辑起始地址
SFC6	RD_SINFO	读 OB 启动信息
SFC7	DP_PRAL	在 DP 主站上触发硬件中断
SFC9	EN_MSG	使能块相关，符号相关和组状态的信息
SFC10	DIS_MSG	封锁块相关，符号相关和组状态的信息
SFC11	DPSYC_FR	同步 DP 从站组
SFC12	D_ACT_DP	取消和激活 DP 从站
SFC13	DPNRM_DG	读 DP 从站的诊断数据（从站诊断）
SFC14	DPRD_DAT	读标准 DP 从站的连续数据
SFC15	DPWR_DAT	写标准 DP 从站的连续数据
SFC17	ALARM_SQ	生成可应答的块相关信息
SFC18	ALARM_S	生成恒定可应答的块相关信息
SFC19	ALARM_SC	查询最后的 ALARM_SQ 到来状态信息的应答状态
SFC20	BLKMOV	复制变量
SFC21	FILL	初始化存储区
SFC22	CREAT_DB	生成 DB
SFC23	DEL_DB	删除 DB
SFC24	TEST_DB	测试 DB
SFC25	COMPRESS	压缩用户内存
SFC26	UPDAT_PI	刷新过程映像更新表
SFC27	UPDAT_PO	刷新过程映像输出表
SFC28	SET_TINT	设置日时钟中断
SFC29	CAN_TINT	取消日时钟中断
SFC30	ACT_TINT	激活日时钟中断
SFC31	QRY_TINT	查询日时钟中断
SFC32	SRT_DINT	启动延时中断
SFC33	CAN_DINT	取消延时中断
SFC34	QRY_DINT	查询延时中断
SFC35	MP_AIM	触发多 CPU 中断
SFC36	MSK_FLT	屏蔽同步故障
SFC37	DMSK_FLT	解除同步故障屏蔽

(续)

编号	短名	功能描述
SFC38	READ _ ERR	读故障寄存器
SFC39	DIS _ IRT	封锁新中断和非同步故障
SFC40	EN _ IRT	使能新中断和非同步故障
SFC41	DIS _ AIRT	延迟高优先级中断和非同步故障
SFC42	EN _ AIRT	使能高优先级中断和非同步故障
SFC43	RE _ TRIGR	再触发循环时间监控
SFC44	REPL _ VAL	传送替代值到累加器1
SFC46	STP	使CPU进入停机状态
SFC47	WAIT	延时用户程序的执行
SFC48	SNC _ RTCB	同步子时钟
SFC49	LGC _ GADR	查询一个逻辑地址的模块槽位属性
SFC50	RD _ LGADR	查询一个模块的全部逻辑地址
SFC51	RDSYSST	读系统状态表或部分表
SFC52	WR _ USMSG	向诊断缓冲区写用户定义的诊断事件
SFC54	RD _ PARM	读取定义参数
SFC55	WR _ PARM	写动态参数
SFC56	WR _ DPARM	写默认参数
SFC57	PARM _ MOD	为模块指派参数
SFC58	WR _ REC	写数据记录
SFC59	RD _ REC	读数据记录
SFC60	GD _ SND	全局数据包发送
SFC61	GD _ RCV	全局数据包接收
SFC62	CONTROL	查询属于S7-400的本地通信SFB背景的连接状态
SFC63	AB _ CALL	汇编代码块
SFC64	TIME _ TCK	读系统时间
SFC65	X _ SEND	向局域S7站之外的通信伙伴发送数据
SFC66	X _ RCV	接收局域S7站之外的通信伙伴发来的数据
SFC67	S _ GET	读取局域S7站之外的通信伙伴的数据
SFC68	X _ PUT	写数据到局域S7站之外的通信伙伴
SFC69	X _ ABORT	终止现存的与局域S7站之外的通信伙伴的连接
SFC72	I _ GET	读取局域S7站内的通信伙伴
SFC73	I _ PUT	写数据到局域S7站内的通信伙伴
SFC74	I _ ABORT	终止现存的与局域S7站内的通信伙伴的连接
SFC78	OB _ RT	决定OB的程序运行时间
SFC79	SET	置位输出范围
SFC80	RSET	复位输出范围

(续)

编号	短名	功能描述
SFC81	UBLKMOV	不可中断复制变量
SFC82	CREA_DBL	在装载存储器中生成 DB 块
SFC83	READ_DBL	读装载存储器中的 DB 块
SFC84	WRIT_DBL	写装载存储器中的 DB 块
SFC87	C_DIAG	实际连接状态的诊断
SFC90	H_CTRL	H 系统中的控制操作
SFC100	SET_CLKS	设日期时间和日期时间状态
SFC101	RTM	处理时间计时器
SFC102	RD_DPARA	读取预定义参数（重新定义参数）
SFC103	DP_TOPOL	识别 DP 主系统中总线的拓扑
SFC104	CiR	控制 CiR
SFC105	READ_SI	读动态系统资源
SFC106	DEL_SI	删除动态系统资源
SFC107	ALARM_DQ	生成可应答的块相关信息
SFC108	ALARM_D	生成恒定可应答的块相关信息
SFC126	SYNC_PI	同步刷新过程映像区输入表
SFC127	SYNC_PO	同步刷新过程映像区输出表

表 4-3 SFB 编号及功能一览表

编号	短名	功能描述
SFB0	CTU	增计数
SFB1	CTD	减计数
SFB2	CTUD	增/减计数
SFB3	TP	脉冲定时
SFB4	TON	延时接通
SFB5	TOF	延时断开
SFB8	USEND	非协调数据发送
SFB9	URCV	非协调数据接收
SFB12	BSEND	段数据发送
SFB13	BRCV	段数据接收
SFB14	GET	向远程 CPU 写数据
SFB15	PUT	向远程 CPU 读数据
SFB16	PRINT	向打印机发送数据
SFB19	START	在远程装置上实施暖启动和冷启动
SFB20	STOP	将远程装置变为停止状态
SFB21	RESUME	在远程装置上实施热启动
SFB22	STATUS	查询远程装置的状态

(续)

编号	短名	功能描述
SFB23	USTATUS	接收远程装置的状态
SFB29	HS_COUNT	计数器（高速计数器，集成功能）
SFB30	FREQ_MES	频率计（频率计，集成功能）
SFB31	NOTIFY_8P	生成不带应答指示的块相关信息
SFB32	DRUM	执行顺序器
SFB33	ALARM	生成带应答显示的块相关信息
SFB34	ALARM_8	生成不带8个信号值的块相关信息
SFB35	ALARM_8P	生成带8个信号值的块相关信息
SFB36	NOTIFY	生成不带应答显示的块相关信息
SFB37	AR_SEND	发送归档数据
SFB38	HSC_A_B	计数器A/B（集成功能）
SFB39	POS	定位（集成功能）
SFB41	CONT_C	连续PID调节器
SFB42	CONT_S	步进PID调节器
SFB43	PULSEGEN	脉冲发生器
SFB44	ANALOG	带模拟输出的定位
SFB46	DIGITAL	带数字输出的定位
SFB47	COUNT	计数器控制
SFB48	FREQUENC	频率计控制
SFB49	PULSE	脉冲宽度控制
SFB52	RDREC	读来自DP从站的数据记录
SFB53	WRREC	向DP从站写数据记录
SFB54	RALRM	接收来自DP从站的中断
SFB60	SEND_PTP	发送数据（ASCII 3964（R））
SFB61	RCV_PTP	接收数据（ASCII 3964（R））
SFB62	RES_RECV	清除接收缓冲区（ASCII 3964（R））
SFB63	SEND_RK	发送数据（RK 512）
SFB64	FETCH_RK	获取数据（RK 512）
SFB65	SERVE_RK	接收和提供数据（RK 512）
SFB75	SALRM	向DP从站发送中断

四、STEP7 的数据类型

当代 PLC 不仅进行逻辑运算，还要进行数字运算和数据处理。STEP7 编程语言中大多数指令要与具有一定大小的数据对象一起进行操作。数据块、逻辑块的使用中也牵涉到数据类型问题。所以，学习和使用 PLC 时，必须认真了解它的数据类型、表示形式及标记。

（一）数制

1. 二进制数

二进制数的 1 位（bit）只能取 0 和 1 两个不同的值，可以用来表示开关量（或称数字量）的两种不同的状态，例如触点的断开和连接，线圈的通电和断电等。如果该位为 1，表示梯形图中对应编程元件（例如位存储器 M 和输出过程映像 Q）的线圈"通电"，其常开触点接通，常闭触点断开，以后称该编程元件为 1 状态，或称该编程元件 ON（接通）。如果该位为 0，对应的编程元件的线圈和触点的状态与上述的相反，称该编程元件为 0 状态，或称该编程元件 OFF（断开）。二进制常数用 2# 表示，例如 2#1111_0110_1001_0001 是 16 位二进制常数。

2. 十六进制数

十六进制的 16 个数字是 0~9 和 A~F（对应于十进制数 10~15），每个数字占二进制数的 4 位，最高 4 位二进制数用来表示符号，0000 表示正数，1111 表示负数。B#16#、W#16#、DW#16# 分别用来表示十六进制字节、字和双字常数，例如 W#16#13AF。在数字后边加"H"也可以表示十六进制数，例如 16#13AF 可以表示为 13AFH。

十六进制数的运算规则为逢 16 进 1，例如 B#16#3C = 3×16+12 = 60。

3. BCD 码

BCD 码用 4 位二进制数表示一位十进制数，例如十进制数 9 对应的二进制数为 1001。4 位二进制数共有 16 种组合，有 6 种（1010~1111）没有在 BCD 码中使用。

BCD 码的最高 4 位二进制数用来表示符号，0000 表示正数，1111 表示负数。16 位 BCD 码字的范围为 -999~+999。32 位 BCD 码双字的范围为 -9999999~+9999999。

BCD 码实际上是十六进制数，但是各位之间的关系式逢十进一。十进制数可以很方便地转换为 BCD 码，例如十进制数 296 对应的 BCD 码为 W#C#296，或 2#0000 0010 1001 0110。

二进制整数 2#0000 0001 0010 1000 对应的十进制数也是 296，因为它的第三位、第五位和第八位为 1，对应的十进制数为 $2^8 + 2^5 + 2^3 = 256 + 32 + 8 = 296$。

（二）数据类型

数据类型决定数据的属性，在 STEP7 中，数据类型分为三大类：基本数据类型、复合数据类型和参数类型。复合数据类型是用户通过组合基本数据类型生成的；参数类型是用来定义传送功能块（FB）和功能（FC）参数的。

1. 基本数据类型

基本数据类型定义不超过 32 位的数据（符合 IEC1131—3 的规定），可以装入 S7 处理器的累加器中，可利用 STEP7 基本指令处理。

基本数据类型共有 12 种，每一个数据类型都具备关键词、数据长度及取值范围和常数表示等属性，表 4-4 列出了 S7-300/400 PLC 所支持的基本数据类型。

表 4-4 基本数据类型说明

类型（关键词）	位	表示形式	数据与范围	示 例
布尔（BOOL）	1	布尔量	TURE/FALSE	触点的闭合/断开
字节（BYTE）	8	十六进制	B#16#0 ~ B#16#FF	L B#16#20
字（WORD）	16	二进制	2#0 ~ 2#1111_1111_1111_1111	L 2#0000_0011_1000_0000

(续)

类型(关键词)	位	表示形式	数据与范围	示 例
字(WORD)	16	十六进制	W#16#0 ~ W#16#FFFF	L W#16#0380
		BCD 码	C#0 ~ C#999	L C#896
		无符号十进制	B#(0,0) ~ B#(255,255)	L B#(10,10)
双字(DWORD)	32	十六进制	DW#16#0000_0000 ~ DW#16#FFFF_FFFF	L DW#16#0123_ABCD
		无符号数	B#(0,0,0,0) ~ B#(255,255,255,255)	L B#(1,23,45,67)
字符(CHAR)	8	ASCII 字符	可打印 ASCII 字符	'A'、'B'、','
整数(INT)	16	有符号十进制数	-32768 ~ +32767	L -23
长整数(DINT)	32	有符号十进制数	L#-214783648 ~ L#214783647	L L#23
实数(REAL)	32	IEEE 浮点数	±1.175495E-38 ~ ±3.402823E+38	L 2.34567E+2
时间(TIME)	32	带符号 IEC 时间,分辨率为 1ms	T#-24D_20H_31M_23S_648MS ~ T#24D_20H_31M_23S_647MS	L T#8D_7H_6M_5S_0MS
日期(DATE)	32	IEC 日期,分辨率为 1 天	D#1990_1_1 ~ D#2168_12_31	L D#2005_9_27
实时时间(Time_Of_Daytod)	32	实时时间,分辨率为 1ms	TOD#0:0:0.0 ~ TOD#23:59:59.999	L TOD#8:30:45.12
S5 系统时间(S5TIME)	32	S5 时间,以 10ms 为时基	S5T#0H_0M_10MS ~ S5T#2H_46M_30S_0MS	L S5T#1H_1M_2S_10MS

（1）位　位（bit）数据的数据类型为 BOOL（布尔）型，在编程软件中 BOOL 变量的值 1 和 0 常用英语单词 TRUE（真）和 FALSE（假）来表示。

位存储单元的地址由字节地址和位地址组成，例如 13.2 中的区域标示符"I"表示输入（Input），字节地址为 3，位地址为 2（如图 4-5 所示）。这种存取方式称为"字节.位"寻址方式。

（2）字节　8 位二进制数组成一个字节（Byte）（如图 4-5 所示），其中第 0 位为最低位（LSB），第 7 位为最高位（MSB）。

（3）字　相邻的两个字节组成一个字（Word），字用来表示无符号数。MW100 是由 MB100 和 MB101 组成的一个字（见图 4-6），MB100 为高位字节。MW100 中的 M 为区域标示符，W 表示字，100 为字的起始字节 MB100 的地址。字的取值范围为 W#16#0000 ~ W#16#FFFF。

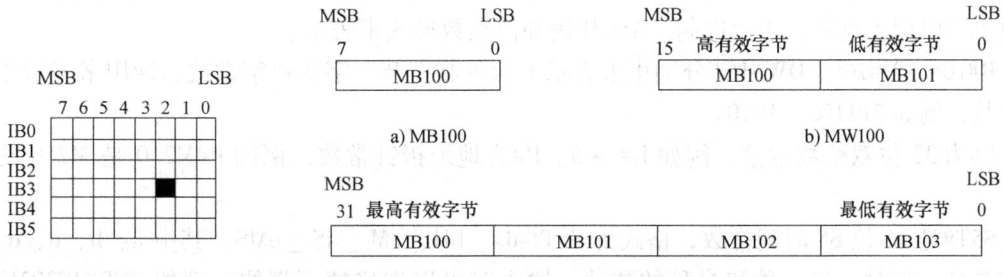

图 4-5　位数据的存放　　　　　　图 4-6　字节、字和双字

(4) 双字 两个字组成一个双字（Double Word），双字用来表示无符号数。MD100 是由 MB100～MB103 组成的一个双字（见图 4-6）。MB100 为高位字节，D 表示双字，100 为双字的起始字节 MB100 的地址。双字的取值范围为 DW#16#0000_0000～DW#16#FFFF_FFFF。

(5) 16 位整数 整数（INT, Integer）是有符号数，整数的最高位为符号位，最高位为 0 时为正数，为 1 时为负数，取值范围为 -32768～32767。整数用补码来表示，正数的补码就是它本身，将一个正数对应的二进制数的各位求反后加 1，可以得到绝对值与它相同的负数的补码。

(6) 32 位整数 32 位整数（DINT, Double Integer）的最高位为符号位，取值范围为 -2147483648～2147483647。

(7) 32 位浮点数 浮点数也称实数。例如：+25.419 可表示成 $+2.5419 \times 10^1$ 或 +2.5419E+1 的指数表示式，-234567 可表示成 -2.34567×10^5 或 -2.34567E+5。指数表示式中的指数是以 10 为底的。

STEP 中的实数是按照 IEEE 标准表示的，在存储器中，实数占用两个字（32 位），即存放实数（浮点数）需要一个双字（32 位），最高的 31 位是符号位，0 表示正数，1 表示负数。可以表示的数的范围是 1.175495×10^{-38}～3.402823×10^{38}。

$$实数值 = (\text{sigh})(1+f) \times 2^{e-127}$$

式中，sigh 为符号；f 为底数（尾数）；e 为指数位值。

示例：图 4-7 所示是一个实数的格式，求出该数。

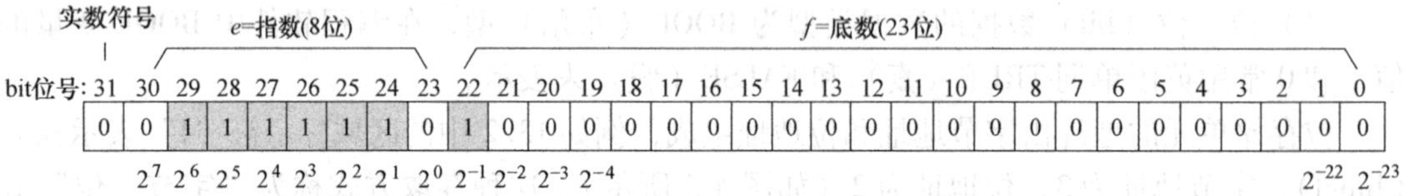

图 4-7 实数格式示例

解：第 31 位是 0，所以该数为正实数。$e = 2^6 + 2^5 + 2^4 + 2^3 + 2^2 + 2^1 = 126$

该数（32 位）= $(1 + 2^{-1}) \times 2^{e-127} = 1.5 \times 2^{-1} = 0.75$。

浮点数的优点是用很小的内存空间（4B）可以表示非常大和非常小的数。PLC 输入和输出的数值大多是整数（例如模拟量输入值和模拟量输出值），用浮点数来处理这些数据需要进行整数和浮点数之间的相互转换，浮点数的运算速度比整数运算的慢得多。

(8) 常数的表示方法 常数值可以是字节、字或双字。CPU 以二进制方式存储常数，常数也可以用十进制、十六进制、ASCII 码和浮点数形式来表示。

B#16#、W#16#、DW#16#分别用来表示十六进制字节、字和双字常数。2#用来表示二进制常数，例如 2#1101_1010。

L#为 32 位双整数常数，例如 L#+5。P#为地址指针常数，例如 P#M2.0 是 M2.0 的地址。

S5T#是 16 位 S5 时间常数，格式为 S5T#aD_bH_cM_dS_eMS。其中 a、b、c、d、e 分别是日、小时、分、秒和毫秒的数值。输入时可以省略掉下划线，例如 S5T#4S30MS = 4s30ms，S5T#2H15M30S = 2h15min30s。S5 时间常数的取值范围为 S5T#0H_0M_0S_0MS～

S5T#2H_46M_30S_0MS，时间增量为 10ms。

T#为带符号的 32 位 IEC 时间常数，例如 T#1D_12H_30M_0S_250MS，时间增量为 1ms，取值范围为 −T#24D_20H_31M_23S_648MST ~ T#24D_20H_31M_23S_647MS。

DATE 是 IEC 日期常数，例如 D#2004-1-15。取值范围为 D#1990-1-1 ~ D#2168-12-31。TOD#是 32 位实时时间（Time of day）常数，时间增量为 1ms，例如 TOD#23：50：45.300。

C#为计数器常数（BCD 码），例如 C#250。8 位 ASCII 字符用单引号表示，例如'ABC'。

此外，B（b1、b2）、B（b1、b2、b3、b4）用来表示 2B、4B 常数。

2. 复合数据类型

超过 32 位的数据或由基本数据与复合数据类型的组合成的数据称为复合数据类型。

STEP7 有以下 5 种复合数据类型：

1）数组（ARRAY）将一组同一类型的数据组合在一起，形成一个单元。可通过下标（如 [2，2]）访问数组中的数据。

2）结构（STRUCT）将一组不同类型的数据组合在一起，形成一个单元。

3）字符串（STRING）是最多有 254 个字符（CHAR）的一维数组。

4）日期和时间（DATE_AND_TIME）用于存储年、月、日、时、分、秒、毫秒和星期，占用 8 个字节，用 BCD 格式保存。星期天的代码为 1，星期一~星期六的代码为 2~7。

5）用户定义的数据类型 UDT（User-defined Date Types）：由用户将基本数据类型和复合数据类型组合在一起，形成的新的数据类型。可以在数据块（DB）和变量声明表中定义复合数据类型。

3. 参数类型

参数类型是为在逻辑块之间传递参数的形参定义的数据类型。

（1）TIMER（定时器）和 COUNTER（计数器） 指定执行逻辑块时要用的定时器和计数器，对应的参数应为定时器或计数器的编号，其标记为 Tnn（nn 为定时器号）和 Cnn（nn 为计数器号），例如 T3，C21。

（2）BLOCK（块） 指定一个块用作输入和输出，参数声明决定使用的块的类型，其标记为 FBnn（nn 为 FB 块号）、FCnn（nn 为 FC 块号）、DBnn（nn 为 DB 块号）、SDBnn（nn 为 SDB 块号），块参数类型的实参应为同类型的块的绝对地址编号（例如 FB2）或符号名（例如"Motor"）。

（3）POINTER（指针） 6 字节指针类型，用来传送 DB 的块号或数据地址。一个指针给出的是变量的地址而不是变量的数值大小，其标记为 P#存储器地址，例如 P#M50.0 是指向位存储器 M50.0 的双字地址指针，用 P# M50.0 是为了访问位存储器 M50.0。

（4）ANY 10 字节指针类型，用来传递 DB 的块号或数据地址、数据类型以及数据数量。其标记为 P# 存储器地址_数据类型_长度，如 P# M10.0_word_5。当实参的数据类型未知或在功能块中需要使用变化的数据类型时，可以把形参定义为 ANY 参数类型。这样，就可以将任何数据类型的实参给 ANY 类型的形参，而不必像其他类型那样保证实参形参类型一样。

五、PLC 中的存储器与寄存器

（一）PLC 的存储器

PLC 的存储器有系统存储器和用户存储器两大类，系统存储器是存放系统程序的，不需要讨论；用户存储器是存放用户程序（含数据）的，需要了解。了解用户存储器和 CPU 的寄存器对理解 PLC 的工作原理、指令的类型、组成及使用、CPU 执行指令的过程、编写用户程序（尤其是复杂的程序）以及提高编程质量都是非常有用的。因此，下面重点讨论用户存储器。

用户存储器由程序存储器和数据存储器组成，即将用户存储器划分为程序存储区和数据存储区两大存储区域，如图 4-8 所示。

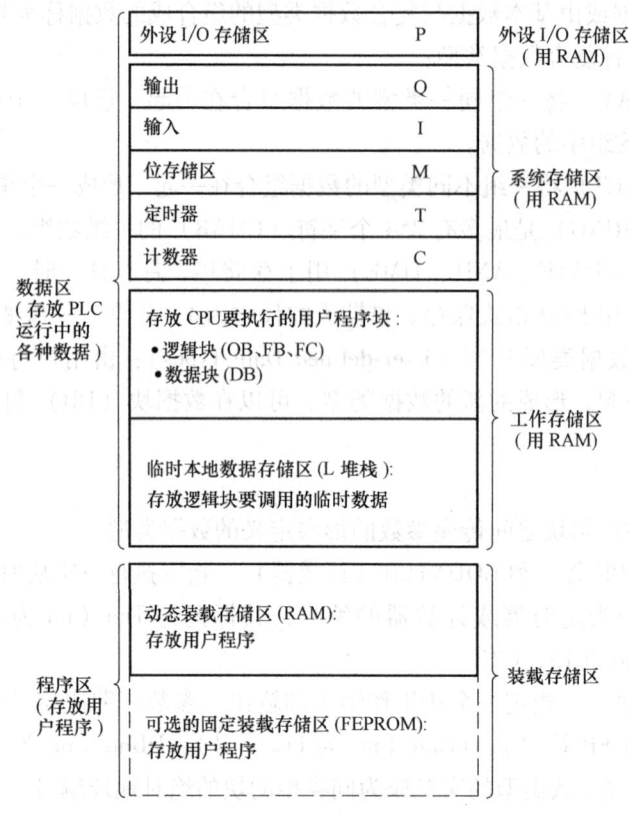

图 4-8 S7-300 PLC 存储器的组成

1. 程序存储器

程序存储器即装载存储区。装载存储区可分为动态装载存储区（使用 CPU 中的内置 RAM）和可选的固定装载存储区（使用内置的 EEPROM 或可拆卸 FEPROM 卡），用于存放用户程序（全部的、不包含符号地址和解释的）。每次 PLC 一上电，固定装载存储区的用户程序全部移入到动态装载存储区。这样做的原因是固定装载存储区能永久保存用户程序，而动态装载存储区的用户程序不能一直保持。为了防止动态装载存储区的程序在停电时丢失，常用后备电池（如锂电池）保持。

有的 CPU 有集成的装载存储器，有的可以用微存储器卡（MMC）来扩展，CPU31xC 的用户程序只能装入插入式的 MMC。断电时数据保存在 MMC 存储器中，因此，数据块的内容基本上被永久保留。

下载程序时，用户程序（逻辑块和数据块）被下载到 CPU 的装载存储器，CPU 把可执行部分复制到工作存储器，符号表和注释保存在编程设备中。

2. 数据存储器

(1) 工作存储区 工作存储区占用 CPU 模块中的部分 RAM，它是集成的高速存取的 RAM 存储器，用于存储 CPU 运行时所执行的用户程序单元（逻辑块和数据块）的复制件。为了保证程序执行的快速性和不过多地占用工作存储器，只有与程序执行有关的块被装入工作存储区。

CPU 工作存储区也为程序块的调用安排了一定数量的临时本地数据存储区（或称 L 堆栈），用来存储逻辑块被调用时的临时数据，访问局域数据比访问数据块中的数据更快。用户生成块时，可以声明临时变量（TEMP），它们只在执行该块时有效，执行完后就被覆盖了。也就是说，L 堆栈中的数据在程序块工作时有效，并一直保持，当新的块被调用时，L 堆栈将进行重新分配。

在 FB、FC 或 OB 运行时，块变量声明表中声明的暂时变量将存在临时本地数据存储区（L 堆栈）；L 堆栈提供空间以传送某些类型参数和存放梯形图中间结果。块结束执行时，临时本地存储区再行分配，不同的 CPU 提供不同数量的临时本地存储区。

语句表（STL）程序中的数据块可以被标识为"与执行无关"（UNLINIKED），它们只是存储在装载存储器中。有必要时，可以用 SFC 20 "BLKMOV"将它们复制到工作存储区。

复位 CPU 的存储器时，RAM 中的程序被清除。

(2) 系统存储区 系统存储区为不能扩展的 RAM，是 CPU 为用户程序提供的存储器组件，被划分为若干个地址区域，分别用于存放不同的操作数据，例如，输入过程映像、输出过程映像、位存储器、定时器和计数器、块堆栈（B 堆栈）、中断堆栈（I 堆栈）和诊断缓冲区等。

系统存储区可通过指令在相应的地址区域内对数据直接进行寻址。

1) 输入/输出（I/O）过程映像表。在扫描循环开始时，CPU 读取数字量输入模块中输入信号的状态，并将它们存入过程映像输入表 I 中。在扫描循环中，用户程序计算输出值，并将它们存入过程映像输出表 Q 中。在扫描循环结束时，将过程映像输出表的内容写入数字量输出模块。

用户程序访问 PLC 的输入（I）和输出（Q）地址区时，不是去读写数字信号模块中的信号状态，而是访问 CPU 中的过程映像区。I 和 Q 均可以按位、字节、字和双字来存取，如：I0.0、IB0、IW0 和 ID0。

与直接访问 I/O 模块相比，访问过程映像表可以保证在整个程序周期内，过程映像的状态始终一致。在程序执行过程中，即使接在输入模块的外部信号状态发生了变化，过程映像表中的信号状态仍然保持不变，直到下一个循环才被刷新。由于过程映像保存在 CPU 的系统存储器中，访问它的速度比直接访问 I/O 模块快的多。

输入过程映像在用户程序中的标识符为 I，是 PLC 接收外部输入数字量信号的窗口。输入端可以外接常开触点或常闭触点，也可以接多个触点组成的串并联电路。PLC 将外部电路的通、断状态读入并存储在输入过程映像中。外部输入电路接通时，对应的输入过程映像为 ON（1 状态）；反之为 OFF（0 状态）。在梯形图中，可以多次使用输入过程映像的常开触点和常闭触点。

输出过程映像在用户程序中的标识符为 Q，在循环周期结束时，CPU 将输出过程映像的数据传送给输出模块，再由后者驱动外部负载。如果梯形图中 Q0.0 的线圈"通电"，继电器型输出模块中对应的硬件继电器的常开触点闭合，使接在 Q0.0 对应的输出端子的外部负载工作。输出模块中的每一个硬件继电器仅有一对常开触点，但是在梯形图中，每一个输出位的常开触点和常闭触点都可以多次使用。

除了操作系统对过程映像的自动刷新外，S7-400 CPU 可以将过程映像划分为最多 15 个区段，这意味着如果需要，可以独立于循环来刷新过程映像表的某些区段。用 STEP7 指定的过程映像区段中的每一个 I/O 地址不再属于 OB1 过程映像输入/输出表。需要定义哪些 I/O 模块地址属于哪些过程映像区段。

可以在用户程序中用 SFC（系统功能）刷新过程映像。SFC26"UPDAT_PI"用来刷新整个或部分过程映像输入表，SFC27"UPDAT_PO"用来刷新整个或部分过程映像输出表。某些 CPU 也可以调用 OB（组织块），由系统自动地对指定的过程映像分区刷新。

2）内部存储器标志位（M）存储器区。内部存储器标志位用来保存控制逻辑的中间操作状态或其他控制信息。虽然名为"位存储器区"，表示按位存取，但是也可以按字节、字或双字来存取。当按位存取时，它的作用相当于中间继电器。

3）定时器（T）存储器区。定时器相当于继电器系统中的时间继电器。给定时器分配的字用于存储时间基值和定时值（0~999）。定时值及定时剩余时间可以以二进制或 BCD 码方式读取。

4）计数器（C）存储器区。计数器用来累计其计数脉冲上升沿的次数，有加计数器、减计数器和加/减计数器。给计数器分配的字用于存储计数值及当前值（0~999）。计数值及当前值可以以二进制或 BCD 码方式读取。

（3）外设 I/O 存储区　通过外设 I/O 存储区（PI 和 PQ），用户可以不经过过程映像输入和过程映像输出，直接访问本地的和分布式的输入模块和输出模块。不能以位（bit）为单位访问外设 I/O 存储区，只能以字节、字和双字为单位访问。

外设输入（PI）和外设输出（PQ）存储区除了和 CPU 型号有关外，还和具体的 PLC 应用系统的模块配置相联系，其最大范围为 64KB。

S7-300 CPU 的输入映像表 128Byte 是外设输入存储区（PI）首 128Byte 的映像，是在 CPU 循环扫描中读取输入状态时装入的。输出映像表 128Byte 是外设输出存储区（PQ）的首 128Byte 的映像。CPU 在写输出时，可以将数据直接输出到外设输出存储区（PQ）；也可以将数据传送到输出映像表。在 CPU 循环扫描更新输出状态时，将输出映像表的值传送到物理输出。

S7-300 由于模拟量模块的最小地址已超过了 I/O 映射表的最大值 128Byte，因此只能以字节、字或双字的形式通过外设 I/O 存储区（PI 和 PQ）直接存取，不能利用 I/O 映像表进行数据的输入、输出。而开关量模块则既可以用 I/O 映像表也可通过外设 I/O 存储区进行数据的输入、输出。

表 4-5 列出了 S7-300/400 的存储器区域划分、功能、访问方式和标识符。表中给出的最大地址范围不一定是实际可使用的地址范围，实际可使用的地址范围由 CPU 的型号和硬件组态（配置、设置，在 PLC 书中称为组态）决定。

（二）CPU 中的寄存器

PLC 的 CPU 中包含有一些寄存器，如图 4-9 所示。CPU 使用这些寄存器便于执行逻辑运算、算术运算、装载和传输等操作。

弄清这些寄存器的组成及功能对编写复杂程序很有用，但对编写开关量控制的程序用处不大。因此，对此只作一些简要介绍，详细内容可参阅西门子 PLC 的相关资料。

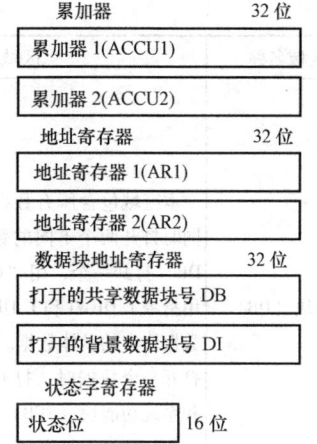

图 4-9　S7-300 PLC 的 CPU 寄存器组成

表 4-5　存储区及其功能

区域名称	区域功能	访问区域的单元	标识符	最大地址范围
输入过程映像存储区（I）	在循环扫描的开始，操作系统从输入模块中读入输入信号存入本区域，供程序使用	输入位 输入字节 输入字 输入双字	I IB IW ID	0~65535.7 0~65535 0~65534 0~65532
输出过程映像存储区（Q）	在循环扫描期间，程序运算得到的输出值存入本区域，循环扫描的末尾，操作系统从中读出输出值并将其传送至输出模块	输出位 输出字节 输出字 输出双字	Q QB QW QD	0~65535.7 0~65535 0~65534 0~65532
位存储器（M）	本区域提供的存储器用于存储在程序中运算的中间结果	存储器位 存储器字节 存储器字 存储器双字	M MB MW MD	0~255.7 0~255 0~254 0~252
外部输入（PI）外部输出（PQ）	通过本区域，用户程序能够直接访问输入和输出模块（即外部输入和外部输出）	外部输入字节 外部输入字 外部输入双字 外部输出字节 外部输出字 外部输出双字	PIB PIW PID PQB PQW PQD	0~65535 0~65534 0~65532 0~65535 0~65534 0~65532
定时器（T）	定时器指令访问本区域可得到定时剩余时间	定时器（T）	T	0~255
计数器（C）	计数器指令访问本区域可得到当前计数值	计数器（C）	C	0~255

(续)

区域名称	区域功能	访问区域的单元	标识符	最大地址范围
数据块（DB）	本区域包含所有数据块的数据。如果需要同时打开两个不同的数据块，则可用"OPN DB"打开一个，用"OPN DI"打开另一个。用指令 L DBWi 和 L DIWi 进一步确定被访问数据块中的具体数据。在用"OPN DI"指令打开一个数据时，打开的是与功能块（FB）和系统功能块（SFB）相关联的背景数据块	用"OPN DB"打开数据块： 数据位 数据字节 数据字 数据双字 用"OPN DI"打开数据块： 数据位 数据字节 数据字 数据双字	DBX DBB DBW DBD DIX DIB DIW DID	0~65535.7 0~65535 0~65534 0~65532 0~65535.7 0~65535 0~65534 0~65532
本地数据（L）	本区域存放逻辑块（OB、FB 或 FC）中使用的临时数据，也称为动态本地数据。一般用作中间暂存器。当逻辑块结束时，数据丢失，因为这些数据是存储在本地数据堆栈（L 堆栈）中的	临时本地数据位 临时本地数据字节 临时本地数据字 临时本地数据双字	L LB LW LD	0~65535.7 0~65535 0~65534 0~65532

1. 累加器

S7-300 系列的 PLC 拥有两个累加器，而 S7-400 系列的 PLC 则拥有 4 个累加器。每个累加器有 32 位，由低位字和高位字组成。累加器是用于处理数字运算、比较或其他涉及字节、字或双字指令的通用寄存器。在使用语句表指令编程时，累加器的状态是编程者应该掌握的。而使用梯形图或功能图指令时，则可不必太关心累加器的内容。

2. 地址寄存器

S7 系列 PLC 的 CPU 中有两个地址寄存器，即 AR1 和 AR2，每个地址寄存器为 32 位。地址寄存器常用于寄存器间接寻址。在语句表指令中有专门的指令对其进行操作。如果只使用梯形图或功能图指令，也可不必关心地址寄存器的内容。

3. 数据块寄存器

S7 系列 PLC 的 CPU 中有两个数据块寄存器，每个数据块寄存器的长度为 32 位。一个为共享数据块（DB）的寄存器，另一个为背景数据块（DI）的寄存器。数据块寄存器包含了被激活的数据块的块号以及数据块的长度。用户在访问数据块时，如果指令中没有指明是哪一个数据块，则 CPU 将访问数据块寄存器中存储的数据块号。如果指令中指明了数据块号，则 CPU 将会把该数据块的信息装入数据块寄存器中以备使用。因此，在编程序时，如果明确指令所访问的数据块的块号，则可不必关心数据块寄存器中的内容。

4. 状态字寄存器

状态字（见图 4-10）是一个 16 位的寄存器，用于存储 CPU 执行指令的状态。状态字中的某些位用于决定某些指令是否执行和以什么样的方式执行，执行指令时可能改变状态字中的某些位，用位逻辑指令和字逻辑指令可以访问和检测它们。

15	9	8	7	6	5	4	3	2	1	0
未用		BR	CC1	CC0	OS	OV	OR	STA	RLO	$\overline{FC}$

图 4-10 状态字的结构

（1） $\overline{FC}$ 状态字的第 0 位称为首次检测位（$\overline{FC}$）。若该位的状态为"0"，则表示一个梯形逻辑网络的开始，或指令为逻辑串的第一条指令。CPU 对逻辑串第一条指令的检测（称为首次检测）产生的结果直接保存在状态字的 RLO 位中，经过首次检测存放在 RLO 中的"0"或"1"称为首次检测结果。$\overline{FC}$ 在逻辑串的开始时总是为"0"，在逻辑串指令执行过程中该位为"1"，输出指令或与逻辑运算有关的转移指令（表示一个逻辑串结束的指令）将该位清"0"。

（2）RLO 状态字的第 1 位称为逻辑运算结果位（Result of Logic Operation，RLO）。该位用于存储执行位逻辑指令或比较指令的结果。RLO 的状态为"1"，表示有能流流到梯形图中运算点处；为"0"则表示无能流流到该点。可以用 RLO 触发跳转指令。

（3）STA 状态位。状态字的第 2 位称为状态位。状态位存储关联地址位的值。在执行位逻辑指令读指令时，STA 的状态与所访问的位存储器的状态保持一致。在执行位逻辑指令写指令时，STA 的状态与写入的状态保持一致。对于不访问存储器的位指令，状态位没有意义。状态位不受指令的检查，只在程序测试期间被解释。

（4）OR 状态字的第 3 位为或值位（OR），在先逻辑"与"后逻辑"或"的逻辑运算中，OR 位暂存逻辑"与"的操作结果，以便进行后面的逻辑"或"运算。其他指令将 OR 位复位。

（5）OV 状态字的第 4 位称为溢出位（OV），如果算术运算或浮点数比较指令执行时出现错误（如：溢出、非法操作和不规范的格式），溢出位被置"1"。如果后面的同类指令执行结果正常，该位被清"0"。

（6）OS 状态字的第 5 位称为溢出状态保持位（OS，或称为存储溢出位）。OV 位被置"1"时 OS 位也被置"1"，OV 位被清"0"时 OS 位仍保持"1"，所以它保存了 OV 位，用于指明前面的指令执行过程中是否产生过错误。只有 JOS（OS=1 时跳转）指令、块调用指令和块结束指令才能复位 OS 位。

（7）CC1 和 CC0 状态字的第 7 位和第 6 位称为条件码位（CC1 和 CC0）。这两位用于表示在累加器 1（ACCU1）中产生的算术运算或逻辑运算的结果与 0 的大小关系，比较指令的执行结果或移位指令的移出位状态（如表 4-6 和表 4-7 所示）。

表 4-6 算术运算后 CC1、CC0 状态代表的意义

CC1	CC0	算术运算（无溢出时）	整数算术运算（有溢出时）	浮点数算术运算（有溢出时）
0	0	结果 =0	整数加时结果产生负值范围溢出	平缓下溢
0	1	结果（负数）<0	相乘结果负值范围溢出；加、减的结果正值范围溢出	结果（负数）负值范围溢出
1	0	结果（正数）>0	乘、除时结果正值范围溢出；加、减时负值范围溢出	结果（正数）正值范围溢出
1	1	—	相除时除数为 0	非法操作

表 4-6 说明，整数中包括：单整数（16 位）和双整数（32 位），其正、负值范围（最大正值与最小负值）见表 4-4 介绍；浮点数中所谓"平缓下溢"是指运算结果的正值或负值的绝对值过小，即负数下溢范围为：$-1.175494E-38 <$ 结果（负数）$< -1.401298E-45$；正数下溢范围为：$+1.401298E-45 <$ 结果（正数）$< +1.175494E-38$。

表 4-7 指令执行后 CC1、CC0 状态代表的意义

CC1	CC0	整数比较指令	移位和循环移位指令	字逻辑指令
0	0	累加器 2 = 累加器 1	移出位 = 0	结果 = 0
0	1	累加器 2 < 累加器 1	—	—
1	0	累加器 2 > 累加器 1	—	结果 <> 0
1	1	不规范（只用于浮点数比较）	移出位 = 1	—

（8）BR　状态字的第 8 位称为二进制结果位（BR）。它将字处理程序与位处理联系起来，在一段既有位操作又有字操作的程序中，用于表示字操作结果是否正确。将 BR 位加入程序后，无论字操作结果如何，都不会造成二进制逻辑链中断。在梯形图的方框指令中，BR 位与 ENO 有对应关系，用于表明方框指令是否被正确执行：如果执行出现了错误，BR 位为"0"，ENO 也为"0"；如果功能被正确执行，BR 位为"1"，ENO 也为"1"。

在用户编写的 FB 和 FC 语句程序中，必须对 BR 位进行管理，功能块正确执行后，使 BR 位为"1"，否则使其为"0"。使用 SAVE 指令可将 RLO 存入 BR 中，从而达到管理 BR 位的目的。当 FB 或 FC 执行无错误时，使 RLO 为"1"，并存入 BR；否则在 BR 中存入"0"。

（9）未用位　状态字的 9～15 位未使用。

以上简要介绍了 S7-300 PLC 的 CPU 在执行程序时需要用到的寄存器。通常在编制复杂程序（如运算程序、通信程序等）才会用到它。所以，初学者在刚开始学习时，可以先不必深究寄存器的工作原理和过程，可先掌握指令的使用方法。在以后学习指令的过程中，通过学习每一个用到寄存器的指令，再逐渐加深对寄存器的理解，进一步提高自己的编程能力，改进编程方法。

六、S7-300 PLC 编址

在进行 PLC 程序设计时，必须先确定 PLC 组成系统各 I/O 点的地址以及所用到的其他存储器（如位存储器、定时器、计数器等）的地址。PLC 通常采用以下两种编址方法，即绝对地址法和符号地址法，绝对地址法又有两种，即面向槽位的编址法和面向用户的编址法（即用户自定义地址的方法）。

1. 默认值编址法（默认地址法）

S7-300 PLC 的 I/O 模块一般采用默认值编址法，它采用绝对地址法，是面向槽位的编址法。即根据 I/O 模块所在的机架号和槽位号编址。由于各机架的槽位都有一个规定的默认地址，所以，该法又称为默认地址法。这种方法的缺点是软、硬件设计不能分开进行。默认值编址法的地址分配如图 4-11 所示。

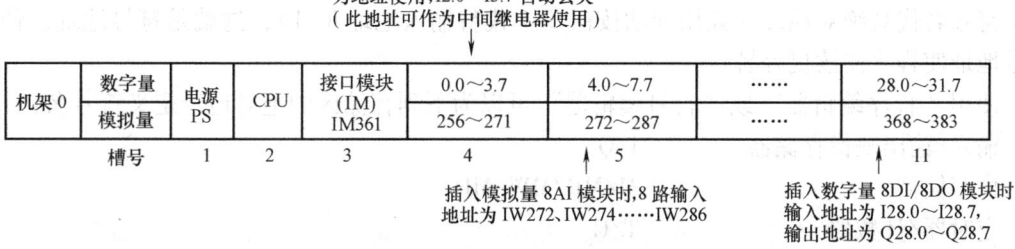

图 4-11　S7-300 数字量和模拟量 I/O 地址分配示例

（1）数字量 I/O 编址　图 4-11 中，各槽位占 4 个字节，每字节 8 位，对应 32 个数字量 I/O 点（位地址），依次排列，以此确定每个 I/O 点所占用的具体地址。

如数字量地址：

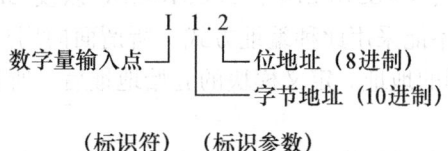

（标识符）　（标识参数）

它表示的输入地址是在 0 号机架，4 号槽位的第 2 个字节的第 3 位。

例如：若在 0 号机架的第 4 槽中插入一块 16 点的输入模块，则该输入模块仅使用了 0.0～1.7 的地址，而 2.0～3.7 的地址就自动丢失，但这些丢失的地址可作为中间继电器使用，如图 4-12 所示。

图 4-12　S7-300 数字量和模拟量 I/O 地址分配示例

（2）模拟量 I/O 编址　对模拟量 I/O 插槽，每个槽位（32 位）给模拟量划分为 16 个字节地址（等于 8 个模拟量通道，一个通道占 2 个字节，即一个字）。如 IW272 表示模拟量输入通道 272 所占字节地址为 IB272、IB273。

例如：若在 0 号机架的第 5 槽中插入一块 8 路模拟量输入模块时，该模块的 8 路模拟量输入地址为 IW272、IW274……IW286，如图 4-12 所示。

(3) 说明

1) 在图 4-11 所示的地址中，字节编号（即字节地址）为十进制数（1 个字占 2 个字节，故字地址也是十进制数），位号（即位地址）为八进制数。

2) CPU312、CPU312C、CPU312 IFM 和 CPU313 等 CPU 模块扩展能力最小，只能使用 0 号机架，1、2、3 号扩展机架不用。

3) CPU314 IFM、CPU31xC 有扩展机架 3 时，机架 3 的槽 11 不能插入 I/O 模块，因为该区域的地址（124.0~127.7 或 752~767）被 CPU314 IFM 和 CPU31xC 集成的 I/O 占用。

4) 数字量（开关量）地址范围为 0.0~127.7，即最大总点数为 1024 个点；模拟量地址范围为 256~767，即最大总模拟量通道数为 256 个。

5) 图 4-11 为 S7-300 PLC 的最大配置，实际 PLC 系统应根据控制要求而选取的模块数来决定机架数、槽数以及模块所占用的地址。

以上介绍了默认值编址法。默认值编址法的缺点是：槽位的地址不能充分利用，会造成地址丢失，使地址不连续，出现空隙，造成浪费。丢失的地址不能再作 I/O 地址用（但可作为内部中间继电器使用），用面向用户的编址法可弥补这一缺点。

2. 面向用户的编址法

面向用户的编址法就是用户自定义地址的方法，它也采用绝对地址法。S7-300 系列 PLC 只有 CPU315、CPU315-2DP、CPU316-2DP、CPU318-2DP 以及 CPU31xC 支持面向用户的编址，其他 CPU 型号的 PLC 不能采用此种编址方式。所谓面向用户的编址即应用 STEP7 软件对模块自由分配用户所选择的地址。定义模块的起始地址后，所有其他模块的地址都基于这个起始地址。

面向用户编址的优点：①可使模块之间不会出现地址的空隙，编址区域可充分利用；②当生成标准软件时，可编制独立的、不依赖于 S7-300 硬件组态的地址的程序，可使软、硬件设计分开进行。

3. 符号地址

上面所介绍的 I/O 地址都是"绝对地址"，在程序中 I/O 信号、位存储器、定时器、计数器、数据块和功能块都可以使用绝对地址，但这样阅读程序较困难。用 STEP7 编程时可以用符号名代替绝对地址（如用起动按钮 SB1 代替输入地址 I0.1），这就是符号地址。使用符号地址使程序阅读更容易。

使用"程序编辑器"或"符号编辑器"可以为下列存储区的绝对地址定义符号名：

输入/输出映像存储器   I/Q

位存储器   M/MB/MW/MD

定时器/计数器   T/C

逻辑块   FB/FC/SFB/SFC/OB

数据块   DB（仅使用符号编辑器）

用户定义的数据类型   UDT

STEP7 中定义符号地址是先给需要使用的绝对地址或参数变量定义符号，然后在程序中使用所定义好的符号进行编程。STEP7 中可以定义的符号有两种：全局符号和局部符号。全局符号是在符号编辑器中定义的符号，在所有的块中都可使用，并指向符号编辑器中指定的绝对地址。STEP7 的一个项目中可以包含多个工作站，每个工作站的 S7 程序中都有符号编辑器，可为本工作站编辑全局符号，如图 4-13 所示。

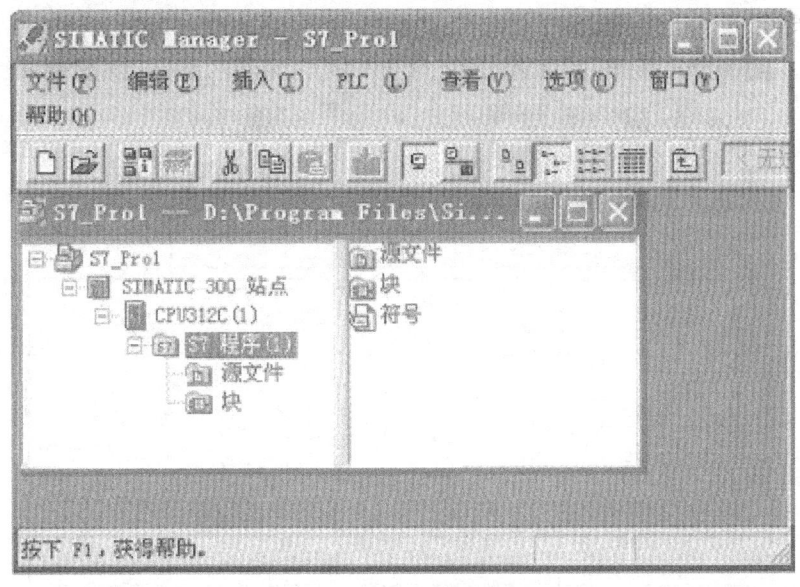

图 4-13　符号编辑器工具

依次双击 S7 _ Pro1→S7 程序→符号，可进入符号编辑器。符号编辑器的环境如图 4-14 所示，图中已编辑部分符号。

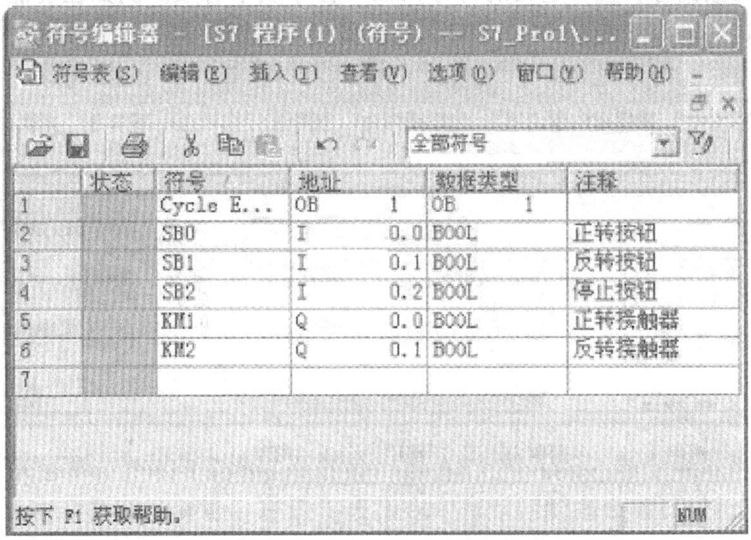

图 4-14　符号编辑器编辑全局变量

用户可在符号编辑器中编辑本工作站的全局符号。在编辑符号时，不能出现相同的符号；相同的地址变量也不允许出现两次。符号栏、地址栏以及数据类型必须填写。图 4-14 中的状态栏将显示无效的符号定义，状态栏标注如下：

=：表示在符号表中出现相同的符号名或者地址。

×：表示符号不完整（缺少符号或者是地址）。

将编辑好的符号表保存好。打开程序编辑器，可在编程序时直接使用符号名编程。输入的符号将自动加引号表示全局符号（注意：编程序时不需要用户输入引号，程序编辑器会自动加入引号），如图4-15所示。

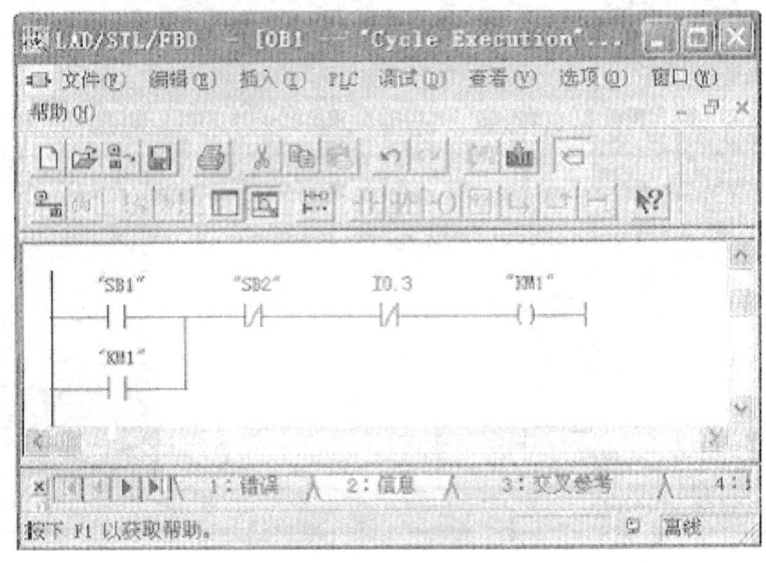

图4-15　使用全局变量编写程序

局部符号是在程序块中的变量申明表中定义。定义的对象也只限用于本程序块的参数、静态数据和临时数据等，且所定义的符号只在本程序块中有效。例如在功能块FB1中的变量申明表中可定义输入型变量SB1、SB2，输出型变量KM1，局部变量在程序中以#号显示，如图4-16所示。

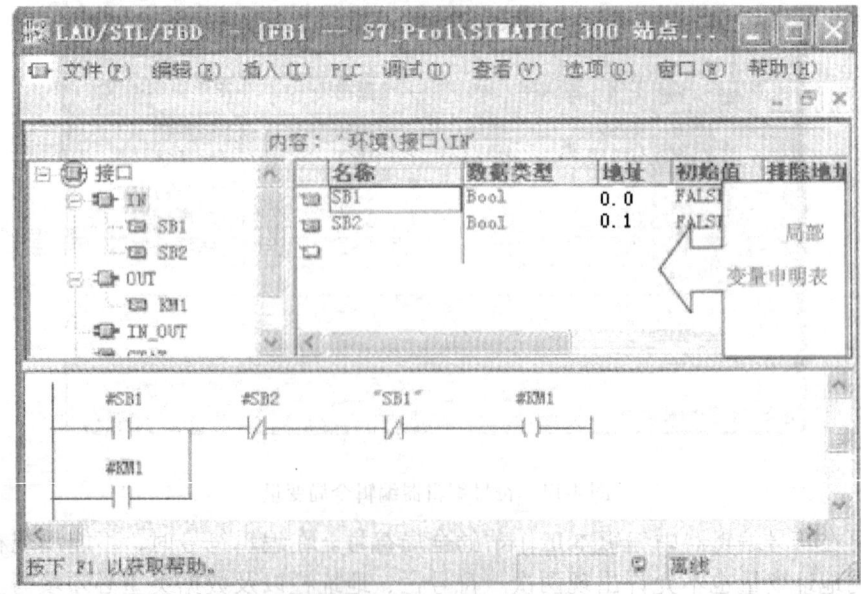

图4-16　使用局部变量编写程序

全局符号与局部符号的区别见表4-8。在定义符号名时，注意符号名必须是唯一的，符号名最多可用24个字符，其应代表某种意义，便于程序阅读。

4. 集成的输入/输出点地址的确定

S7-300 PLC中，有些CPU模块（如CPU312IFM、CPU312C、CPU314IFM等）上集成有输入输出点，其地址占用3号机架第11槽位的绝对地址，从124.0（数字量地址）或752（模拟量地址）开始顺序占用，余下的地址丢失，但可作内部（中间）继电器使用。

例如CPU312IFM或CPU312C，它们的10个数字量输入（DI）地址为I124.0~I125.1（其中I124.6~I125.1为4个特殊输入点，可设置为"高速计数器""频率测量"或"中断输入"等）。6个数字量输出（DO）地址为Q124.0~Q124.5。

又例如CPU314IFM的20个数字量输入（DI）地址为I124.0~I126.3（其中I126.0~I126.3为4个特殊输入点，可设置为"高速计数器""频率测量"或"中断输入"等）。6个数字量输出（DO）地址为Q124.0~Q124.5。4个模拟量输入（AI）地址为：IW128、IW130、IW132、IW134。1个模拟量输出（AO）地址为QW128。

表4-8 全局符号和局部符号的比较

	全 局 符 号	局 部 符 号
使用范围	整个用户程序中所有的块，均可以使用，符号是唯一确定的	只在定义的块中有效，同一个符号可以在不同的块中定义使用。局部符号也可以与全局符号相同，但以#标志为局部符号，以双引号标志为全局符号
符号标志	双引号：例如"SB1"	#号：例如 #SB1
定义对象	输入、输出、定时器、计数器 位存储器和各种程序块和数据块（不包括局部数据块）	块的参数（输入、输出、输入/输出） 块的静态数据（FB） 块的临时数据（FB、FC）
定义工具	符号编辑器	程序编辑器中程序块的变量申明区

七、STEP7的指令类型与指令结构

用户程序是由一系列指令构成的，指令是程序的最小独立单位。最常用的编程语言有梯形图（LAD）和语句表（STL）两种，因此指令也有梯形图指令和语句表指令之分。它们表达的形式不同，但表示的内容是相同或基本相同的。在具体介绍指令时这两种指令将一起介绍。

（一）STEP7指令系统中的指令类型

STEP7提供的SIMATIC编程语言和语言表达方式符合IEC1131—3标准。SIMATIC编程语言是为S7系列PLC而设计的，它们有梯形图（LAD）、语句表（STL）和功能块图（FBD）三种形式。S7-300/400系列PLC有丰富的指令系统，既可实现一般的逻辑控制、顺序控制，也可实现更复杂的控制，且编程容易。

S7-300/400系列PLC的指令系统主要包括以下指令类型：

（1）逻辑指令 包括各种进行逻辑运算的指令。如各种位逻辑运算指令、字逻辑运算指令。

（2）定时器和计数器指令 包括各种定时器和计数器线圈指令和功能更强的方块图指

令。

(3) 数据处理与数学运算指令　包括数据的各种装入、传送、转换、比较、整数算术运算、浮点数算术运算和累加器操作（利用累加器对数据存储及运算），以及对数据进行移位和循环移位的指令。

(4) 程序执行控制指令　包括跳转指令、循环指令、块调用指令、主控指令。

(5) 其他指令　上述未包括的如地址寄存器指令、数据块指令、显示指令和空操作指令。

从下一章开始将对上述指令及其使用方法进行介绍，读者在掌握指令使用方法后，便具有了编程的基础。未对具体指令介绍前，对与指令有关的一些共同问题在下面先进行介绍。

(二) 指令的形成与组成

1. 梯形图指令（LAD）

梯形图语言是一种图形语言，其图形符号多数与电器控制电路图相似，直观也较易理解，很受电气技术人员和初学者欢迎。梯形图指令有以下几种形式：

(1) 单元式指令　用不带地址和参数的单个梯形图符号表示。如图 4-17a 表示的是对逻辑操作结果（RLO）取反的指令。

(2) 带地址的单元式指令　用带地址的单个梯形图符号表示。如图 4-17b 表示将前面逻辑串的值赋值给该地址指定的线圈。

(3) 带地址和数值的单元式指令　这种单个梯形图符号，需要输入地址和数值。如图 4-17c 表示是带保持的接通延时定时器线圈，地址表明定时器编号，数值表明延迟的时间。

(4) 带参数的梯形图方块指令　用带有表示输入和输出横线的方块式梯形图符号来表示。如图 4-17d 表示的实数除法方块梯形图。输入在方块的左边，输出在方块的右边。

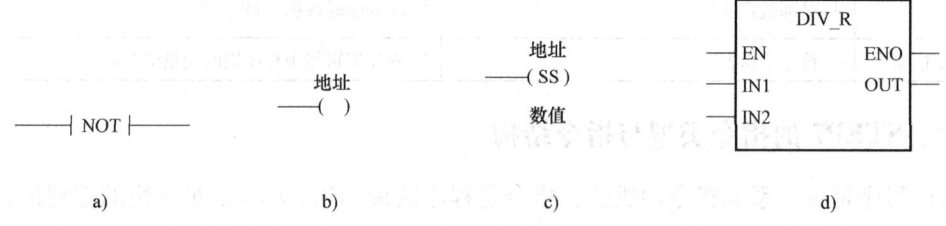

图 4-17　梯形图指令

EN 为启动输入，ENO 为启动输出。它们连接的都是布尔数据类型（位状态）。如果 EN 启动（即它有信号状态 1），而且方块能够无错误地执行其功能，则 ENO 的状态为 1；如果 EN 为 0 或方块执行出现错误，则 ENO 状态为 0（不启动）。IN1、IN2 端填入输入参数；OUT 端填入能放置输出信息的存储单元。方块式梯形图上任一输入和输出参数的类型，均属于基本数据类型，如表 4-4 所示。

2. 语句表指令（STL）

语句表指令也称语句指令或指令表，是一种类似于计算机汇编语言的指令，这种指令很丰富。有些地方它能编出梯形图和功能块无法实现的程序。语句指令有两种格式：

(1) 操作码加操作数组成的指令　一条语句表指令中有一个操作码，告诉 CPU 这条指令要做什么；它还有一个操作数，也称为地址，告诉 CPU 在哪里做。例如：

```
                A   I2.0
操作码 ────┘   └──── 操作数（地址）
```

这是一条位逻辑指令，其中"A"是操作码，表示要进行"与"操作；"I2.0"是操作数，对输入继电器的触点 I2.0 去进行"与"操作。

（2）只有操作码的指令　这种语句指令只有操作码，不带操作数，因为它们的操作对象是唯一的，为简便起见，不在指令中说明。例如：

NOT

是对逻辑操作结果（RLO）取反的指令，操作数 RLO 隐含其中。

3. 指令中的操作数

梯形图指令和语句指令都涉及"地址"或"操作数"。如位逻辑指令以二进制数（位）执行它们的操作，装载和传送指令以字节、字或双字执行它们的操作，而算术指令还要指明所用数据的类型等。因此对操作数必须有清楚的认识。

PLC 指令中的操作数或地址可以是以下任何一项：

（1）常数　指在程序中不变的数。这类数可用来给定时器和计数器赋值，也可以用于其他的运算。常用到的常数数据类型（数制、表示格式、范围）如表 4-4 所示，常数当然也包括了 ASCII 字符串。常数的示例在表 4-4 中。

（2）状态字的位　PLC 的 CPU 中包含有一个 16 位的状态字寄存器，其中前 9 位是有效位，指令的地址可以是状态字中的一个位或多个位。例如：

　　　　　　A　BR（状态字中的 BR 位为操作数，其参与"与"运算）

（3）符号名　指令中可以用符号名作为地址。编程时仅能使用已定义过的符号名（已输入到符号表中的共享符号名和块中的局部符号名）。例如：

　　　　　　A　Motor.on（对符号名地址为 Motor.on 的位执行"与"操作）

（4）数据块和数据块中的存储单元　可以把数据块和数据块中的存储单元（存储位、字节、字、双字）作为指令的地址。例如：

　　　　　OPN DB5（打开地址为 DB5 的数据块）。

　　　　　A DB10.DBX4.3（用数据块 DB10 中的数据位 DBX4.3 做"与"运算）。

（5）各种功能和功能块　各种 FC、FB、集成的系统功能（SFC）、集成的系统功能块（SFB）及其编号，均可作为指令地址。例如：

　　　　　CALL FB10，DB10（调用功能块 FB10 及与之相关的背景数据块 DB10）

（6）由标识符和标识参数表示的地址　说明如下：

一般情况下，指令的操作数在 PLC 的存储器中，此时操作数由操作数标识符和参数组成。操作数标识符由区标识符和位数标识符组成，区标识符表示操作数所在的存储区，位数标识符说明操作数的位数。

区标识符有：I（输入映像存储区），Q（输出映像存储区），M（位存储区），PI（外部输入），PQ（外部输出），T（定时器），C（计数器），DB（数据块），L（本地数据）；位数标识符有：X（位），B（字节），W（字，2字节），D（双字，4字节），没有位数标识符的也表示操作数的位数是 1 位。标识符的表示方法具体见表 4-5。表 4-5 中给出了不同存储区的最大地址范围（PLC 内部元件的最大数）。这并不一定是实际可使用的地址范围，可使用的地址范围由 CPU 的型号和硬件配置决定。如 S7-300 CPU 的部分地址范围可查表 4-2。

关于用地址标识符所表明的操作数还有两点要加以说明：由于 PLC 物理存储器是以字节为单位，所以总是以字节单位来确定存储单元。因此：

1) 存储区位地址：包括字节号与位号，用"点"分开。如 M10.7 表示地址是存储单元 MB10 字节的第 7 号位。

2) 存储区字地址或双字地址：它占存储区连续的 2 个字节或 4 个字节，标识参数总是用字或双字最低的字节号为基准标记。图 4-18 说明以下地址标识符所指地址：

存储区字节地址（MB）：如 MB10、MB11、MB12、MB13。

存储区字地址（MW）：如 MW10（含 MB10、MB11）、MW11（含 MB11、MB12）。

存储区双字地址（MD）：如 MD10（含 MB10、MB11、MB12、MB13）。

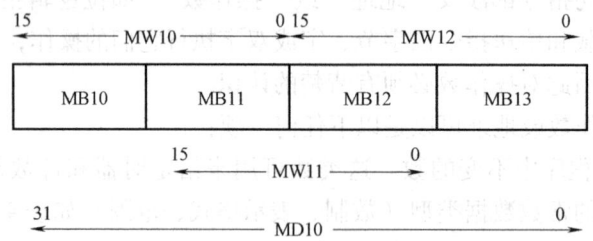

图 4-18 以字节单位确定存储单元

注意：当使用绝对地址的宽度为字或双字时，应保证没有任何重叠的字节分配，以免造成数据读写错误。

4. 寻址方式

一条指令应能指明操作功能与操作对象，而操作对象可以是参加操作的数本身或操作数所在的地址。所谓寻址方式就是指令指定操作对象的方式。STEP7 指令的操作对象（操作数）前已介绍，它有 4 种寻址方式，即立即寻址、直接寻址、存储器间接寻址和寄存器间接寻址。

（1）立即寻址　操作数本身就在指令中，不需再去寻找操作数。包括那些未写操作数的指令，因为其操作数是唯一的，为方便起见不另在指令中写出。例如：

L	37	//把整数 37 装入累加器 1
L	'ABCD'	//把 ASCII 码字符 ABCD 装入累加器 1
L	C#987	//把 BCD 码数值 987 装入累加器 1
OW	W#16#F05A	//将十六进制常数 F05A 与累加器 1 低字逐位作"或"运算
SET		//把 RLO 置 1

（2）直接寻址　所谓直接寻址，就是指令中直接给出存放操作数单元的存储单元。例如：

A	I0.0	//用输入位 I0.0 进行"与"逻辑操作
L	IB10	//将输入字节 IB10（I10.0~I10.7 共 8 位）的内容装入累加器 1
L	MW64	//将存储区字 MW64（MB64、MB65 两字节）的内容装入累加器 1
=	M115.4	//将 RLO 的内容赋值给存储位 M115.4
S	L20.0	//将本地数据位 L20.0 置 1

T   DBD12   //把累加器 1 中的内容传送至数据双字 DBD12（DBB12、DBB13、DBB14、DBB15）中

(3) 存储器间接寻址　存储器间接寻址指令中的操作对象是一个存储器（必须是表4-5中的存储器），这个存储器中的内容是存操作数的区域地址的编号或位地址编号。所谓存储器间接寻址就是以存储器的内容作为地址，通过这个地址间接找到操作数，所以这个地址又称为地址指针。

由于表示地址的复杂程度不同，如定时器（T）、计数器（C）、数据块（DB）、功能块（FB、FC）的编号范围在 0 ~ 65535 之内，只要 16 位就够了，因此它们只用字指针（对应存储器也只用字存储器）。而其他地址如包含有位的地址，如输入位、输出位等，其编号范围在 0 ~ 65535.7 之间，用 16 位已不够，则要用到双字指针（对应存储器当然也是双字存储器）。指针的两种格式如图 4-19 所示。

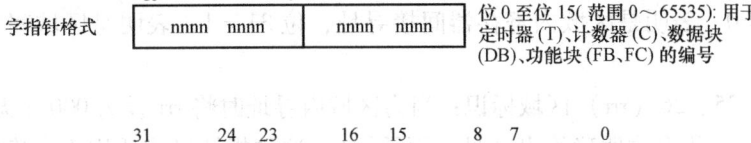

图 4-19　存储器间接寻址的指针格式

下面是存储器间接寻址指令的示例：

OPN　DB［MW2］   //打开由 MW2 所存数字为编号的数据块（MW 中的位数为 16 位，属于字指针）

=　　DIX［DBD4］   //将 RLO 赋值给背景数据位，具体的位号存在数据双字 DBD4 中（DBD 的位数为 32 位，属于双字指针）

A　　I［MD2］   //对输入位进行"与"操作，具体位号存在存储器双字 MD2 中（MD 的位数为 32 位，属于双字指针）

下面是如何应用字和双字指针的示例：

L   +5   //将整数 +5 装入累加器 1

T   MW2   //将累加器 1 的内容传送给存储字 MW2，此时 MW2 的内容为 5

OPN　DB［MW2］   //打开数据块 5（用存储器间接寻址法）

L   P#8.7   //将 2#0000 0000 0000 0000 0000 0000 0100 0111（二进制数）装入累加器 1（注：P#表示 32 位的双字指针）

T   MD2   //将累加器 1 的内容传送给存储双字 MD2，此时 MD2 的内容为 8.7（双字指针表示的数）

A   I［MD2］   //对输入位 I8.7 进行"与"逻辑操作

=   Q［MD2］   //将 RLO 状态输出给 Q8.7

存储器间接寻址方式的优点是：程序执行过程中，通过改变操作数存储器的地址，可以改变取用的操作数，如用在循环程序的编写中。

（4）寄存器间接寻址　前面已经谈到 S7 CPU 中有两个 32 位的地址寄存器 AR1 和 AR2，它们用于对各存储区的存储器内容实现寄存器间接寻址。寻址的方法是将地址寄存器的内容加上偏移量便得到了被寻址的地址（即存操作数的地址）。下面进行具体介绍。

寄存器间接寻址有两种：一种称为"区域内寄存器间接寻址"，一种称为"区域间寄存器间接寻址"。两种方式下地址寄存器存储的地址指针格式在 4 个标志位（ * 和 rrr）上各有区别，图 4-20 表示地址寄存器内指针格式。

根据图 4-20 说明两种寄存器间接寻址的地址指针安排：

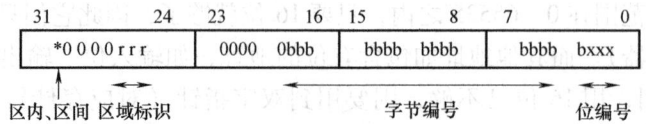

图 4-20　寄存器间接寻址指针格式

1）位 31 = 0，表明是区域内寄存器间接寻址；位 31 = 1，表明是区域间寄存器间接寻址。

2）位 24、25、26（rrr）区域标识：当为区域内寻址时将 rrr 设为 000（无意义）。区域内寻址的存储区由指令中明确给出（见下面示例），这种指针格式适用于在确定的存储区内寻址；当为区域间寻址时，区域标识位用于说明所在存储区。这样就可以通过改变这些位，实现跨区寻址。区域标志位（rrr）所代表的存储区域如表 4-9 所示。

3）位 3 至位 18（bbbb bbbb bbbb bbbb）：被寻址地址的字节编号（0 ~ 65535）。

4）位 0 至位 2（xxx）：被寻地址的位编号。如果要用寄存器间接寻址方式访问一个字节、字或双字，则必须令指针中位的地址编号为 0。

表 4-9　区域间寄存器间接寻址的区域标识

位 26、25、24 的二进制内容	代表的存储区域
000	P（I/O，外设输入/输出）
001	I（输入过程暂存区）
010	Q（输出过程暂存区）
011	M（位存储区）
100	DBX（共享数据块）
101	DIX（背景数据块）
110	L（先前的本地数据，也就是说先前未完成块的本地数据）

下面举例说明如何使用两种指针格式实现区域内、区域间寄存器间接寻址。

例 1　区域内寄存器间接寻址

L　　P#8.7　　　　　　//将 2#0000 0000 0000 0000 0000 0000 0100 0111 的双字指针装入累加器 1

LAR1　　　　　　　　//将累加器 1 的内容传送至地址寄存器 1（AR1），实现的是把一个指向位地址单元 8.7 的区内双字指针存放在 AR1 中

A　　I［AR1, P#0.0］　//地址寄存器 AR1 的内容（8.7）与偏移量（P#0.0）相加结果为 8.7，指明是对输入位 I8.7 进行"与"操作（指令中明确给出存储区 I）

=　　Q［AR1，P#1.1］　//地址寄存器 AR1 的内容（8.7 未变）与偏移量（P#1.1）相加结果为 10.0，指明是对输出位 Q10.0 操作，即将上面"与"逻辑操作结果（RLO）赋值给 Q10.0

注：AR1 内容 8.7 即字节 8，位 7；偏移量 P#1.1 即字节 1，位 1。两者相加时字节对字节相加按十进制，位与位相加按八进制，结果为 10.0。

例 2　区域间寄存器间接寻址

　　L　　P#I7.3　　　　//将区间双字指针 I7.3 即 2#1000 0001 0000 0000 0000 0000 0011 1011 装入累加器 1

　　LAR1　　　　　　　//将累加器 1 的内容（I7.3）传送至地址寄存器 AR1

　　L　　P#Q8.7　　　//将区间双字指针 Q8.7 即 2#1000 0010 0000 0000 0000 0000 0100 0111 装入累加器 1

　　LAR2　　　　　　　//将累加器 1 的内容（Q8.7）传送至地址寄存器 AR2

　　A　　［AR1，P#0.0］　//对输入位 I7.3 进行"与"逻辑操作（地址寄存器 AR1 的内容 I7.3 与偏移量 P#0.0 相加结果为 I7.3）

　　=　　［AR2，P#1.1］　//将上面"与"逻辑操作结果（RLO）赋值给输出位 Q10.0（地址寄存器 AR2 的内容 Q8.7 与偏移量 P#1.1 相加结果为 Q10.0）

例 3　区域间寄存器间接寻址（字节、双字地址）

　　L　　P#I8.0　　　　//将输入位 I8.0 的双字指针装入累加器 1

　　LAR2　　　　　　　//将累加器 1 的内容（I8.0）传送至地址寄存器 AR2

　　L　　P#M8.0　　　//将存储器位 M8.0 的双字指针装入累加器 1

　　LAR1　　　　　　　//将累加器 1 的内容（M8.0）传送至地址寄存器 AR1

　　L　　B［AR2，P#2.0］　//对输入字节 IB10 装入累加器 1（输入字节 10 为 AR2 中的 8 字节加偏移量 2 字节）

　　T　　D［AR1，P#56.0］//将累加器 1 的内容装入存储双字 MD64（存储双字 64 为 AR1 中的 8 字节加偏移量 56 字节）

注意：地址寄存器间接寻址的方式只适用于 STL 语言。

习　题

1. STEP7 的程序结构有哪几种？分述每种程序结构的含义。
2. 什么叫结构化编程？结构化程序中主要用到哪几种类型的程序块和数据块？
3. 什么是组织块和 OB1？OB1 的作用是什么？
4. 什么是 FB 和 FC？它们有何共同点和不同点？
5. 什么是 SFB 和 SFC？它们有何区别？SFB 与 FB、SFC 与 FC 有何区别？
6. 什么是 DB、DI 和 SDB？DB 与 DI 有何区别？DB 与 SDB 有何区别？
7. STEP7 中的数据类型有哪三大类？基本数据类型包括哪些种类？
8. 存储器的位、字节、字和双字有什么关系？M100.1、MB100、MW100、MD100 的含义是什么？
9. STEP7 中数据的参数类型有哪几种？分别举例说明。
10. PLC 的存储器有哪两大类？各有何作用？用户存储器有哪几大部分组成？
11. 简述用户存储器中的系统存储区的组成及各部分的作用。

12. 什么是状态字寄存器？简述状态字各位的含义。
13. S7-300 PLC 有哪些编址方法？简述各编址方法的含义。
14. CPU312C 上集成的 I/O 地址如何确定？
15. 在 0 号机架的 5 号槽位上插入 16DI 模块、4 号槽位上插入 8AO 模块、6 号槽位上插入 8DI/8DO 模块时，它们的地址如何确定？
16. 什么是梯形图指令，有何特点？STEP7 中的梯形图指令有哪几种形式？分别举例说明。
17. 什么是语句表指令？有何特点？STEP7 中的语句表指令有哪几种形式？分别举例说明。
18. 语句表指令中的操作码和操作数的作用是什么？试举例说明。NOT 指令的操作数是什么？
19. STEP7 中语句表指令中的操作数可用什么参数来作？分别举例说明。
20. 一个 32 位存储器可用哪些类型的地址？指出指令 A M10.0、A MB10、A MW10、A MD10 中的地址及其类型。
21. STEP7 中有哪些寻址方式？分述各方式的含义。
22. 什么叫地址指针？哪些寻址方式用到地址指针？

第五章　S7-300 PLC 指令系统及编程

S7-300 PLC 具有丰富的指令系统，其中包括逻辑指令和功能指令两大类。逻辑指令包括位逻辑指令、定时器指令、计数器指令、字逻辑指令。功能指令主要包括以下几个方面：

(1) 数据处理与算术运算指令　该类指令主要包括数据的交换、传送、数据格式的转换、数据比较、算术运算、累加器操作、移位和循环移位等。这方面的指令很丰富、直接影响到 PLC 功能的多少和编制复杂程序的难易程度。

(2) 程序执行控制指令　该类指令主要指程序执行的顺序与控制程序结构的有关指令，其中包括跳转指令、循环指令、块调用指令和主控继电器指令。该指令的应用，可使程序编制更灵活、高效，且有利于提高编程质量。

(3) 其他功能指令　该类指令主要包括地址寄存器指令、数据块指令、显示和空操作指令。该指令可作为上述功能指令的补充，使相应的功能更容易实现。

掌握逻辑指令就可以编制开关量或数字量控制程序了，要编制模拟量控制程序及其他复杂控制程序（如 PID 控制程序、通信处理程序等）还需要功能指令。

对各种生产厂家的 PLC 和同一个厂家的不同机型的 PLC，其逻辑指令都大同小异，如表 5-1 所示。学会一种类型的 PLC 的逻辑指令，再学其他类型的 PLC 的逻辑指令就容易多了，可以做到触类旁通。功能指令因生产厂家不同和同一个厂家的机型不同而差别较大，不容易做到触类旁通，但它与"微机原理"和"单片机原理及应用"两门课程中汇编程序的指令相近，若这两门课程学得好，学好功能指令也不难。

表 5-1　逻辑指令

指令	说明	指令	说明
A	AND，逻辑与，电路或触点串联	XN(	逻辑异或非加左括号
AN	AND NOT，逻辑与非，常闭触点串联	)	右括号
O	OR，逻辑或，电路或触点并联	=	赋值
ON	OR NOT，逻辑或非，常闭触点并联	R	RESET，复位指定的位或定时器、计数器
X	XOR，逻辑异或	S	SET，置位指定的位或设置计数器的预置值
XN	XOR NOT，逻辑异或非	NOT	将 RLO 取反
A(	逻辑与加左括号	SET	将 RLO 置位为 1
AN(	逻辑与非加左括号	CLR	将 RLO 清 0
O(	逻辑或加左括号	SAVE	将状态字中的 RLO 保存到 BR 位
ON(	逻辑或非加左括号	FN	下降沿检测
X(	逻辑异或加左括号	FP	上升沿检测

第一节 逻辑指令

一、位逻辑指令

位逻辑指令处理的对象是"1"和"0"数字信号,这两个数字组成了二进制计数系统中的"位",可代表输入触点的"闭合"和"断开",或输出线圈的"通电"和"断电"。位逻辑指令的功能就是采集输入/输出信号状态(1或0),并进行逻辑运算,再将逻辑运算结果(1或0)储存在状态字寄存器的RLO位上或输出线圈(如位存储器M、输出映像存储器Q等)位上。位逻辑指令的类型及其含义如表5-1所示。

(一) 标准触点指令

标准触点指令的类型及其功能如表5-2所示。

表5-2 标准触点指令的类型及其功能

LAD指令	STL指令	操作数	数据类型	储存区	功 能
<位地址>─┤├─ <位地址>─┤├─	A〈位地址〉 O〈位地址〉	〈位地址〉	BOOL	I、Q、M、T、C、D、L	"与"指令:用于单个常开触点的串联或串联逻辑行的开始 "或"指令:用于单个常开触点的并联或并联逻辑行的开始
<位地址>─┤/├─ <位地址>─┤/├─	AN〈位地址〉 ON〈位地址〉	〈位地址〉	BOOL	I、Q、M、T、C、D、L	"与非"指令:用于单个常闭触点的串联或串联逻辑行的开始 "或非"指令:用于单个常闭触点的并联或并联逻辑行的开始

说明:在STEP7中,程序都是用程序块组成,上下程序块的梯形图左母线不连,不用区分触点的串(并)联和串(并)联逻辑行的开始。

(二) 输出指令

1. 输出线圈指令(一般输出指令)

输出线圈指令及其功能如表5-3所示。

表5-3 输出线圈指令及其功能

LAD指令	STL指令	操作数	数据类型	储存区	功 能
<位地址>─( )─	=〈位地址〉	〈位地址〉	BOOL	I、Q、M、T、C、D、L	把逻辑串运算结果RLO的值赋值给输出线圈,并结束一个逻辑串

说明:I用得少,只有当I的全部或部分位没有被现场输入信号占用时,可当作中间继电器使用。

(1) 举例 图5-1说明了上述指令的用法。

(2) 说明

1) 一般输出指令可以并联使用,如图5-2所示。

2) 一般输出指令在梯形图中可连续使用,但用STL编程时要注意指令的用法,如图5-3所示。

2. 中间输出指令

中间输出指令及其功能见表5-4。在编制梯形图程序时,如果一个逻辑串很长不便于编

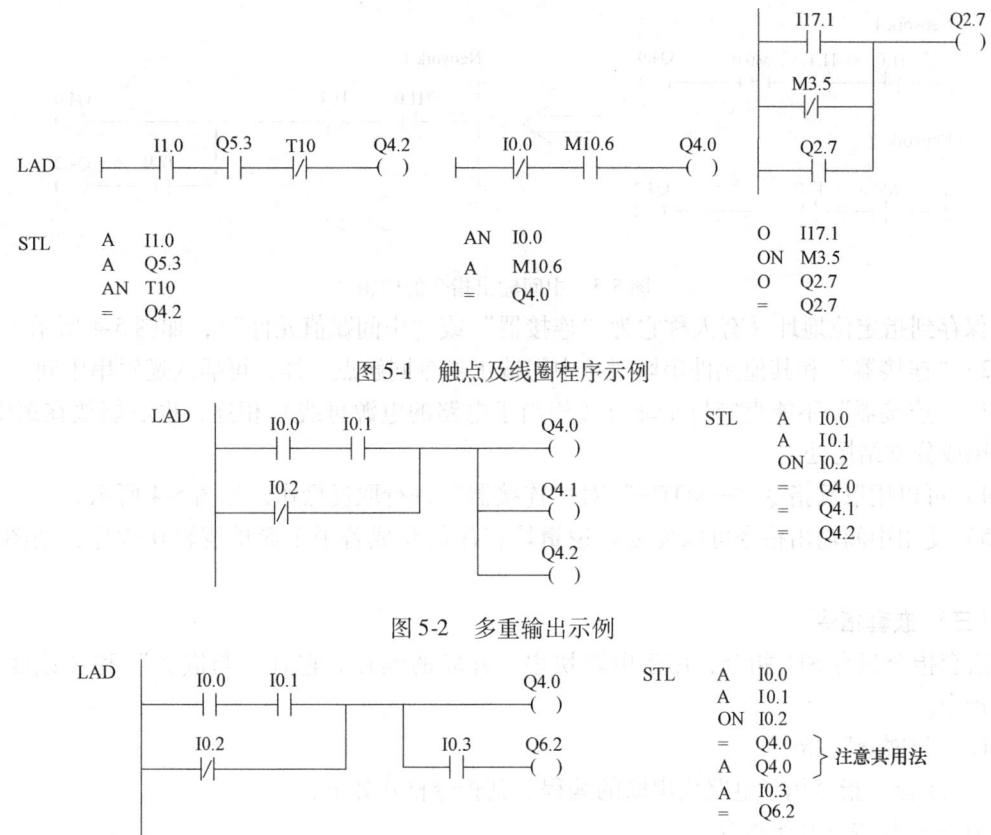

图 5-1 触点及线圈程序示例

图 5-2 多重输出示例

图 5-3 输出线圈指令连续使用示例

辑时，可以将逻辑串分成几段，前一段的逻辑运算结果（RLO）可作为中间输出储存在指定的存储区（I、Q、M、D、L）的某一位中，该存储位可以当作一个触点出现在其他逻辑串中。

表 5-4 中间输出指令及其功能

LAD 指令	STL 指令	操作数	数据类型	储存区	功　能
<位地址> —(#)—	=〈位地址〉 A〈位地址〉	〈位地址〉	BOOL	I、Q、M、 D、L	把逻辑串中间运算结果 RLO 的值赋值给指定的〈位地址〉。

（1）举例 图 5-4 及图 5-5 说明了中间输出指令的用法。

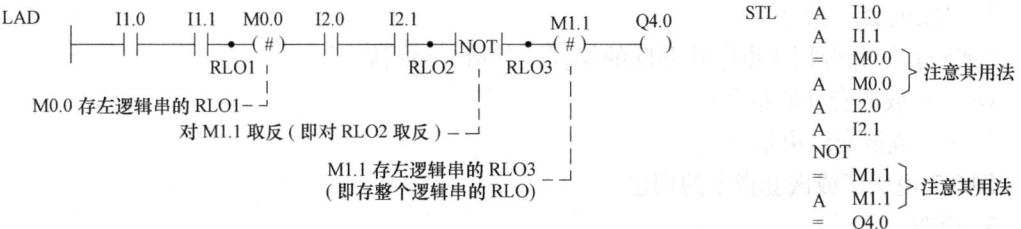

图 5-4 中间输出指令示例

（2）说明

1）中间输出指令被安置在逻辑串中间，用于将其前的位逻辑操作结果（此处的 RLO

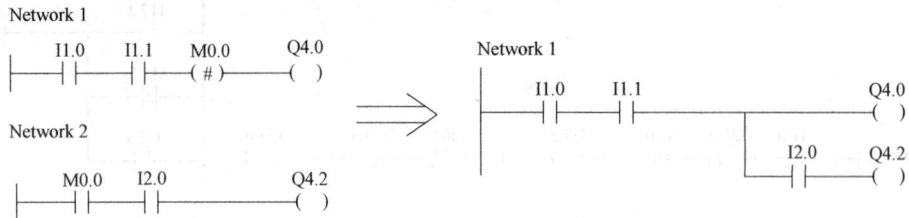

图 5-5 中间输出指令的应用

值)保存到指定位地址(有人称它为"连接器"或"中间赋值元件"),如图 5-4 所示。

2)"连接器"和其他元件串联时,中间输出指令同触点一样,可插入逻辑串中间。

3)"连接器"不能直接与左母线(相当于电路的电源母线)相连,也不能放在逻辑串的结尾或分支结尾处。

4)可以用取反指令"─|NOT|─"对"连接器"进行取反操作,如图 5-4 所示。

5)使用中间输出指令可以使复杂逻辑块程序简化成若干个简单逻辑块程序,如图 5-5 所示。

(三)嵌套指令

嵌套指令只有 STL 指令,用于电路块串、并联的编程。它有"与嵌套"和"或嵌套"两种指令。

1. "与嵌套"指令

"与嵌套"指令用于电路块串联的编程。其指令格式如下:

A(──与嵌套开始指令;

)──与嵌套结束指令。

图 5-6 说明了与嵌套指令的用法。

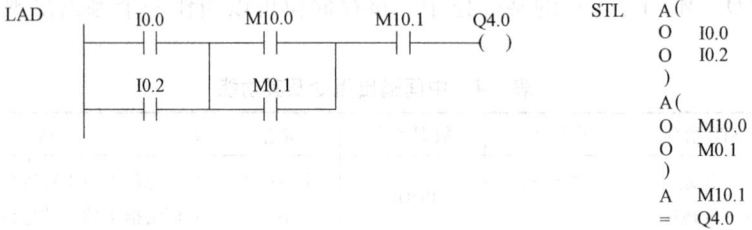

图 5-6 与嵌套指令用法示例

2. "或嵌套"指令

"或嵌套"指令用于电路块并联的编程。其指令格式如下:

O(──或嵌套开始指令;

)──或嵌套结束指令。

图 5-7 说明了或嵌套指令的用法。

3. 说明

先"与"后"或"(即电路元件先串联后并联)可不用嵌套指令中的括号,如图 5-8 所示。

图 5-8 中,由 I0.0 和 I0.1 组成的电路实际上是一个"异或"电路,若用"异或"指令编程则可使程序更简洁。

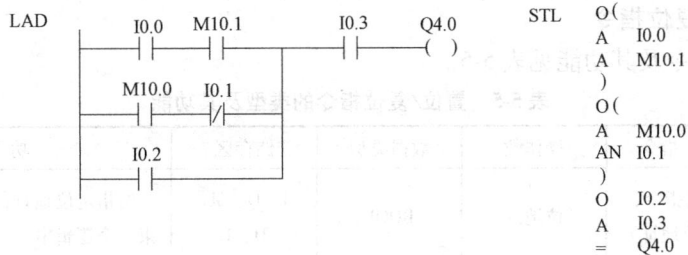

LAD

I0.0
M10.1
I0.3
Q4.0
M10.0
I0.1
I0.2

STL

```
O(
A   I0.0
A   M10.1
)
O(
A   M10.0
AN  I0.1
)
O   I0.2
A   I0.3
=   Q4.0
```

图 5-7　或嵌套指令用法示例

LAD

I0.0
I0.1
Q4.0
I0.0
I0.1
I0.4

STL

```
A   I0.0
AN  I0.1
O
AN  I0.0
A   I0.1
O   I0.4
=   Q4.0
```

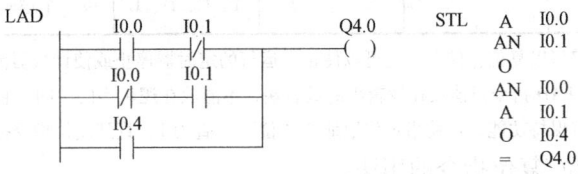

图 5-8　用先“与”后“或”原则编程

(四)“异或”和“异或非（同或）”指令

1. “异或”指令

异或指令只有 STL 指令，专用于异或门逻辑电路的编程。其指令格式如下：

$$\begin{cases}\text{X〈位地址 1〉}\\\text{X〈位地址 2〉}\end{cases}\text{或}\begin{cases}\text{XN〈位地址 1〉}\\\text{XN〈位地址 2〉}\end{cases}$$

图 5-9 说明了异或指令的用法。当 I0. 0 和 I0. 1 不同时动作时，输出线圈 Q4. 0 状态为 1，反之为 0。

对比图 5-8 和图 5-9 可见，用“异或”指令编程则可使程序更简洁。

LAD

I0.0
I0.1
Q4.0
I0.0
I0.1

STL

```
X   I0.0
X   I0.1
=   Q4.0
或
XN  I0.0
XN  I0.1
=   Q4.0
```

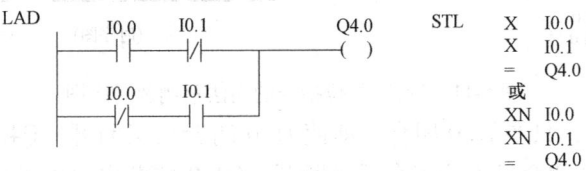

图 5-9　异或指令的用法

2. “同或”指令

同或指令只有 STL 指令，专用于同或门逻辑电路的编程。其指令格式如下：

$$\begin{cases}\text{X〈位地址 1〉}\\\text{XN〈位地址 2〉}\end{cases}\text{或}\begin{cases}\text{XN〈位地址 1〉}\\\text{X〈位地址 2〉}\end{cases}$$

图 5-10 说明了同或指令的用法。当 I0. 0 和 I0. 1 同时动作时，输出线圈 Q4. 0 状态为 1，反之为 0。

LAD

I0.0
I0.1
Q4.0
I0.0
I0.1

STL

```
X   I0.0
XN  I0.1
=   Q4.0
或
XN  I0.0
X   I0.1
=   Q4.0
```

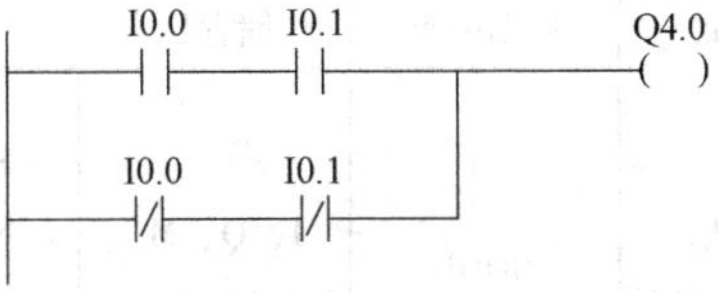

图 5-10　同或指令的用法

（五）置位/复位指令

置位/复位指令及其功能见表 5-5。

表 5-5　置位/复位指令的类型及其功能

LAD 指令	STL 指令	操作数	数据类型	储存区	功　能
<位地址> ——(S)	置位指令： S〈位地址〉	〈位地址〉	BOOL	I、Q、M、 D、L	给指定位地址的"位"置1，并结束一个逻辑串
<位地址> ——(R)	复位指令： R〈位地址〉	〈位地址〉	BOOL	I、Q、M、 T、C、D、L	给指定位地址的"位"置0，并结束一个逻辑串

说明：① 复位指令不仅可以复位存储器，还可以使正在运行的定时器停止或使计数器清零。
　　② 置位/复位的 LAD 指令只能放在逻辑串的最右端，不能放在逻辑串的中间，它们也属于输出指令。
　　③ 置位指令具有保持功能，可使指定位地址的"位"一直为1，直到复位指令把它清零。

图 5-11 说明了置位/复位指令的用法。

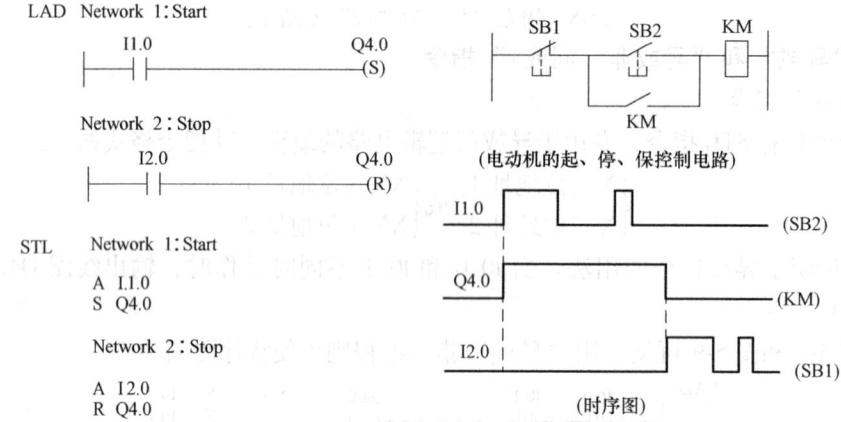

图 5-11　置位/复位指令的用法示例及时序图

图 5-11 的程序中，只要 I1.0 闭合，即使 I1.0 闭合后又断开，Q4.0 将一直保持通电状态（1 态），直到 I2.0 闭合且不论闭合后又断开，Q4.0 才断电（0 态）。其功能同电动机的起、停、保控制电路类似。

（六）触发器指令

触发器指令可以用在逻辑串最右边结束一个逻辑串；也可以用在逻辑串当中作为一个特殊触点，影响右边的逻辑操作结果。其功能同电动机的起、停、保控制电路类似。

触发器指令有 SR 触发器和 RS 触发器两种。SR 触发器即"置位复位"触发器，是复位优先型；RS 触发器即"复位置位"触发器，是置位优先型，其指令格式及参数见表 5-6。

表 5-6　触发器指令格式及参数

LAD 指令	STL 指令	操作数	数据类型	储存区	说　明
置位信号—S　SR　Q— 复位信号—R （位地址） 复位优先型	A 置位信号 S〈位地址〉 A 复位信号 R〈位地址〉	〈位地址〉、 R、S、Q	BOOL	I、Q、M、 D、L	S=0、R=1，复位，即 Q=0 S=1、R=0，置位，即 Q=1 S=1、R=1，复位，即 Q=0，故称为复位优先型

（续）

LAD 指令	STL 指令	操作数	数据类型	储存区	说 明
复位信号—R〈位地址〉 置位信号—S Q 置位优先型	A 复位信号 R〈位地址〉 A 置位信号 S〈位地址〉	〈位地址〉、 R、S、Q	BOOL	I、Q、M、 D、L	S=0、R=1，复位，即 Q=0 S=1、R=0，置位，即 Q=1 S=1、R=1，置位，即 Q=1， 故称为置位优先型

说明：置位具有保持功能，使指定位地址的"位"一直为 1，直到复位信号把它清零。

图 5-12 说明了 SR 触发器和 RS 触发器指令的用法。

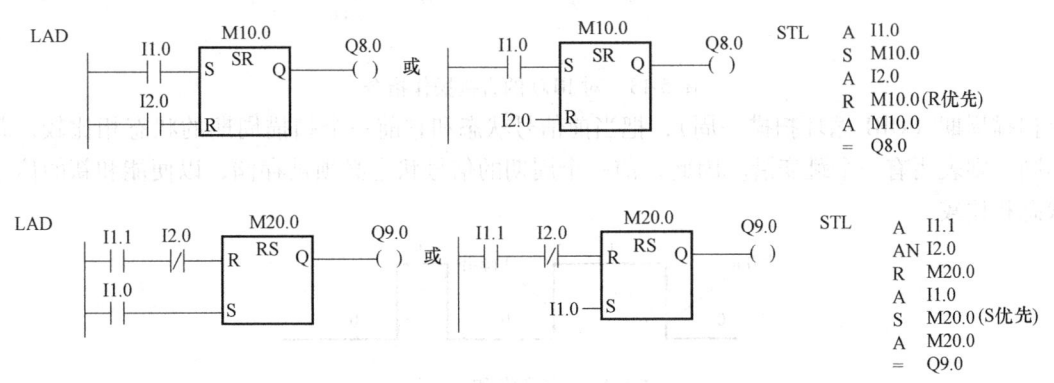

图 5-12 SR 触发器和 RS 触发器指令用法示例

（七）对 RLO 的直接操作指令

可用表 5-7 中的指令来直接改变逻辑操作结果位 RLO 的状态。如图 5-13 所示中 LAD (1)，设 I0.0 与 I0.1 均为闭合，则 RLO 中应为 1，但经 NOT 指令后 RLO 中变为 0，所以 Q8.0 为 0（断电）。

表 5-7 对 RLO 的直接操作指令

LAD 指令	STL 指令	功能	说 明
—|NOT|—	NOT	取反 RLO	在逻辑串中，将当前的 RLO 状态变反；还可令 STA 位置 1
无	SET	置位 RLO	把 RLO 无条件置 1，并结束逻辑串；使 STA 置 1，OR、$\overline{FC}$ 清 0
无	CLR	复位 RLO	把 RLO 无条件清 0，并结束逻辑串；使 STA、OR、$\overline{FC}$ 清 0
—(SAVE)	SAVE	保存 RLO	把 RLO 状态存入状态字的 BR 位中

又如图 5-13 所示中的 LAD (2) 中，SAVE 指令将当前 RLO 状态（上一程序块的最后一个 RLO，而不是 I1.5 的状态）存入 BR 位中，下面用检测 BR 位（此处为 Q4.0 的状态）来重新检查保存的 RLO。

执行图 5-13 中的 STL (3) 程序，SET 指令使 RLO 为 1，赋值 M10.0~M10.2 为 1；CLR 指令使 RLO 为 0，赋值 M11.5、Q4.2 为 0。

（八）跳变沿检测指令

当信号状态变化时就产生跳变沿：从 0 变到 1 时，产生一个上升沿（也称正跳沿）；从 1 变到 0 时，产生一个下降沿（也称负跳沿），如图 5-14 所示。跳变沿检测的方法是：在每

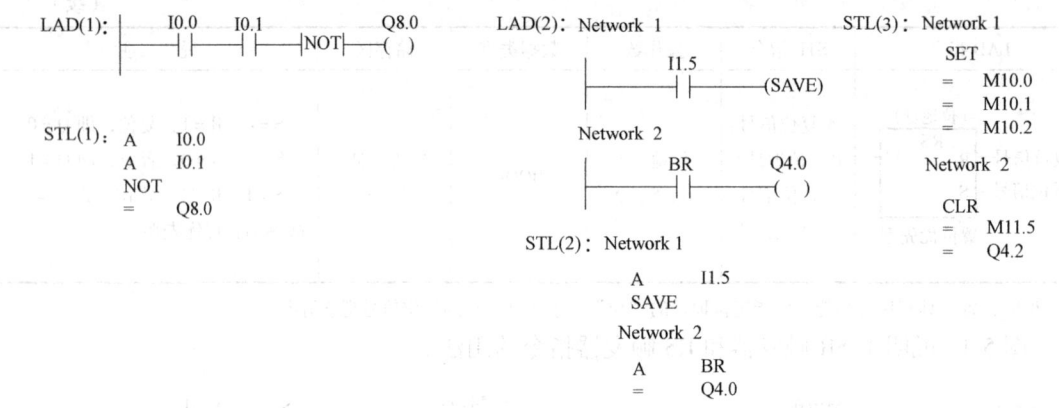

图 5-13 对 RLO 的直接操作指令

个扫描周期（OB1 循环扫描一周），把当前信号状态和它前一个扫描周期的状态相比较，若不同，则表明有一个跳变沿。因此，前一个周期的信号状态必须被存储，以便能和新的信号状态相比较。

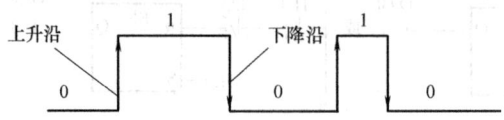

图 5-14 上升沿和下降沿

该指令有两种：一种是对逻辑串操作结果 RLO 的跳变沿检测指令；另一种是对单个触点跳变沿检测指令。它们又分正跳沿检测指令和负跳沿检测指令。现分述如下。

1. 对 RLO 跳变沿检测指令

RLO 跳变沿检测指令用于检测逻辑串操作结果 RLO 的跳变沿，其指令格式及功能见表 5-8。

表 5-8 RLO 跳变沿检测指令格式及参数

LAD 指令	STL 指令	操作数	数据类型	储存区	功　　能
<位地址>—(P)—	FP <位地址>	<位地址>用于存储 RLO 状态	BOOL	I、Q、M、D、L	该指令可对左边逻辑串操作结果 RLO 的正跳沿检测，并在有正跳沿时刻，该指令右边的 RLO 的状态变为一个正脉冲，脉宽为一个 OB1（主程序循环块）的扫描周期
<位地址>—(N)—	FN <位地址>				该指令对 RLO 的负跳沿检测，并在有负跳沿时刻，该指令右边的 RLO 的状态变为一个正脉冲

说明：<位地址>用于存储左边逻辑串操作结果 RLO 状态，可供 CPU 检测该 RLO 上一个扫描周期的状态，以便与当前 RLO 状态相比较，来判断该 RLO 是正跳沿还是负跳沿。

图 5-15 说明了 RLO 跳变沿检测指令的用法。

2. 对单个触点跳变沿检测指令

单个触点跳变沿检测指令用于检测单个触点跳变沿，它使用梯形图方块指令，该方块指令同触发器一样可看做是一个特殊的常开触点。其指令格式及功能见表 5-9。

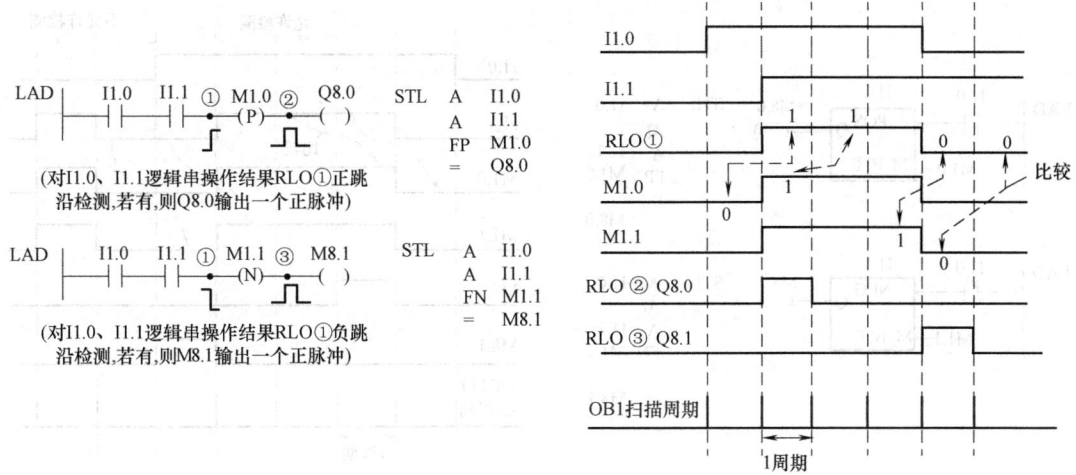

图 5-15 RLO 跳变沿检测

表 5-9 对单个触点跳变沿检测指令的格式及参数

LAD 指令	STL 指令	操作数	数据类型	存储区	功 能
允许—〈位地址1〉POS Q—〈位地址2〉 M_BIT	A(A〈位地址1〉 FP〈位地址2〉)	〈位地址1〉被检测触点状态	BOOL	I、Q、M、D、L	只要允许信号为1，则可对〈位地址1〉触点的正跳沿检测，若有正跳沿，Q输出一个正脉冲，脉宽为一个OB1扫描周期
		〈位地址2〉存储被检测触点状态	BOOL	Q、M、D	
允许—〈位地址1〉NEG Q—〈位地址2〉 M_BIT	A(A〈位地址1〉 FN〈位地址2〉)	Q 单稳输出	BOOL	I、Q、M、D、L	只要允许信号为1，则可对〈位地址1〉触点的负跳沿检测，若有负跳沿，Q输出一个正脉冲，脉宽为一个OB1扫描周期

说明：1.〈位地址1〉为被检测触点，该地址存储被检测触点的状态，可供 CPU 检测该地址的当前状态。

2.〈位地址2〉与〈位地址1〉状态一样，该地址也存储被检测触点的状态，可供 CPU 检测〈位地址1〉上一个扫描周期的状态，以便与〈位地址1〉当前状态相比较，来判断被检测触点是正跳沿还是负跳沿。

3. 在有正负跳沿时，Q 输出一个正脉冲，脉宽为一个 OB1 扫描周期（即 Q 只能在一个扫描周期内保持为1，故 Q 又称为单稳输出）。

4. 该方块指令同触发器方块指令一样，可看做是一个特殊的常开触点，当 Q = 1，触点闭合（仅闭合一个扫描周期），若 Q = 0，则触点断开。

图 5-16 说明了单个触点跳变沿检测指令的用法。

（九）位逻辑指令的应用

1. 验灯程序的编写

在过去的控制系统中，一般使用了大量的指示灯来指示设备的运行状态。如卷烟包装机控制系统操作面板上就装有几十个灯。由于灯的寿命有限，发生故障时常给操作人员带来错觉，解决的方法通常是设计一个验灯程序，操作人员接班时先检查一下所有指示灯是否完好。

验灯程序的编写很简单。在 PLC 中用 1 个输入点如 I3.7，其外部连接一个常开按钮。

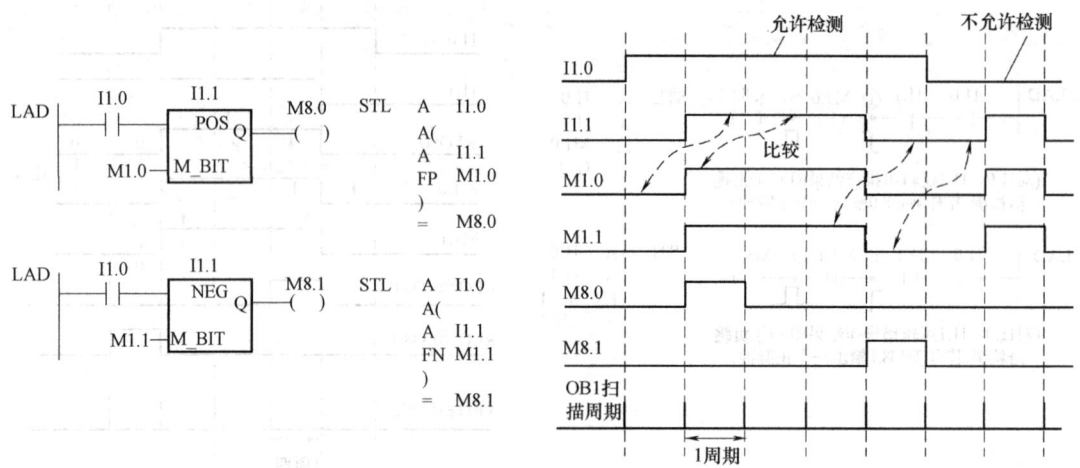

图 5-16 单个触点跳变沿检测

由于 I3.7 的内部触点是无数的,控制指示灯输出点的梯形图上均并联 1 个 I3.7 常开触点,当它闭合时指示灯均亮,以查验灯的好坏。

如图 5-17 所示,Q4.0 是控制电动机接触器线圈的输出点;Q4.0 为 0 时表示电动机停转,Q4.1 外接的绿灯亮;Q4.0 为 1 时表示电动机运转,Q4.2 外接的红灯亮,验灯触点为 I3.7,其程序示于图 5-17 中。

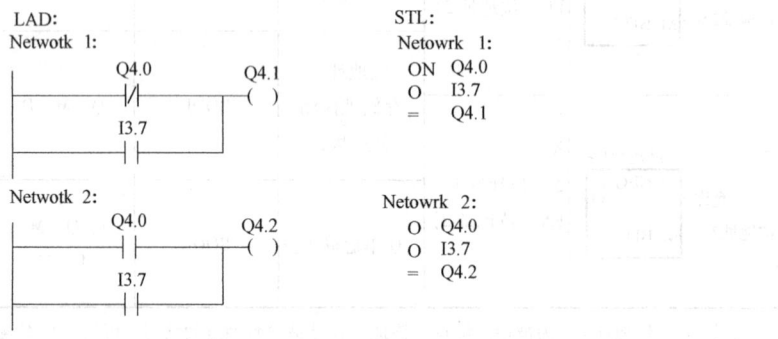

图 5-17 验灯程序

2. 利用触发器编写第一信号记录程序

在工业现场一旦有故障发生可能随之带来多个故障,如果能找出第一故障信号,对排除故障可能带来很大方便。编写这种程序的方法与编写大家所熟悉的"抢答器"程序类似。

抢答器的功能是当一组抢到答题权时,本组显示灯亮,同时其他抢答台抢答无效,显示灯也不会亮。只有主持人按动复位按钮,才能恢复下一轮抢答。

设 I1.0、I1.1、I1.2 和 Q5.0、Q5.1、Q5.2 分别为 1、2、3 抢答台的抢答按钮与显示灯的输出点,I2.0 为主持人复位按钮的输入点。按抢答器功能要求设计程序如图 5-18 所示。注意:程序中只能使用复位优先型触发器,不能使用置位优先型触发器。

3. 二分频器程序编写

二分频器是一种具有一个输入端和一个输出端的功能单元,输出频率为输入频率的一半。实现二分频的方法有很多种,下面介绍其中两种:

(1) 利用"与""或"指令实现二分频程序 设输入为 I1.0,输出为 Q4.0,根据二分

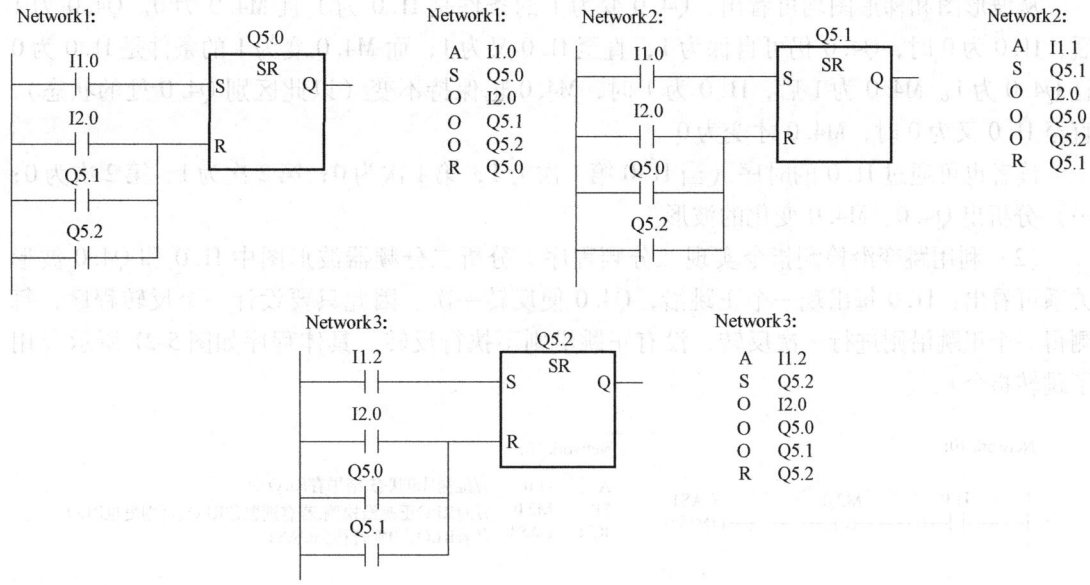

图 5-18 抢答器程序

频要求 I1.0 接通 2 次，Q4.0 只接通 1 次。其波形如图 5-19 所示。利用常开、常闭触点串并联实现二分频程序，如图 5-20 所示。图中增加存储位 M4.0 作为控制 Q4.0 的附加条件，其通断波形示于图 5-19 中。

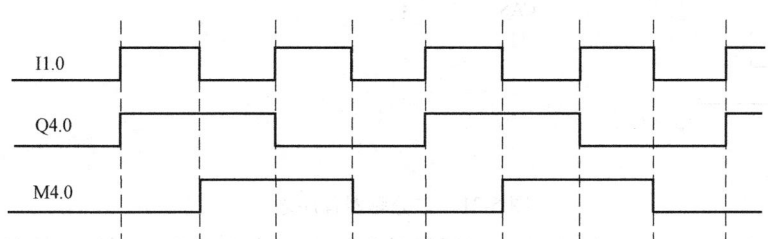

图 5-19 二分频波形图（时序）

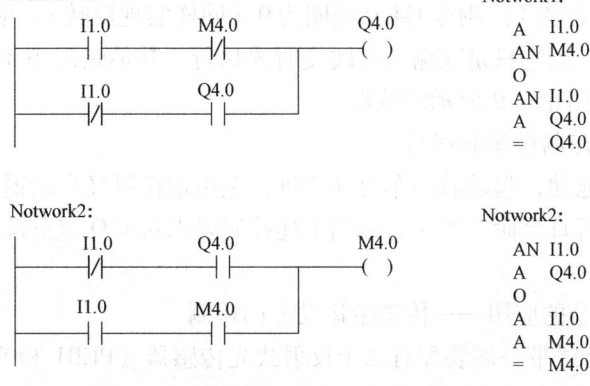

图 5-20 二分频器程序之一

从波形图和梯形图均可看出，Q4.0 变为 1 的条件是 I1.0 为 1 且 M4.0 为 0。Q4.0 为 1 后，I1.0 为 0 时，Q4.0 仍可自保为 1，直至 I1.0 又为 1；而 M4.0 变为 1 的条件是 I1.0 为 0 且 Q4.0 为 1。M4.0 为 1 后，I1.0 为 1 时，M4.0 也保持不变（以此区别 Q4.0 处的状态），直至 I1.0 又为 0 时，M4.0 才变为 0。

读者也可通过 I1.0 的时序（当 I1.0 第 1 次为 1，第 1 次为 0；第 2 次为 1，第 2 次为 0；…）分析出 Q4.0、M4.0 变化的波形。

（2）利用跳变沿检测指令实现二分频程序　分析二分频器波形图中 I1.0 和 Q4.0 波形关系可看出：I1.0 每出现一个正跳沿，Q4.0 便反转一次。因此只要设计一个反转程序，每测得一个正跳沿则进行一次反转，没有正跳沿则不执行反转。具体程序如图 5-21 所示（用了跳转指令）。

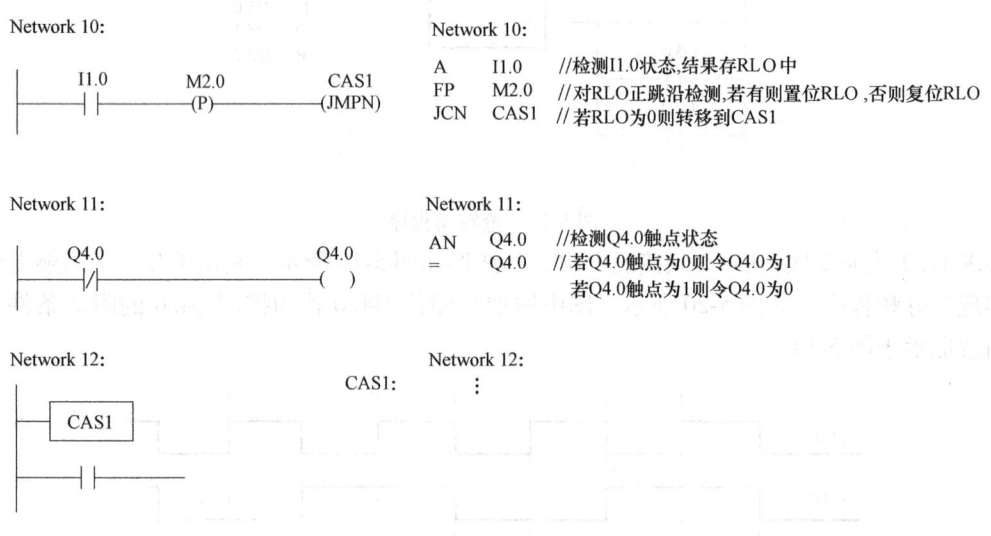

图 5-21　二分频器程序之二

图 5-21 中所示 Network10 对 I1.0 正跳沿检测：若没有正跳沿，则转向执行 Network12 的程序；若有正跳沿，则顺序执行 Network11 中的程序。Network11 实现输出反转：若常闭触点 Q4.0 为 1（说明原 Q4.0 线圈为 0）则令线圈 Q4.0 为 1（实现反转）；若常闭触点 Q4.0 为 0（说明原 Q4.0 线圈为 1）则令 Q4.0 线圈为 0（同样实现反转）。尽管在 Network11 中使用的是输出赋值指令，因它只是在输入有跳变时才执行，其他情况下不执行，使得 Q4.0 具有了保持特性，获得了图 5-19 所示的波形。

4. 往复运动小车控制程序的编写

一小车由电动机拖动，起动后小车自动前进，至指定位置又自动退回到起始位置，然后又前进，如此反复运行直至命令停止。根据上述控制要求对 I/O 点分配如下。小车控制程序如图 5-22 所示。

5. 跳变沿检测指令的应用——传送带运动方向检测

图 5-23a 所示的传送带一侧装配有二个反射式光传感器（PEB1 和 PEB2，二者之间的安装距离小于包裹的长度），用于检测包裹在传送带上的移动方向，并用方向指示灯 HL1 和 HL2 指示。光传感器触点为常开触点，当检测到物体时动作（闭合）。

第五章　S7-300 PLC 指令系统及编程

外接元件	I/O编号	说明
SB0	I0.0	小车右行起动
SB1	I0.1	小车左行起动
SB2	I0.2	小车停止按钮
SQ1	I0.3	左限位行程开关
SQ2	I0.4	右限位行程开关
FR	I0.5	热继电器触点
KM1	Q4.0	右行接触器线圈
KM2	Q4.1	左行接触器线圈

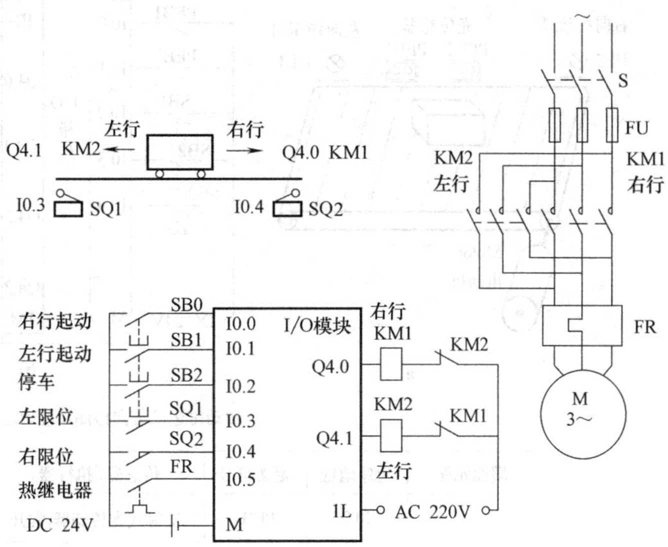

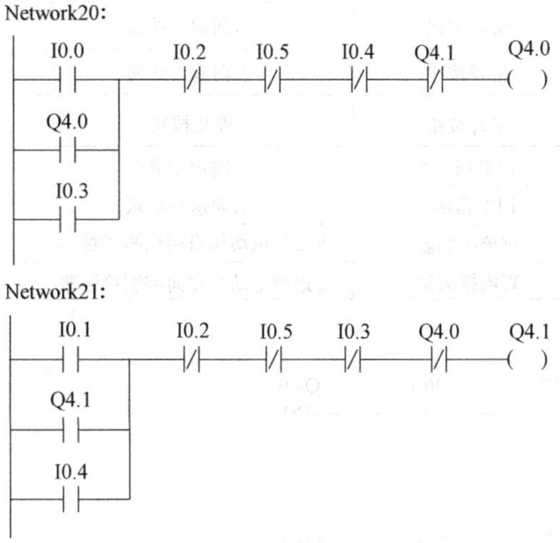

Network20:
```
A(
 O    I0.0
 O    Q4.0
 O    I0.3
 )
 AN   I0.2
 AN   I0.5
 AN   I0.4
 AN   Q4.1
 =    Q4.0
```

Network21:
```
A(
 O    I0.1
 O    Q4.1
 O    I0.4
 )
 AN   I0.2
 AN   I0.5
 AN   I0.3
 AN   Q4.0
 =    Q4.1
```

图 5-22　小车控制程序

地址分配及符号定义见图 5-23 的表格，端子配置如图 5-23b 所示。

由于在机械安装上两个传感器之间的距离小于包裹的长度，因此可以知道：如果光传感器 PEB1 先有效，说明在两个光传感器之间的传送带上有包裹，且传送带向左传送；如果光传感器 PEB2 先有效，说明在两个光传感器之间的传送带上有包裹，且传送带向右传送。方向检测部分的 LAD 程序如图 5-23 所示。

Network1 说明，如果 PEB1 出现信号状态由"0"到"1"的变化（上升沿），同时 PEB2 信号状态为"0"，表示传送带上的包裹向左移动。

Network2 说明，如果 PEB2 出现信号状态由"0"到"1"的变化（上升沿），同时 PEB1 信号状态为"0"，表示传送带上的包裹向右移动。

Network3 说明，如果光传感器没有被遮挡，则表示两个光传感器之间没有包裹，方向指示灯灭。

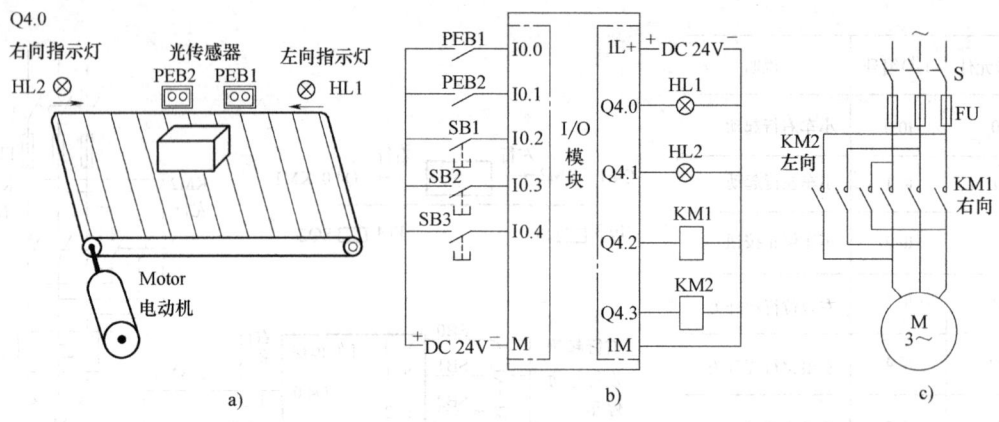

传动带运动方向检测系统地址分配表

编程元件	元件地址	定义符号	传感器/执行器	说明
数字量输入 DC 32×24V	I0.0	PEB1	反射式光传感器,常开	光传感器1
	I0.1	PEB2	反射式光传感器,常开	光传感器2
	I0.2	SB1	常开按钮	右向起动按钮
	I0.3	SB2	常开按钮	左向起动按钮
	I0.4	SB3	常开按钮	停止按钮
数字量输出 DC 32×24V	Q4.0	HL1	LED指示灯	左向运动显示
	Q4.1	HL2	LED指示灯	右向运动显示
	Q4.2	KM1	直流接触器	传送带电动机右向控制接触器
	Q4.3	KM2	直流接触器	传送带电动机左向控制接触器

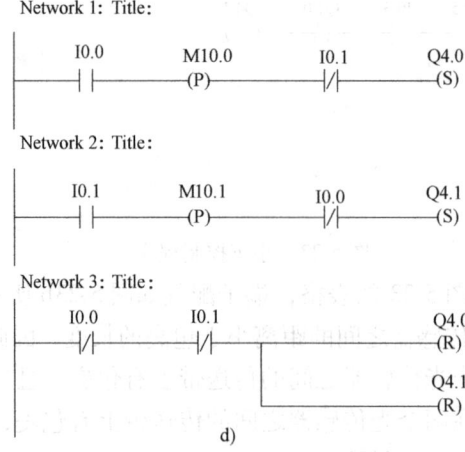

d)

图 5-23　传送带运动方向检测

二、字逻辑指令

（一）字逻辑 STL 指令

字逻辑 STL 指令是可带操作数（常数）或不带操作数的指令。对于 STL 形式的字逻辑运算指令，字逻辑运算是将两个 16 位的字或 32 位双字逐位进行逻辑运算的指令。参加运算的两个数,一个在累加器 1 中,另一个可以在累加器 2 中或在指令中以立即数(常数)的方式给出。"字"逻辑运算结果放在累加器 1 的低字中;"双字"逻辑运算结果放在累加器 1 中,累加器 2 的内容保持不变。

字逻辑运算结果影响状态字的标志位。如果字逻辑运算结果为 0,则 CC1 被复位为 0,如果字逻辑运算结果不为 0,则 CC1 被置为 1。CC0 和 OV 位总是复位为 0。

字逻辑运算指令的语句表和梯形图表示格式,如表 5-10 所示。

表 5-10　字逻辑运算指令格式及说明

STL 指令	操作数	LAD 指令	说明	功　能
AW	不带操作数或带常数	WAND_W EN ENO IN1 OUT IN2	字"与" (WAND_W)	两个 16 位的"字"逐位进行"与"逻辑运算
OW		WOR_W EN ENO IN1 OUT IN2	字"或" (WOR_W)	两个 16 位的"字"逐位进行"或"逻辑运算
XOW		WXOR_W EN ENO IN1 OUT IN2	字"异或" (WXOR_W)	两个 16 位的"字"逐位进行"异或"逻辑运算
AD		WAND_DW EN ENO IN1 OUT IN2	双字"与" (WAND_DW)	两个 32 位的"双字"逐位进行"与"逻辑运算
OD		WOR_DW EN ENO IN1 OUT IN2	双字"或" (WOR_DW)	两个 32 位的"双字"逐位进行"或"逻辑运算
XOD		WXOR_DW EN ENO IN1 OUT IN2	双字"异或" (WXOR_DW)	两个 32 位的"双字"逐位进行"异或"逻辑运算

下面举例来说明字逻辑 STL 指令的应用。

例 1　使用不带操作数的字"与"指令 AW

STL

　　L　MW10　　//把存储字 MW10 的内容写入累加器 1 低字中

　　L　MW20　　//把存储字 MW20 的内容写入累加器 1 低字中,累加器 1 原内容移至累加器 2

　　AW　　　　//累加器 1、2 低字内容逐位进行"与"逻辑运算,结果存放在累加器 1 低字中

　　T　MW12　　//把累加器 1 低字中内容传送至存储区 MW12 中

设 MW10、MW20 的存储内容如图 5-24 所示，按位进行与运算后，存入 MW12 的内容亦示于图 5-24 中。

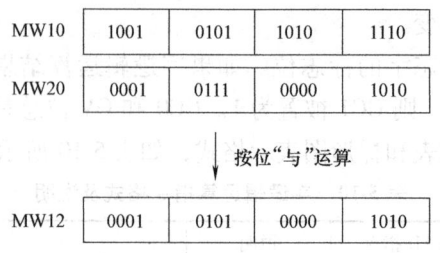

图 5-24　两个字间的 AW 指令的操作

例 2　使用 32 位常数异或 XOD 指令的示例。该程序实现了累加器与指令中给出的 32 位常数的异或逻辑运算。

　　L　MD10　　　　　　　　//把存储区双字 MD10 的内容写入累加器 1

　　XOD　DW#16#ABCD_1978　//把累加器 1 的内容与常数 DW#16#ABCD_1978 按位
　　　　　　　　　　　　　　　进行异或逻辑运算，结果放在累加器 1 中

　　T　MD14　　　　　　　　//把累加器 1 中内容传送至存储区双字 MD14 中

设 MD10 的存储内容如图 5-25 所示，与异或 XOD 指令中常数按位进行异或运算后，传入存储双字 MD14 的内容亦示于图 5-25 中。

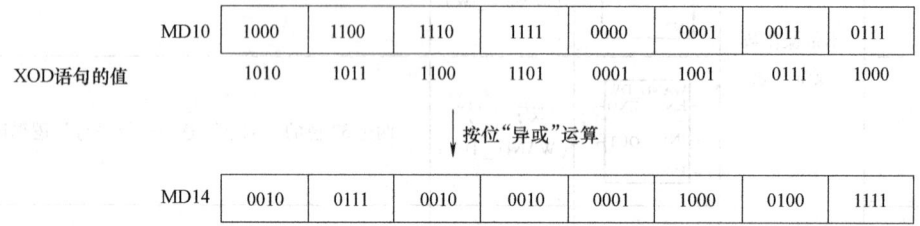

图 5-25　32 位常数 XOD 指令的操作

（二）字逻辑梯形图方块指令

上述字逻辑语句表指令都有对应的梯形图方块指令，梯形图方块图形符号如表 5-10 所示。

表 5-10 中，方块上的指令符号说明了该方块的功能。IN1 为逻辑运算第一个数的输入端，IN2 为第二个数的输入端，OUT 为逻辑运算结果输出端，EN 为允许输入端，ENO 为允许输出端。当 EN 的信号状态为 1，则启动字逻辑运算指令，且使 ENO 为 1，若 EN 为 0，则不进行逻辑运算，此时 ENO 也为 0。启动字逻辑运算后，对 IN1、IN2 端的两个数字逐位进行逻辑运算。参与逻辑运算的数及结果均为字或双字数据类型，它们可以存储在存储区 I、Q、M、D、L 中，图 5-26a 进行的是输入字 IW0 中 16 位与常数 W#16#3A2F 的 16 位逐位进行逻辑与运算，运算结果放在存储字 MW10 中。图 5-26b 进行的是存储双字 MD0 中 32 位与数据双字 DBD10 中 32 位逐位进行逻辑与运算，运算结果放在存储双字 MD4 中。

（三）字逻辑运算指令的应用

字逻辑运算指令有各种用途，下面简单举例说明。

例如，用字逻辑指令来屏蔽（取消）不需要的位，取出所需要的位，也可对所需要位

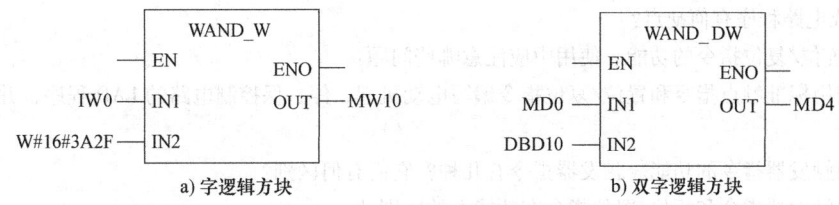

图 5-26 字逻辑梯形图方块指令

进行设定。如图 5-27 所示，取出用 BCD 数字拨码开关送入输入存储字 IW0 中的 3 个 BCD 数，并将 I0.4~I0.7 这 4 位置位 BCD 数 2（设时基号）。实现方法示于图 5-27 中（本例目的是：将拨码开关的数据作为定时器的时间设定值，设定时基为 1s，存入 MW2 中）。

编程思路：先用 W#16#0FFF 和输入存储字 IW0 进行字和字相"与"运算（WAND_W），运算结果送入存储字 MW0。MW0 中结果如图 5-27 所示，它取出了 3 个输入的 BCD 数并将相应的第 4 位置为 0。再通过 MW0 和 W#16#2000 进行字和字相"或"运算，运算结果送入存储字 MW2 中。MW2 中的数即为所求，如图 5-27 中所示。

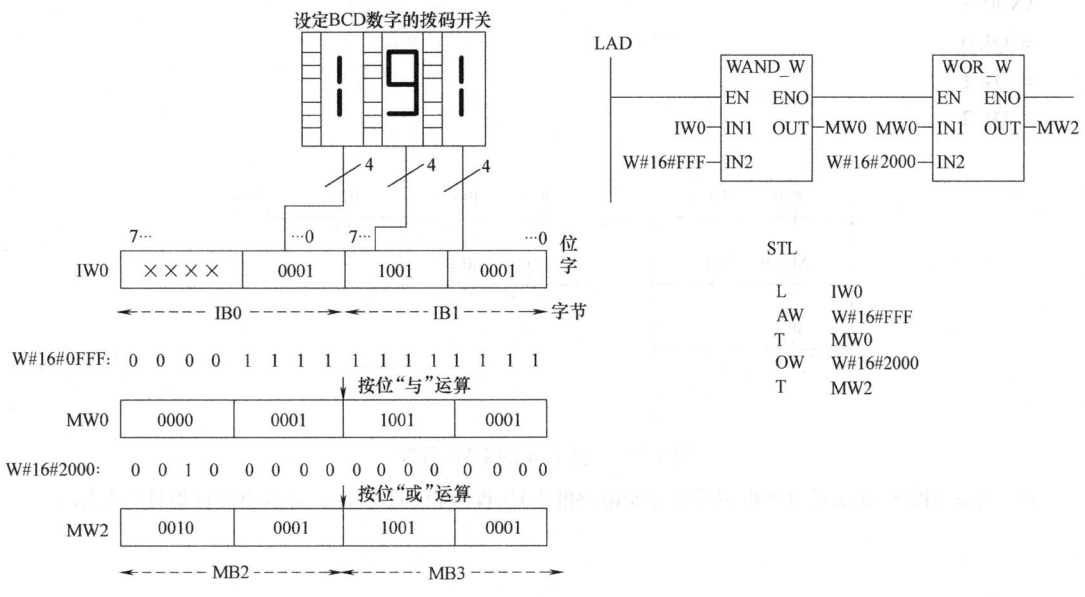

图 5-27 字逻辑指令应用示例

习 题

1. S7-300 PLC 的指令系统中，逻辑指令包括哪几个方面？功能指令包括哪几个方面？
2. 标准触点指令有哪几种？分述其功能。
3. 输出指令有哪几种？分述其功能。
4. 输出线圈指令的操作数能否使用输入映像储存区 I 的"位地址"？试说明为什么。
5. 输出线圈指令（一般输出指令）能否并联使用或在梯形图中能否连续使用？试分别举例说明。
6. 什么情况下宜使用中间输出指令？使用中间输出指令需注意哪些问题？
7. 嵌套指令的作用是什么？嵌套指令只有哪种类型的指令？
8. 异或指令和同或指令各有何作用？异或指令和同或指令只有哪种类型的指令？使用嵌套指令编写异

或电路和同或电路程序有何缺点?

9. 分述置位/复位指令的功能。使用中应注意哪些问题?

10. 分别用标准触点指令和置位/复位指令编写电动机起、停、保控制电路的 LAD 程序,并对比它们的特点。

11. 说明触发器指令的功能。触发器指令有几种?它们有何区别?

12. 说明触发器指令和复位/置位指令在功能上的区别。

13. 跳变沿检测指令有哪几种?试分述其功能。

14. 试将图 5-28 所示 LAD 程序转换成 STL 程序。

15. 试将图 5-29 所示 LAD 程序转换成 STL 程序。

16. 试将下列 STL 程序转换成 LAD 程序。

A(
A I0.0
A I0.1
ON I0.2
)
AN I0.3
= Q4.0
= Q4.1
= Q4.2

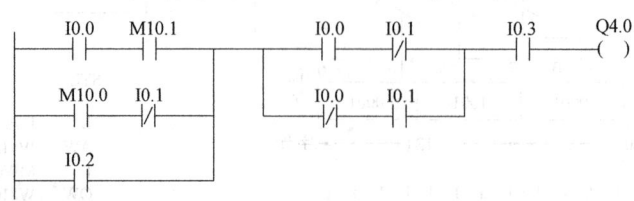

图 5-28 习题 14 的 LAD 程序

17. 试编写图 5-30 所示电动机正反转控制电路的 LAD 程序和 STL 程序,并画出硬件地址分配图。

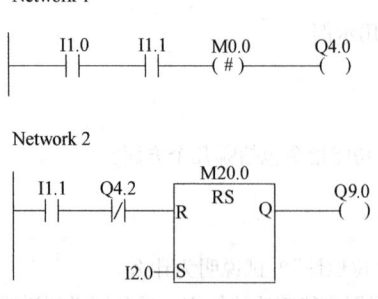

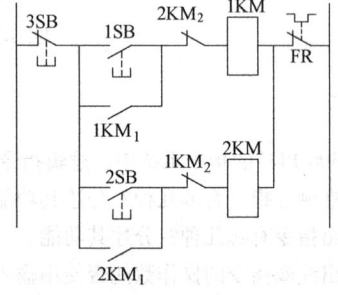

图 5-29 习题 15 的 LAD 程序　　　　　　图 5-30 电动机正反转控制电路

第二节 定时器与计数器指令

一、定时器指令

(一) 定时器基础知识

定时器是一种由位和字组成的复合单元。其触点用位表示,定时值存储在定时器字中(占 2B,即 16 位存储器)。定时器的地址就是"T〈元件号〉",如 T1、T8 等。

1. 定时值的设定

定时器的使用和时间继电器一样,也要设置定时时间,即定时值。当定时器线圈通电时,定时器启动并延时,延时时间到,定时器的触点动作;当定时器线圈断电时,其触点也动作。定时值的设定可通过以下两种方法进行。

(1) 直接表示法 直接表示法仅在语句表指令(STL)中使用,其指令格式如下:

L W#16#wxyz　　　　　//执行后,把 wxyz 存入累加器 1 低字(即低 16 位)中,其中 xyz 以 BCD 码形式存入,w 以二进制码形式存入。

其中,xyz 为定时值,取值范围为 1~999;w 为时基号,取值范围为 0、1、2、3,分别对应不同的时基,如表 5-11 所示。

定时时间 = 时基 × 定时值(xyz)

如 W#16#2127 = 1s × 127 = 127s

表 5-11 时基与定时范围

时基	时基号(w)	分辨率	定时范围
10ms	0	0.01s	10MS~9S990MS
100ms	1	0.1s	100MS~1M39S990MS
1s	2	1s	1S~16M39S
10s	3	10s	10S~2H46M30S

例如: A I0.0　　　　　//允许 T4 启动的输入控制信号
　　　L W#16#2127　　//把 2127 存入累加器 1 低字中
　　　SP T4　　　　　//启动 T4,且累加器 1 存放的 2127 自动装入定时器字中,如图 5-31 所示

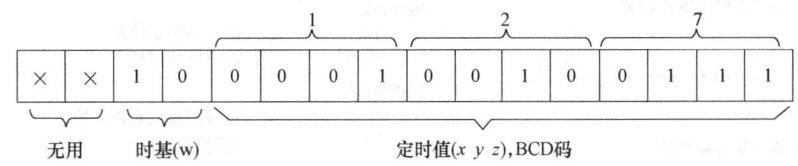

图 5-31　定时器字(16 位)

(2) S5 时间表示法 S5 时间表示法在 STL、LAD 以及梯形图方块指令中都能用。西门子 S7 系列 PLC 的定时器是继承西门子 S5 系列 PLC 的,故叫 S5 时间表示法。其指令格式如下:

L S5T#aHbbMccSdddMS　　//执行后,把定时值 aHbbMccSdddMS 以二进制数的形式存入累加器 1 低字(即低 16 位)中

其中，aH 表示 a 小时；bbM 表示 bb 分钟；ccS 表示 cc 秒；dddMS 表示 ddd 毫秒；时间设定范围为 10MS～2H46M30S。这里时基不用设定，操作系统会自动选择能满足定时范围要求的最小时基。

说明：该指令执行是把定时值以二进制数的形式装入累加器 1 中，当执行后面的定时器指令时，累加器 1 存放的定时值会以二进制数的形式自动装入定时器字中，这一点与"直接表示法"不一样，要注意。

2. 定时器指令类型及其特点

（1）语句表指令　除梯形图及梯形图方块指令分别对应的语句表指令外，定时器语句表指令还增加了以下两种功能：

1）可用定时器再启动指令 FR，使定时器启动后再启动（此时定时值大于原定时值）。

2）可查看定时器当前剩余时间（二进制码时间和 BCD 码都可以）。

（2）梯形图指令　无再启动和查看当前剩余时间功能。

（3）梯形图方块指令　有可查看定时器当前剩余时间的功能。

（二）定时器类型及其特征

定时器类型共有五种，现分述如下。

1. 脉冲定时器（SP）指令

启动指令：

　　　　　LAD：T〈元件号〉　　　STL：L 〈定时值〉　　//装入定时值
　　　　　　──（SP）　　　　　　　　SP T〈元件号〉　　//启动定时器
　　　　　　　〈定时值〉

复位指令：

　　　　　LAD：T〈元件号〉　　　STL：R T〈元件号〉　　//定时器复位
　　　　　　──（R）

（1）举例　图 5-32 说明了脉冲定时器 SP 指令的用法。

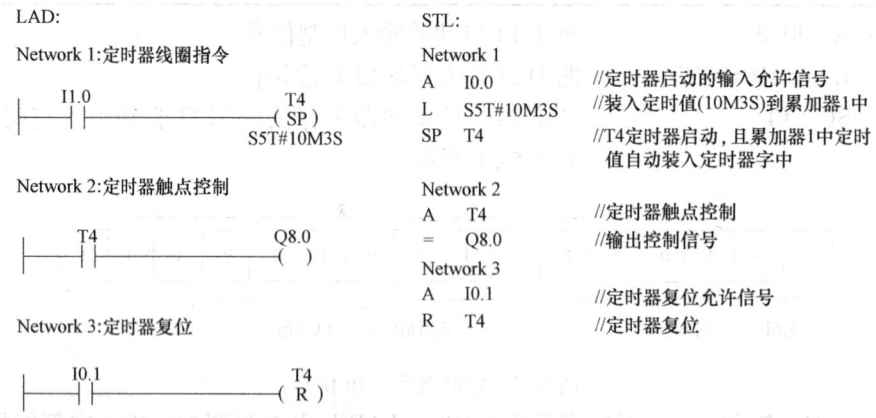

图 5-32　脉冲定时器 SP 指令应用示例

（2）SP 特征（定时器输出脉宽≤定时值）

1）当输入允许信号脉宽≥定时值时，定时器导通时间为定时值（即定时器常开触点闭合时间为定时值）。

2) 当输入允许信号脉宽<定时值时，定时器导通时间为输入允许信号的脉冲宽度（即定时器常开触点闭合时间为输入允许信号脉宽）。

3) 当复位定时器时，定时器导通时间最小为输入允许信号上升沿与复位信号上升沿之间的时间，最大为定时值。

说明：输入允许信号的正跳沿对启动定时器起作用。SP 定时器动作的时序如图 5-33 所示。

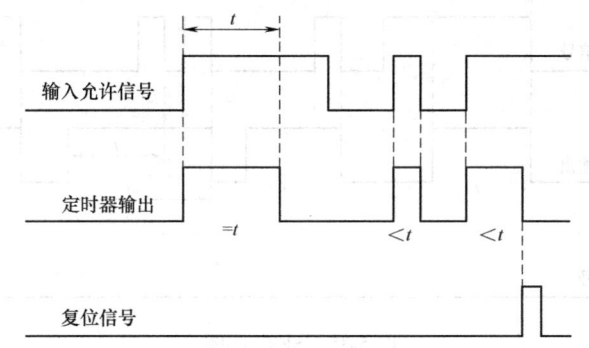

图 5-33　SP 时序图

2. 扩展脉冲定时器（SE）指令

启动指令：

　　　　　　LAD：T〈元件号〉　　　STL：L　〈定时值〉　　//装入定时值
　　　　　　　──(SE)　　　　　　　　　SE　T〈元件号〉　　//启动定时器
　　　　　　　〈定时值〉

复位指令：

　　　　　　LAD：T〈元件号〉　　　STL：R　T〈元件号〉　　//定时器复位
　　　　　　　──(R)

（1）举例　图 5-34 说明了扩展脉冲定时器 SE 指令的用法。

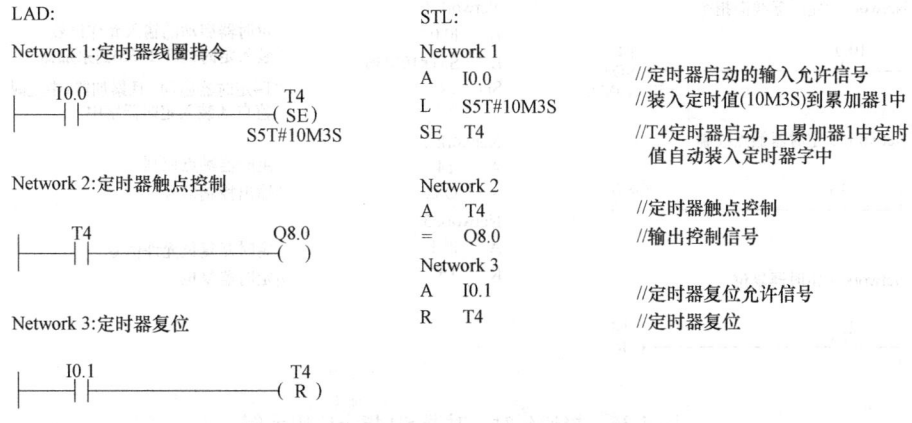

图 5-34　扩展脉冲定时器 SE 指令应用示例

（2）SE 特征（定时器输出脉宽≥定时值）

1) 输入允许信号一接通（即有正跳沿），计时开始，无论输入允许信号长短，定时器都输出一个正脉冲,脉宽为定时值,(即定时器常开触点闭合时间为定时值)。

2)在定时值以内,输入允许信号连续有二次及以上,定时器导通时间大于定时值(即等于首、末二次输入允许信号上升沿之间的时间加上定时值)。

说明:输入允许信号的正跳沿对启动定时器起作用。SE 定时器动作的时序如图 5-35 所示。

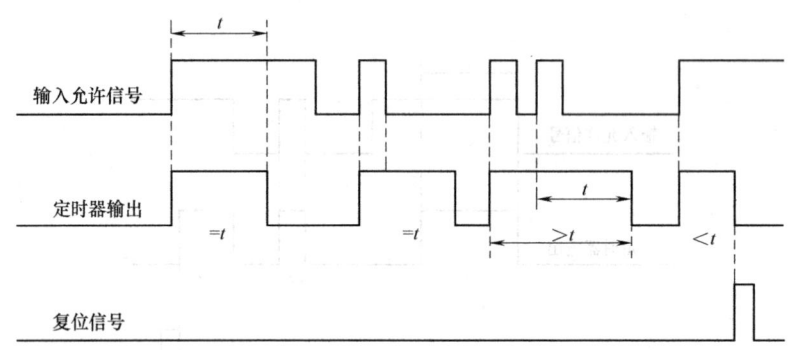

图 5-35 SE 时序图

3. 接通延时定时器(SD)指令

启动指令:

    LAD: T〈元件号〉 STL: L 〈定时值〉 //装入定时值
    ——(SD)   SD T〈元件号〉 //启动定时器
    〈定时值〉

复位指令:

    LAD: T〈元件号〉 STL: R T〈元件号〉 //定时器复位
    ——(R)

(1)举例 图 5-36 说明了接通延时定时器 SD 指令的用法。

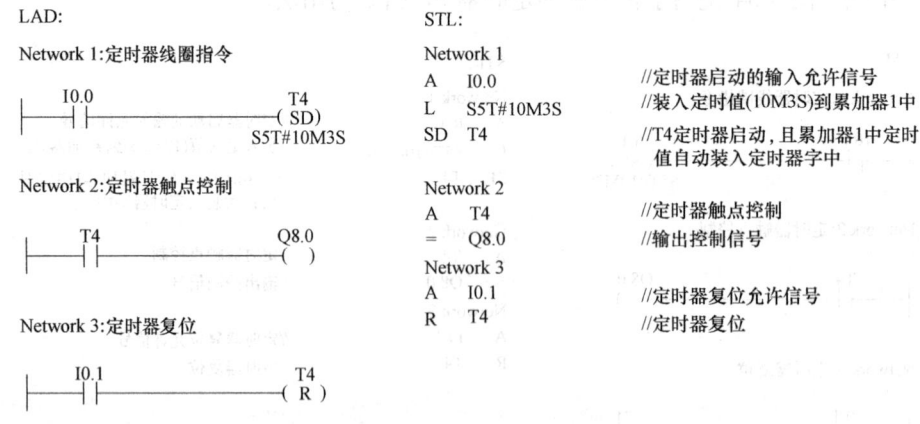

图 5-36 接通延时定时器 SD 指令应用示例

(2)SD 特征 SD 特征同通电延时时间继电器的特征一样,主要有:

1)输入允许信号接通(即有正跳沿),计时开始,定时器触点延时动作。

2)输入允许信号关闭,定时器也关闭。因此,SD 定时器的输入允许信号的导通时间一定要大于定时值，否则，定时器不起作用。

SD 定时器动作的时序如图 5-37 所示。

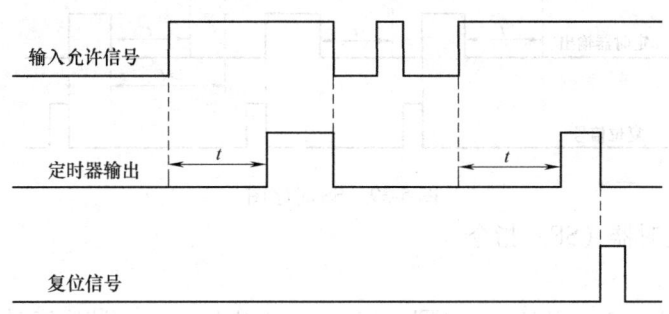

图 5-37 SD 时序图

4. 保持型接通延时定时器（SS）指令

启动指令：

    LAD：T〈元件号〉 STL：L 〈定时值〉 //装入定时值
    ——（SS）   SS T〈元件号〉 //启动定时器
    〈定时值〉

复位指令：

    LAD：T〈元件号〉 STL：R T〈元件号〉 //定时器复位
    ——（R）

（1）举例 图 5-38 说明了保持型接通延时定时器 SS 指令的用法。

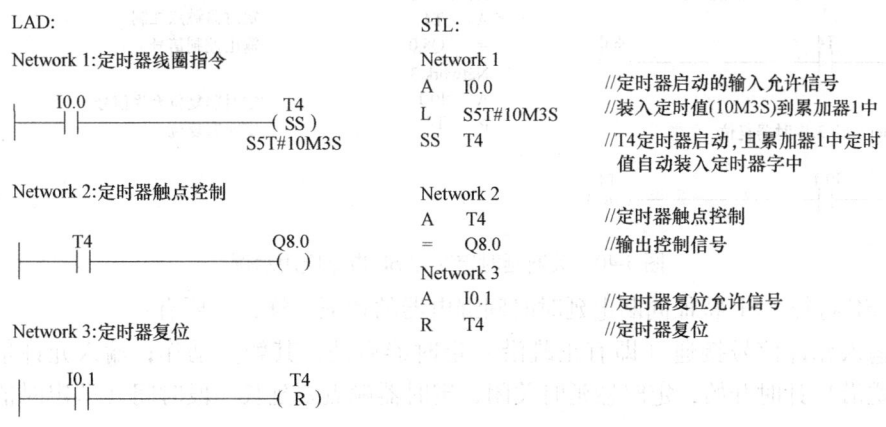

图 5-38 保持型接通延时定时器 SS 指令应用示例

（2）SS 特征 所谓保持型就是指输入允许信号关闭，定时器不关闭，即保持了原来的状态。其特征如下：

1）定时器输入允许信号短暂接通（输入允许信号有正跳沿时计时开始），定时器触点要延长一段时间（即定时值）才动作，输入允许信号关闭，定时器不关闭。

2）在定时值以内，输入允许信号连续有两次及以上，定时器延时时间大于定时值。

SS 定时器动作的时序如图 5-39 所示。

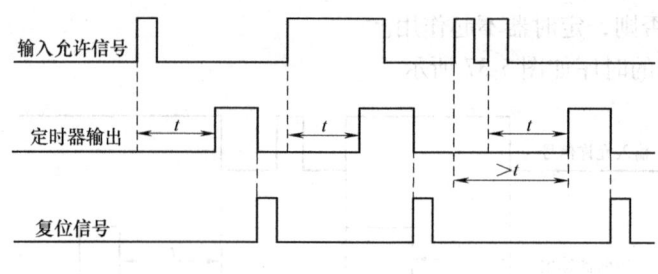

图 5-39　SS 时序图

5. 关断延时定时器（SF）指令

启动指令：

    LAD：T〈元件号〉　　　　STL：L　〈定时值〉　　//装入定时值
    　　　——(SF)　　　　　　　　　　SF　T〈元件号〉　//启动定时器
    　　　〈定时值〉

复位指令：

    LAD：T〈元件号〉　　　　STL：R　T〈元件号〉　　//定时器复位
    　　　——(R)

（1）举例　图 5-40 说明了关断延时定时器 SF 指令的用法。

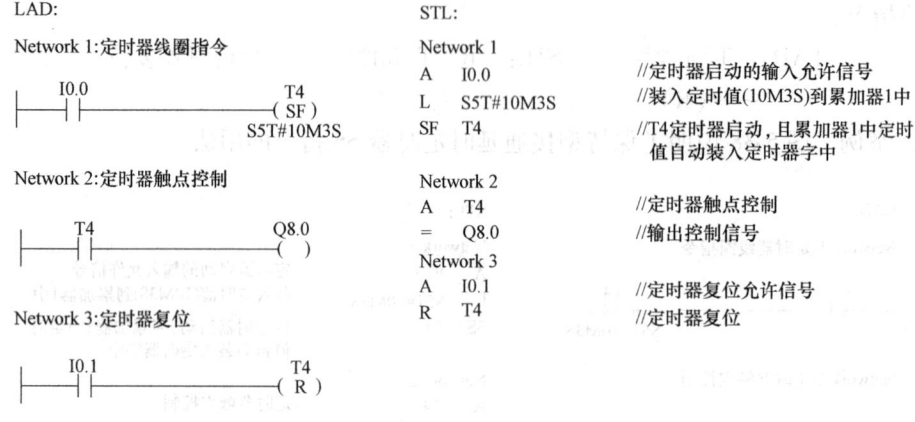

图 5-40　关断延时定时器 SF 指令应用示例

（2）SF 特征　SF 特征同断电延时时间继电器的特征一样，主要有：

1）输入允许信号接通（即有正跳沿）定时器启动，其触点动作；输入允许信号关断（即有负跳沿）计时开始，定时器延时关闭，定时器触点要延长一段时间（即定时值）才动作。

2）复位信号在输入允许信号接通时不起作用，只有在输入允许信号关断时才起作用。

SF 定时器动作的时序如图 5-41 所示。

（三）定时器梯形图方块指令

程序设计中可以用定时器线圈来满足各种时间控制的要求。但 S7 还提供了另一种定时器梯形图方块，这种定时器方块的类型和基本功能与上述定时器线圈类型和功能相同，方块定时器在方块上还增加了一些功能，以方便用户使用。下面对定时器梯形图方块指令进行介绍。

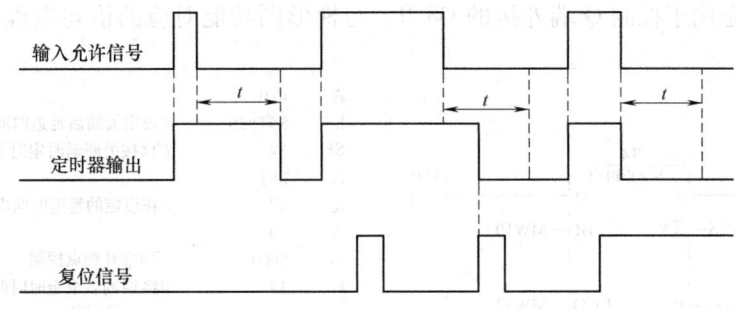

图 5-41 SF 时序图

定时器梯形图方块也是 5 种，即：
1) 脉冲定时器，定时器输入允许信号接通时间很长，但定时器接通时间固定。
2) 扩展脉冲定时器，定时器输入允许信号接通时间无论短长，定时器接通时间固定。
3) 接通延时定时器，定时器输入允许信号接通后，定时器要延长一段时间才接通。
4) 保持型接通延时定时器，定时器输入允许信号短暂接通，定时器要延长一段时间接通。
5) 关断延时定时器，定时器输入允许信号断开后，定时器要延长一段时间才断开。

定时器方块指令及参数如表 5-12 所示。

表 5-12 定时器梯形图方块指令及其参数

脉冲定时器	扩展脉冲定时器	接通延时定时器	保持型接通延时定时器	关断延时定时器
T元件号 S_PULSE S　　Q TV　BI R　BCD	T元件号 S_PEXT S　　Q TV　BI R　BCD	T元件号 S_ODT S　　Q TV　BI R　BCD	T元件号 S_ODTS S　　Q TV　BI R　BCD	T元件号 S_OFFDT S　　Q TV　BI R　BCD

参数	数据类型	存储区	说　明
元件号	TIMER	T	定时器编号
S	BOOL	I，Q，M，D，L	启动输入端
TV	S5TIME	I，Q，M，D，L	设置定时时间（指定用 S5TIME 格式）端
R	BOOL	I，Q，M，D，L	复位输入端
Q	BOOL	I，Q，M，D，L	定时器状态输出（触点开闭状态）端
BI	WORD	I，Q，M，D，L	剩余时间输出（二进制码格式）端
BCD	WORD	I，Q，M，D，L	剩余时间输出（BCD 码格式）端

比较定时器线圈和定时器方块指令不难看出：方块指令中用 TV 端可直接进行定时时间设定（只能用 S5TIME 格式）；用 Q 端可直接进行定时器对外输出；定时器的剩余定时时间可分别用二进制数和 BCD 数从 BI 端和 BCD 端输出，方便用户使用及查看。

下面以关断延时定时器为例说明其用法。如图 5-42 所示，定时器元件号 T4，标在方块图外上方，方块上方所标 S_OFFDT 表明 T4 为关断延时定时器。输入 I0.0 接在 S 端控制定时器 T4 的启动，输入 I0.1 接在 R 端控制定时器 T4 复位，定时时间接在 TV 端设定为 3S，定时器 T4 的状态用于控制 Q 端外接的 Q8.0。与梯形图功能对应的语句表程序列于图 5-42 旁。

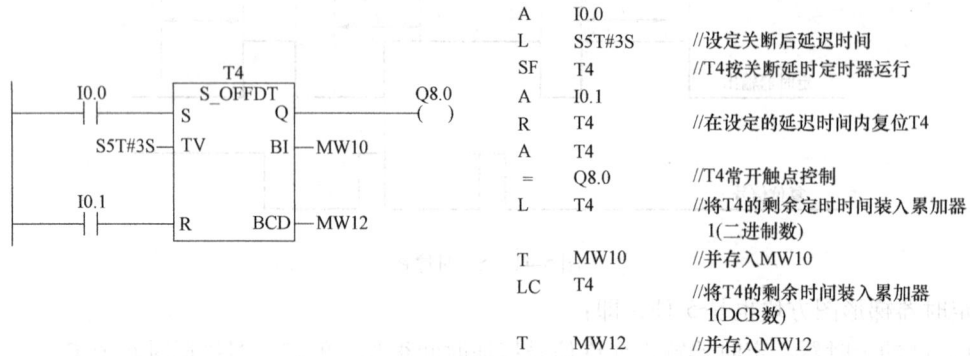

```
A    I0.0
L    S5T#3S    //设定关断后延迟时间
SF   T4        //T4按关断延时定时器运行
A    I0.1
R    T4        //在设定的延迟时间内复位T4
A    T4
=    Q8.0      //T4常开触点控制
L    T4        //将T4的剩余定时时间装入累加器
                1(二进制数)
T    MW10      //并存入MW10
LC   T4        //将T4的剩余时间装入累加器
                1(DCB数)
T    MW12      //并存入MW12
```

图 5-42　定时器方块指令应用示例

（四）定时器语句表（STL）指令

与定时器线圈梯形图及定时器梯形图方块对应的语句表（STL）指令在上面已经进行了介绍，读者对照后不难掌握，也可根据需要选择使用。

定时器梯形图方块写成 STL 指令时，使用的是定时器线圈 STL 指令，只不过增加了两种查看当前剩余定时时间的指令。作为一个完整的定时器语句表指令，需要再增加一种定时器再启动指令。图 5-43 列出了一个脉冲定时器的完整 STL 指令及其工作波形。

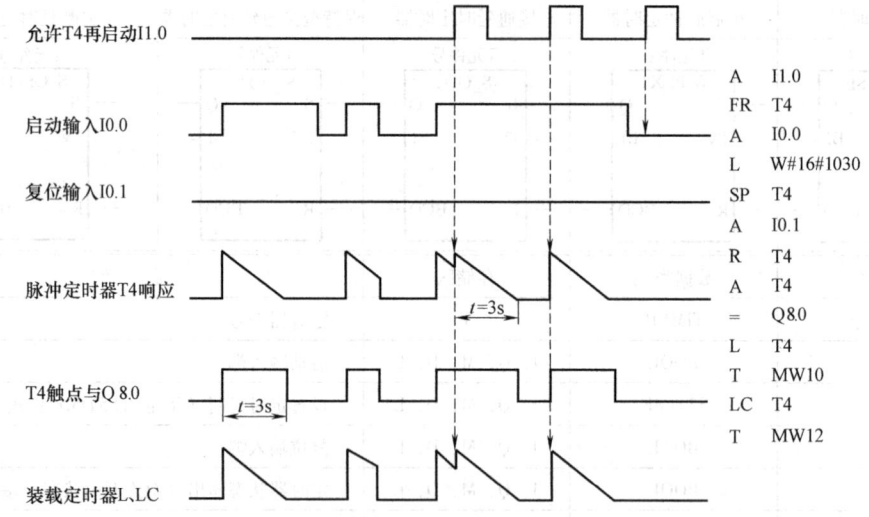

图 5-43　脉冲定时器 STL 程序及工作波形

对 STL 程序中新增语句功能说明如下。

（1）允许定时器再启动指令（FR）　在允许指令（FR）前逻辑操作结果（RLO）从 0 变为 1（图 5-43 中 I1.0 闭合），可触发一个正在运行的定时器再启动。相当于再重新装一次起始设定时间，让正在运行的定时器又重新工作，当然延时时间大于原定时值。

允许定时器再启动指令对正在运行的定时器才起作用，否则不起作用。

允许再启动指令，不是启动定时器的必要条件，也不是正常定时器操作的必要条件。

（2）装载定时器当前剩余时间值　定时器运行时，从设定时间开始进行减计时，减到 0

表示计时时间到。定时器梯形图方块"BI"输出端输出的是包含 10 位二进制数表示的当前时间值(不带时间基准),"BCD"输出端输出的是包含三位 BCD 数(12 位)和时间基准(存第 12、13 号位)表示的当前时间值。在 STL 程序中为了查看定时器的当前时间即剩余时间,增加了相应的对定时器时间值的装入与传送指令(L、T;LC、T)。这些指令也不是必须的,根据需要确定是否要编入。

(3) 定时器的时间设定格式　STL 中可用直接表示法,也可用 S5 时间表示法。梯形图中只能用 S5 时间表示法来进行时间设定。

(4) 用 STL 指令编程的一般顺序　允许定时器再启动→装定时值→启动定时器→检测定时器输出状态→查看当前剩余时间→定时器复位。

(五) 定时器应用举例

(1) 脉冲信号发生器程序　脉冲信号是常用到的一种控制信号,如控制间歇铃声等。它也可以采用多种编程方法来实现,这里介绍两种。

1) 用接通延时定时器(SD)产生占空比可调的脉冲发生器。梯形图与语句表程序均示于图 5-44 中。I0.0 启动脉冲发生器工作,Q4.0 脉冲输出,定时器 T21 设置输出 Q4.0 为 1 的时间(脉冲宽度为 3s),定时器 T22 设置输出 Q4.0 为 0 的时间(2s)。这里占空比为 3:2。

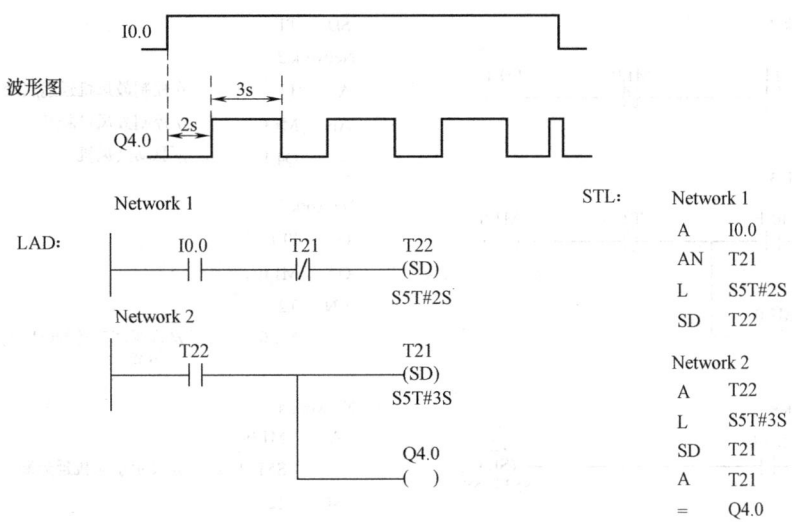

图 5-44　脉冲发生器程序之一

2) 用定时器梯形图方块产生占空比可调的脉冲发生器。用 I0.0 启动脉冲发生器工作,Q4.0 为脉冲输出。关断延时定时器 T21(S_OFFDT 方块)设置输出 Q4.0 为 1 的时间(脉冲宽度为 3s),接通延时定时器 T22(S_ODT 方块)设置 Q4.0 为 0 的时间(2s)。占空比为 3:2。程序如图 5-45 所示。

(2) 锅炉鼓风机、引风机控制程序　按锅炉操作,起动时先起动引风机运转,经过 10s 后再起动鼓风机运转;停止时先关鼓风机,经过 15s 后再关引风机,根据上述要求编出的程序如图 5-46 所示。图 5-46 中 I0.0 接起动按钮,I0.1 接停止按钮,接通延时定时器(SD)T1 控制鼓风机延时起动,接通延时定时器(SD)T2 控制引风机延时断开,Q4.0 外接引风机,Q4.1 外接鼓风机。

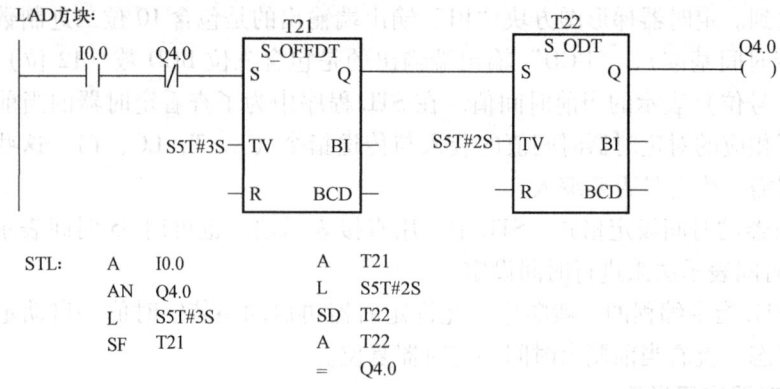

图 5-45 脉冲发生器程序之二

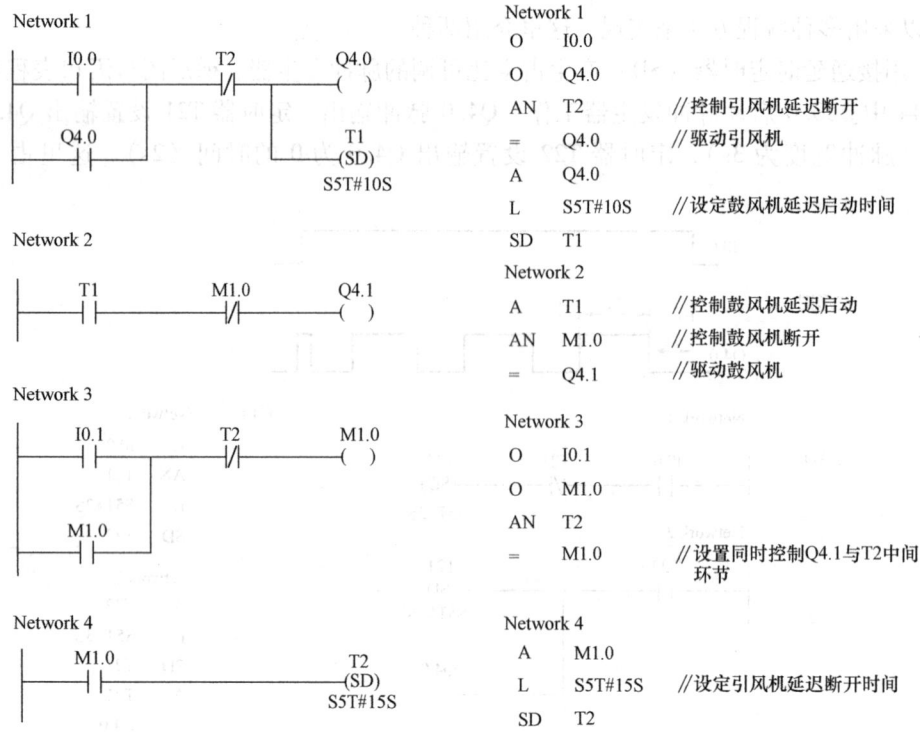

图 5-46 鼓风机、引风机控制程序

二、计数器指令

（一）计数器基本知识

计数器用于对计数器指令前面程序的逻辑操作结果 RLO 的正跳沿（即正脉冲）计数。计数器是一种由位和字组成的复合单元，其触点用位表示。计数初值存在计数器字中（占 2B，即 16 位存储器）。计数范围为 0～999，当计数器"加计数"达到上限 999 时，累加停止（即 999+1=999）；"减计数"达到 0 时，将不再减少（即 0-1=0）。计数器地址就是"C〈元件号〉"，如 C1、C20 等。

1. 计数器的动作过程

在其他型号的 PLC 中，甚至是德国西门子的 S7-200 PLC，计数器的设定值是与"计数到"的概念相关联的。也就是说，在常规中，当计数达到设定值时，计数器输出触点（即计数器的位）有动作。但 S7-300 PLC 的计数器与此不同，只要"当前计数值"不为 0，计数器的输出为 1，即其常开触点闭合，常闭触点打开。

然而，"计数到，计数器输出有动作"的概念在生产过程控制中是经常用到的，可 S7-300 PLC 的计数器却不符合这一概念，即不符合常规。它常用以下两种方法来实现"计数到"。

(1) 减法计数器　先把设定的计数初值送入计数器字中，计数器输出便立刻从 0 到 1，产生一个正跳变沿。在"当前计数值"大于 0 的时候，计数器输出为 1；当减计数减到 0，即"当前计数值"等于 0 时，计数器输出从 1 到 0，产生一个负跳变沿，再用负跳变沿检测指令，测出计数器"计数到"，也可以用其他方法检测"计数到"，例如，用计数器的常闭触点与装计数值指令的允许信号的常开触点串联也可测出计数器"计数到"。

(2) 加法计数器　置计数初值时，计数器输出不动作，输出为 0。在"当前计数值"大于 0 的时候，其输出为 1（实际上，加法计数器工作时，计数值总是大于 0，输出总为 1，只有当复位时，输出才为 0）。若加计数加到大于或等于计数初值时，其输出仍为 1，不变化，此时可用查看"当前剩余计数值（BCD 数）"指令，即"LC C〈元件号〉"查出计数器的"当前计数值"，再用装入指令"T〈指定字地址〉"把当前计数值转移到"该指定的字地址"上去，最后用"比较指令"把当前计数值与设定的计数初值（常数）进行比较，若相等，则说明"计数到"，比较指令的结果（相当于一个特殊触点）输出为 1，相当于"计数到"时计数器输出从 0 到 1，满足了常规的情况。

综上所述，无论是加法计数器还是减法计数器，只要当前计数值等于 0，计数器输出为 0；若当前计数值大于 0，其输出为 1，复位时，计数值清零，其输出为 0。

总之，加法计数器使用起来比较麻烦，而减法计数器则相对简便，故在 S7-300 PLC 中常用减法计数器。

2. 计数初值设定方法

下面举例说明。

L　C#127　　　　//把计数初值 127 放在累加器 1 低字（即低 16 位）中

S　C20　　　　　//累加器 1 低字内容被当作计数初值以 BCD 码形式装入计数器字中，如图 5-47 所示

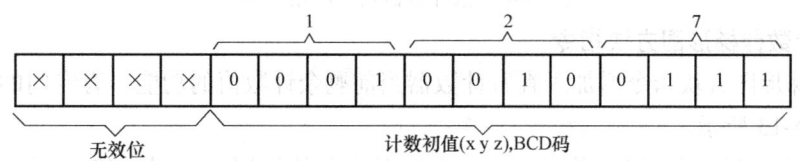

图 5-47　计数器字（16 位）

3. 计数器类型及其特征

加法计数器——输入脉冲每有一个正跳沿，计数值加 1，加到设定的计数初值（小于 999）时也不停止计数，其触点也不动作，加到 999 时停止计数，其触点动作。

减法计数器——输入脉冲每有一个正跳沿，计数值减1，减到0时，停止计数，其触点动作。

可逆计数器——有加、减两个输入端，加输入端每有一个正脉冲时（或正跳沿），计数值加1；减输入端每有一个正脉冲时，计数值减1，两个输入端都同时有输入脉冲时，不计数，即保持当前剩余计数值不变。

（二）计数器梯形图指令及其对应的语句表指令

计数器梯形图指令没有专门的可逆计数器指令，只有计数器线圈指令。现分述如下：

```
置计数初值    LAD：    C〈元件号〉          STL：  L  〈计数初值〉
                      ——（SC）                 S  C〈元件号〉
                      〈计数初值〉

加计数                 C〈元件号〉                CU  C〈元件号〉
                      ——（CU）

减计数                 C〈元件号〉                CD  C〈元件号〉
                      ——（CD）

复位                   C〈元件号〉                R   C〈元件号〉
                      ——（R）
```

计数器编程顺序是：启动加计数或启动减计数→计数器置数→计数器复位→检测计数器输出状态。如图5-48所示。

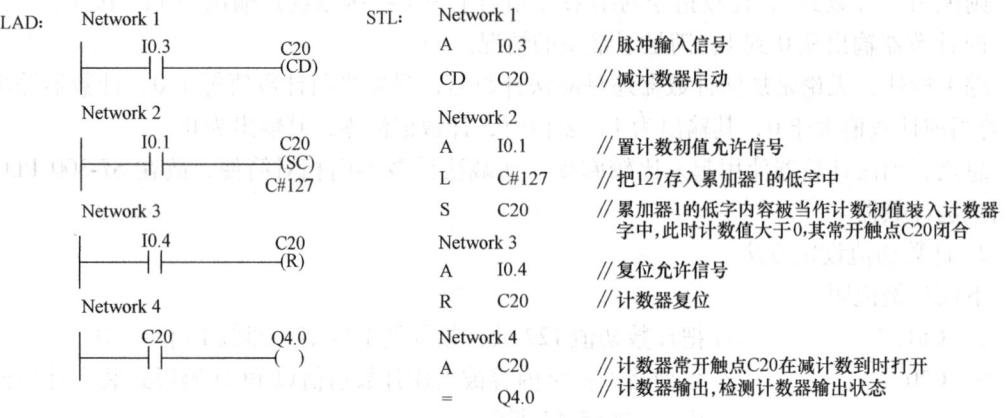

图5-48 减计数器指令应用示例

（三）计数器梯形图方块指令

计数器梯形图方块指令增加了查看计数器当前剩余计数值的功能，有专门的可逆计数器指令，如表5-13所示。

下面以可逆计数器为例，说明计数器方块图指令的使用。如图5-49所示，各输入、输出端的连接均示于图中。方块图中当S（置位）输入端的I0.1从0跳变到1时，计数器就设定为PV端输入的值。PV输入端可用BCD码指定设定值（C#0~999），也可用存储BCD数的单元指定设定值，图5-49中指定BCD数为5。R（复位）输入端的I0.4为1，计数器的值置为0。如果复位条件满足，计数器不能计数，也不能置数。当CU（加计数）输入端I0.2从0变到1时，计数器的当前值加1（最大值999）。当CD（减计数）输入端I0.3从0

变到 1 时，计数器的当前值减 1（最小值 0）。如果两个计数输入端都有正跳沿，则加、减操作都执行，计数保持不变。当计数值大于 0 时输出 Q 上的信号状态为 1；当计数值等于 0 时，Q 上的信号为 0，图 5-49 中 Q4.0 也相应为 1 或 0。输出端 CV 和 CV_BCD 分别输出计数器当前的二进制计数值和 BCD 计数值，图 5-49 中 MW10 存当前二进制计数值，MW12 存当前 BCD 计数值。

表 5-13 计数器梯形图方块指令及参数

可逆计数器	加计数器	减计数器
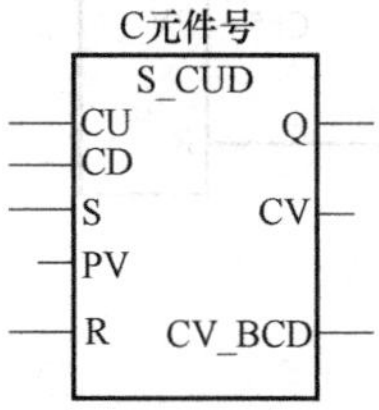 C元件号 S_CUD CU Q CD S CV PV R CV_BCD	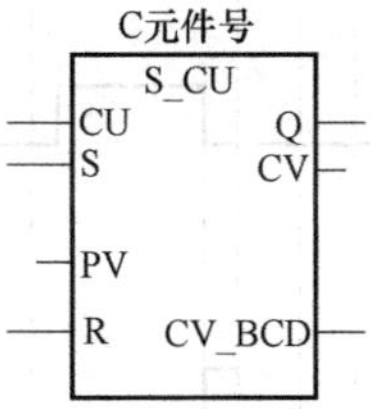 C元件号 S_CU CU Q S CV PV R CV_BCD	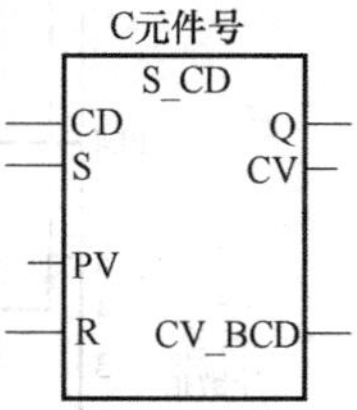 C元件号 S_CD CD Q S CV PV R CV_BCD

参数	数据类型	存储区	说明
元件号	COUNTER	C	计数器编号，范围与 CPU 有关
CU	BOOL	I, Q, M, D, L	加计数输入端
CD	BOOL	I, Q, M, D, L	减计数输入端
S	BOOL	I, Q, M, D, L	计数器预置输入端
PV	WORD	I, Q, M, D, L	计数初始值输入（BCD 码，范围：0~999）
R	BOOL	I, Q, M, D, L	复位计数器输入端
Q	BOOL	I, Q, M, D, L	计数器状态输出端
CV	WORD	I, Q, M, D, L	当前计数值输出（整数格式）端
CV_BCD	WORD	I, Q, M, D, L	当前计数值输出（BCD 格式）端

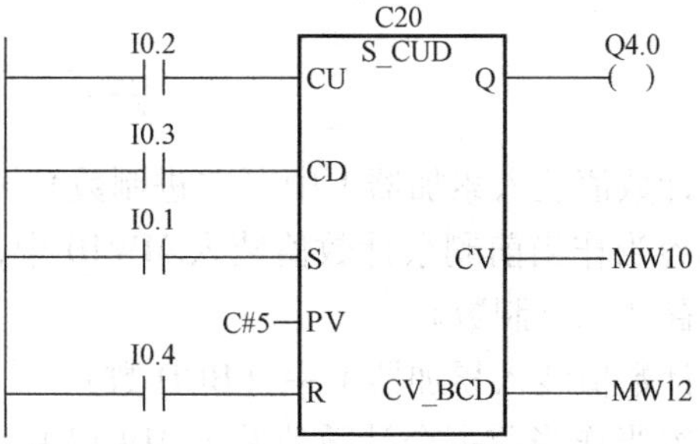

```
              C20
I0.2         S_CUD           Q4.0        A   I0.2        A   C20
─┤├──────────CU    Q─────────( )         CU  C20         =   Q4.0
I0.3                                     A   I0.3        L   C20
─┤├──────────CD                          CD  C20         T   MW10
I0.1                                     A   I0.1        LC  C20
─┤├──────────S    CV────────MW10         L   C#5         T   MW12
             C#5─PV                      S   C20
I0.4                                     A   I0.4
─┤├──────────R   CV_BCD─────MW12         R   C20
```

图 5-49 可逆计数器梯形图方块的使用

可逆计数器工作波形图如图 5-50 所示。

（四）计数器语句表指令

除梯形图及梯形图方块指令分别对应的语句表指令外，计数器语句表指令还增加了以下两种功能，该功能不是必须的，要根据需要取舍。

1. 允许计数器再启动指令（FR）

在 FR 指令前的逻辑操作结果（RLO）从 0 变为 1，即输入条件有上升沿时，可触发一个正在运行的计数器再启动，相当于再重新装一次计数初值，让正在运行的计数器又重新工作,当然,此计数值大于原计数初值。FR 指令对正在运行的计数器才起作用,否则,FR 指令不起作用。

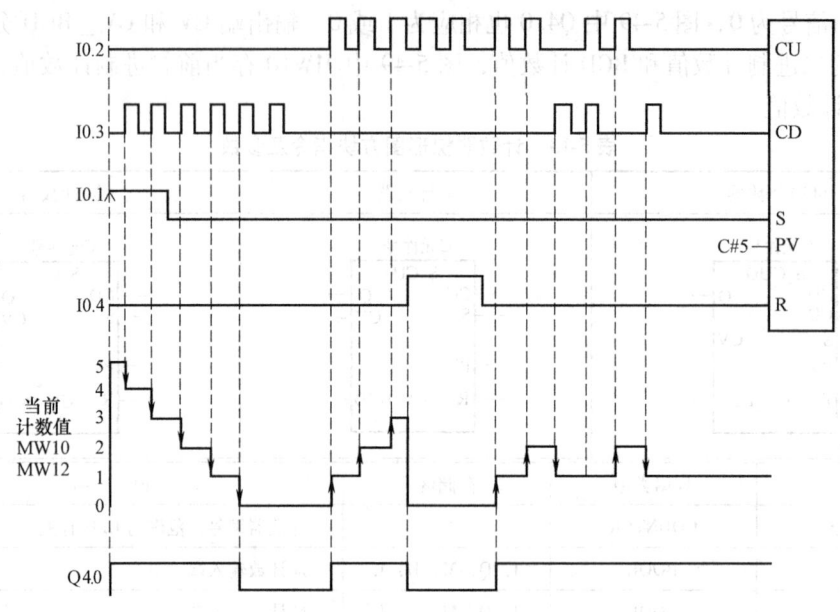

图 5-50 可逆计数器工作波形图

例如:
⋮
A   I2.0   //计数器信号
FR C20   //允许计数器 C20 再启动
⋮

2. 查看计数器当前剩余计数值

例如:
⋮
L   C20   //将 C20 的当前剩余计数值装入累加器 1 中(二进制数)
T   MW10   //把累加器 1 低字内容当作当前剩余计数值装入 MW10 中,以取当前剩余计数值供查看(二进制数)
LC C20   //将 C20 的当前剩余计数值装入累加器 1 中(BCD 数)
T   MW12   //把累加器 1 低字内容当作当前剩余计数值装入 MW12 中,以取当前剩余计数值供查看(BCD 数)
⋮

用语句表指令编程的一般顺序是:允许计数器再启动→加计数→减计数→置计数初值→计数器复位→检测计数器输出状态→查看当前计数值,如图 5-49 所示的 STL 程序。

(五)计数器应用举例

计数器用于对各种脉冲计数。当定时器不够用时,计数输入端输入标准时钟脉冲也可作定时器使用。计数器与定时器组合还可设计长延时定时器,举例如下。

一般定时器延时时间不到 3h,图 5-51 便是一个实现 10h 接通延时的程序。I0.0 接通一下对计数器 C1 置计数初值,此时,减计数器 C1 动作,其常闭触点 C1 打开,Q4.0 仍为 0,不动作,I0.0 闭合开始计时,用接通延时定时器 T5、T6 产生周期为 1min 的脉冲序列。利用 T5 触点对 C1 减计数,当 C1 减为 0 后,其常闭触点闭合,Q4.0 为 1,表示 10h 延时时间到。

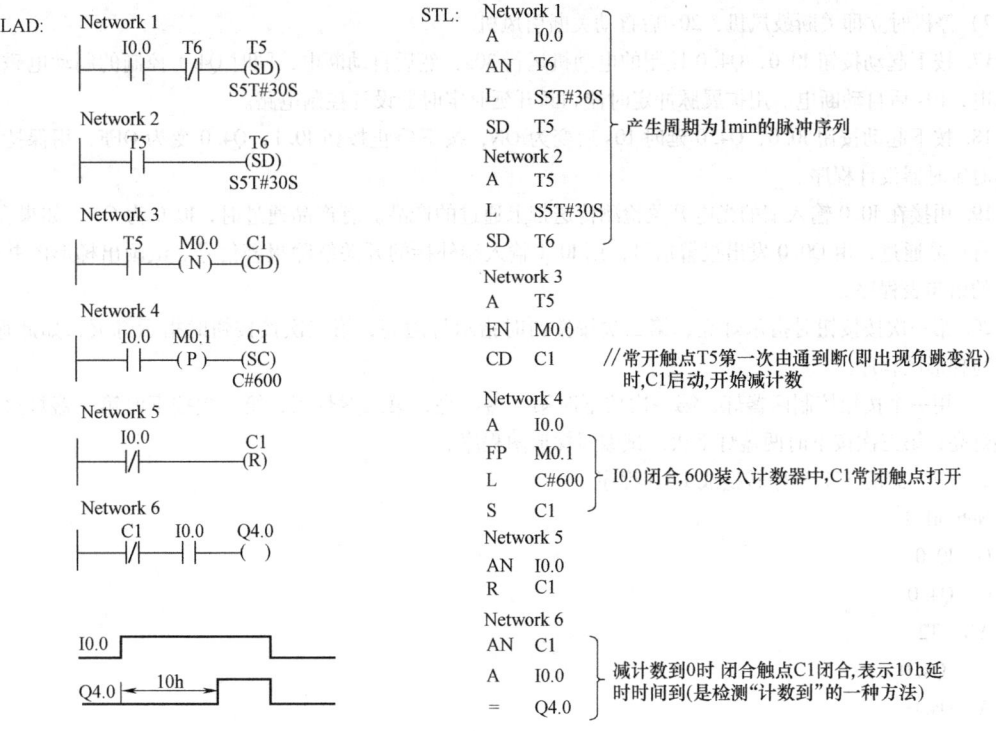

图 5-51 接通延时 10h 程序

习 题

1. 什么叫定时器和计数器?定时器字与计数器字有何相同点和不同点?
2. S7-300 PLC 的定时值设定方法有哪两种方法?分别用在什么地方?并举例说明。
3. 解释 L W#16#3118 指令的含义,其时基是多少?定时时间是多少?
4. 简述 S7-300 PLC 的定时器指令类型及其特点。
5. S7-300 PLC 的定时器有哪几种?每一种的特征是什么?
6. S7-300 PLC 的定时器梯形图方块指令有哪几种?定时器梯形图方块指令与定时器梯形图指令在功能上有何区别?
7. 如何检测定时器当前剩余时间?
8. 简述用 STL 指令编写定时器程序的一般顺序。
9. 简述 S7-300 PLC 计数器的动作过程。
10. 简述 S7-300 PLC 计数器的类型及其特征。
11. S7-300 PLC 计数器梯形图方块指令与梯形图指令有何区别?
12. 如何检测计数器当前剩余计数值?
13. 试设计一个 3h40min 的长延时电路程序。
14. 设计一个振荡电路的梯形图程序和语句表程序,要求如下:当输入接通时,输出 Q0.0 闪烁,接通和断开交替进行。接通时间为1s,断开时间为2s。

15. 编写 PLC 控制程序,使 Q4.0 输出周期为 5s,占空比为 1:4 的连续脉冲信号。

16. 设计一个对锅炉鼓风机和引风机控制的梯形图程序。控制要求如下:

1) 开机时首先起动引风机,10s 后自动起动鼓风机;

2) 停机时立即关断鼓风机,20s 后自动关断引风机。

17. 按下起动按钮 I0.0,Q4.0 控制的电动机运行 30s,然后自动断电,同时 Q4.1 控制的制动电磁铁开始通电,10s 后自动断电。用扩展脉冲定时器和断开延时定时器设计控制电路。

18. 按下起动按钮 I0.0,Q4.0 延时 10s 后变为 ON,按下停止按钮 I0.1,Q4.0 变为 OFF,用保持型接通延时定时器设计程序。

19. 用接在 I0.0 输入端的光电开关检测传送带上通过的产品。有产品通过时,I0.0 为 ON,如果在 10s 内没有产品通过,由 Q0.0 发出报警信号,用 I0.1 输入端外接的开关解除报警信号。试画出梯形图并写出对应的语句表程序。

20. 第一次按按钮时指示灯亮,第二次按按钮时指示灯闪亮,第三次按按钮时指示灯灭,如此循环。试编写梯形图程序。

21. 用一个按钮控制两盏灯,第一次按下时第一盏灯亮,第二盏灯灭;第二次按下时第一盏灯灭,第二盏灯亮;第三次按下时两盏灯都灭。试编写梯形图程序。

22. 把下面的 STL 程序转换成 LAD 程序。

Network 1
O   I0.0
O   Q4.0
AN   T2
=   Q4.0
A   Q4.0
L   S5T#10S
SD   T1

Network 2
A   T1
AN   M1.0
=   Q4.1

23. 把图 5-52 所示的减计数器的 LAD 程序转换成 STL 程序。

24. 把图 5-53 所示的加计数器的 LAD 程序转换成 STL 程序。

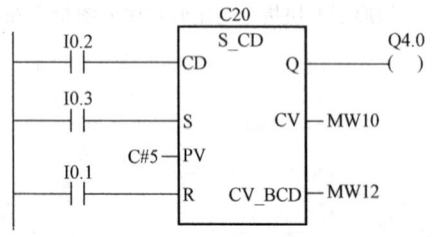

图 5-52　减计数器

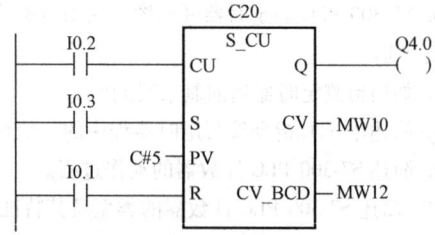

图 5-53　加计数器

第三节 数据处理与算术运算指令

S7-300 PLC 可以按字节（B）、字（W）、双字（DW）访问存储器。数据处理与算术运算指令包括数据装入与传送指令、数据类型转换指令、比较指令、算术运算指令、移位指令、累加器操作指令和地址寄存器的加指令。

一、数据装入与传送指令

应用装入（L，Load）指令和传送（T，Transfer）指令可以在输入/输出与存储器之间，或存储器与存储器之间交换数据。CPU 在每次扫描中无条件地执行这些指令，这些指令的执行不受逻辑操作结果 RLO 状态的影响。

数据交换的方法一般是通过累加器进行的，即装入指令（L）和传送指令（T）必须通过累加器进行数据交换。S7-300 PLC 有两个 32 位的累加器，即累加器 1 和累加器 2。L 指令将源数据装入累加器 1（累加器 1 原有数据移入累加器 2，累加器 2 原有数据被覆盖）。然后 T 指令将累加器 1 中的内容写入目的存储区，累加器 1 的内容保持不变。L 和 T 指令可以对字节（8 位）、字（16 位）、双字（32 位）数据进行操作。累加器有 32 位，当数据小于 32 位，数据在累加器中向右对齐（低位对齐），多余各位填 0。装入指令和传送指令如表 5-14 所示。

表 5-14 装入指令与传送指令

指　　令	说　　明
L〈操作数〉	装入指令，将数据装入累加器 1，累加器 1 原有的数据装入累加器 2
L STW	将状态字装入累加器 1
LAR1 AR2	将地址寄存器 2 的内容装入地址寄存器 1
LAR1〈操作数〉	将操作数的内容（32 位双字指针）装入地址寄存器 1
LAR2〈操作数〉	将操作数的内容（32 位双字指针）装入地址寄存器 2
LAR1	将累加器 1 的内容（32 位双字指针）装入地址寄存器 1
LAR2	将累加器 1 的内容（32 位双字指针）装入地址寄存器 2
T〈操作数〉	传送指令，将累加器 1 的内容写入目的存储区，累加器 1 的内容不变
T STW	将累加器 1 中的内容传送到状态字
TAR1 AR2	将地址寄存器 1 的内容传送到地址寄存器 2
TAR1〈操作数〉	将地址寄存器 1 的内容（32 位双字指针）传送给被寻址的操作数
TAR2〈操作数〉	将地址寄存器 2 的内容（32 位双字指针）传送给被寻址的操作数
TAR1	将地址寄存器 1 的内容传送到累加器 1，累加器 1 中的内容保存到累加器 2
TAR2	将地址寄存器 2 的内容传送到累加器 1，累加器 1 中的内容保存到累加器 2
CAR	交换地址寄存器 1 和地址寄存器 2 中的数据

L、T 指令的执行与状态位无关，也不会影响到状态位。S7-300 PLC 不能用 L STW 指令装入状态字中的 $\overline{FC}$、STA 和 OR 位。

可以不经过累加器 1，直接将操作数装入或传送出地址寄存器，或将两个地址寄存器的内容直接交换，指令 TAR1〈操作数〉和 TAR2〈操作数〉可能的目的区为双字 MD、LD、DBD 和 DID。

装入指令和传送指令有三种寻址方式：立即寻址、直接寻址和间接寻址。

（一）立即寻址的装入与传送指令

操作数是指令操作或运算的对象，寻址方式是指令取得操作数的方式，操作数可以直接给出或间接给出。立即寻址的操作数直接在指令中，下面是使用立即寻址的例子：

L	−35	//将 16 位十进制常数 −35 装入累加器 1 的低字中
L	L#5	//将 32 位常数 5 装入累加器 1
L	B#16#5A	//将 8 位十六进制常数装入累加器 1 最低的字节中
L	W#16#3E4F	//将 16 位十六进制常数装入累加器 1 的低字中
L	DW#16#567A3DC8	//将 32 位十六进制常数装入累加器 1
L	2#0001_1001_1110_0010	//将 16 位二进制常数装入累加器 1 的低字中
L	25.38	//将 32 位浮点数常数（25.38）装入累加器 1
L	'ABCD'	//将 4 个字符装入累加器 1
L	TOD#12:30:3.0	//将 32 位实时时间常数装入累加器 1
L	D#2004-2-3	//将 16 位日期常数装入累加器 1 的低字中
L	C#50	//将 16 位计数器常数装入累加器 1 的低字中
L	T#1M20S	//将 16 位定时器常数装入累加器 1 的低字中
L	S5T#2S	//将 16 位定时器常数装入累加器 1 的低字中
L	P#M5.6	//将指向 M5.6 的指针装入累加器 1
AW	W#16#3A12	//常数与累加器 1 的低字相"与"，运算结果存在累加器 1 的低字中
L	B#(100, 12, 50, 8)	//装入 4B 无符号常数

（二）直接寻址的装入与传送指令

直接寻址在指令中直接给出存储器或寄存器的区域、长度和位置，例如用 MW200 指定位存储区中的字，地址为 200；MB100 表示以字节方式存取，MW100 表示存取 MB100、MB101 组成的字，MD100 表示存取 MB100 ~ MB103 组成的双字。下面是直接寻址的程序实例：

A	I0.0	//输入位 I0.0 的"与"（AND）操作
L	MB10	//将 8 位位存储器字节装入累加器 1 最低的字节中
L	DIW15	//将 16 位背景数据字装入累加器 1 的低字中
L	LD22	//将 32 位局域数据双字装入累加器 1
T	QB10	//将 ACCU1-LL 中的数据传送到过程映像输出字节 QB10
T	MW14	//将 ACCU1-L 中的数据传送到位存储器字 MW14
T	DBD2	//将 ACCU1 中的数据传送到数据双字 DBD2

（三）存储器间接寻址

在存储器间接寻址指令中，给出一个作为地址指针的存储器，该存储器的内容是操作数所在存储单元的地址。使用存储器间接寻址可以改变操作数的地址，在循环程序中经常使用存储器间接寻址。

地址指针可以是字或双字，当定时器（T）、计数器（C）、数据块（DB）、功能块（FB）和功能（FC）的编号范围小于65535时，使用字指针就够了。

其他地址则要使用双字指针，如果要用双字格式的指针访问一个字、字节或双字存储器，必须保证指针的位编号为0，例如 P#Q20.0。双字指针的格式如图5-54所示。位 0~2 为被寻址地址中位的编号（0~7），位 3~18 为被寻址的字节的编号（0~65535）。只有双字 MD、LD、DBD 和 DID 能作地址指针。下面是存储器间接寻址的例子：

  L QB［DBD 10］ //将输出字节装入累加器 1，输出字节的地址指针
                 在数据双字 DBD10 中
                 //如果 DBD10 的值为 2#0000 0000 0000 0000 0000
                 0000 0010 0000，装入的是 QB4
  A M［LD4］   //对位存储器做"与"运算，地址指针在局域数
                 据双字 LD4 中
                 //如果 LD4 的值为 2#0000 0000 0000 0000 0000
                 0000 0010 0011，则是对 M4.3 进行操作

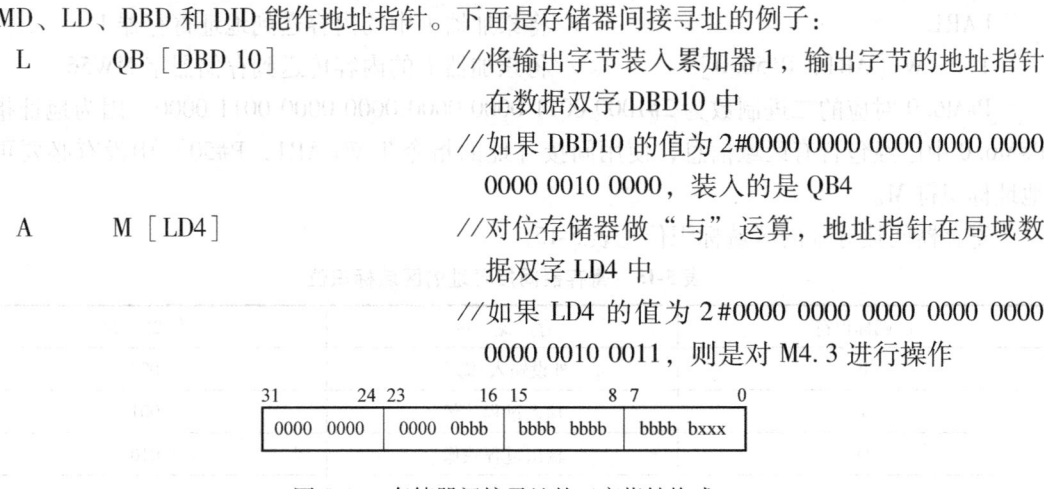

图 5-54 存储器间接寻址的双字指针格式

（四）寄存器间接寻址

S7 中有两个地址寄存器 AR1 和 AR2，通过它们可以对各存储区的存储器内容作寄存器间接寻址。地址寄存器的内容加上偏移量形成地址指针，后者指向数值所在的存储单元。

地址寄存器存储的双字地址指针格式见图5-55。其中第 0~2 位（xxx）为被寻址地址中位的编号（0~7），第 3~18 位（bbbb bbbb bbbb bbbb）为被寻址地址的字节的编号（0~65535）。第 24~26 位（rrr）为被寻址地址的区域标识号，第 31 位 x=0 为区域内的间接寻址，第 31 位 x=1 为区域间的间接寻址。

图 5-55 寄存器间接寻址的双字指针格式

第一种地址指针格式包括被寻址数值所在存储单元地址的字节编号和位编号，存储区的类型在指令中给出，例如 L DBB［AR1，P#6.0］。这种指针格式适用于在某一存储区内寻址，即区内寄存器间接寻址。第 24~26 位（rrr）应为 0。

第二种地址指针格式的第 24~26 位还包含了说明数值所在存储区的存储区域标识符的编号 rrr，用这几位可实现跨区寻址，这种指针格式用于区域间寄存器间接寻址。

如果要用寄存器指针访问一个字节、字或双字，必须保证指针中的位地址编号为0。指针常数 P#5.0 对应的二进制数为 2#0000 0000 0000 0000 0000 0000 0010 1000。下面是

区内间接寻址的例子：

```
L    P#5.0              //将间接寻址的指针装入累加器1
LAR1                    //将累加器1中的内容送到地址寄存器1
A    M［AR1，P#2.3］    //AR1中的P#5.0加偏移量P#2.3，实际上是对
                          M7.3进行操作
=    Q［AR1，P#0.2］    //逻辑运算的结果送Q5.2
L    DBW［AR1，P#18.0］ //将DBW23装入累加器1
```

下面是区域间间接寻址的例子：

```
L    P#M6.0             //将存储器位M6.0的双字指针装入累加器1
LAR1                    //将累加器1中的内容送到地址寄存器1
T    W［AR1，P#50.0］   //将累加器1的内容传送到存储器字MW56
```

P#M6.0 对应的二进制数为 2#1000 0011 0000 0000 0000 0000 0011 0000。因为地址指针 P#M6.0 中已经包含有区域信息，使用间接寻址的指令 T W[AR1，P#50] 中没有必要再用地址标识符 M。

寄存器间接寻址的区域标识位见表 5-15。

表 5-15 寄存器间接寻址的区域标识位

区域标识符	存　储　区	位 26~24
P	外设输入/输出	000
I	输入过程映像	001
Q	输出过程映像	010
M	位存储区	011
DBX	共享数据块	100
DIX	背景数据块	101
L	块的局域数据	110

（五）读取或传送状态字指令

指令格式如下：

```
L    STW     //将状态字装入累加器1中，即将状态字中的1、4、5、6、7、8位装
               入累加器1低字中的相应位中，但不能装入状态字的FC（0位）、STA
               （2位）和OR（3位）三个状态字位，而累加器1的9~31位则清零。
```

该指令的执行与状态位无关，而且对状态字没有任何影响。

```
T    STW     //将累加器1中的0~8位传送到状态字的相应位
```

（六）地址寄存器内容的装入和传送指令

S7-300 PLC 有两个地址寄存器，即 AR1 和 AR2。对于地址寄存器可以不经过累加器1而直接将操作数装入和传送，或直接交换两个地址寄存器的内容。

1. LAR1〈操作数〉

使用 LAR1 指令可以将操作数的内容〈32位指针〉装入地址寄存器 AR1，执行后累加器1和累加器2的内容不变。指令的执行与状态位无关，而且对状态字没有任何影响。

操作数可以是累加器1、指针型常数（P#）、存储双字（MD）、本地数据双字（LD）、

数据双字（DBD）、背景数据双字（DID）或地址寄存器 AR2。操作数可以省略，若省略操作数，则直接将累加器 1 的内容装入地址寄存器 AR1。指令示例见表 5-16。

表 5-16　LAR1 指令示例

示例（STL）	说　明	示例（STL）	说　明
LAR1	将累加器 1 的内容装入 AR1	LAR1　DBD2	将数据双字 DBD2 中的指针装入 AR1
LAR1　P#10.0	将输入位 I0.0 的地址指针装入 AR1	LAR1　DID30	将背景数据双字 DID30 中的指针装入 AR1
LAR1　P#M10.0	将一个 32 位指针常数装入 AR1	LAR1　LD180	将本地数据双字 LD180 中的指针装入 AR1
LAR1　P#2.7	将指针数据 2.7 装入 AR1	LAR1　P#Start	将符号名为"Start"的存储器的地址指针装入 AR1
LAR1　MD20	将存储双字 MD20 的内容装入 AR1	LAR1　AR2	将 AR2 的内容传送到 AR1

2. LAR2〈操作数〉

使用 LAR2 指令可以将操作数的内容（32 位指针）装入地址寄存器 AR2，指令格式同 LAR1，其中的操作数可以是累加器 1、指针型常数（P#）、存储双字（MD）、本地数据双字（LD）、数据双字（DBD）或背景数据双字（DID），但不能用 AR1。

3. TAR1〈操作数〉

使用 TAR1 指令可以将地址寄存器 AR1 的内容（32 位指针）传送给被寻址的操作数，指令的执行与状态位无关，而且对状态字没有任何影响。

操作数可以是累加器 1、存储双字（MD）、本地数据双字（LD）、数据双字（DBD）、背景数据双字（DID）或 AR2。操作数可以省略，若省略操作数，则直接将地址寄存器 AR1 的内容传送到累加器 1，累加器 1 的原有内容传送到累加器 2。指令示例见表 5-17。

表 5-17　TAR1 指令示例

示例（STL）	说　明	示例（STL）	说　明
TAR1	将 AR1 的内容传送到累加器 1	TAR1　LD180	将 AR1 的内容传送到本地数据双字 LD180
TAR1　DBD20	将 AR1 的内容传送到数据双字 DBD20	TAR1　AR2	将 AR1 的内容传送到地址寄存器 AR2
TAR1　DID20	将 AR1 的内容传送到背景数据双字 DID20		

4. TAR2〈操作数〉

使用 TAR2 指令可以将地址寄存器 AR2 的内容（32 位指针）传送给被寻址的操作数，指令格式同 TAR1。其中的操作数可以是累加器 1、存储双字（MD）、本地数据双字（LD）、数据双字（DBD）、背景数据双字（DID），但不能用 AR1。

5. CAR

使用 CAR 指令可以交换地址寄存器 AR1 和地址寄存器 AR2 的内容，指令不需要指定操作数。指令的执行与状态位无关，而且对状态字没有任何影响。

（七）装入时间值或计数值

在介绍定时器和计数器时，对如何设置定时器时间设定值及计数初值已作了介绍。这里主要对如何读出定时器字中的当前剩余时间和计数器字中的当前计数值作一点补充说明。

装入定时器当前剩余时间指令有直接装载和BCD装载两种。如：

    L   T10   //将定时器T10中当前剩余时间以二进制数格式装入累加器1的低字中（不带时基）

    LC   T10   //将定时器T10当前剩余时间以BCD码格式装入累加器1低字中（带时基）

时间值数据格式如图5-56所示。

装入计数器当前计数值指令，也有直接装载和BCD装载两种。如：

    L   C10   //将计数器C10中二进制格式的计数值直接装入累加器1的低字中

    LC   C10   //将计数器C10中二进制格式的计数值以BCD码格式装入累加器1低字中

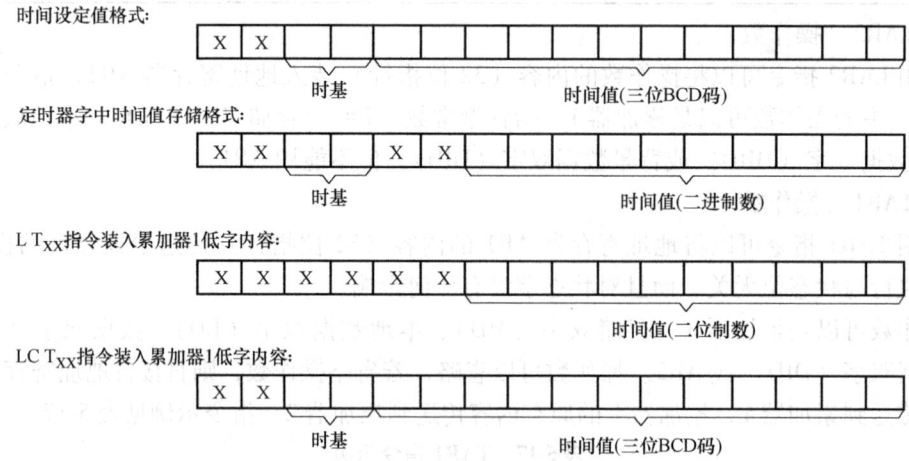

图5-56 定时器时间值数据格式

（八）梯形图方块传送指令（MOVE指令）

上面介绍的是利用STL指令进行数据的装入（L）和传送（T），这里介绍的是用梯形图方块直接进行数据传送，如图5-57所示。

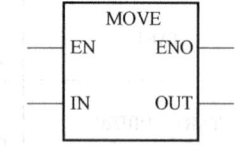

如果允许输入端EN为1，就执行传送操作，将输入（IN）处的值传送到输出（OUT），并使ENO为1；如果EN为0，则不进行传送操作，并使ENO为0。ENO总保持与EN相同的信号状态。传送方块可传送的数据长度为8位、16位和32位的所有基本数据类型（包括常数）。但传送用户自定义的数据类型，如数组或结构，则必须用系统集成功能BLKMOV（SFC20）进行。

图5-57 MOVE方块指令

图5-58为传送方块指令使用示例。图中输入位I0.0闭合，则执行传送操作，将存储字

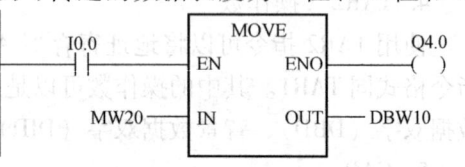

图5-58 MOVE方块指令的使用

MW20 的内容传送至数据字 DBW10，输出 Q4.0 为 1；若输入位 I0.0 断开，则不执行传送操作，输出 Q4.0 为 0。下面是与图 5-58 对应的语句表程序：

```
        A     I0.0
        JNB   _001        //如果 RLO=0 则跳转，并把 0 存于 BR 位中；RLO=1
                                  则向下执行
        L     MW20        //进行数据传送
        T     DBW10
        SET               //使 RLO 位为 1
        SAVE              //把 RLO 状态存入 BR 位，BR 位为 1
        CLR               //使 RLO 位为 0，并结束逻辑串
_001:   A     BR
        =     Q4.0
```

二、数据转换指令

在 PLC 程序中会遇到各种类型的数据和数据运算，而进行算术运算总是在同类型数间进行，另外用于输入和显示的数一般习惯用十进制数（BCD 码数），因此在编程时总会遇到数制转换的问题，这时就需要用到转换指令。

数据转换指令是将累加器 1 中的数据进行数据类型转换，转换的结果仍放在累加器 1 中。在 STEP7 中，可以实现 BCD 码与整数、整数与双整数（长整数）、双整数与实数间的转换，还可实现整数的反码、整数的补码、实数求反等数据转换操作。

下面先回顾一下数据格式，然后再介绍数据转换指令的使用方法。

（一）数据格式

PLC 中常用到的数据格式如下：

1. 十进制数（BCD 码）格式

十进制数的每一位用 4 个二进制位表示，因为最大的数是 9，所以需要 4 位才能表示（1001）。从 0 到 9 的 BCD 码数与二进制数表示是相同的。BCD 码数分为 16 位（字）和 32 位（双字），正数和负数。用 4 个最高位表示 BCD 数的符号：0000 表示正，1111 表示负，其余每 4 位为一组，表示一位十进制数。表示格式举例如下：

字 BCD 码正数（如 W#16#569）存储格式如图 5-59 所示。

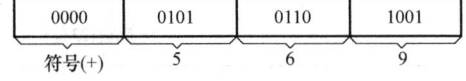

图 5-59 字 BCD 码正数（W#16#569）存储格式

字 BCD 码负数（如 W#16#F143）存储格式如图 5-60 所示。

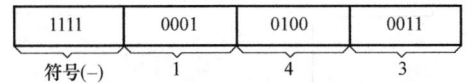

图 5-60 字 BCD 码负数（W#16#F413）存储格式

双字 BCD 码正数（如 DW#16#569）存储格式如图 5-61 所示。

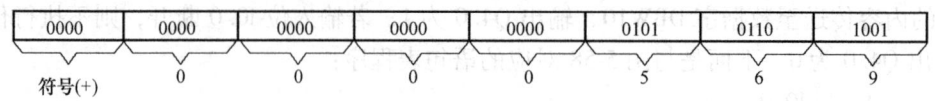

图 5-61 双字 BCD 码正数（DW#16#569）存储格式

2. 整数（INT）、双整数（DINT）格式

整数和双整数的二进制数格式分为 16 位整数和 32 位整数（又称长整数或双整数）；正数和负数。用最高的 1 位（位 15 或位 31）表示符号：0 表示正，1 表示负。16 位整数的范围是 −32768 ~ +32767；32 位整数的范围是：L# −2147483648 ~ L# +2147483647。

在二进制格式中，整数的负数形式用正数的二进制补码表示。二进制补码利用正数取反加 1 得到。整数存储格式如图 5-62 所示。

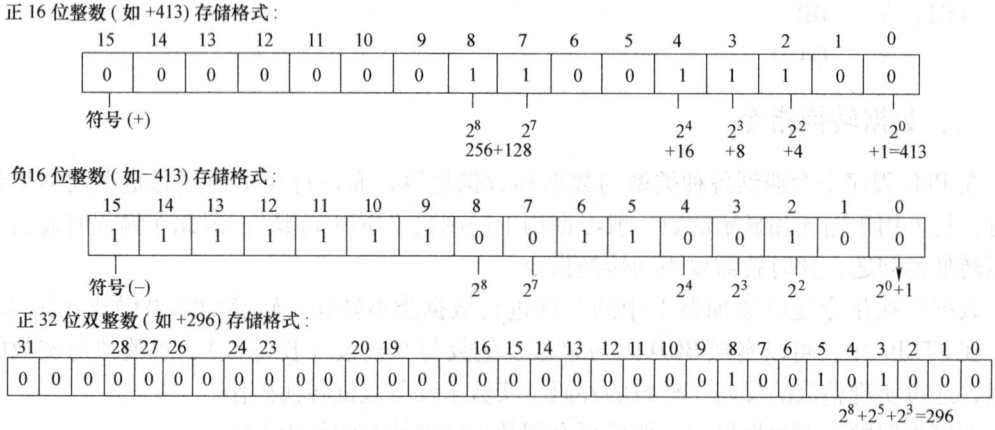

图 5-62 整数存储格式示例

3. 实数（REAL）格式

STEP7 中的实数是按照 IEEE 标准表示的。在存储器中，实数占用两个字（32 位），即存放实数（浮点数）需要一个双字（32 位），最高的 31 位是符号位，0 表示正数，1 表示负数。可以表示的数的范围是 1.175495×10^{-38} ~ 3.402823×10^{38}。

$$实数值 = （sign）（1+f）\times 2^{e-127}$$

式中，sign 为符号；f 为底数（尾数）；e 为指数位值。

例如，+0.75（定点数）或 +7.5E−1（浮点数），其实数存储格式如图 5-63 所示。

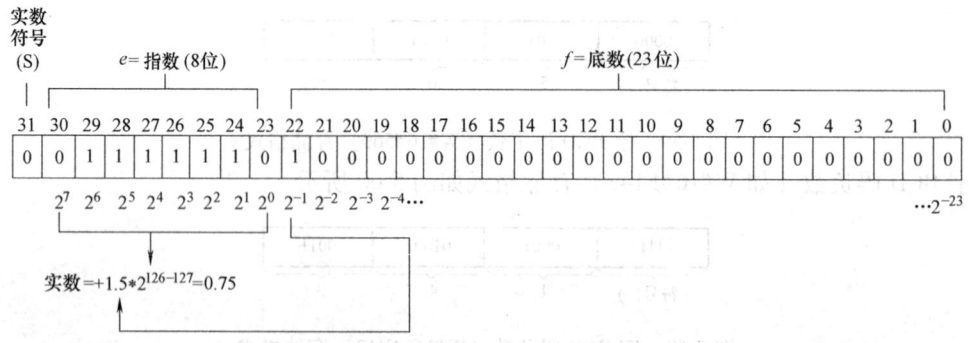

图 5-63 实数 +0.75 存储格式

再例如,观察图 5-64 所示的存储实数,可计算出所表示的十进制数为 +10。

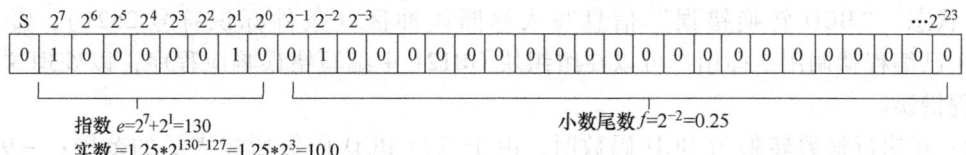

图 5-64 实数 +10 存储格式

(二) BCD 码数和整数间的转换

BCD 码数可转换为整数、双整数,整数、双整数也可以转换为 BCD 码数。为了需要,还可将整数转换成双整数。指令表示格式如表 5-18 所示。表内梯形图方块中:EN 是转换允许输入端;ENO 是转换允许输出端;IN 是被转换数输入端;OUT 是转换结果输出端,方框上部为方块转换功能。被转换数和转换结果可以存储在存储区 I、Q、M、D、L 中。

表 5-18 转换指令表

功　能	梯　形　图	STL	功　能
BCD 数(三位) ↓ 整数(16 位)	BCD_I EN　ENO IW4—IN　OUT—MW10	L　IW4 BTI T　MW20	IW4 中为 3 位被转换的 BCD 数(范围:-999 ~ +999) MW20 中为转换后的 16 位整数
整数(16 位) ↓ BCD 数(三位)	I_BCD EN　ENO MW10—IN　OUT—QW12	L　MW10 ITB T　QW20	MW10 中为 16 位被转换的整数 QW12 中为转换后的 3 位 BCD 数 如果出现溢出,则 ENO = 0(见执行说明)
BCD 数(7 位) ↓ 双整数(32 位)	BCD_DI EN　ENO MD8—IN　OUT—MD12	L　MD8 BTD T　MD12	MD8 中为被转换的 7 位 BCD 数(范围:-9999999 ~ +9999999) MD12 中为转换后的 32 位双字整数
双整数(32 位) ↓ BCD 数(7 位)	DI_BCD EN　ENO MD10—IN　OUT—QD4	L　MD10 DTB T　QD4	MD10 中为被转换的 32 位整数 QD4 中为转换后的 7 位 BCD 数 如果出现溢出,则 ENO = 0(见执行说明)
整数(16 位) ↓ 双整数(32 位)	I_DI EN　ENO MW10—IN　OUT—MD12	L　MW10 ITD T　MD12	MW10 中为被转换的 16 位整数 MD12 中为转换后的 32 位整数
双整数(32 位) ↓ 实数(32 位)	DI_R EN　ENO MD10—IN　OUT—MD14	L　MD10 DTR T　MD14	MD10 中为被转换的 32 位整数 MD14 中为转换后的实数(32 位)

对表 5-18 执行的说明:

1) 在执行 BCD 码转换为整数或双整数指令时,如果 BCD 数是无效数(如其中一位值在 A ~ F 即 10 ~ 15 范围内),将得不到正确的转换结果,并导致系统出现"BCDF"错误。

在这种情况下，程序的正常运行顺序被终止，并有下述之一事件发生：①CPU 将进入 STOP 状态。"BCD 转换错误"信息写入诊断缓冲区（条件标识符号 2521）；②如果 OB121 已编程就调用，即用户可以在组织块 OB121 中编写错误响应程序，以处理这种同步编程错误。

2）在执行整数转换为 BCD 码数时，由于三位 BCD 码数所能表示的范围：-999 ~ +999，小于 16 位整数的数值范围 -32768 ~ +32767。如果整数超出了 BCD 码所能表示的范围，便得不到正确的转换结果，称为溢出。此时 ENO 输出为 0，同时状态字中的溢出位（OV）和溢出保持位（OS）将被置 1。在程序中一般需要根据 OV 或 OS，或 ENO 判断转换结果是否有效。

基于相同原因，在执行双整数转换为 BCD 码数时，也要注意这个问题。

3）在编程时，因为运算或比较等原因，需将整数转换成双整数，可用表 5-18 中第 5 条指令。

下面举一个使用的例子，如图 5-65 所示。图 5-65 绘出了梯形图方块及对应语句表程序。

当允许输入端 EN 所接 I0.0 为 1，则进行转换，如果为 0 则不进行转换。存储字 MW10 中装的应是三位 BCD 码数，设为 +915（如果格式非法，则显示系统错误）。如果转换成功 ENO 为 1，执行转换后所得的整数存于存储字 MW12 中（如图中所示）。如果 EN 为 0 或转换不成功则 ENO 为 0，Q4.0 为 1。

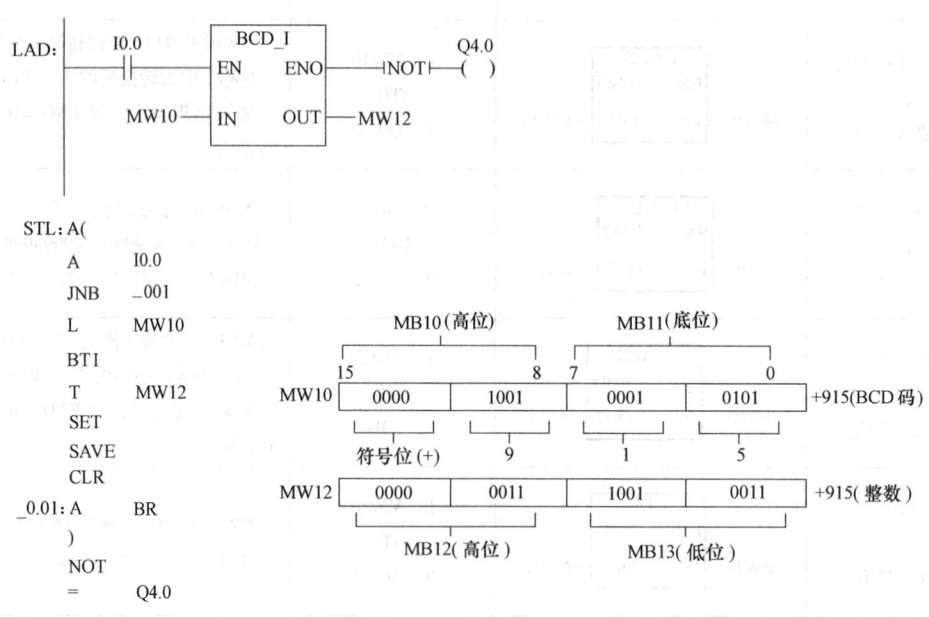

图 5-65　转换方块图使用

（三）双整数和实数间的转换

用户程序中有时需要整数相除，相除的结果可能小于 1，由于这些值只能用实数表示，所以需要转换到实数。此外，其他实数运算和比较也会用到实数转换，实数是 32 位数，一般整数要转换为实数时，须先将整数转换为双整数后再进行。

1. 双整数（32 位）转换为实数（32 位）

梯形图方块指令（DI_R）和语句表指令（DTR）均列于表 5-18 中最后一条。当 EN = 1

时执行转换,将存储双字 MD10(MB10、MB11、MB12、MB13)中的 32 位整数转换为 32 位实数并输出存于 MD14(MB14、MB15、MB16、MB17)中,ENO 为 1。当 EN = 0 时,不执行转换且 ENO = 0。

2. 实数(32 位)转换为双整数(32 位)

转换指令的梯形图方块,图形均相似,但方框上部字符不一样。当然也要注意被转换数据输入端和转换结果输出端的数据类型。实数转换为双整数时,IN 端和 OUT 端接的都是双字单元,可以是 ID、QD、MD、DBD、LD。为简化介绍,用图 5-66 统一表示转换方块图,方块中上部字符列于表 5-19 中。

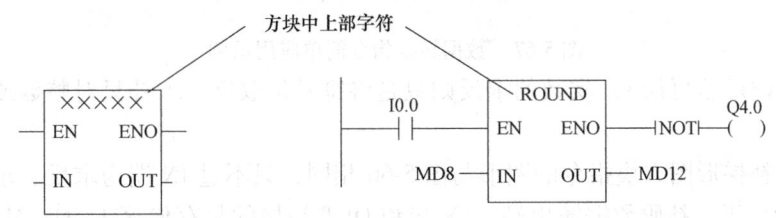

图 5-66 梯形图方块转换指令框图及示例

表 5-19 实数转换为双整数指令表

梯形图方块上部字符	STL 指令	转换规则
ROUND	RND	将实数转换为最接近的整数
CEIL	RND +	将实数转换为大于或等于该实数的最小整数
FLOOR	RND -	将实数转换为小于或等于该实数的最大整数
TRUNC	TRUNC	只取实数的整数部分

因为实数的数值范围远大于 32 位整数,所以有的实数不能成功地转换为 32 位整数。如果被转换的实数格式非法或超出了 32 位整数的表示范围,则在累加器 1 中得不到有效的转换结果,而且状态字中的 OV 和 OS 被置 1。

执行表 5-19 中的指令,就是在将累加器 1 中的实数转换为 32 位整数。但化整的规则不相同,同一实数,执行不同转换指令,所得结果有些区别。RND 指令中将实数转换为最接近的整数系指:实数的小数部分执行小于 5 舍,大于 5 入,等于 5 则选择偶数结果。如 100.5 化整为 100,而 101.5 化整为 102。表 5-20 为执行表 5-19 指令的示例。

表 5-20 实数化整结果举例

被转换的实数	执行下面转换指令后所得的整数			
	RND	RND +	RND -	TRUNC
+99.5	+100	+100	+99	+99
-99.5	-100	-99	-100	-99
+102.5	+102	+103	+102	+102
-101.5	-102	-101	-102	-101

数据转换指令简单应用:要求将一个 16 位整数转换成实数(32 位)。先要将 16 位整数转换成 32 位整数,然后再从 32 位整数转换到 32 位实数。此实数便可用于带有实数的运算程序,转换程序如图 5-67 所示。

(四)求反、求补指令

对整数、双整数的二进制数求反码,即逐位将 0 变为 1,1 变为 0。对整数、双整数求

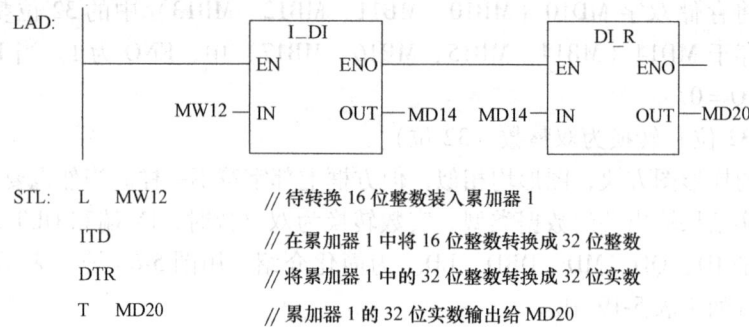

图 5-67 数据转换指令简单应用示例

补码,即逐位取反后再加 1。实数的求反则只是将符号位取反,求补只对整数或双整数才有意义。

求反、求补梯形图方块指令的图形与图 5-66 相同,只不过 IN 端为求反、求补数据输入端,OUT 端为反码、补码数据输出端。IN 端和 OUT 端接的是存储区 I、Q、M、D、L 的字或双字。求反、求补梯形图方块指令中上部字符表示法和 STL 指令均列于表 5-21 中。

表 5-21 求反、求补指令表

梯形图方块上部字符	STL 指令	功能说明
INV_I	INVI	整数求反,对 16 位二进制数逐位取反
INV_DI	INVD	双整数求反,对 32 位二进制数逐位取反
NEG_I	NEGI	整数求补,对整数取反后再加 1
NEG_DI	NEGD	双整数求补,对双整数取反后再加 1
NEG_R	NEGR	实数求反,对 32 位实数的符号位取反

下面举例说明其用法。

例如整数求补,其程序如图 5-68 所示。

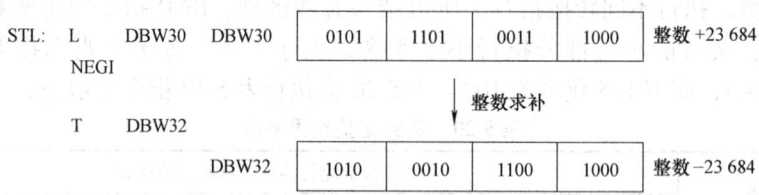

图 5-68 整数求补示例

又例如实数求反,其程序如图 5-69 所示。

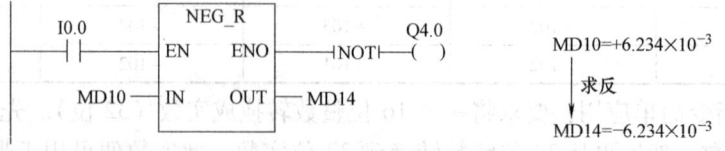

图 5-69 实数求反示例

如果 I0.0 为 1,则执行求反:将 MD10 中所存实数的符号取反后,输出到 MD14 中,且 ENO 为 1,Q4.0 为 0。如果 I0.0 为 0 则不执行求反,ENO 为 0,Q4.0 为 1。

整数的二进制求反，实际上是对原整数用 FFFF（H）或 FFFFFFFF（H）进行"异或"操作，因此每一位都变为其相反的值。从 STL 指令看出，求反、求补操作均在累加器中进行。

三、数据比较指令

在编程时有时需要对两个量进行比较，比较指令只能在两个同类型数据间进行。被比较的两个数可以是：I——两个整数（16 位定点数）；D——两个双整数（32 位定点数）；R——两个实数（32 位的 IEEE 格式浮点数）。若比较的结果为"真"，则令 RLO = 1，否则 RLO = 0。比较指令影响状态字，如有必要，用指令测试状态字有关位可得到两个比较数更详细的情况。

比较类型有等于、不等于等 6 种，用比较符表示。三种数据的 6 种比较如表 5-22 所示。它实际上是 STL 比较指令的格式。在比较指令的梯形图方块上部也采用了表 5-22 所列出的符号，同一符号两种语言格式（STL，LAD）中均使用，对读者记忆更为方便。下面举例说明比较指令的用法。其他类型比较指令的用法读者不难举一反三。

表 5-22　数据比较类型（数据比较 STL 指令）

名称	整数比较	双整数比较	实数
等于	= = I	= = D	= = R
不等于	< > I	< > D	< > R
大于	> I	> D	> R
小于	< I	< D	< R
大于等于	> = I	> = D	> = R
小于等于	< = I	< = D	< = R

例如，两个整数进行大于等于比较，其程序如图 5-70 所示。

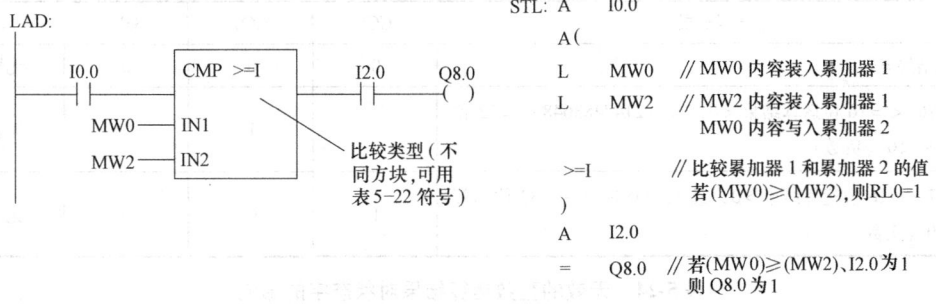

图 5-70　数据比较指令的用法

在上述梯形图中，比较数值放在两个输入端 IN1 和 IN2，用 IN1 去和 IN2 比较。这里如果输入字 MW0 的内容大于等于输入字 MW2 的内容，则比较结果为"真"。上例中，若下列条件：①输入位 I0.0 为 1；②（MW0）≥（MW2）；③输入位 I2.0 为 1 同时成立，则输出位 Q8.0 为 1。

由上例看出，方块比较指令在逻辑串中，可等效于一个常开触点。如果比较结果为"真"，则该常开触点闭合（意味着电流可流过），否则触点断开。由于比较指令的使用与触点类似,可以与其他触点串联或并联,因此比较指令不能放在逻辑串的最后。

梯形图方块指令的输入和输出均为 BOOL 数,可以取自 I、Q、M、D、L。被比较数 IN1 和 IN2 的数据类型与指令类型有关,且只能在两个同类型数据间比较。被比较数 IN1 和 IN2 可以取自 I、Q、M、D、L 或常数。

四、算术运算指令

现代 PLC 实际上是一台工业控制计算机,一般都有很强的运算能力。对 S7-300 PLC,算术运算指令有两大类,即基本算术运算指令(四则运算指令)和扩展算术运算指令(数学函数指令)。

(一)基本算术运算指令

基本算术运算指令可完成整数、双整数和实数(32 位浮点数)的加、减、乘、除和双整数除法取余等运算。

S7-300 PLC 的基本算术运算指令有相同的格式,其梯形图方块指令如图 5-71 所示。现对其用法作如下说明:

1)方框内上部×××_×为运算符号(如表 5-27 所示),它表明进行的是哪种算术运算。

2)如果在允许输入端 EN 的 RLO = 1,就执行运算。如果运算没有出现错误,则允许输出端 ENO = 1;如果运算结果超出了数据类型的表示范围(见表 5-4)或有错误(如两个运算数的格式错误),即出现了无效的运算结果,则状态字的 OV 和 OS 位为 1,并使允许输出端 ENO = 0。当 ENO = 0 时,方块之后被 ENO 连接的(串级排列)其他功能梯形图部分将不能继续执行。

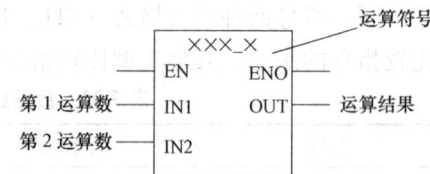

图 5-71 梯形图运算方块框图

有效运算结果和无效运算结果对状态字的影响如表 5-23 ~ 表 5-26 所示。

表 5-23 有效的整数运算结果对状态字的影响

运 算 结 果	CC1	CC0	OV	OS
运算结果 = 0	0	0	0	无影响
−32768 < = 16 位运算结果 <0,或 −2147483648 < = 32 位运算结果 <0(负数)	0	1	0	无影响
32767 > = 16 位运算结果 >0,或 2147483647 > = 32 位运算结果 >0(正数)	1	0	0	无影响

表 5-24 无效的整数运算结果对状态字的影响

运 算 结 果	CC1	CC0	OV	OS
加法下溢出:16 位运算结果 = −65536,或 32 位运算结果 = −4294967296	0	0	1	1
乘法下溢出:16 位运算结果 < −32767,或 32 位运算结果 < −2147483648(负数)	0	1	1	1
加减法溢出:16 位运算结果 >32767,或 32 位运算结果 > 2147483647(正数)	0	1	1	1

(续)

运算结果	CC1	CC0	OV	OS
乘除法溢出：16位运算结果>32767，或32位运算结果>2147483647（正数）	1	0	1	1
加减法下溢出：16位运算结果<-32767，或32位运算结果<-2147483648（负数）	1	0	1	1
双字加法的运算结果=-4294967296	0	0	1	1
除法指令或MOD指令的除数为0	1	1	1	1

表 5-25 实数运算结果在有效范围内时的状态字

运算结果	CC1	CC0	OV	OS
运算结果为+0或-0（零）	0	0	0	无影响
-3.402823E+38<运算结果<-1.175494E-38（负数）	0	1	0	无影响
+1.175494E-38<运算结果<3.402824E+38（正数）	1	0	0	无影响

表 5-26 实数运算结果在无效范围内的状态字

运算结果	CC1	CC0	OV	OS
负数下溢出：-1.175494E-38<运算结果<-1.401298E-45	0	0	1	1
正数下溢出：+1.401298E-45<运算结果<+1.175494E-38	0	0	1	1
溢出：运算结果<-3.402823E+38（负数）	0	1	1	1
溢出：运算结果>3.402823E+38（正数）	1	0	1	1
不是有效的浮点数或非法的指令（输入值超出允许范围）	1	1	1	1

3) IN1端为第1运算数（被加数、被减数、被乘数、被除数），IN2端为第2运算数（加数、减数、乘数、除数）。IN1端和IN2端的数据类型可为整数（I）、双整数（DI）和实数（R），其操作数可以为I、Q、M、D、L及常数。OUT端为运算结果输出端，其数据类型可为整数（I）、双整数（DI）和实数（R），其操作数可以为I、Q、M、D、L。除"整数乘法"运算外，IN1、IN2和OUT三端的数据类型必须相同。对"整数乘法"运算，IN1、IN2两端的运算数用16位（W，字）整数，OUT端的运算结果（乘积）为32位的双整数（DW，双字）。

4) 实际上，算术运算都是在累加器1（ACCU1）和累加器2（ACCU2）中进行，尤其是执行语句表算术指令时，对累加器中保存数的概念就更清晰，如图5-72所示。算术运算时，第1运算数存在累加器2中，第2运算数存在累加器1中，算术运算结果保存在累加器1中（原存的第2运算数被覆盖）。

5) 算术运算时，算术运算不受RLO控

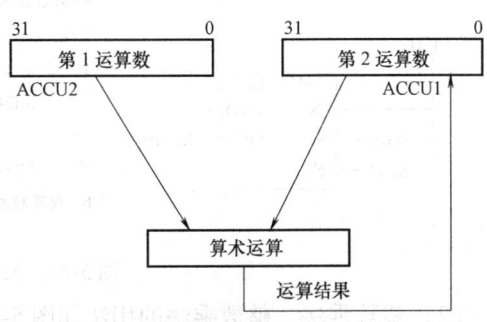

图 5-72 算术运算中累加器的使用

制，对 RLO 也不产生影响。但算术运算对状态字中的 CC1 和 CC0、OV、OS 有影响，如表 5-23～表 5-26 所示。故可以用位操作指令或条件跳转指令对状态字中的标志位进行判断操作。

6）表 5-27 列出了算术运算的 STL 指令及梯形图方块上部所标的运算字符，可供选用或组成算术运算的梯形图方块指令时用。

表 5-27 基本算术运算指令

算术运算	STL 指令			梯形图方块上部运算字符		
	整数	双整数	实数	整数	双整数	实数
加	+I	+D	+R	ADD_I	ADD_DI	ADD_R
减	-I	-D	-R	SUB_I	SUB_DI	SUB_R
乘	*I①	*D	*R	MUL_I①	MUL_DI	MUL_R
除	/I②	/D③	/R	DIV_I②	DIV_DI③	DIV_R
除法取余		MOD④			MOD_DI④	
加整数常数	+<16 位常数>⑤	+<32 位常数>⑤				

① 整数乘法运算时，第 1、2 运算数（被乘数、乘数）用 16 位（字），相乘结果即"乘积"用 32 位（双字）。
② 整数除法运算时，用方块指令（DIV_I）在 OUT 处输出"商"（舍去余数），用 STL 指令（/I）时"商"存累加器 1 低字中，"余数"存累加器 1 高字中。
③ 双整数除法运算时，方块图指令"商"（舍去余数）在 OUT 处输出（32 位值），而 STL 指令商则是保留在累加器 1 中。
④ MOD 为双整数"除法取余"指令。执行方块指令时在 OUT 处输出的是两个双整数相除所得的"余数"（小数，32 位值），执行 STL 指令时"余数"作为结果保存于累加器 1 中。
⑤ 执行"+<16 位常数>"或"+<32 位常数>"指令时，累加器 1 的内容与 16 位或 32 位整数常数相加，运算结果保存到累加器 1 中。这两个指令只有 STL 形式，无梯形图方块形式。

下面举例说明基本算术运算指令的用法。

（1）整数加法与双整数减法　整数加法的用法如图 5-73a 所示，双整数减法的用法如图 5-73b 所示。

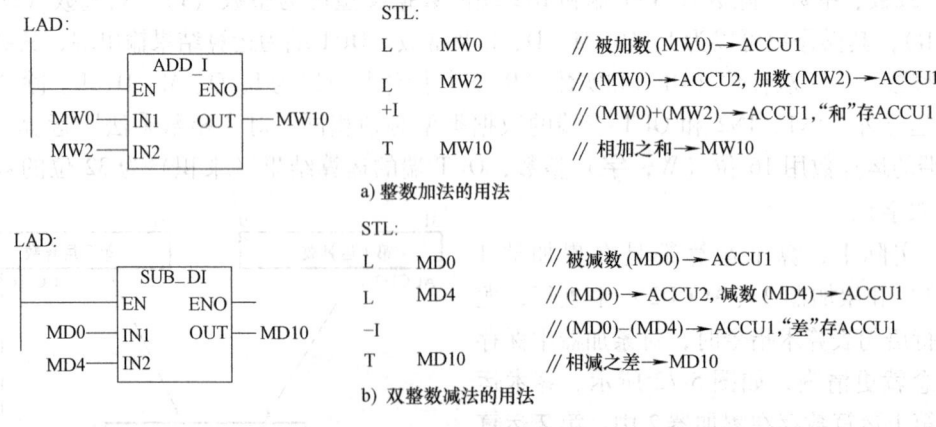

图 5-73　加、减指令的用法

（2）整数乘法　整数乘法的用法如图 5-74 所示。
（3）双整数除法（舍去余数）　双整数除法（舍去余数）的用法如图 5-75 所示。

```
LAD:                              STL:
      ┌─────────┐                 L    MW0      //被乘数(MW0)→ACCU1
      │  MUL_I  │                 L    MW2      //(MW0)→ACCU2,乘数(MD2)→ACCU1
      │ EN   ENO│                 *I            //(MW0)*(MW2)→ACCU1,"积"存ACCU1
  MW0─┤IN1   OUT├─MD10            T    MD10     //相乘之积→MD10
  MW2─┤IN2      │ (双字)
      └─────────┘
```

图 5-74　整数乘法的用法

```
LAD:                              STL:
      ┌─────────┐                 L    MD0      //被除数(MD0)→ACCU1
      │ DIV_DI  │                 L    MD4      //(MD0)→ACCU2,除数(MD4)→ACCU1
      │ EN   ENO│                 /D            //(MD0)/(MD4)=商(去余数)→ACCU1
  MD0─┤IN1   OUT├─MD10            T    MD10     //去余数后的商→MD10
  MD4─┤IN2      │
      └─────────┘
```

图 5-75　双整数除法（舍去余数）的用法

（4）双整数除法取余　求输入双字 ID10 的内容与常数 32 相除的余数，结果保存到 MD20 中。

对应的 LAD 程序如图 5-76 所示，当 I0.1 信号状态为"1"时，开始执行求余运算，并用 Q4.0 指示运算结果是否有效（0 表示有效，1 表示无效）。

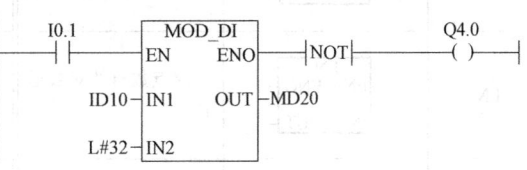

图 5-76　求余运算举例

（5）整数除法（STL 形式）　下面是整数除法运算的例子：

L　IW10　　　　　//IW10 的内容装入累加器 1 的低字中
L　MW14　　　　　//累加器 1 的内容装入累加器 2，MW14 的内容装入累加器 1 的低字中
/I　　　　　　　　//累加器 2 低字的值除以累加器 1 低字的值，结果（商）存放在累加器 1 的低字中，余数存放在累加器 1 的高字中
T　MW10　　　　　//累加器 1 低字中的运算结果传送到 MW10 中

设 IW10 的值为 13，MW14 的值为 4，13 除以 4，指令执行后的商"3"存放在累加器 1 的低字中，余数"1"存放在累加器 1 的高字中。最后，商"3"保存在 MW10 中。

（6）16 位整数的算术运算指令应用

L　IW10　　　　　//将输入字 IW10 装入累加器 1 的低字中
L　MW12　　　　　//将累加器 1 低字中的内容装入到累加器 2 的低字中，将存储字 MW12 装入累加器 1 的低字
+I　　　　　　　　//将累加器 2 低字和累加器 1 低字相加，结果保存到累加器 1 的低字中
+68　　　　　　　 //将累加器 1 的低字中的内容加上常数 68，结果保存到累加器 1 的低字中
T　DB1.DBW25　　 //将累加器低字中的内容（结果）传送到 DB1 的 DBW25 中

（二）扩展算术运算指令

扩展算术运算指令可完成 32 位浮点数的平方、平方根、自然对数、基于 e 的指数运算、

三角函数及取绝对值等运算，指令格式及说明见表 5-28。

表 5-28 扩展算术运算指令格式及说明

STL 指令	LAD 指令	说 明	STL 指令	LAD 指令	说 明
SQR	SQR EN ENO IN OUT	浮点数平方	TAN	TAN EN ENO IN OUT	浮点数正切运算
SQRT	SQRT EN ENO IN OUT	浮点数平方根	ASIN	ASIN EN ENO IN OUT	浮点数反正弦运算
EXP	EXP EN ENO IN OUT	浮点数指数运算	ACOS	ACOS EN ENO IN OUT	浮点数反余弦运算
LN	LN EN ENO IN OUT	浮点数自然对数运算	ATAN	ATAN EN ENO IN OUT	浮点数反正切运算
SIN	SIN EN ENO IN OUT	浮点数正弦运算	ABS	ABS EN ENO IN OUT	浮点数取绝对值
COS	COS EN ENO IN OUT	浮点数余弦运算			

对于 STL 形式的扩展算术运算指令，可对累加器 1 中的 32 位浮点数进行运算，结果保存在累加器 1 中，指令执行后将影响状态字的 CC1、CC0、OV 和 OS 状态位。

对于梯形图 LAD 形式的扩展运算指令，由参数 IN 提供 32 位浮点数（操作数可以是：I、Q、M、L、D 或常数），运算结果保存在由 OUT 指定的存储区（操作数可以是：I、Q、M、L、D）中。EN（类型：BOOL）为使能输入信号，当 EN 的信号状态为"1"时，激活运算；ENO（类型：BOOL）为使能输出，如果指令未执行或运算结果在允许范围之外，则 ENO = 0，否则 ENO = 1。EN 和 ENO 使用的操作数可以是：I、Q、M、D、L。

使用扩展算术运算指令还需注意以下问题：

1) 浮点数开平方指令 SQRT 的输入值应大于等于 0，其运算结果为正或 0。
2) 求以 10 为底的对数时，应将自然对数值除以 2.302585（10 的自然对数值）。例如：

$$lg100 = ln100/2.302585 = 4.605170/2.302585 = 2$$

3) 浮点数三角函数指令的输入值如果是以角度为单位的浮点数，求三角函数之前应先将角度值乘以 π/180，转换为弧度值。
4) 浮点数反正弦函数指令 ASIN 和浮点数反余弦函数指令 ACOS 的取值范围为

$$-1 \leq 输入值 \leq +1$$
$$-\pi/2 \leq 运算结果 \leq +\pi/2$$

5) 浮点数反正切函数指令 ATAN 的取值范围为：$-\pi/2 \leq 运算结果 \leq +\pi/2$

下面举例说明扩展算术运算指令的用法。
（1）求平方运算
　　OPN　DB17　　　//打开数据块 DB17
　　L　　DBD0　　　//装入浮点数到累加器 1
　　SQR　　　　　　//求平方，结果送累加器 1
　　AN　 OV　　　　//扫描 OV 是否为 0
　　JC　 OK　　　　//若运算没错误则转到 OK
　　BEU　　　　　　//若运算有错误则无条件结束
OK：T　DBD4　　　//保存结果
（2）求余弦运算
　　L　　MD0　　　//装入浮点数到累加器 1
　　COS　　　　　　//求余弦，结果送累加器 1
　　T　　MD4　　　//保存结果
（3）求反正切运算
　　L　　MD10　　 //装入浮点数到累加器 1
　　ATAN　　　　　 //反正切运算，结果送累加器 1
　　AN　 OV　　　　//扫描 OV 是否为 0
　　JC　 OK　　　　//若运算没错误则转到 OK
　　BEU　　　　　　//若运算有错误则无条件结束
OK：T　MD20　　　//保存结果

（三）算术运算指令应用举例

例 1　使用加法指令扩展计数器的计数范围。

计数器的计数范围是 0～999，显然不能满足生产的要求。要扩大计数的范围，可以把两个及以上计数器串联起来，也可以使用加法指令来扩展加法计数器的计数范围。例如，使用整数加法指令最大计数值可达 32767，如果使用双整数加法指令，则最大计数值可达 2147483647。同理，使用减法指令也可以实现减法计数器功能。

在如图 5-77 所示的程序中，当 I0.1 的状态为"1"时，程序段 2 将整数 0 赋予 MW10 中，当 I0.1 的状态为"0"，可以进行计数操作。程序段 1 中，I0.0 节点后的上升沿检测指令是必不可少的。当 I0.0 的状态由"0"到"1"变化时，上升沿检测指令的输出为"1"，执行加法指令，将 MW10 的内容加 1 以后再送回到 MW10 中。执行完以后，MW10 中的内容将被新的值所代替。

若 I0.0 后面没有边沿检测指令，则由于 PLC 是采用循环扫描的工作方式，扫描周期为毫秒级（即为几毫秒～几百毫秒），当按下 I0.0 端对应的控制按钮时，即使很快放开此

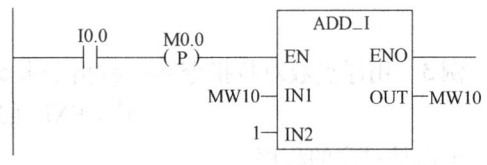

图 5-77　使用整数加法指令扩展计数器的计数范围

按钮，I0.0 为"1"的时间也可能是扫描周期的几十倍，也就是说加法指令被执行了几十次。因此不能准确记录按下 I0.0 的次数，所以需要在 I0.0 后面加边沿检测指令。将来编程时，还有很多指令只希望在一个扫描周期中执行，这就要用到边沿检测指令。

例 2 要求存储在字 MW10 的数字每增加 20，QW12 中显示的 BCD 数就增加 1。例如，瓶子数存储在字 MW10，每 20 个瓶子装一箱，把装箱数送去 QW12 中显示。其程序如图 5-78 所示。

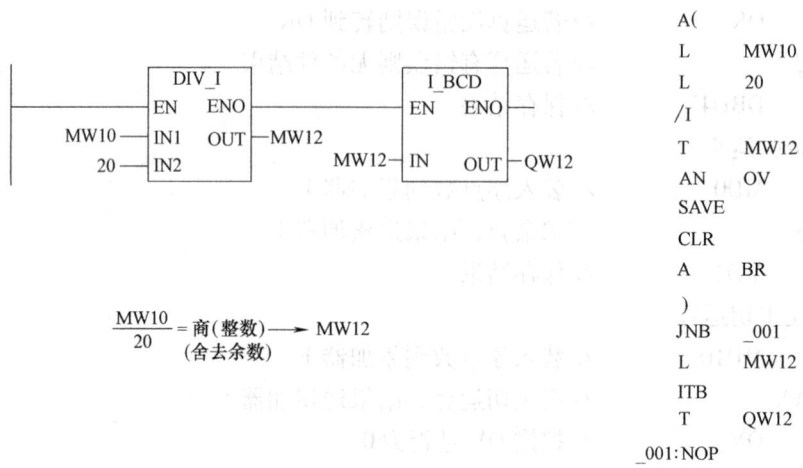

图 5-78 除法及其结果显示程序

图 5-78 所示的 LAD 及其对应的 STL 程序，其逻辑很清楚，不用多解释。不过，从这个程序中可以看出 SAVE 和 BR 指令的用法；也可以看出这里所谓的 ENO 就是 BR。若直接用 STL 编写为如下程序：

```
L    MW10
L    20
/I
ITB
T    QW12
```

则相比之下更简单明了。所以说，有些情况下，用 STL 编写的程序往往是最简洁的程序。

例 3 用浮点数对数指令和指数指令求 5 的立方。计算公式为

$$5^3 = EXP(3 \times LN5) = 125$$

下面是对应的程序：

```
L    L#5        //装入双整数常数
DTR             //转换为浮点数
LN
L    3.0        //装入浮点数常数
*R
EXP
RND             //将浮点数四舍五入转换为整数
```

```
    T   MW40        //计算结果存入 MW40
```

例4 压力变送器的量程为 0~10MPa，输出信号为 4~20mA，S7-300PLC 的模拟量输入模块的量程为 4~20mA，转换后的数字量为 0~27648，设转换后的数字为 N，试求以 kPa 为单位的压力值。

解：0~10MPa（0~10000kPa）对应于转换后的数字 0~27648，转换公式为

$$P = (10000 \times N)/27648 \text{ (kPa)}$$

值得注意的是在运算时一定要先乘后除，否则会损失原始数据的精度。假设 A/D 转换后的数据 N 在 MD6 中，以 kPa 为单位的运算结果在 MW10 中。图 5-79 是实现上式中的运算的梯形图程序。

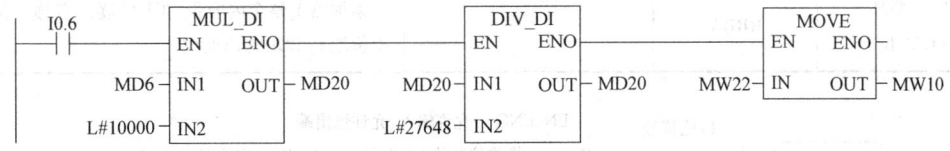

图 5-79 运算程序

如果某一方块指令的运算结果超出了整数运算指令的允许范围，状态位 OV 和 OS 将为 1，使能输出 ENO 为 0，不会执行在该方框指令右边的指令。

值得注意的是 A/D 转换后的最大数字为 27648，乘以 10000 以后可能超过 16 位整数的允许范围，所以最好使用双字乘法指令 MUL_DI，以免出错。双字除法指令 DIV_DI 的运算结果为双字，但是由上式可知运算结果实际上不会超过 16 位正整数的最大值（32767），所以可以用 MOVE 指令将 MD20 的低字 MW22 中的 16 位整数运算结果传送到 MW10 中。

五、移位与循环移位指令

移位指令将累加器 1 的低字（16 位字）或累加器 1 的全部内容（32 位双字）左移或右移若干位。移动的位数由 n 决定。左移 n 位相当于乘以 2^n，例如将十进制数 3 对应的二进制数 2#11 左移 2 位，相当于乘以 4，左移后得到的二进制数 2#1100 对应于十进制数 12。右移 n 位相当于除以 2^n，例如将十进制数 24 对应的二进制数 2#11000 右移 3 位，相当于除以 8，右移后得到的二进制数 2#11 对应于十进制数 3。

移位与循环移位指令及功能见表 5-29，梯形图方块指令格式如图 5-80 所示。

表 5-29 移位和循环移位指令及功能说明

名　称	STL 指令	梯形图方块上部移位符号	功 能 说 明
字左移	SLW	SHL_W	累加器 1 低字内容逐位左移，空出位填充 0
字右移	SRW	SHR_W	累加器 1 低字内容逐位右移，空出位填充 0
双字左移	SLD	SHL_DW	累加器 1 整个内容逐位左移，空出位填充 0
双字右移	SRD	SHR_DW	累加器 1 整个内容逐位右移，空出位填充 0
整数右移	SSI	SHR_I	累加器 1 低字内容逐位右移，空出位填充符号位（正填 0，负填 1）
双整数右移	SSD	SHR_DI	累加器 1 整个内容逐位右移，空出位填充符号位（正填 0，负填 1）

(续)

名 称	STL 指令	梯形图方块上部移位符号	功 能 说 明
双字左循环	RLD	ROL_DW	累加器 1 整个内容逐位左移，空出位填从累加器 1 移出的位
双字右循环	RRD	ROR_DW	累加器 1 整个内容逐位右移，空出位填从累加器 1 移出的位
双字左循环（带 CC1 位）	RLDA		累加器 1 整个内容带 CC1 位逐位左移一位，空出位填充 CC1 移出的位
双字右循环（带 CC1 位）	RRDA		累加器 1 整个内容带 CC1 位逐位右移一位，空出位填充 CC1 移出的位

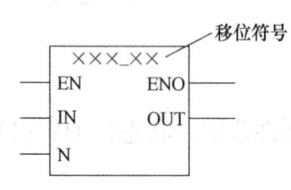

EN、ENO——允许输入、允许输出端
IN——待移位数值（可以是 I、Q、M、D、L 字或双字）输入端
对 STL 指令，待移位的数值保存在累加器 1 中
N——要移位位数（可以是 I、Q、M、D、L 字或常数）输入端
对 STL 指令，要移位的位数保存在累加器 2 中
OUT——移位操作结果（字或双字）输出端，可输出到 I、Q、M、D、L
对 STL 指令，移位操作结果保存在累加器 1 中

图 5-80　移位和循环移位方块指令格式

使用移位和移位循环指令时，应注意以下几点：

1）移位和移位循环指令的梯形图方块指令是将 IN 端的内容送入累加器 1 中，N 端指定要移位的位数，然后将移位结果送入 OUT 端指定的目的地址，如图 5-80 所示。当允许输入 EN 端为高电平"1"时，将执行移位或移位循环指令，如果移位或移位循环指令成功执行，允许输出端 ENO 为高电平"1"，连接在 ENO 端后面的梯形图指令将会执行。当允许输入 EN 端为低电平"0"时，将不执行移位或移位循环指令，允许输出端 ENO 为低电平"0"，连接在 ENO 端后面的梯形图指令将不会执行。

带 CC1 的循环指令无梯形图方块指令，只有 STL 指令。CC1 的循环指令只移一位，无须指定移位位数。

2）STL 的移位和循环移位指令的执行是无条件的，也就是说，它们的执行可不根据任何条件，也不影响逻辑操作结果 RLO。

3）无符号数（字或双字）左移时，高位内容丢失，低位内容自动补"0"；右移时，低位内容丢失，高位内容自动补"0"。而有符号数（整数或双整数）只有右移指令，整数右移时，高位补符号位的内容（即正数全补"0"，负数全补"1"），低位内容丢失。移出的最后一位也同时保存到状态字的 CC1 位，状态字的 CC0 和 OV 位被清零。

4）16 位的移位指令只影响累加器 1 低字中的 0~15 位，累加器 1 高字中的 16~31 位不受影响。

5）允许移位的位数：0＜字移位位数≤16，0＜双字移位位数≤32，如果移位位数等于 0，则移位指令被当作 NOP（空操作）指令来执行；否则，状态字的 CC0 和 OV 位被清零。如果字或双字的移位位数超出允许值的上限，则移位结果全为"0"且 CC1 位也为 0。如果整数或双整数的移位位数超出允许值的上限,则移位结果是:正数全为"0"且 CC1 位也为 0,负数全为"1"且 CC1 位也为 1。带 CC1 的循环指令只移一位。

6)移位位数的指定可用以下两种方法:一是在移位和循环移位指令中直接给出立即数(如 SSI 6,移位位数为 6),二是通过装入指令(L)将立即数或存储器(I、Q、M、D、L)中的数装入累加器 1 的低字中。其编程顺序是:先装入移位位数,后装入要移位的数。因此,要移位的数是存在累加器 1 中,而移位位数是存在累加器 2 的低字中。

下面举例说明移位和循环移位指令的用法。

(1)有符号整数右移(用 STL 指令)

  L MW4   //将 MW4 的内容装入累加器 1 的低字中
  SSI 4   //累加器 1 低字中的有符号整数右移 4 位,结果仍存在累加器 1 的低字中
  T MW8   //累加器 1 的低字中的移位结果传送到 MW8 中

设 MW4 的内容为一个负数,图 5-81 给出了移位前后的累加器 1 中的二进制数值。因为累加器 1 低字中是一个负数,右移后,其低字的高位添了 4 个 1。移位前后累加器 1 的高字内容没有变化。

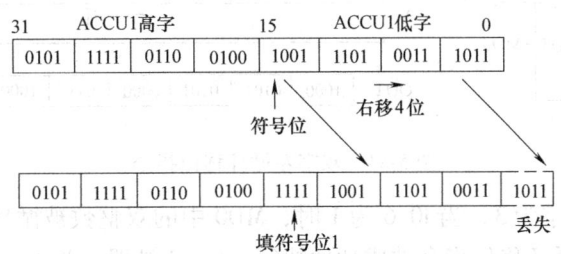

图 5-81 负整数在累加器 1 中右移 4 位

图 5-81 的结果也可用下列程序实现:

  L +4   //将 +4 装入累加器 1 中
  L MW4   //将累加器 1 中 +4 装入累加器 2 的低字中,将 MW4 的内容装入累加器 1 的低字中
  SSI   //累加器 1 低字中的有符号整数右移 4 位,结果仍存在累加器 1 的低字中
  T MW8   //累加器 1 的低字中的移位结果传送到 MW8 中

注意:MW4 中的内容并没有变化,其移位结果存在 MW8 中。

(2)16 位字左移

  L MW4   //将 MW4 的内容装入累加器 1 的低字中
  SLW 6   //累加器 1 低字内容左移 6 位,结果仍存在累加器 1 的低字中
  T MW8   //累加器 1 的低字中的移位结果传送到 MW8 中

图 5-82 给出了移位前后的累加器 1 中的二进制数值,左移后,其低字的低位添了 6 个 0。移位前后累加器 1 的高字内容没有变化。

(3)有符号整数右移(用 LAD 指令) 其用法如图 5-83 所示。

(4)双字左循环移位 其用法如图 5-84 所示。

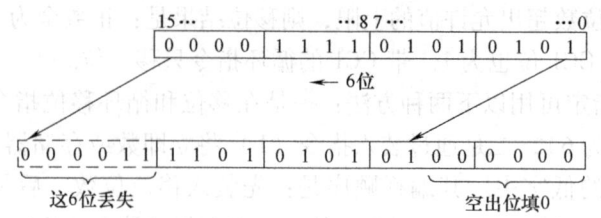

图 5-82 字在累加器中左移 6 位

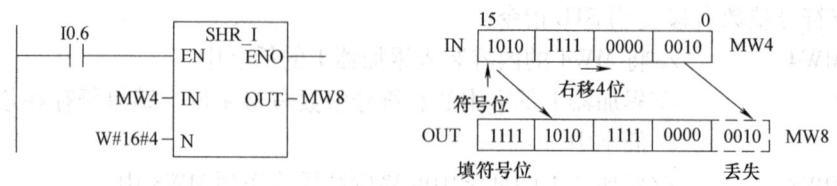

图 5-83 有符号数右移指令

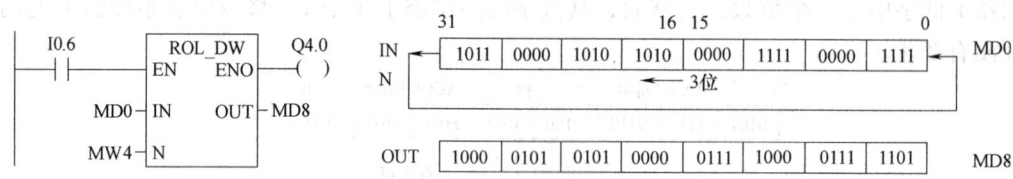

图 5-84 双字左循环移位指令

假设 MW4 中的数字为 3，当 I0.6 为 1 时，MD0 中的双整数被循环左移 3 位，移位后的结果写入 MD8。如果循环移位指令被成功地执行，Q4.0 被置位为 1。

以下是与图 5-84 中梯形图完全对应的语句表程序：

    A I0.6
    JNB 001   //如果 RLO = 0 则，跳转至_001，并令 BR = 0；如果 RLO = 1，向下执行
    L MW4   //左循环移位位数 + 3 存在 MW4 中，(MW4)→ACCU1，即 + 3→ACCU1
    L MD0   //待左循环移位双字 MD0→ACCU1，原 ACCU1 中 + 3→AC-CU2
    RLD   //MD0 中内容左循环移 3 位，其最后一位为 1，故 CC1 = 1
    T MD8   //循环移位结果存 MD8
    SET   //使 RLO 为 1，并结束逻辑串
    SAVE   //把 RLO 状态（现为 1）存入 BR 位
    CLR   //使 RLO 为 0，并结束逻辑串
_001：A BR
    = Q4.0   //如果循环移位指令被成功执行，BR 位为 1，则 Q4.0 被置为 1

（5）带 CC1 位双字右循环移位指令（RRDA）

```
    L    MD10
         RRDA
    T    MD20
```

带 CC1 位的循环移位指令只移一位。程序执行情况如图 5-85 所示。

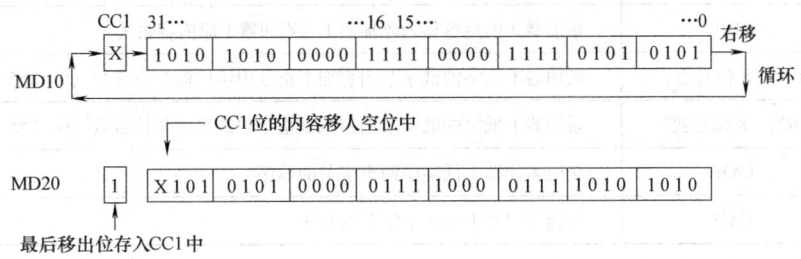

图 5-85 带 CC1 位双字右循环移位指令

要想在同一个存储字中看到移位的效果，可以将 IN 和 OUT 端指定相同的地址。如图 5-86 所示，当 I0.2 的状态为"1"时，CPU 将 MW10 中的数据读入累加器 1 低字中并移位，然后又将移位后的结果写回到 MW10 中，将 MW10 中以前的数据覆盖掉。

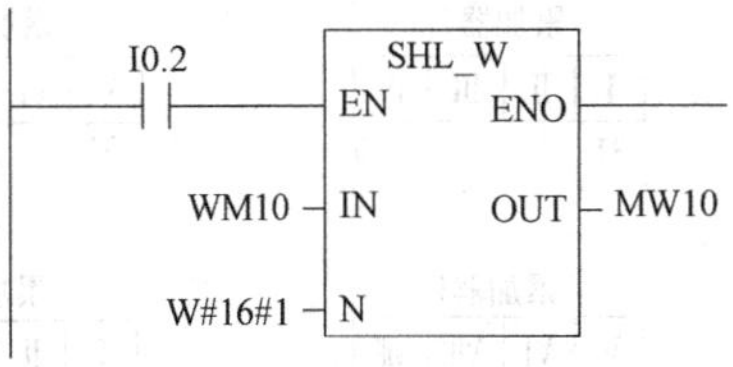

注意，移位指令是高电平执行。由于 PLC 采用循环扫描的工作方式，因此，当按下 I0.2 对应的外部输入按钮时，I0.2 的输入信号保持高电平 1s 的时间，可能是循环周期的几十倍。这时，移位指令可能被执行了几十次。每执行一次，都将 MW10 中的内容左移 1 位，这样，MW10 中的内容很快会变为全"0"的状态。如果想要每次按下 I0.2 的外部输入按钮，移位指令只执行一次，可以在 I0.2 的常开触点后加上升沿检测指令（P），将 EN 端的信号变成只有一个扫描周期的高电平信号，如图 5-87 所示。

图 5-86 同一个存储字中的移位

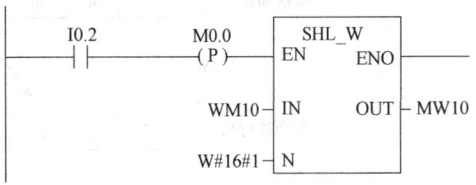

图 5-87 字左移指令应用示例

ENO 端的输出可根据需要自行选择是否使用。如果移位和循环移位指令被成功执行，则 ENO 为 1，否则为 0。

六、累加器操作指令

累加器是 PLC 中的一个重要元件，在数据处理和数字运算中都使用了累加器。直接对累加器进行操作，有助于处理程序中的一些问题，表 5-30 列出了对累加器进行直接操作的主要指令。对累加器内容的求反、求补、移位、循环移位等操作指令在前面已经介绍，此处不再赘述。指令的执行与 RLO（逻辑操作结果）无关，也不会对 RLO 产生影响。

TAK、PUSH、POP 是对两个累加器直接操作的指令，其工作情况如图 5-88 所示。CAW、CAD 是对一个累加器即累加器 1 直接操作的指令，执行时其内部字节变化如图 5-89 所示。

表 5-30 累加器操作指令

名称	STL 指令	功 能 说 明
互换	TAK	累加器 1 和累加器 2 内容的交换
压入	PUSH	累加器 1 的内容移入累加器 2（累加器 2 原内容丢失）
弹出	POP	累加器 2 的内容移入累加器 1（累加器 1 原内容丢失）
增加	INC〈8 位常数〉	累加器 1 低字的低字节内容加上指令中给出的 8 位常数（0～255）[注]
减少	DEC〈8 位常数〉	累加器 1 低字的低字节内容减去指令中给出的 8 位常数（0～255）[注]
反转	CAW	交换累加器 1 低字中两个字节的顺序
交换	CAD	颠倒累加器 1 中 4 个字节的顺序

注：指令执行是无条件的，结果不影响状态字。

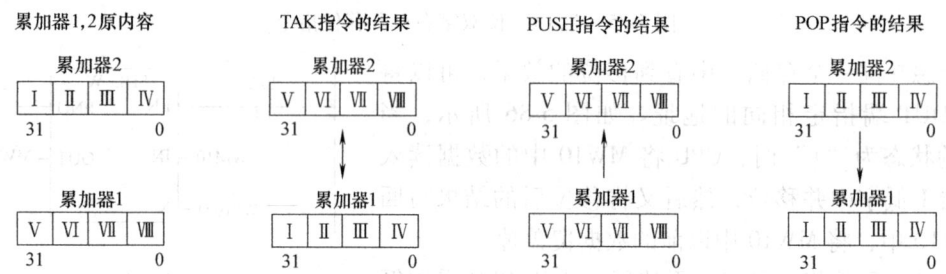

图 5-88 TAK、PUSH、POP 指令的执行结果

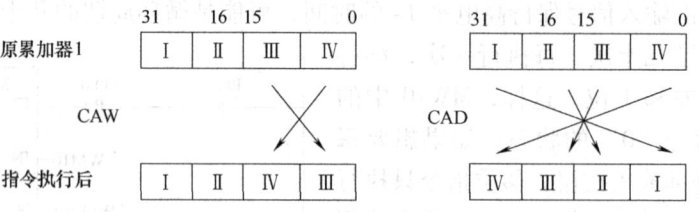

图 5-89 CAW、CAD 指令执行时累加器 1 的变化

下面举例说明累加器操作指令的使用方法。

（1）TAK 指令的用法举例 比较存储字 MW10 和 MW20 中所存整数的大小，并将大的整数减去小的整数，结果存入 MW30 中。STL 程序如下：（累加器 1、2 低字分别用 ACCU1-L、ACCU2-L 表示）

```
        L   MW10      //第一个待比较数（MW10）装入 ACCU1-L
        L   MW20      //第二个待比较数（MW20）装入 ACCU1-L，第一个数
                      （MW10）装入 ACCU2-L
        >I            //如果（MW10）>（MW20）则为真，RLO=1；否则 RLO=0
        JC  NEXT      //如果 RLO=0 则顺序执行；如果 RLO=1，则跳转到 NEXT
        TAK           //MW10 与 MW20 中的数互相交换（将大数存入 ACCU2-L）
NEXT:   -I            //ACCU2-L 减去 ACCU1-L（大数减去小数）结果存 ACCU1-L
        T   MW30      //相减结果存 MW30 中
```

(2) INC 指令的用法举例　完成从 1～5 共 5 个数的叠加。以 MB10 为变量进行循环处理，以 MW30 存储累加的和，结果送入 MW40 中。

STL 程序如下：

```
         L    0
         T    MW30         //给累加和 MW30 赋初值
         L    1
         T    MB10         //给累加变量 MB10 赋初值
Label1:  L    MW30
         L    MB10
         +I                //MW30 与 MB10 相加
         T    MW30         //结果送入 MW30 中
         L    MB10
         INC  1            //变量 MB10 加 1
         T    MB10
         L    MB10
         L    B#16#5       //MB10 与常数 5 比较
         <=I
         JC   Label1       //小于等于 5 则循环跳转至 Label1 处
         L    MW30         //否则，将累加和的结果送入 MW40 中
         T    MW40
```

说明：通过比较指令，条件满足则跳转至 Label1 处，否则，循环结束，将结果输出。

七、地址寄存器加指令

地址寄存器中已装入地址数据后，也可对其中的地址数据进行适当的增加处理，其结果还存在该地址寄存器中，这就是地址寄存器加指令。使用"加指令"如用到累加器 1 或指针常数时，应保证其格式正确（符合地址表示形式）。地址寄存器加指令有以下 4 条：

```
+AR1                   //指令中没有明确操作数，把累加器 1 的低字内容加至地址寄
                         存器 AR1
+AR2                   //指令中没有明确操作数，把累加器 1 的低字内容加至地址寄
                         存器 AR2
+AR1   P#Byte.Bit      //把一个指针常数加至地址寄存器 AR1，指针常数范围：0.0
                         ~4095.7
+AR2   P#Byte.Bit      //把一个指针常数加至地址寄存器 AR2，指针常数范围：0.0
                         ~4095.7
```

下面举例说明其用法。例如：

```
L      P#250.7        //把指针常数 250.7 装入累加器 1 中
+AR1                  //把 250.7 加至地址寄存器 AR1
+AR2   P#126.7        //把指针常数 126.7 加至地址寄存器 AR2
```

第四节 程序执行控制指令

控制指令主要指控制程序执行的顺序和控制程序结构的有关指令。包括跳转指令、循环指令、块调用指令和主控继电器指令。

一、跳转指令

PLC 的程序一般是各条语句按从上到下顺序逐条执行的，这种执行方式称为线性扫描。但有时因某种原因，如因控制或运算的需要，需中断程序的线性扫描，跳过程序中的某一部分再继续按线性扫描方式向下执行，则要用到跳转指令。跳转指令分无条件跳转指令和条件跳转指令两种。

（一）无条件跳转指令

无条件跳转指令 JU 的指令格式如下：

STL 指令：JU < 地址标号 >

LAD 指令：┤ 地址标号 ├   //LAD 形式的无条件跳转指令要直接连接到最左
　　　　　　（JMP）　　　　　边母线，否则将变成条件跳转指令

程序执行过程中，扫描到无条件跳转指令 JU，就立即无条件终止正常程序的顺序执行，使程序跳转到指定目标处（地址标号）继续执行。跳转目标用指令中的"地址标号"来指明。地址标号最多为 4 个字符，第一个字符必须是字母（或_），其余字符可为字母或数字。地址标号标志着程序继续执行的地点。在 STL 程序中地址标号标在指令的左边，用冒号与指令分隔。在梯形图中，地址标号在一个网络的开始。在编程器上，从梯形逻辑浏览中选择 LABEL（标号），出现空方块，将标号名填入方块中。

跳转指令只能用在 FB、FC 和 OB 中，但跳转指令和跳转目标必须在同一个逻辑块内，不能跳转到别的 FB、FC 和 OB 中去。在一个逻辑块中，同一个跳转目标的地址标号只能出现一次，不能重名（不同逻辑块中的目标标号地址可以重名）。最长的跳转距离为程序代码中的 64K 字节（-32768 或 +32767 个字）。在跳转指令和地址标号之间，任何指令和程序段在跳转时都不执行。

图 5-90 所示为无条件跳转指令的使用方法。当程序执行到无条件跳转指令时，将直接跳转到 L1 处执行。

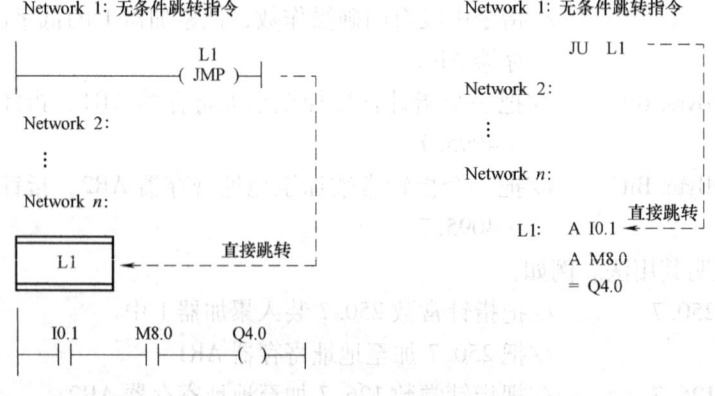

图 5-90　无条件跳转指令

(二) 多分支跳转指令（跳转表格指令）

多分支跳转指令只有 STL 指令，它是一系列无条件跳转到某分支的指令。多分支跳转指令 JL 的指令格式如下：

JL <地址标号>

多分支指令 JL 必须与无条件跳转指令 JU 配合使用，可根据累加器 1 低字中低字节的内容及 JL 所指定的标号实现最多 255 个分支（目的地）的跳转。跳转分支（目的地）列表必须位于 JL 指令和由 JL 指令所指定的标号之间，每个跳转分支（目的地）都由一个无条件跳转指令 JU 组成，JU 指令紧随 JL 指令之后。

如果累加器 1 低字中低字节的内容小于 JL 指令和由 JL 指令所指定的标号之间的 JU 指令的数量，JL 指令就会跳转到其中一条 JU 处执行，并由 JU 指令进一步跳转到目标地址；如果累加器 1 低字中低字节的内容为 0，则直接执行 JL 指令下面的第一条 JU 指令；如果累加器 1 低字中低字节的内容为 1，则直接执行 JL 指令下面的第二条 JU 指令；如果跳转的目的地数量太大，则 JL 指令跳转到目的地列表中最后一个 JU 指令之后的第一个指令。

图 5-91 所示为无条件跳转指令的使用方法。

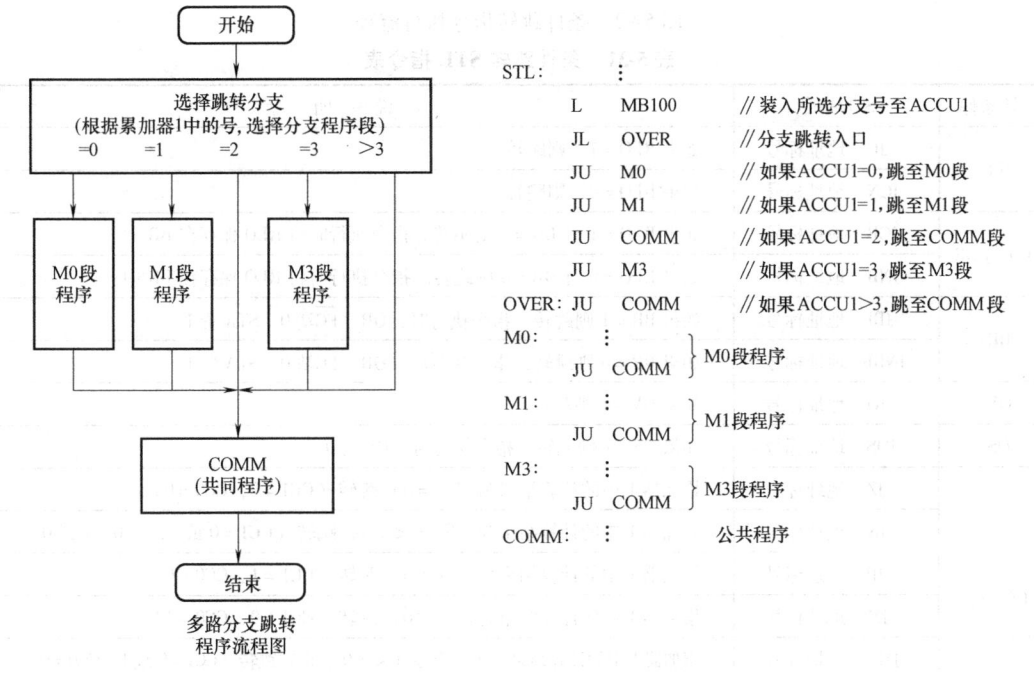

图 5-91 多路分支跳转指令的使用

(三) 条件跳转指令

条件跳转指令先要判断跳转的条件是否满足，若满足，程序跳转到指定的目标标号处继续执行；若不满足，程序不跳转，顺序执行。其程序流程图如图 5-92 所示。图 5-92b 中所示"另外程序"视需要而定，一般的跳转多不需要，而直接跳转到共同程序，如图 5-92a 所示。

条件跳转指令主要是语句表（STL）指令，根据跳转条件的不同共有 15 条。条件跳转梯形图指令只有 2 条，下面分别介绍。

1. 条件跳转语句表（STL）指令

状态寄存器（状态字）中的逻辑操作结果位（RLO）、二进制结果位（BR）、溢出位（OV）、存储溢出位（OS）、条件码1（CC1）和条件码0（CC0）均可以是跳转的条件。因为它们的状态能反映程序运行过程中的多种情况，具体可参看表5-23~表5-26。用这些作为跳转的条件，可以方便程序的控制与编写。表5-31列出了这15条指令。

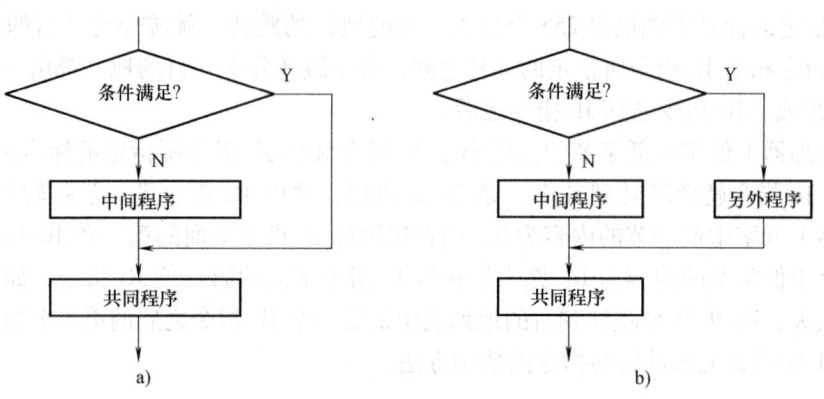

图5-92 条件跳转指令执行流程

表5-31 条件跳转STL指令表

跳转条件	STL指令		说 明
RLO	JC	地址标号	如果RLO=1，则跳转
	JCN	地址标号	如果RLO=0，则跳转
RLO与BR	JCB	地址标号	如果RLO=1且BR=1则跳转。指令执行时将RLO保存在BR中
	JNB	地址标号	如果RLO=0且BR=0则跳转。指令执行时将RLO保存在BR中
BR	JBI	地址标号	如果BR=1则跳转，指令执行时，OR、$\overline{FC}$清0，STA置1
	JNBI	地址标号	如果BR=0则跳转，指令执行时，OR、$\overline{FC}$清0，STA置1
OV	JO	地址标号	如果OV=1则跳转
OS	JOS	地址标号	如果OS=1则跳转，指令执行时，OS清0
CC1与CC0[注]	JZ	地址标号	累加器1中的计算结果为零（=0）跳转（CC1=0，CC0=0）
	JN	地址标号	累加器1中的计算结果为非零（<>0）跳转（CC1=0或1，CC0=1或0）
	JP	地址标号	累加器1中的计算结果为正（>0）跳转（CC1=1，CC0=0）
	JM	地址标号	累加器1中的计算结果为负（<0）跳转（CC1=0，CC0=1）
	JMZ	地址标号	累加器1中的计算结果小于等于零（<=0非正）跳转（CC1=0或1，CC0=0）
	JPZ	地址标号	累加器1中的计算结果大于等于零（>=0非负）跳转（CC1=0，CC0=1或0）
	JUO	地址标号	实数溢出跳转（CC1=1、CC0=1）

注：通过CC1、CC0状态，可反映累加器1中计算结果的情况。

下面举例说明条件跳转STL指令的使用。

（1）根据RLO状态对程序进行跳转控制的应用　程序要求如图5-93所示的流程图，满足这一要求的STL程序列在图旁。

（2）根据算术运算结果对程序进行跳转控制的应用　程序要求如图5-94所示的流程图，满足其要求的STL程序列在图旁。

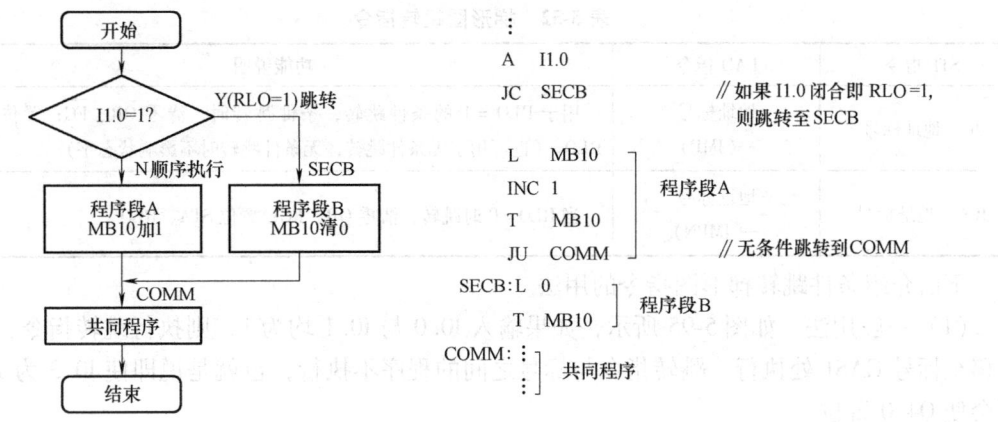

图 5-93 根据 RLO 状态对程序进行跳转控制的应用

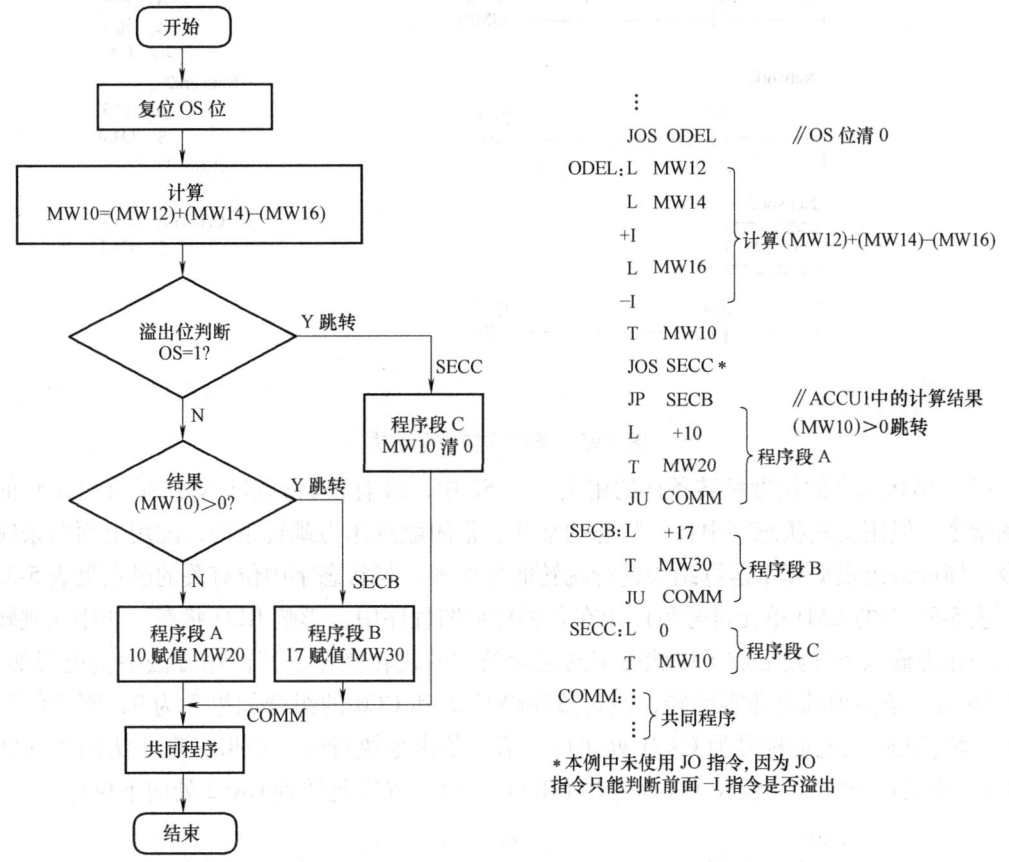

图 5-94 根据算术运算结果对程序进行跳转控制的应用

2. 条件跳转梯形图（LAD）指令

梯形图跳转指令只有两条，如表 5-32 所示。其中 JMP 也可用于无条件跳转（对应 STL 指令为 JU）。

表 5-32　梯形图跳转指令

STL 指令	LAD 指令	功能说明
JC　地址标号	地址标号 —(JMP)	用于 RLO = 1 的条件跳转，条件跳转时，清零 OR、$\overline{FC}$；置位 STA、RLO。(也可用于无条件跳转，无条件跳转时不影响状态字)
JCN　地址标号	地址标号 —(JMPN)	当 RLO = 0 时跳转，清零 OR、$\overline{FC}$；置位 STA、RLO

下面介绍条件跳转梯形图指令的用法。

(1) 一般用法　如图 5-95 所示，如果输入 I0.0 与 I0.1 均为 1，则执行跳转指令，程序转移至标号 CAS1 处执行。跳转指令与标号之间的程序不执行，也就是说即使 I0.3 为 1，也不会使 Q4.0 置位。

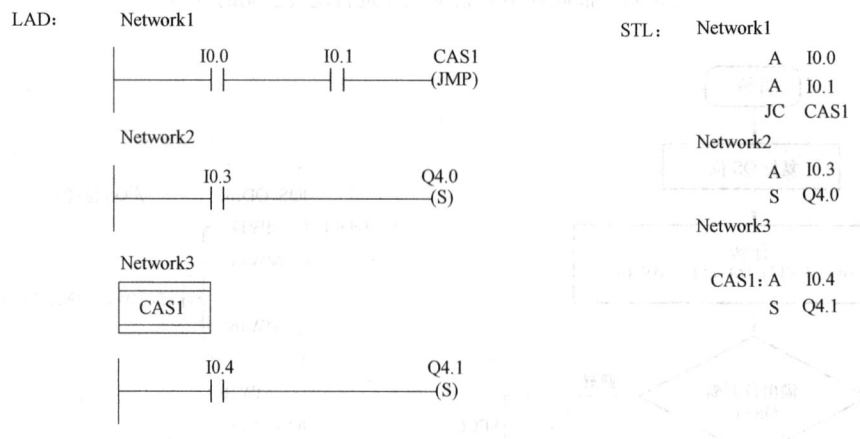

图 5-95　条件跳转指令用法

(2) 用状态字的位做跳转条件的用法　在 S7 中，没有根据算术运算结果直接跳转的梯形图指令。但用反映状态字中各位状态的常开、常闭触点作为跳转条件，配用上面两条跳转指令，即可编出根据算术运算结果进行跳转的梯形图。与状态字中位有关的触点见表 5-33。

表 5-33 中的 LAD 单元符号可以用在各种梯形图程序中，影响 RLO 状态。如用在跳转梯形图中作为输入条件则形成了以状态字的位为条件的跳转操作。其使用方法举例说明如下：图 5-96 第一条实现的是非零跳转，检测条件码 CC1 和 CC0 的组合如果不为 0，则该结果位为 1。程序跳转到地址标号为 CAS1 处执行。第二条指令执行时，如果出现非法操作（实数溢出），则无序异常位（反位）UO 为 0（RLO 为 0），程序跳转到 CAS2 处向下执行。

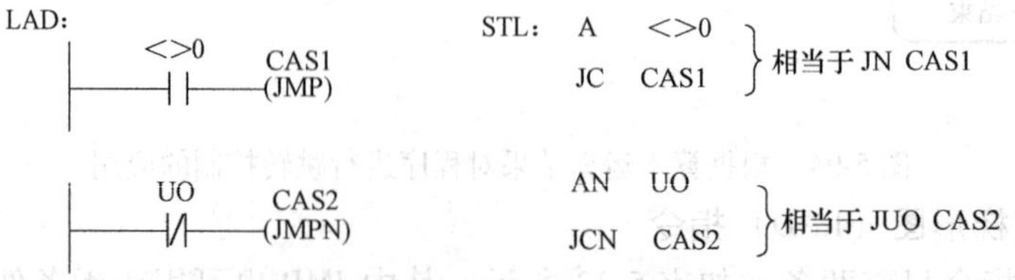

图 5-96　使用状态字中的位作转移条件

表 5-33 状态位指令格式及说明

LAD		STL	说明
常开触点	常闭触点	等效指令	
—| OV |—	—| OV |/—	A OV	溢出标志,当运算结果超出允许的正数或负数范围时,OV = "1",否则,OV = "0"
—| OS |—	—| OS |/—	A OS	溢出异常标志,当运算结果超出允许的正数或负数范围时,OS = "1",否则,OS = "0"。OS 具有保持功能,直到离开当前块
—| UO |—	—| UO |/—	A UO	无序异常标志,当浮点运算的结果无序(是否出现无效的浮点数)时,UO = "1",否则,UO = "0"
—| BR |—	—| BR |/—	A BR	二进制异常标志,当二进制结果出现无效数字时,BR = "1",否则,BR = "0"
—| ==0 |—	—| ==0 |/—	A ==0	判断算术运算的结果是否等于 0
—| <>0 |—	—| <>0 |/—	A <>0	判断算术运算的结果是否不等于 0
—| >0 |—	—| >0 |/—	A >0	判断算术运算的结果是否大于 0
—| <0 |—	—| <0 |/—	A <0	判断算术运算的结果是否小于 0
—| >=0 |—	—| >=0 |/—	A >=0	判断算术运算的结果是否大于或等于 0
—| <=0 |—	—| <=0 |/—	A <=0	判断算术运算的结果是否小于或等于 0

(四)跳转指令应用举例

例 5 试求和 $\sum_{k=1}^{20} k$。

求和程序如图 5-97 所示。

说明:在程序的 Network1 中,首先对 MW10 和 MW20 赋初值 1,通过正边缘触发指令使 Network1 只执行一次,完成初值的设定;在 Network3 和 Network4 中通过整数加法指令,使 MW10 实现从 1~20 的数值产生,而 MW20 则实现累加 20 个数的任务;通过 Network2 的条件跳转语句实现 20 以外数值的跳转;Network5 中,当数值大于等于 20 时,将累加结果送至 MW40 中。

例 6 试设计时钟脉冲发生器。要求输出位从 Q12.0~Q13.7(16 位)分别输出频率范围为 2~0.000061Hz 的脉冲。

时钟脉冲发生器的程序如图 5-98 所示。

说明:程序中 Network1 和 Network2 表示扩展脉冲定时器 T1 每隔 250ms 产生一个负脉

冲；Network4 只有当 T1 定时时间到的情况下，负脉冲产生时才执行，此时 RLO 之值为零，这样存储器 MW100 的内容加 1；Network5 表示存储器内容 MW100 传输到 QW12 中，那么因为 MW100 的不断累加，使输出位从 Q12.0 ~ Q13.7 分别输出频率范围为 2 ~ 0.000061Hz 的脉冲。

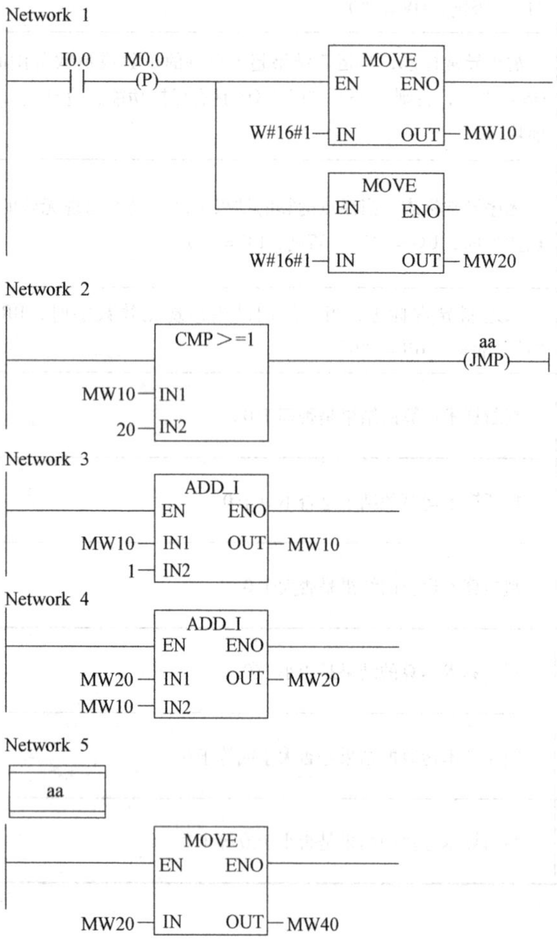

图 5-97　求和程序

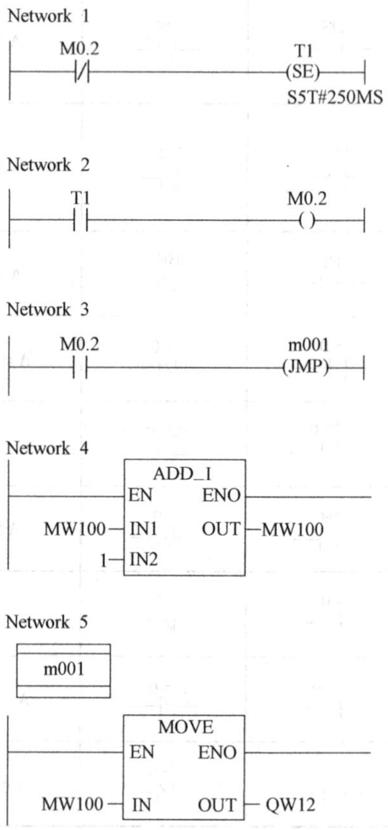

图 5-98　时钟脉冲发生器的程序

二、循环指令

循环控制指令一般称为循环指令。使用循环指令可以多次重复执行某程序段。循环指令的格式为：

地址标号：⋮
⋮　　循环体
LOOP　地址标号

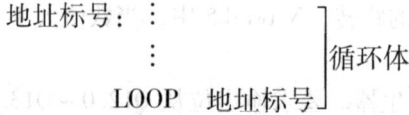

指令中地址标号指出循环所回到的地方，在地址标号与 LOOP 地址标号间构成循环体（重复执行程序段）。循环次数存在累加器 1 中，即 LOOP 指令以累加器 1 为循环计数器。LOOP 指令执行 1 次，将累加器 1 低字中的值减 1，如果不是 0，则回到循环体开始处（地址

标号处）继续循环执行；如果是 0 则停止循环，执行 LOOP 指令下面的指令。

循环次数不能是负数，程序设计时应保证循环计数器中的数为正整数（数值范围 1 ~ 32767）或字型数据（数值范围：W#16#0001 ~ W#16#FFFF）。

图 5-99 用于说明循环指令的用法，考虑到循环体（程序段 A）中可能用到累加器 1，设置了一个循环计数暂存器 MB10。

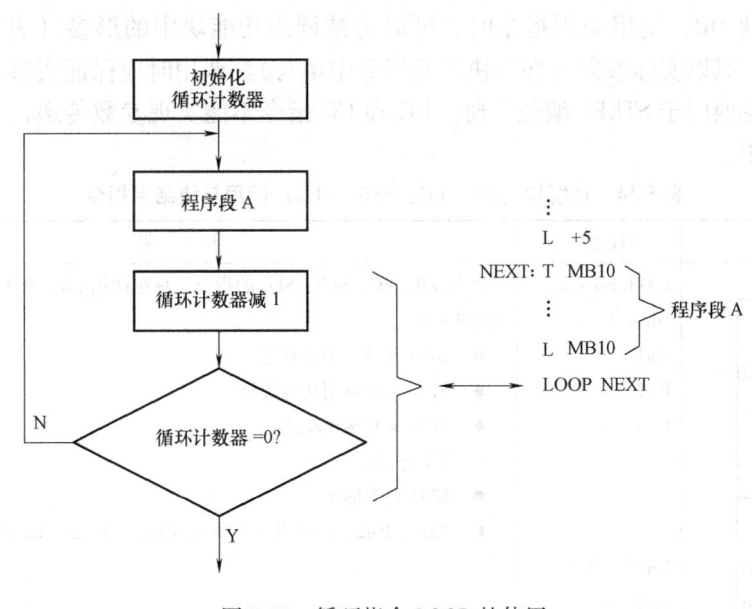

图 5-99　循环指令 LOOP 的使用

循环指令应用举例如下。

例 7　利用循环指令可以完成有规律的重复计算过程。下面是求阶乘"8！"的示例程序。

```
            L       L#1         //将长整数常数装入累加器 1
            T       MD20        //将累加器 1 的内容传送到 MD20
            L       8           //将循环次数装入累加器 1 的低字中
NEXT:       T       MW10        //循环开始，将累加器 1 低字的内容（循环变量值）装入
                                  MW10
            L       MD20        //取部分积
            *D                  //MD20 × MW10
            T       MD20        //存部分积，循环结束后 MD20 = 8×7×6×5×4×3×2×1 =
                                  40320
            L       MW10        //取当前循环变量值装入累加器 1
            LOOP    NEXT        //如果累加器 1 低字中的内容不为 0，则转到 NEXT 继续循环
                                  执行并对累加器 1 的低字减 1
            …                   //循环结束，执行其他指令
```

三、功能块调用指令与数据块指令

（一）功能块调用指令

S7 系列 PLC 采用结构化程序设计时，常常要调用功能块（FB、FC、SFB、SFC）来组

成用户程序,这就需要用到功能块调用指令,也会遇到块结束指令。在这里先对这类指令进行简单介绍,对于功能块及其参数与调用的详细了解,读者可参阅第六章第三节内容。

功能块调用指令有梯形图(LAD)指令和语句表(STL)指令两种,如表 5-34 所示。块调用指令可以调用用户编写的功能块(FB、FC)或操作系统提供的功能块(SFB、SFC)。调用指令的操作数是功能块类型及其编号。当调用的功能块是 FB 或 SFB 块时,还要提供相应的背景数据块 DB,使用调用指令时,可以为被调用功能块中的形参(表 5-34 中 Par1、Par2、Par3 等)赋以实际参数(在方块图或指令中填写)。调用时应保证实参与形参的数据类型一致,详见西门子 STEP7 编程手册。UC 和 CC 指令不能实现参数传递,下面举例说明调用指令的使用。

表 5-34 功能块(FB、FC、SFB、SFC)调用与块结束指令

LAD 指令	STL 指令	说　明
DB×× FB×× EN　ENO Par1　Par2 Par3	CALL FB××, DB×× Par1:= Par2:= Par3:=	调用 FB、FC、SFB、SFC 的指令。只在调用 FB、SFB 时提供背景数据块 DB×× ● DB×× 背景数据块号 ● FB×× 被调用功能块号 ● FC×× 被调用功能号 ● EN 允许输入 ● ENO 允许输出 ● Par1、Par2、Par3 等为功能块的 in、out、in_out 形参
FC×× EN　ENO Par1　Par2 Par3	CALL　FC×× Par1:= Par2:= Par3:=	
FC×× —(CALL)	CALL　FC×× (或 SFC)	被调用的一般是不带参数的 FC 或 SFC 号
FC×× EN　ENO	UC　FC×× (或 SFC)	无条件调用功能块(一般是 FC 或 SFC××),但不能传递参数
	CC　FC××	当 RLO=1 时执行调用(一般是 FC),但不能传递参数
—(RET)	BEU(或 BE)	无条件结束当前块的扫描,将控制返还给调用块
—┤ ├—(RET)	BEC	RLO=1 结束当前块的扫描,RLO=0 将继续在当前块内扫描

注:功能块类型(FB、FC、SFB、SFC)及其编号(如 FB20)是作为地址输入的,功能块的地址可以是绝对地址或符号地址。

例 8 在方块指令中使用 EN/ENO 参数。如果 EN=0,块不被执行,且 ENO=0;如果 EN=1 块被执行,这样可以根据 RLO 来调用该块,如图 5-100 所示。

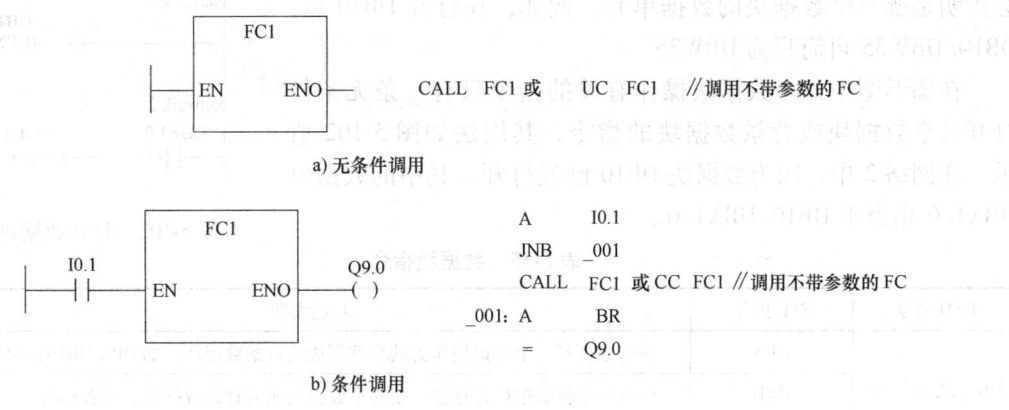

图 5-100 在功能块调用的方块指令中使用 EN/ENO 参数

例 9 功能块 FB10 的一个背景数据块为 DB13,在 FB10 中定义了三个形参,各形参的参数名、数据类型及实参如图 5-101 中的表格所示,调用程序如图 5-101 所示。

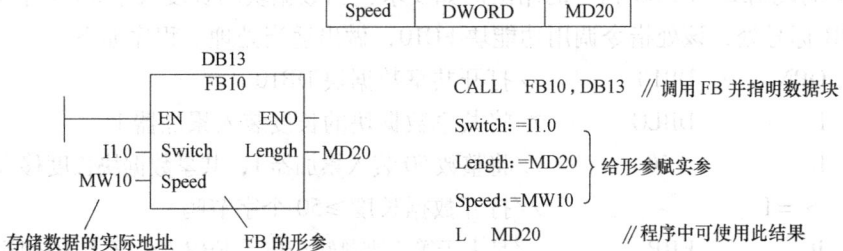

图 5-101 具有形参的功能块调用指令的用法

块结束指令如表 5-34 所示,它有两种,即无条件块结束指令和有条件块结束指令。

无条件块结束指令（BEU）结束对当前块的扫描,使扫描返回到调用的程序中。有条件块结束指令（BEC）,当条件的逻辑操作结果（RLO）为 1 时,结束当前块的扫描,将控制返还给调用块。当条件的 RLO=0,程序将不执行 BEC,继续在当前块内扫描。

下面是使用 BEC 程序的例子：

  A I0.1   //刷新 RLO

  BEC   //如果 RLO=1,结束块；如果 RLO=0,不执行 BEC,继续程序
          扫描

  L IW4

  T MW10

（二）数据块指令

数据块指令如表 5-35 所示。使用表中指令即数据块时,要注意必须先打开一个数据块,然后才能使用与数据块有关的指令。在访问已经打开的数据块内的存储单元时,其地址中不

必指明是哪一个数据块的数据单元。例如，在打开 DB10 后，DB10.DBW35 可简写为 DBW35。

在梯形图中，与数据块操作有关的指令只有一条无条件打开共享数据块或背景数据块的指令，其用法如图 5-102 所示。在网络 2 中，因为数据块 DB10 已经打开，其中的数据位 DBX1.0 相当于 DB10.DBX1.0。

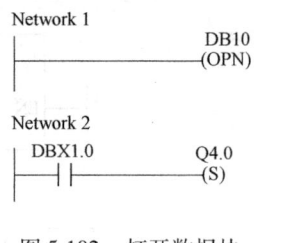

图 5-102　打开数据块

表 5-35　数据块指令

LAD 指令	STL 指令	功能说明
DB（或 DI）号——（OPN）（只有 OPN 指令）	OPN	该指令打开一个数据块作为共享数据块或背景数据块，如 OPN DB10；OPN DI20
	CAD	该指令交换数据块寄存器，使共享数据块成为背景数据块，或者相反
	DBLG	该指令将共享数据块的长度（字节数）装入累加器 1，如 L DBLG
	DBNO	该指令将共享数据块的块号装入累加器 1，如 L DBNO
	DILG	该指令将背景数据块的长度（字节数）装入累加器 1，如 L　DILG
	DINO	该指令将背景数据块的块号装入累加器 1，如 L　DINO

表 5-35 中 OPN 指令为打开数据块的传统方法（先打开后访问），其他方法和详细内容请参看第六章第二节的内容。

下面举例说明 L　DBLG 指令的用法。如要求：当数据块的长度大于 50 个字节时，程序跳转到 ERR 标号处，该处指令调用功能块 FC10，做出适当处理。程序如下：

```
      OPN    DB10       //打开共享数据块 DB10
      L      DBLG       //将共享数据块的长度装入累加器 1
      L      +50        //将整数 50 装入累加器 1，共享数据块长度移入累加器 2
      >=I               //打开数据长度≥50 个字节吗
      JC     ERR        //是大于等于则跳转至标号 ERR 处，不是则顺序向下执行
      A      I0.0       //执行一个与操作
      BEU               //不管逻辑操作结果如何，当前块结束
ERR： CALL   FC10       //对于块长度≥50 情况，调用 FC10 做出相应处理
```

下面的例子说明 L　DBNO 指令的用法。如要求检查当前所打开的数据块号是否在 100~200 范围内（即 DB100~DB200 间）。程序如下：

```
      L      DBNO       //将目前已打开的数据块块号装入累加器 1
      L      +100       //将下限值 100 装入累加器 1，待检查的数据块块号移入累加器 2
      <I                //待检查数据块号<100 吗
      JC     ERR        //是小于 100 则跳转至标号 ERR 处，不是则顺序向下执行
      L      DBNO       //将目前已打开的数据块块号装入累加器 1
      L      +200       //将上限值 200 装入累加器 1，待检查的数据块块号移入累加器 2
      >I                //待检查数据块号>200 吗
      JC     ERR        //是大于 200 则跳转至标号 ERR 处，不是则说明块号在
```

要求范围内顺序执行
    A   I0.0   //执行一个与操作
        BEU   //不管逻辑操作结果如何，当前块结束
ERR：…

四、主控继电器指令

主控继电器（MCR）是一种继电器梯形图逻辑的主开关，用于控制电流（能流）的通断。图 5-103 所示为带主控继电器的梯形图逻辑电路，主控继电器触点前的母线（电源母线 A）称为主母线，其后的母线（电源母线 B）称为子母线。若 MCR 线圈得电（I0.0 闭合），则 MCR 常开触点闭合，子母线得电，与子母线相连的控制线路则处于可控状态。若 MCR 线圈失电（I0.0 断开），则 MCR 常开触点断开，与子母线相连的控制线路将不能工作。

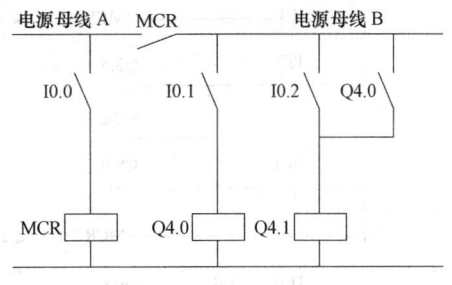

图 5-103　主控继电器逻辑电路

在 STEP7 中，可用下面所示的 STL 程序实现与图 5-103 所示相同的功能。其中与主控继电器相关的指令见表 5-36。

```
MCRA              //激活 MCR 区
A   I0.0          //扫描 I0.0
MCR(              //若 I0.0 = 1，则打开 MCR（子母线开始）
                  MCR 位为 1
A   I0.1          //扫描 I0.1
=   Q4.0          //若 I0.1 = 1 且 MCR 位为 1，则 Q4.0 动作
O   I0.2          //扫描 I0.2
O   Q4.0          //扫描 Q4.0
=   Q4.1          //若 Q4.0 信号状态为 1 或 I0.2 = 1 且 MCR 位为 1，则 Q4.1 动作
)MCR              //结束 MCR 区
MCRD              //关闭 MCR 区
```

表 5-36　与主控继电器相关的指令

STL 指令	LAD 指令	说　明
MCRA	—（MCRA）	表示受主控继电器控制区的开始（启动 MCR 功能）
MCRD	—（MCRD）	表示受主控继电器控制区的结束（取消 MCR 功能）
MCR(	—（MCR <）	主控继电器，当 RLO = 1 时接通子母线，其后的指令与子母线相关
)MCR	—（MCR >）	无条件关断子母线，其后的指令与子母线无关

现通过图 5-104 说明主控继电器功能及使用方法。

主控继电器指令"MCR("和")MCR"在主控区内（MCRA 和 MCRD 指令之间）可起作用，即其间的指令将根据 MCR 位的状态进行操作。如图中当 I0.0 为 1 时，I0.7 闭合，

Q8.5、M0.6 为 1；当 I0.4 闭合，Q9.0 置位。当 I0.0 为 0 时，不管 I0.7 和 I0.4 为闭合或断开。Q8.5、M0.6 均为 0，Q9.0 维持原状。MCR 是否动作对与子母线相连的控制逻辑操作结果的影响可参见表 5-37。在 MCR 指令外，如图中 Q9.5 的状态不受 MCR 位的影响，仍然只受 I1.0 和 M4.0 控制。

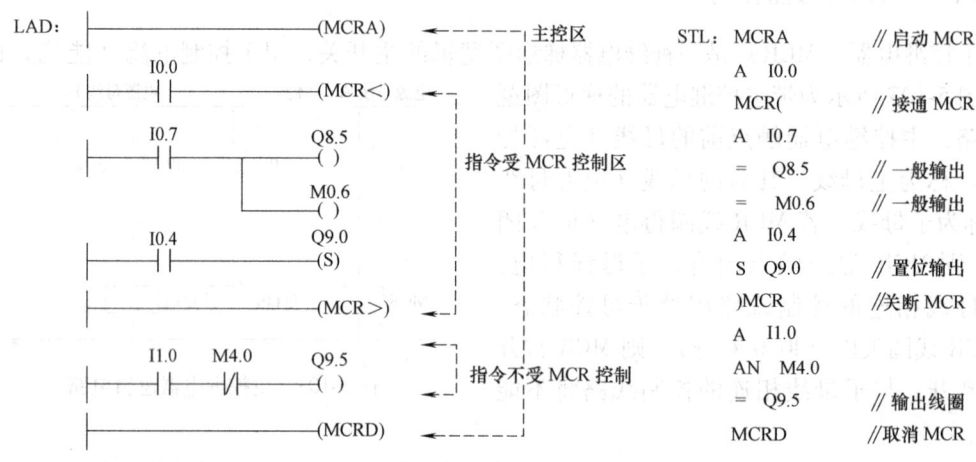

图 5-104　主控继电器的使用

表 5-37　MCR 对逻辑操作的影响

MCR 位状态	= （输出线圈或中间输出）	S 或 R （置位或复位）	T （传送或赋值）
0	写入 0 模仿掉电时继电器的静止状态	不写入 模仿掉电时的自锁继电器，使其保持当前状态	写入 0 模仿一个元件，在掉电时产生 0 值
1	正常执行	正常执行	正常执行

使用 MCR 指令时要注意：

1)"MCR("和")MCR"必须成对出现，以表示子母线的开始与结束；

2) MCR 控制可以嵌套，由于 MCR 的嵌套堆栈是一个 LIFO（后进先出）堆栈，只能有 8 个堆栈输入，因此最多可以嵌套 8 层；

3) 若在 MCRA 和 MCRD 之间有块结束指令 BEU，CPU 执行 BEU 的同时也会结束 MCR 区。如果在 MCR 区内有块调用指令，MCR 的激活状态不能保持到被调用的块中，必须在被调用的块内重新激活新的 MCR 区；

4) 在实际应用中，为了安全，对于紧急停机功能，禁止用 MCR 功能代替硬接线机械式主控继电器。

五、显示和空操作指令

语句表指令中包括以下显示和空操作（不操作）指令，见表 5-38。

表 5-38 显示和空操作指令

STL 指令	功能说明
BLD	程序显示指令（空指令），控制编程器显示程序的形式，执行程序时不产生任何影响
NOP0	空操作 0，不进行任何操作
NOP1	空操作 1，不进行任何操作

第五节 指令系统综合应用

例 1 接通延时定时器的应用——电动机顺序起停控制。

控制要求：如图 5-105a 所示，某传输线由两个传送带组成，按物流要求，当按动起动按钮 SB_1 时，传送带电动机 Motor_2 首先起动，延时 5s 后，传送带电动机 Motor_1 自动起动；如果按动停止按钮 SB_2，则 Motor_1 立即停机，延时 10s 后，Motor_2 自动停机。

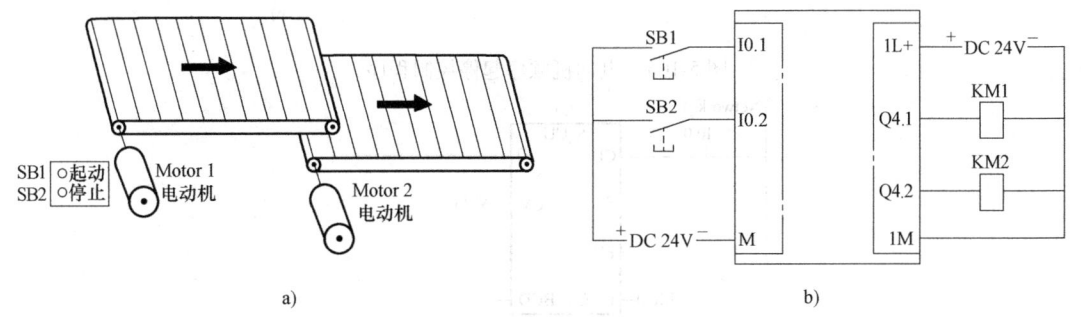

图 5-105 物流传送带

地址分配及符号定义见表 5-39。端子配置如图 5-105b 所示。

表 5-39 物流传送带控制系统的 I/O 分配

编程元件	元件地址	符号	传感器/执行器	说明
数字量输入 DC 32×24V	I0.1	SB1	常开按钮 1	起动按钮
	I0.2	SB2	常开按钮 2	停止按钮
数字量输出 DC 32×24V	Q4.1	KM1	直流接触器	传送带电动机 Motor_1 起停控制
	Q4.2	KM2	直流接触器	传送带电动机 Motor_2 起停控制

物流传送带控制程序，可采用接通延时定时器和保持型接通延时定时器的线圈指令 SD 和 SS 实现，如图 5-106a 所示；也可采用接通延时定时器和保持型接通延时定时器梯形图方块指令实现，如图 5-106b 所示。

例 2 用比较和计数指令编写开、关灯程序，要求灯控按钮 I0.2 按下一次，灯 Q4.0 亮，按下两次，灯 Q4.0 和 Q4.1 全亮，按下三次灯全灭，如此循环。

分析：在程序中所用计数器为加法计数器，当加到 3 时，必须复位计数器，这是关键。灯控制程序如图 5-107 所示。

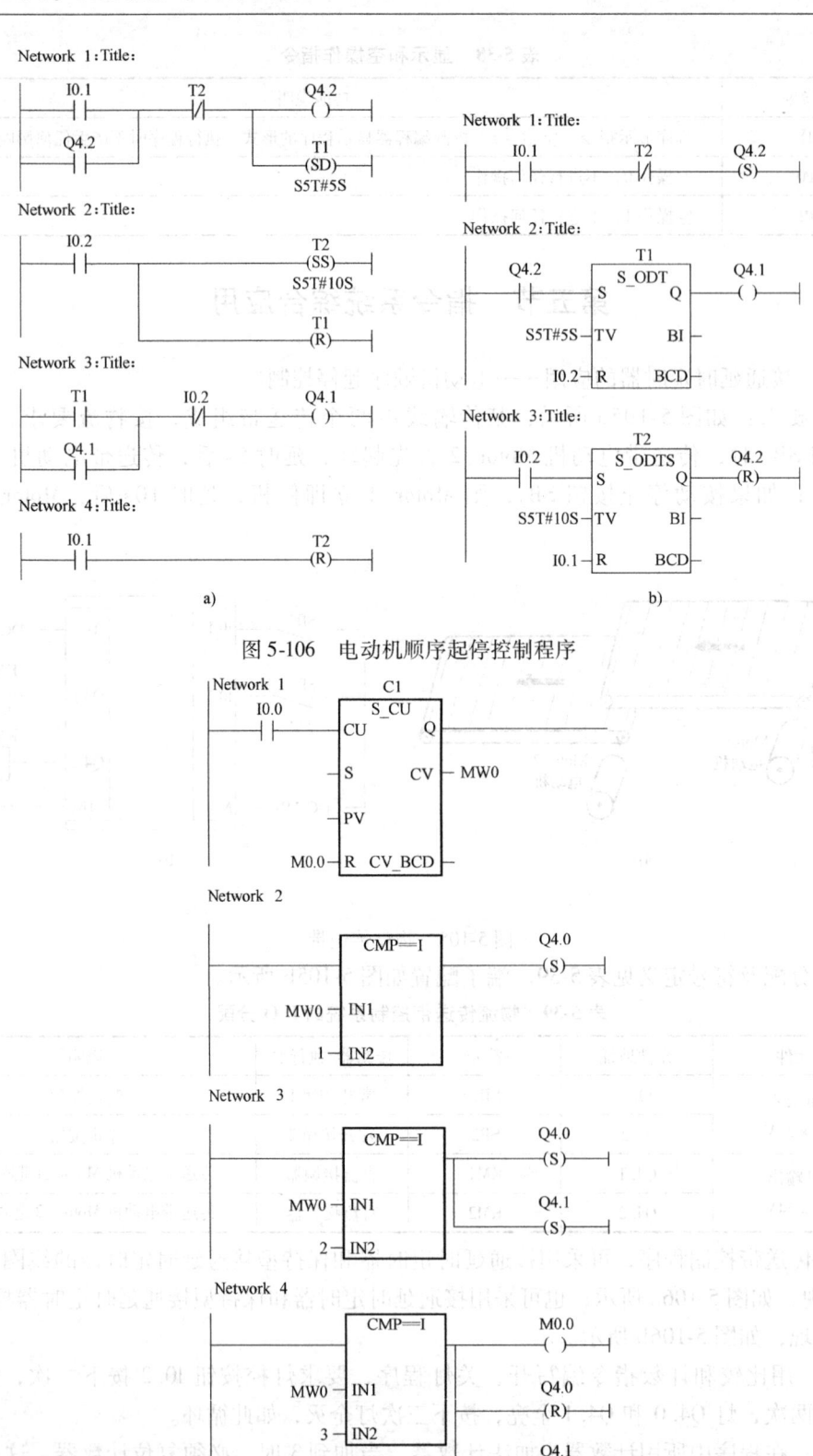

图 5-106 电动机顺序起停控制程序

图 5-107 灯控制程序

说明：在程序的 Network1 中，以灯控按钮 I0.0 的正跳沿触发加计数器；在 Network2 中比较可知是第一次按下按钮，所以灯 Q4.0 亮；在 Network3 中是第二次按下按钮，所以灯 Q4.1 亮；在 Network4 中是第三次按下按钮，所以灯全灭。此时使 M0.0 通电，并复位计数器。这样保证程序能顺序执行。

此例如果用 Set/Reset 指令实现，则语句表程序为：
Network1：按钮按下
A   I0.0
FP   M0.0
=   M1.0
Network2：在灯都不亮时，将 M4.1 置位
A   M1.0
AN   Q4.0
AN   Q4.1
S   M4.1   //使 Q4.0 一个灯亮
Network3：在一个灯亮时，将 M4.2 置位
A   M1.0
A   Q4.0
AN   Q4.1
S   M4.2   //使 Q4.0、Q4.1 两个灯亮
Network4：在两个灯全都亮时，使 M4.1 和 M4.2 复位
A   M1.0
A   Q4.0
A   Q4.1
R   M4.1
R   M4.2   //使两个灯一起灭。
Network5：通过 M4.1 和 M4.2，控制两盏灯的亮灭
A   M4.1
=   Q4.0
A   M4.2
=   Q4.1

注意：在 Network2 和 Network3 中不能用直接置位 Q4.0 和 Q4.1，因为循环扫描互相影响的缘故。所以在 Network5 中，通过 M4.1 和 M4.2 来控制输出。

例 3 图 5-108 所示为仓库区及显示面板。在两个传送带之间有一个装 100 件物品的仓库，传送带 1 将物品送至临时仓库。传送带 1 靠近仓库区一端的光电传感器（I0.0）确定有多少物品运送至仓库区，传送带 2 将仓库区中的物品运送至货场，传送带 2 靠近仓库区一端的光电传感器（I0.1）确定已有多少物品从库区送至货场。显示面板上有 5 个指示灯（Q12.0~Q12.4）显示仓库区物品的占有程度。

图 5-109 给出了显示面板上指示灯控制程序。

分析：输入 I0.0 信号每次从"0"变到"1"时，计数器加 1，表示光电传感器检测到

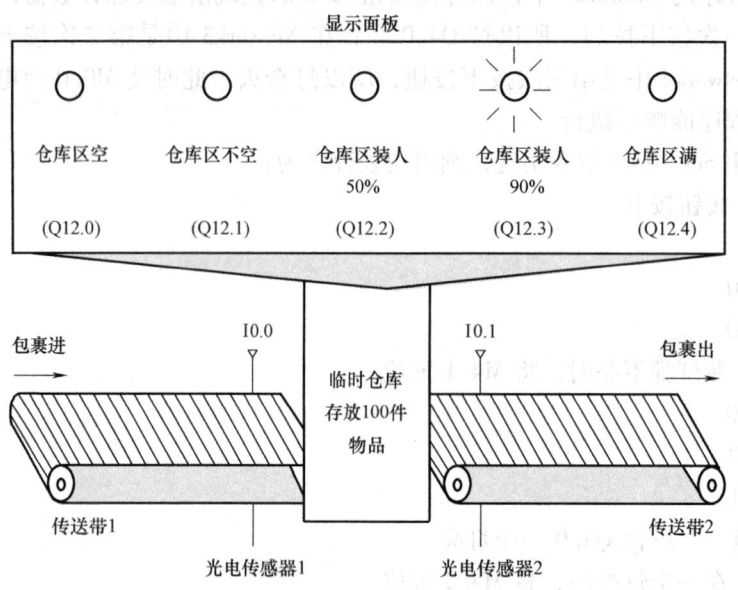

图 5-108 仓库区及显示面板

物品进入仓库；当输入 I0.1 信号每次从"0"变到"1"时，计数器减 1，表示光电传感器检测到物品送出仓库。其中显示 50% 的指示时，是物品数在 50%～90% 范围时的显示。所以运用大于等于比较器和小于比较器的串联。同样物品数在 90%～100% 范围时，也运用两个比较器实现范围的限定。

说明：在程序的 Network1 中，通过光电传感器 I0.0 的正跳沿脉冲触发加计数器，光电传感器 I0.1 的正跳沿脉冲触发减计数器，当前计数值在 MW10 中显示；在 Network2 和 Network3 中，通过与 0 的比较指令可知，仓库区的状态为空还是非空，分别用指示灯 Q12.0 和 Q12.1 表示；在 Network4 和 Network5 中分别通过两个比较器的串联可知仓库区的状态在 50%～90% 之间，或是在 90%～100% 之间，两种状态用指示灯 Q12.2 和 Q12.3 表示；在 Network6 中显示仓库区满载，这一状态用 Q12.4 表示。计数器复位用按钮 I0.2 来实现。

对应的语句表程序是：

Network1
```
A    I0.0         //在 I0.0 的正跳沿
CU   C1          //加 1
A    I0.1         //在 I0.1 的正跳沿
CD   C1          //减 1
A    I0.2
R    C1          //用 I0.2 复位 C1
L    C1
T    MW10        //将 C1 当前值存入 MW10 中
```
Network2
```
L    MW10
```

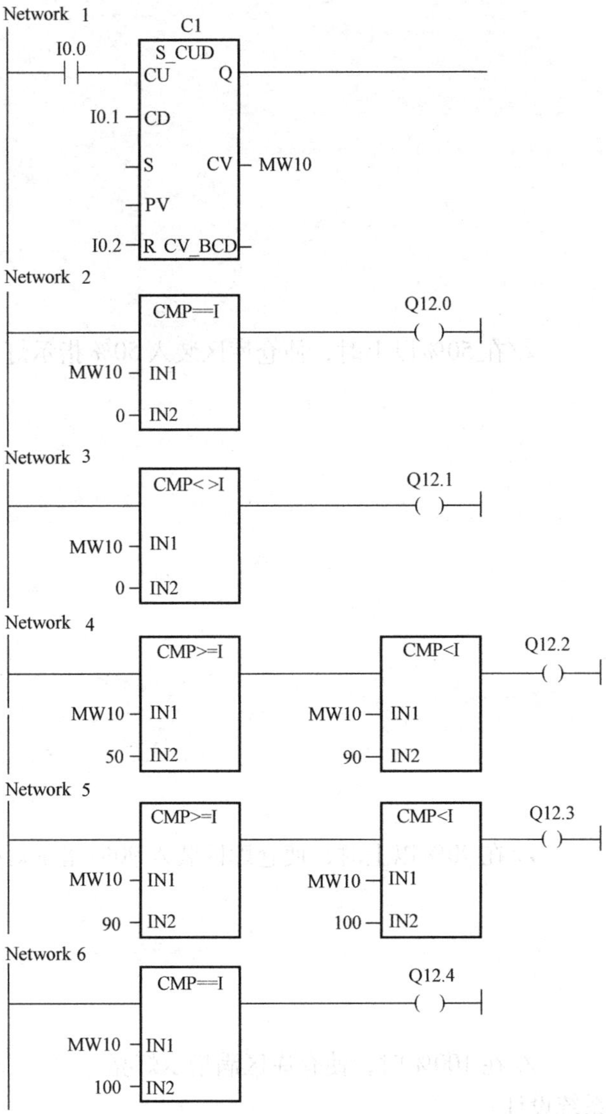

```
Network 1
        C1
       S_CUD
 I0.0 ─┤ ├─ CU    Q ─
 I0.1 ───── CD
            S    CV ─ MW10
            PV
 I0.2 ───── R  CV_BCD ─

Network 2
         CMP==I          Q12.0
         ┤    ├──────────( )─
 MW10 ─ IN1
    0 ─ IN2

Network 3
         CMP<>I          Q12.1
                         ( )─
 MW10 ─ IN1
    0 ─ IN2

Network 4
         CMP>=I         CMP<I     Q12.2
                                   ( )─
 MW10 ─ IN1     MW10 ─ IN1
    50 ─ IN2      90 ─ IN2

Network 5
         CMP>=I         CMP<I     Q12.3
                                   ( )─
 MW10 ─ IN1     MW10 ─ IN1
    90 ─ IN2     100 ─ IN2

Network 6
         CMP==I          Q12.4
                         ( )─
 MW10 ─ IN1
   100 ─ IN2
```

图 5-109　显示面板上指示灯控制程序

　　L　0
　==I
　=　Q12.0　　　//在等于 0 时，使仓库区空显示灯亮
Network3
　　L　MW10
　　L　0
　<>I
　=　Q12.1　　　//不等于 0 时，使仓库区不空显示灯亮
Network4
　A(
　　L　MW10

```
      L    50
      >=I
      )
     A(
      L    MW10
      L    90
      <I
      )
      =    Q12.2          //在50%以上时，使仓库区装入50%指示灯亮
Network5
     A(
      L    MW10
      L    90
      >=I
      )
     A(
      L    MW10
      L    100
      <I
      )
      =    Q12.3          //在90%以上时，使仓库区装入90%指示灯亮
Network6
      L    MW10
      L    100
      ==I
      =    Q12.4          //在100%时，使仓库区满指示灯亮
```

例4 物品分选系统设计。

（1）原理与控制说明　图5-110a所示是一个简单的物品分选系统。物品由传送带发送，传送带的主动轮由一台交流电动机M拖动，该电动机的通断由接触器KM控制，从动轮上装有脉冲发生器LS，每传送一个物品，LS发出一个脉冲，作为物品发送的检测信号，次品检测在传送带的0号位进行，由光检测装置PH1检测，当次品在传送带上继续往前走，到4号位置时应使电磁铁YV通电，电磁铁向前推，次品落下，当光开关PH2检测到次品落下时，给出信号，让电磁铁YV断电，电磁铁缩回，正品则到第9号位置时装入箱中，光开关PH3为正品装箱计数检测用。

（2）I/O分配　物品分选系统的端子配置如图5-110b所示，I/O分配见表5-40。

（3）控制程序　该系统比较简单，可采用线性编程方式将整个程序放在OB1内，如图5-111所示。系统梯形图控制程序由6个网络（Network）构成，各部分的工作情况如下：

Network 1：实现传送带的起停控制。按动起动按钮SB3可起动传送带；在任何情况下，按动停止按钮SB4，可立即使传送带停止；传送带传动过程中，若正品计数器C1（采用减

计数器）计数到 0，则立即使传送带停止，以便将装满工件的包装箱搬走。

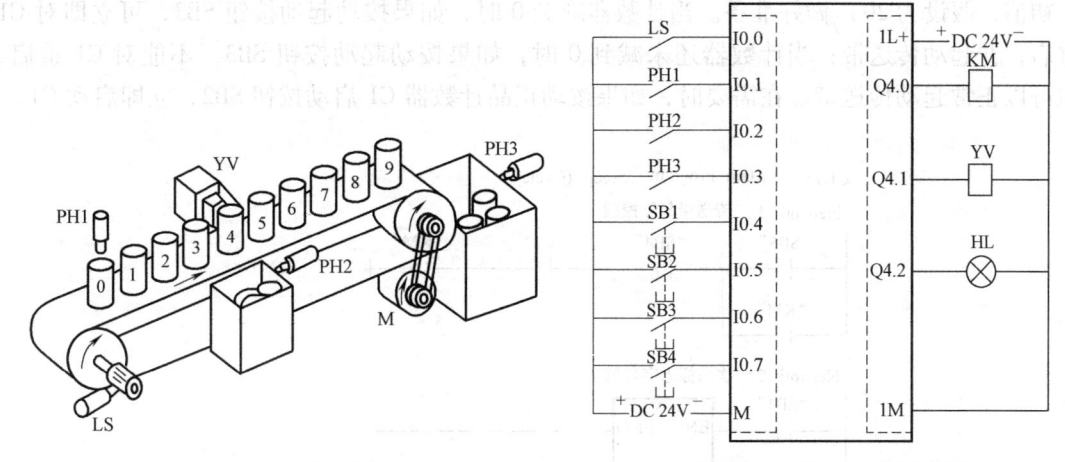

a) 物品分选系统简图　　　　　　b) 物品分选系统的 PLC 端子配置图

图 5-110　物品分选系统

表 5-40　物品分选系统的 I/O 分配

编程元件	元件地址	符　号	传感器/执行器	说　明
数字量输入 DC 32×24V	I0.0	LS	脉冲发生器，常开	发送物品检测
	I0.1	PH1	光传感器1，常开	次品检测
	I0.2	PH2	光传感器2，常开	次品落下检测
	I0.3	PH3	光传感器3，常开	正品落下检测
	I0.4	SB1	常开按钮1	次品标志复位
	I0.5	SB2	常开按钮2	正品计数器启动
	I0.6	SB3	常开按钮3	传送带起动按钮
	I0.7	SB4	常开按钮4	传送带停止按钮
数字量输出 DC 32×24V	Q4.0	KM	接触器	传送带电机起/停控制
	Q4.1	YV	电磁铁	次品推动电磁铁
	Q4.1	HL	指示灯	装箱满指示灯

Network2 ~ Network4：实现次品工件检测。由于传送带只有 0 号位有一个次品检测传感器，为了在 4 号位能正确剔除次品工件，编程时设定了一个次品标志字 MW0 来寄存次品的位置。当次品检测传感器 PH1 在 0 号位检测到次品时，即对标志字的 M0.0 置 "1"，然后采用移位的方式，每当物品检测传感器 LS 检测到一个工件时，对次品标志字执行一次左移，这样当次品到达 4 号位时，就会使 M0.4 变为 "1"。在需要时，可按动次品标志复位按钮 SB1 对次品标志字 MW0 复位。

Network 5：次品剔除。程序采用复位优先的 SR 触发器实现，当次品标志 M0.4 为 "1"，则置位 SR 触发器，驱动电磁铁 YV 将次品推出，同时清除次品标志 M0.4；当次品落下，检测传感器 PH2 检测到次品已经落下后，立即复位 SR 触发器，并释放电磁铁。

Network 6：正品计数。正品计数器 C1 采用减 1 计数器，传动带传送过程中，每当正品落下时检测传感器 PH3 动作一次，即对 C1 执行一次减 1 操作，当 C1 减到 0 时，立即驱动装箱满指示灯 HL，同时其常开触点断开，使传送带停止；常闭触点闭合，为 C1 重启（装入初值，假设为 20）做好准备。当计数器减到 0 时，如果按动起动按钮 SB3，可立即对 C1 重启，并起动传送带；当计数器还未减到 0 时，如果按动起动按钮 SB3，不能对 C1 重启，但可以正常起动传送带。在需要时，如果按动正品计数器 C1 启动按钮 SB2，立即启动 C1。

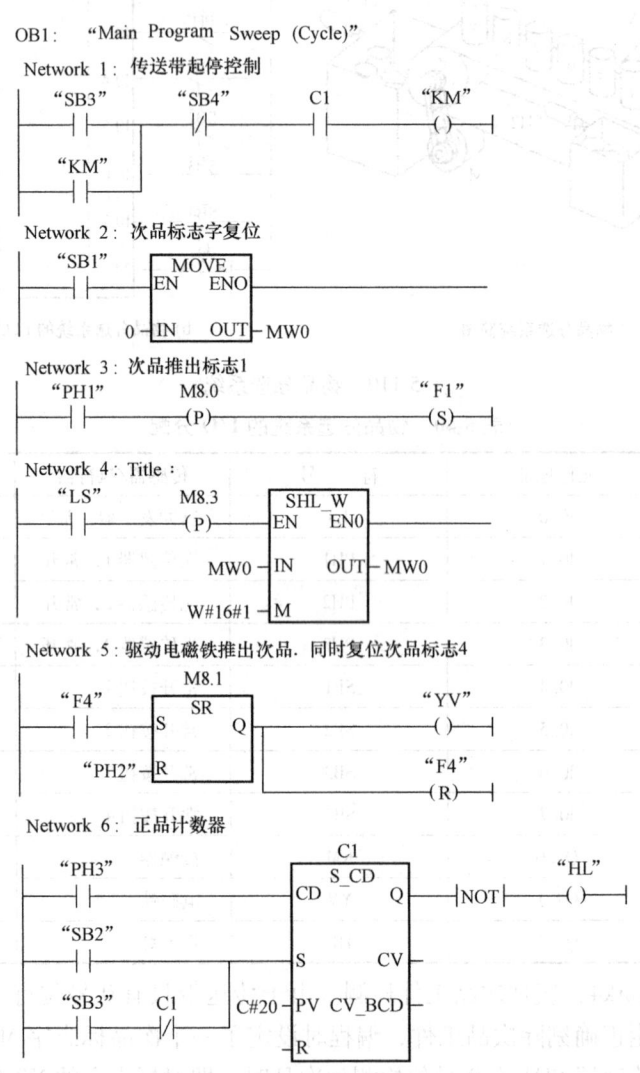

图 5-111 物品分选系统控制梯形图

习　题

1. 数据装入与传送指令有何作用？数据装入与传送指令有哪几种寻址方式？试举例说明。
2. 执行下列指令后，最后一条指令对哪一个输出位进行操作？
    L   DW#16#00000049
    T   MD4
    A   Q [MD4]

3. 执行下列指令后，累加器 1 中装入的是 MW _____ 中的数据。
   L   P#10.0
   LAR2
   L   MW [AR2, P#5.0]

4. 执行下列指令后，累加器 1 中装入的是 _____ 中的数据。
   L   P#Q3.0
   LAR1
   T   B [AR1, P#2.0]

5. 设计立即读取 I3.5 的程序。

6. 简述数据转换指令的作用。

7. 频率变送器的量程为 45～55Hz，输出信号为 DC 4～20mA，模拟量输入模块的额定输入电流为 DC 4～20mA，设转换后的数字为 N，试编写求以 0.01Hz 为单位的频率值的程序。

8. 压力变送器的量程为 0～18MPa，输出信号为 4～20mA，S7-300PLC 的模拟量输入模块的量程为 4～20mA，转换后的数字量为 0～27648，设转换后的数值为 N，试编写求以 kPa 为单位的压力值的程序。

9. 比较 MD10 和 MD20 中所存双整数的大小，并将大的双整数减去小的双整数，结果存入 MD30 中。

10. 如果 MW4 中的数小于等于 IW2 中的数，令 M0.1 为 1，反之令 M0.1 为 0。设计语句表程序。

11. 指出图 5-112 中的错误，左侧垂直线断开处是相邻网络的分界点。

12. 用浮点数对数指令和指数指令求 $\sqrt{16}$。

13. 试编写求和 $\sum_{k=1}^{10} k$ 的 LAD 程序。

14. 试编写求阶乘 5! 的 STL 程序。

15. 编写完成下面算式的程序。

$$\frac{50 \times 30 - 1}{50 + 1}$$

16. 用语句表设计程序，求 MW20～MW40 中数据的累加和。

17. 半径（<1000 的整数）在 DB2.DBW2 中，取圆周率为 3.14159，用浮点数运算指令计算圆的周长，运算结果转换为整数，存放在 DB2.DBW8 中。

18. 要求同 17 题，用整数运算指令计算圆周长。

19. 要求利用移位指令使 8 盏灯以 0.2s 的速度自左向右亮起，到达最右侧后，再自右向左返回最左侧。如此反复。I0.0 = 1 时移位开始，I0.0 = 0 时移位停止。

20. 易拉罐自动生产线上，需要统计出每小时生产的易拉罐数量。灌装易拉罐饮料一个接一个不断地经过计数装置。假设计数装置上有一个感应传感器，每当一听饮料经过时，就会产生一个脉冲。要求编制程序将 8h 的生产数量统计出来。

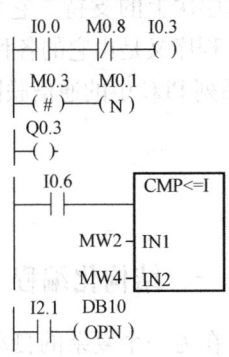

图 5-112 习题 11 的图

第六章　STEP7 结构化程序设计

一个复杂的生产过程或大规模的分散被控对象，总是可以被分解为若干个较小的分过程，控制任务的这种分解有以下优点：

1) 有助于将复杂的控制任务明确化、清晰化、模块化，各模块任务也相对较为简单。
2) 有助于明确系统中各 PLC 或 PLC 中各 I/O 区的控制任务分工及系统软、硬件资源的合理分配。
3) 这是一种模块化的思想，在程序设计阶段，有助于编写出结构化程序，这不仅使应用程序简洁明了，而且易于程序的测试与维护。
4) 在调试阶段，有助于调试工作分步进行。

特别值得指出的是：自动化过程的这种分解处理，得到了 STEP7 "开发软件包" 在各个技术层次上的支持。它将控制任务分为项目，项目由一个或多个 CPU 程序组成，而每个 CPU 程序又是由它的各种逻辑块和数据块构成，逻辑块中的功能块总是对应一个控制分过程。S7 系列 PLC 中的通信联网功能和 "全局数据" 概念，可协调整个控制系统的正常运行。

第一节　结构化编程与中断

一、结构化编程

在为一个复杂的自动控制任务做设计时，我们会发现部分控制逻辑常常被重复使用。这种情况便可采用结构化编程方法来设计用户程序。编一些通用的指令块来控制那些相同或相似的功能，这些块就是功能块（FB）或功能（FC）。在功能块中编程用的是 "形参"，在调用它时要将 "形参" 赋给 "实参"，依靠赋给不同的 "实参"，便可完成对多种不同设备的控制，这是一个功能块可在多处使用的道理。

在 STEP7 软件中，结构化编程的用户程序都是以 "块" 的形式出现的。"块" 是一些独立的程序或数据单元，有组织块（OB）、功能块（FB、FC）和数据块（DB）等三大类，所以，结构化编程的用户程序由组织块（OB）、功能块（FB、FC）和数据块（DB）构成。

组织块（OB）是操作系统和用户应用程序在各种条件下的接口界面，OB1 是主程序循环块，即可以循环执行的主程序块，是用户程序的主干，在任何情况下都是需要的。其他组织块 OB 除了启动程序和背景程序等非中断类的 OB 之外，大多数组织块 OB 则对应不同的中断处理程序。

用户根据生产控制的复杂程度，将程序放在不同的逻辑块（包括 OB、FC 和 FB）中。程序运行时所需的大量数据或变量存储在数据块中，它分为可供任何逻辑块 FB、FC 或供 OB 使用的共享数据块 DB 和只供指定功能块 FB 使用的背景数据块 DI，调用功能块 FB 时也必须为其指定一个相应的背景数据块 DI，它随功能块 FB 的调用而打开，随功能块 FB 的结束而关闭。在块调用时，调用块可以是任何逻辑块（OB、FB、FC、SFB、SFC），被调用的块只能是功能块（除 OB 外的逻辑块）。

在结构化编程中，块的数量、块调用的顺序和嵌套深度即所谓的调用分层结构，依据用户程序的需要而定。但不同的 CPU 块的数量和块嵌套调用允许的层数有所不同，如 CPU314 块嵌套深度为 8 层。在一个循环周期内，块调用的分层结构可见图 4-4。

块嵌套调用的层数，除与 CPU 型号有关外，还受到 L 堆栈中数据可能溢出的限制。如 CPU314，在嵌套调用中所有激活块（没有结束的块）的临时变量的总数不能超过 256B（详见本章第三节）。所有 OB 要求至少 20B 的 L 堆栈中的内存空间。所以 OB1 即使没有声明使用其他额外的临时变量，也要使用 20B 的 L 堆栈中的内存空间。另外，当一个逻辑块调用第二个逻辑块时，新逻辑块的临时变量将先前的临时变量压入 L 堆栈。如果调用许多逻辑块进行嵌套执行，其他被调用块的所有临时变量之和必须小于 236B。

块调用时除了临时变量数据压入 L 堆栈外，其他有关信息存入"块堆栈"（B 堆栈）。有关内容在本章第三节中介绍。

二、PLC 中断

S7 系列 PLC 采用循环程序处理与中断程序处理结合的工作方式。中断处理方式在计算机和 PLC 中均得到广泛应用。这种工作方式是当有中断申请时，CPU 将暂时中断现有程序的执行，转而执行相关的中断程序，中断程序执行完毕后，再返回原程序执行。但不同 PLC 对中断的处理可能各有不同，下面介绍 S7-300/400 系列 PLC 的中断。

（一）中断源

所谓中断源，即发出中断请求的来源。PLC 的中断源可能来自 PLC 模块的硬件中断或是 CPU 内部的软件中断。S7 型 PLC 因型号不同，中断源的个数与类型也有所不同。它以组织块（OB）的形式出现，S7 提供了各种不同的组织块，每个组织块 OB 给予一个编号，用于实现不同的中断申请及相应的中断处理。

S7 型 PLC 的中断源，或者说中断组织块 OB 的类型，归纳起来有以下两大类：

（1）定期的时间中断组织块　定期的执行某中断程序，有两种方式。

1）日时钟中断组织块（OB10～OB17）。它可以是某特定时间执行 1 次，或从某特定时间开始并按指定的间隔时间（如每分钟、每小时、每天）重复地执行中断。如重复在每天 17：00 保存数据。

2）循环中断组织块（OB30～OB38）。它是 CPU 从 RUN 开始计算，每隔一段预定时间（如 100ms）执行一次中断。例如，在这些组织块中调用循环采样控制程序。

（2）事件驱动的中断组织块　这是一类在发生特定事件时申请的中断，有以下三种方式。

1）硬件中断组织块（OB40～OB47）。它具有硬件中断能力。信号模板出现的过程事件中断信号可立即打断循环程序，转而执行中断程序。

2）延时中断组织块（OB20～OB23）。可以在一个过程事件出现后延时一段时间响应。

3）错误中断组织块。错误中断是在 CPU 检测到 PLC 内部出现了错误和故障时而产生的中断。它将中断循环程序的执行并决定系统如何处理，分为同步错误组织块（OB121、OB122）和异步错误组织块（OB80～OB87）。同步错误出现在用户程序执行过程中。异步错误包括 PLC 故障、优先级错误或循环时间超时等。

（二）中断优先级

中断组织块 OB 即 S7 型 PLC 的中断源不止一个。当有多个"中断源"同时申请中断时，CPU 响应哪个中断，即操作系统该调用哪个中断组织块执行，这里有一个中断优先级的问题。各组织块都规定了优先级，同时申请中断时，高优先级的中断总是优先执行的，而且高优先级中断组织块还可中断低优先级的中断组织块的程序执行（在指令边界处），这被称为中断嵌套。具有同等优先级的 OB 不能相互中断，而是按照中断发生的先后顺序执行。

在 STEP7 中，优先级的范围从 1~29，其中 28 优先级最高，29 实际上是 0.29，即 OB29 的优先级最低，其次就是 OB1，它的优先级是 1。对于 S7-300 PLC 的 CPU，各个 OB 的优先级都是固定的，用户无法改变。表 6-1 列出了 S7 系列 PLC 的 CPU 支持的 OB 以及与其对应的类型和默认的优先级。需要注意，该表中列出的是 S7-300 和 S7-400 中各系列 CPU 支持的全部 OB 类型，对于 S7-300 PLC 的 CPU，并不能支持表中所有的 OB 类型。如果要详细了解每一种 OB 的功能，可以在 STEP7 的在线帮助中以相应的 OB 名为关键字进行检索。

表 6-1　OB 的类型与默认优先级

OB 编号	启动事件	默认的优先级
OB1	主程序，循环执行	1
OB10 ~ OB17	8 个日期时间中断	2
OB20 ~ OB23	4 个延时中断	3 ~ 6
OB30 ~ OB38	9 个循环中断	7 ~ 15
OB40 ~ OB47	8 个硬件中断	16 ~ 23
OB55	状态中断（DPV1 中断）	2
OB56	刷新中断	2
OB57	制造厂商用特殊中断	2
OB60	调用 SFC35 时启动，多处理器中断	25
OB61 ~ OB64	4 个周期同步中断	25
OB70	I/O 冗余故障（只对于 H 型 CPU）	25
OB72	CPU 冗余故障（只对于 H 型 CPU）	28
OB73	通信冗余故障（只对于 H 型 CPU）	25
OB80	时间错误	26，启动时为 28
OB81	电源故障	26，启动时为 28
OB82	诊断中断	26，启动时为 28
OB83	模块插/拔中断	26，启动时为 28
OB84	CPU 硬件故障	26，启动时为 28
OB85	程序故障	26，启动时为 28
OB86	扩展机架、DP 主站系统或分布式 I/O 从站故障	26，启动时为 28
OB88	过程中断	28
OB90	暖或冷启动、删除块或背景循环	29（对应于优先级 0.29）
OB100	暖启动	27
OB101	热启动	27
OB102	冷启动	27
OB121	编程错误	与被中断的块在同一优先级
OB122	I/O 访问故障	与被中断的块在同一优先级

(三) 中断工作过程

中断处理用来实现对特殊内部事件或外部事件的快速响应。如果没有中断，CPU 循环执行组织块 OB1。在循环执行用户程序的过程中，如果 CPU 检测到有中断请求，因为 OB1 的优先级最低（背景组织块 OB90 除外），所以操作系统在现有程序的当前指令执行结束后（称断点）立即响应中断，调用申请中断的组织块 OB，执行该 OB 中的程序。当该 OB 中程序执行完毕后，返回原程序断点处继续原程序的执行。

当正在执行某组织块 OB 的中断程序时，CPU 又检测到一个中断请求，此时操作系统要进行优先级比较。具有同等优先级的 OB 不能相互中断，而是按照发生的先后顺序执行。若后面申请中断 OB 的优先级高，则当前的 OB 将被中断，转而执行高优先级 OB 的程序。因此中断允许按优先级嵌套调用。

中断程序不是由程序块调用，而是在中断事件发生时由操作系统调用。因为不能预知系统何时调用中断程序，而中断程序不能改写其他程序中可能正在使用的存储器，故应在中断程序中尽可能地使用局域变量并设置中断的参数。只有设置了中断的参数，并且在相应的组织块中有用户程序存在，中断才能被执行。如果不满足上述条件，操作系统将会在诊断缓冲区中产生一个错误信息，并执行异步错误处理。

一个组织块 OB 被另一个新组织块 OB 中断时，保护中断现场的工作由操作系统完成，包括被中断 OB 的局部数据压入 L 堆栈；被中断 OB 的断点现场信息分别保存到中断堆栈（I 堆栈）和块堆栈（B 堆栈）中。

图 6-1 表示 CPU314 为优先级分配 L 堆栈的情况。CPU314 的 L 堆栈为 1536B，整个 L 堆栈供程序中的所有优先级划分使用。CPU314 的每个组织块可以多层嵌套调用，但一个组织块 OB 的临时变量的总数不能超过 256B。当来一个新组织块中断调用时，新组织块的临时变量也在 L 堆栈中生成。图 6-1 示出了 OB1 被 OB10 中断，OB10 又被 OB81 中断时 L 堆栈中局域数据的分配情况。

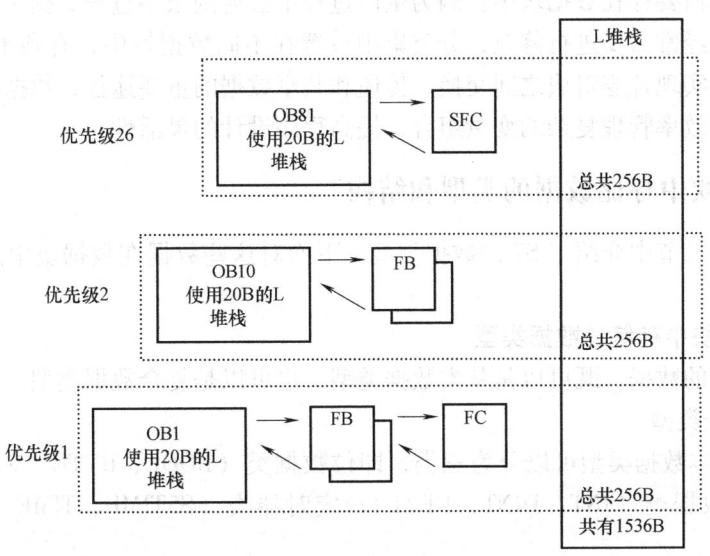

图 6-1　CPU314 为优先级分配 L 堆栈

在多层嵌套调用时，若临时变量数量定义不当，L 堆栈就会溢出。一旦发生 L 堆栈溢出，S7-300 立即由 RUN 模式变成 STOP 模式。

编写中断程序时，应使中断程序尽量短小，以减少中断程序的执行时间，减少对其他处理的延迟，否则可能引起主程序控制的设备操作异常。设计中断程序时应遵循"越短越好"的原则。

(四) 中断控制

用户程序能够对一个中断发生后是否真正产生中断调用来进行控制，即在程序运行中适时地屏蔽或允许中断调用，对中断的控制功能用 STEP7 提供的 SFC 完成。

SFC39 (DIS_IRT) 可禁止处理所有优先级的中断和异步错误，也可有选择地禁止某个优先级的中断或使优先级范围的中断和异步错误得到处理。被 SFC39 禁止的中断需用 SFC40 允许，在 CPU 完全再启动后，SFC39 的作用自动失效。

SFC40 (EN_IRT) 允许处理由 SFC39 禁止的中断和异步错误，可以全部允许，也可有选择地允许。SFC40 一般与 SFC39 配对使用。

SFC41 (DIS_AIRT) 可延迟处理比现行优先级更高的中断和异步错误，直到用 SFC42 允许。

SFC42 (EN_AIRT) 允许处理由 SFC41 暂时禁止的中断和异步错误。所以，SFC42 与 SFC41 必须配对使用。

第二节 数据块及其数据结构

用户程序的指令中包括操作数，执行每条指令都应当找到操作数。如何找？用寻址方式。操作数存在 CPU 的存储器中，如表 4-5 所示。表中"数据块 (DB)"一行中是将用户数据保存在数据块中。

用户数据为何要存在数据块中？因为生产过程中会遇到很多过程数据、基准值、给定值或预置值，有些经常需要进行修改，分类集中放置在不同数据块中，有利于进行数据管理；数据块也是用于实现各逻辑块之间交换、传递和共享数据的重要途径；数据块丰富的数据结构有助于程序高效率管理复杂的变量组合，提高程序设计的灵活性。

一、数据块中存储数据的类型和结构

在第四章第二节中介绍了 S7 的数据类型，下面对这些数据在数据块中的存储方式及结构建立进行介绍。

(一) 数据块中存储的数据类型

在数据块中的数据，既可以是基本数据类型，也可以是复合数据类型。

1. 基本数据类型

表 4-4 的基本数据类型可以分为三类，即位数据类 (BOOL、BYTE、WORD、DWORD、CHAR)；数学数据类 (INT、DINT、REAL)；定时器类 (S5TIME、TIME、DATE、TIME_OF_DAY)。

例如，TIME_OF_DAY (表示一天内的时间，占用一个双字)：TOD#23：59：59.999，它是用无符号整数的形式表示的从每天零时 (0：00：00) 开始的时间 (毫秒数)，即以

DW#16#0526877 形式储存。

基本数据类型的数据长度不超过 32 位，可利用 STEP7 基本指令处理，能完全装入累加器中。

2. 复合数据类型

复合数据类型是基本数据类型的组合，其数据长度超过 32 位。因为数据长度超过累加器的长度，所以不能用装入指令一次把整个数据装入累加器，往往需要利用一些特殊的方法（如调用标准程序库中的系统功能块）来处理这些数据。复合数据类型如表 6-2 所示。

表 6-2 复合数据类型

类 型	长 度	说 明
DATA_AND_TIME 或 DT （日期_时间）	64	按照 BCD 码格式顺序存在 8 个字节中：年（字节 0），月（字节 1），日（字节 2），小时（字节 3），分（字节 4），秒（字节 5），毫秒（字节 6 及字节 7 高 4 位），星期（字节 7 低 4 位）。例如：DT#02—10—26—02：24：53.9997
STRING （字符串）	8 * （字符个数 + 2）	定义最多 254 个字符（CHAR 基本类型），加 2B 首部，最长 256B。可通过定义字符数量来减少一个串所需存储空间［默认值为 254］。例如：STRING［7］'SIMATIC'。此字符串占 9B
ARRAY （数组）	用户定义	相同数据类型的元素组合。如测量值： ARRAY［1··20］表示一个一维的整数数组 INT
STRUCT （结构）	用户定义	多种数据类型的元素组合。如定义一个名为 Motor 的"结构"，格式显示如下： Motor：STRCCT 构造名 Motor Speed：INT 1 个整数（存储速度） Current：REAL 1 个浮点数（存储电流值） END_STRUCT 结构结束
UDT （用户数据类型）	用户定义	将较多基本和复合数据类型，组合成用户自己定义的数据类型，存放在 UDT 块中（UDT1…UDT65535）。这个 UDT 块就可以作为数据类型来使用

（二）数据块中数据类型的生成和使用

在复合数据类型中，日期_时间（DATE_AND_TIME）类型的名称、位数及格式是由操作系统定义的，用户不可改变，并且该数据类型在 S7-300 PLC 中必须用标准功能块 SFC 才能访问。其他复合数据类型可在逻辑块变量声明表中或数据块中定义。

1. 数组（ARRAY）的生成与访问

数组（ARRAY）是同一类型的数据组合而成的一个单元，以便用户使用。

（1）建立数组 在逻辑块变量声明表中或数据块中生成一个数组时，应指定数组的名称，例如 PRESS，声明数组的类型时要使用关键字 ARRAY，用下标（Index）指定数组的大小，下标的上、下限放在方括号中，数组的维数最多为六维，各维之间用逗号隔开，每一维的首、尾数字之间用双点隔开，数组中每一维的下标取值范围是 -32768~32767，但是下标的下限必须小于上限，例如 ARRAY［1··3，1··2，1··3，2··4，-2··3，30·

·36］是一个六维数组，其中－2··3是合法的下标定义。若指定该数组名为PRESS，则数组的第一个元素为PRESS［1，1，1，2，－2，30］，最后一个元素为PRESS［3，2，3，4，3，32］。

数组中元素的数据类型应指定，可以是基本数据类型和复合数据类型（ARRAY类型除外，即数组类型不可以嵌套）。例如，图6-2给出了一个二维数组ARRAY［1··2，1··3］的结构，并指定为INT整数类型，即该数组为6个整数的数组。

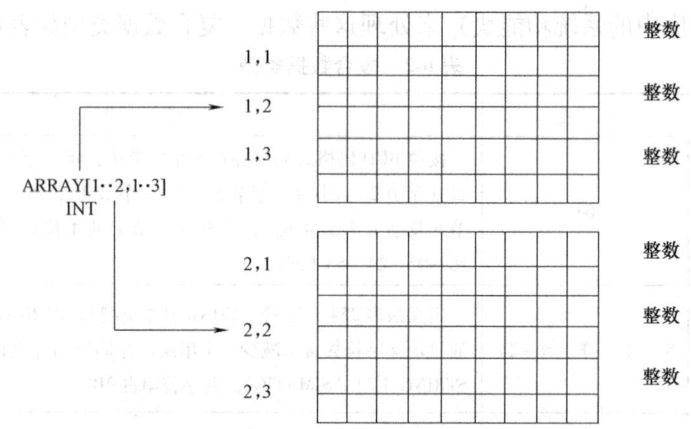

图6-2 二维数组的结构

DB3 -- test1\SIMATIC 300 Station\CPU312C(1)

Address	Name	Type	Initial value	Comment
0.0		STRUCT		
+0.0	PRESS	ARRAY[1..2,1..3]	30, 22, -3, 3 (0)	2×3数组
*2.0		INT		
=12.0		END_STRUCT		

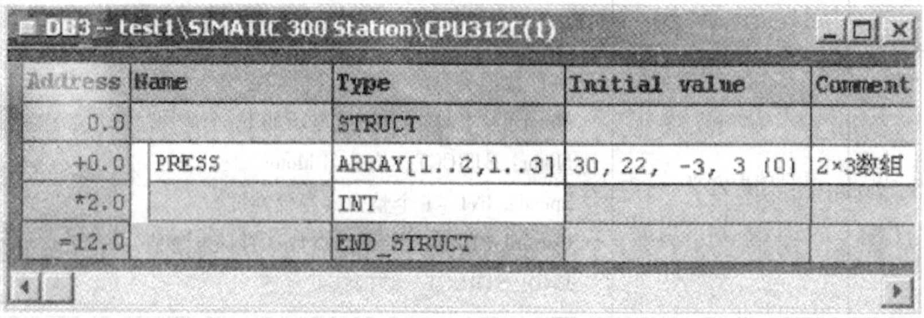

图6-3 在数据块DB3中建立一个2×3数组

图6-3所示是一个在共享数据块DB3中建立的2×3的数组。图中各栏目的说明如下：

1）Address（地址）：由STEP7自动分配的地址，它是变量占用的第一个字节地址，存盘时由程序编辑器产生。

其中："+"项表示与STRUCT（表示构造开始，END_STRUCT表示结束构造）有关联的初始地址；"*"项表示一个数组元素所占的地址字节数；"="项表示该STRUCT要求的总的存储区字节数。

2）Name（名称）：输入数组的符号名，如PRESS、Motor_data等。

3）Type（数据类型）：数组的数据类型。如BOOL、WORD、INT、STRACT、UDT等基本数据类型或复合数据类型，注意不能用ARRAY类型。

4）Initial Value（初值）：如果不想用默认值，可输入初值。如"30、22、－3、3（0）"（这里的3（0）表示后3个数组元素全为0，是一种简化的写法）。当数据块第一次存盘时，若用户没有明确地声明实际值，则初值将被用于实际值。

5）Comment（注释）：用于栏目的文字注释，最多可为80个字符，如"2×3数组"。

(2) 访问数组 利用数组中指定元素的下标可访问数组中的元素数据,这时数据块名、数组名及下标一起使用并用英语的句号分开。如图 6-5 中声明的数组在 DB3（假设符号名 MOTOR）数据块中,可用以下符号地址或绝对地址访问存在 DB3 中数组的第 3 个元素（数据类型为整数 INT,占用一个字或 2 个字节）：

MOTOR.PRESS［1,3］或 DB3.DBW5

(3) 用数组作参数传递 数组可以在逻辑块变量声明表中或数据块中定义。如果在逻辑块变量声明表中把其形参定义为数组类型时,可将实际参数数组作为参数传送,但必须将整个数组而不是数组的某些元素作为参数传递。当然,在调用块时,也可以将某个数组的元素赋值给同一类型的参数。

将数组作为参数传递时,并不要求作为形参和实参的二个数组有相同的名称,但它们必须有同样的组织结构、相同的数据类型并按相同的顺序排列。例如都是由整数组成的 2×3 格式的数组。

2. 结构（STRUCT）的生成与访问

结构（STRUCT）可以将不同数据类型的元素组合成一个整体,或者说结构是不同类型的数据组合。如图 6-4 所示。可以用基本数据类型、复合数据类型（包括数组、结构和用户定义的数据类型 UDT）。但由数组或结构组成的结构最多只能嵌套 8 层。用户可以将过程控制中有关的数据统一组织在一个结构中,作为一个数据单元来使用,而不是使用大量的单个的元素,这为统一处理不同类型的数据或参数提供了方便。

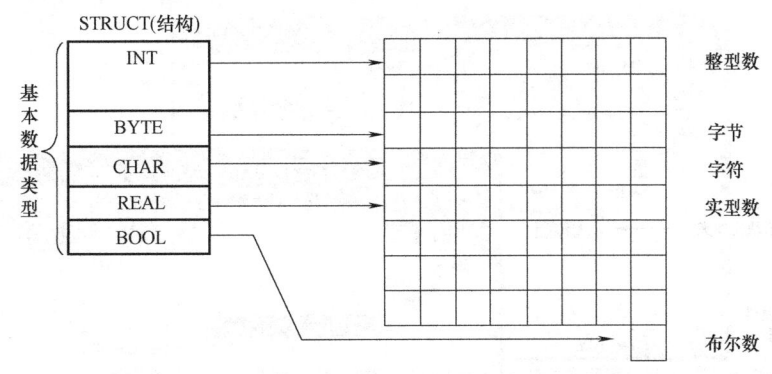

图 6-4 基本数据类型存储及由其组成的"结构"

(1) 建立结构 结构可以在数据块中定义,也可以在逻辑块变量声明表中定义。在图 6-5 中的数据块 DB3 中,定义了一个符号名为 PRESS 的数组和一个符号名为 STACK 的结构,还定义了一个独立的名为 VOLTAGE 的整数型变量。可以为结构中各元素设置初值（Initial Value）和加上注释（Comment）。

(2) 访问结构 可以用结构中的元素的符号地址或绝对地址来访问结构中的元素。下面以图 6-5 为例来说明。

设数据块 DB3 的符号名为 TANK,结构的符号名已定义为 STACK,则存放"总量（A-MOUNT）"数据（数据类型为整数 INT,占用一个字或两个字节）的符号地址为 TANK.STACK.AMOUNT；存放"总量（AMOUNT）"的绝对地址为 DB3.DBW12。

(3) 用结构作参数传递 结构可以在逻辑块变量声明表中或数据块中定义。如果在逻辑块变量声明表中把其形参定义为结构类型时,可将实际参数结构作为参数传送,但必须将

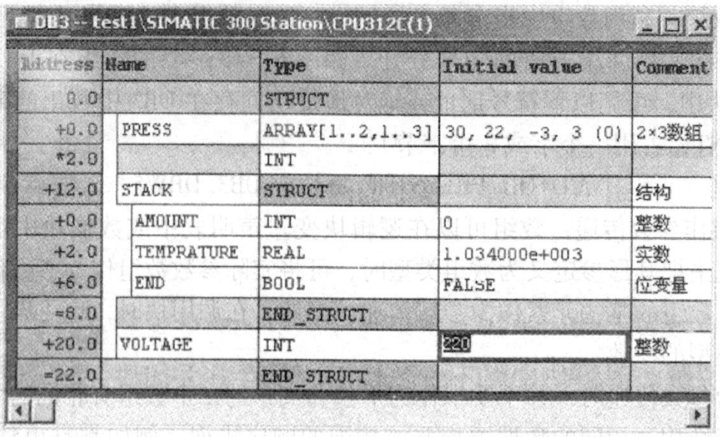

图 6-5 在数据块 DB3 中定义数组和结构

整个结构而不是结构的某些元素作为参数传递。当然,在调用块时,也可以将某个结构的元素赋值给同一类型的参数。

将结构作为参数传递时,并不要求作为形参和实参的两个结构有相同的名称,但它们必须有同样的组织结构、相同的数据类型并按相同的顺序排列。

3. 用户定义的数据类型(UDT)的生成与访问

用户定义的数据类型(UDT)是一种特殊的数据结构,由用户自己生成,定义好后在用

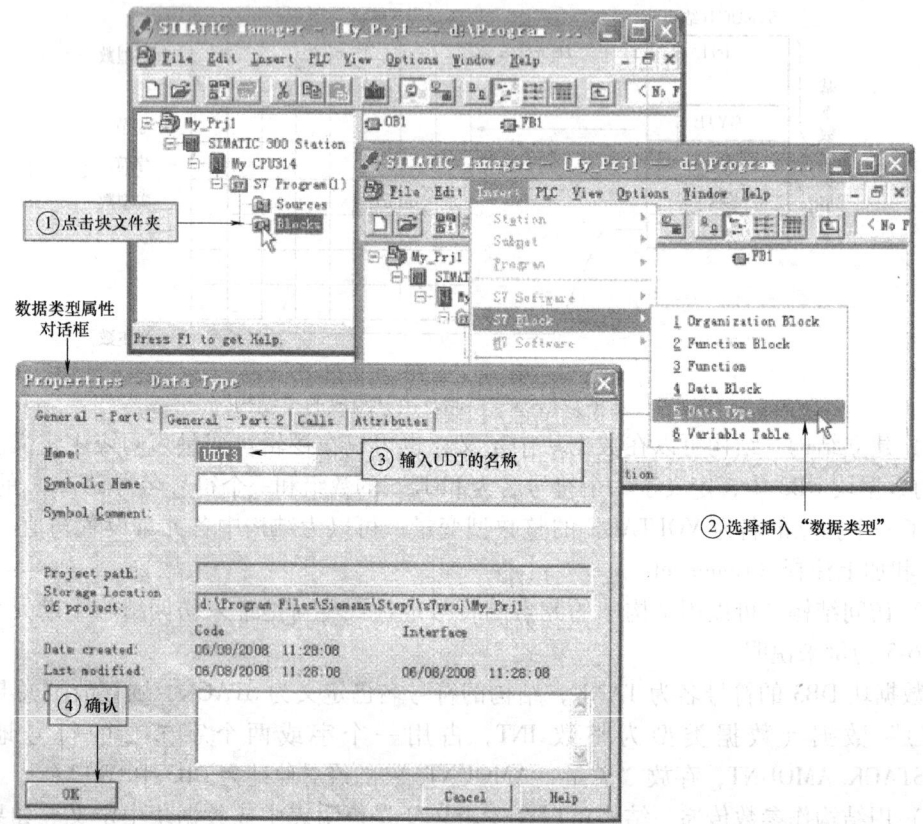

图 6-6 创建用户定义的数据类型 UDT

户程序中多次使用。UDT 也是由基本数据类型或复合数据类型组成，只是其组合方式是由用户定义的。但它和结构（STRUCT）不同，UDT 是一个模板，可以用来定义其他变量，使用前必须首先单独建立，并存放在称为 UDT 的特殊数据块中，故称为 UDT 块。定义好后，这个 UDT 块便可作为一个数据类型在多个数据块中使用它。

（1）建立 UDT　建立一个名称为 UDT3 的用户定义的数据类型，其数据结构如下：
STRUCT
　　Speed：INT
　　Current：REAL
END_STRUCT

可按以下步骤建立：

1）首先在 SIMATIC 管理器中选择 S7 项目的 S7 程序（S7 Program）的块文件夹（Blocks）；然后执行菜单命令"Insert→S7 Block→Data Type"，如图 6-6 所示。

2）在弹出的数据类型属性对话框"Properties-Data Type"内，可设置要建立的 UDT 属性，如 UDT 的名称（UDT1、UDT2…）。设置完毕点击 OK 按钮确认。

3）在 SIMATIC 管理器的右视窗内，双击新建立的 UDT3 图标，启动 LAD/STL/FBD 编辑器，如图 6-7 所示。在编辑器变量列表的第二行"Address"的下面"0.0"处单击鼠标右键，用快捷命令"Declaration Line after Selection"在当前行下面插入两个空白描述行。

4）按图 6-7 所示的格式输入两个变量（Speed 和 Current）。最后单击保存按钮保存 UDT3，这样就完成了 UDT3 的创建。

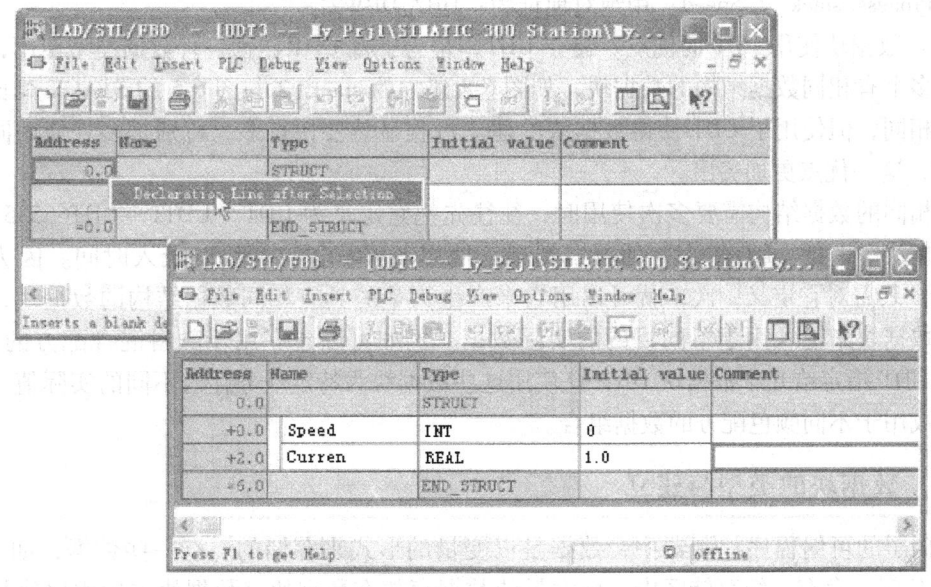

图 6-7　编辑 UDT3

编辑窗口内各列的含义如下：

1）Address（地址）：由 STEP7 自动分配的地址，它是变量占用的第一个字节地址，存盘时由程序编辑器产生。

2）Name（名称）：输入变量的符号名。如 Speed、Current 等。

3）Type（数据类型）：变量的数据类型。单击鼠标右键，在快捷菜单“Elementary Type”内可选择。可用的数据类型有 BOOL、WORD、DWORD、INT、DINT、REAL、S5TIME、TIME、DATE、TIME_OF_DAY 和 CHAR。

4）Initial Value（初值）：为数据单元设定一个默认值。如果不输入初值，就以 0 为初值。

5）Comment（注释）：用于栏目的文字注释，最多可为 80 个字符。

图 6-8 给出了一个在数据块 DB2 中使用 UDT 的例子。数据块 DB2 中定义了两个变量，一个为整数 INT，另一个为用户定义的数据类型 UDT3。由图 6-8 可见，在数据块中 UDT 的用法与基本数据类型类似。

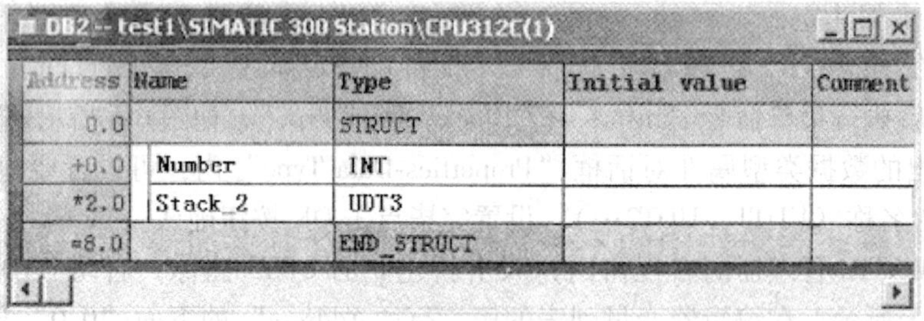

Address	Name	Type	Initial value	Comment
0.0		STRUCT		
+0.0	Number	INT		
*2.0	Stack_2	UDT3		
=8.0		END_STRUCT		

图 6-8 使用 UDT

（2）访问 UDT 用符号地址或绝对地址两种方式可以访问 UDT 中的变量。例如图 6-8 在 DB2 中使用了 UDT，设 DB2 定义的符号名为 Process，访问 UDT3 的元素 Speed，用符号地址为：Process. stack_2. Speed；用绝对地址为：DB2. DBW2。

（3）数据块使用 UDT 的优点 建立 UDT，是为了将 UDT 作为一种数据类型使用，以方便定义多个有相同数据结构的数据块，如图 6-8 建立的 stack_2 与图 6-5 的 STACK 相比，结构基本相同，但使用了 UDT 使得数据块的建立过程显然要快得多。特别是多处使用同样的 UDT 时，这一优点更加突出。

当相同的数据结构需要多次使用时，往往先把它定义为 UDT（UDT1 ~ UDT65535），再输入数据块中。把 UDT 作为一种数据类型来使用，可节省数据块的录入时间。因为使用 UDT 时，只需对它定义一次，就可以用它来产生大量的具有相同数据结构的数据块，可以用这些数据块来输入用于不同目的的实际数据。例如可以建立用于颜料混合配方的 UDT，将这个 UDT 指定给几个数据块 DB，并使用这些数据块为特定任务存入不同的实际值，然后用它生成用于不同颜色配方的数据组合。

二、数据块的类型与建立

西门子的可编程序控制器中，数据是以变量的形式来存储的。有一些数据，如 I、Q、M、T、C 等，存在系统存储区内，而大量的数据存放在数据块。数据块占用程序容量。顾名思义，数据块里只有数据，而没有用户程序。

数据块用来分类存储设备或生产线中变量的值，数据块也是用来实现各逻辑块之间的数据交换、数据传递和共享数据的重要途径。数据块丰富的数据结构便于提高程序的执行效率和进行数据管理。从用户的角度出发，数据块主要有两个作用，其一是用来存放一些在设备运行之前就必须放到 PLC 中的重要数据，在运行过程中，用户程序主要是去读这些数据

(最典型的就是配方);其二是在数据块中根据需要安排好存放数据的位置和顺序,以便在生产过程中把一些重要的数据(如产量、实际测量值等)存放到这些指定的位置上。

用户可以在存储器中建立一个或多个数据块,每个数据块可大可小,但 CPU 对数据块数量及数据总量有限制,如 CPU314 其数据块数量为 127 个,用作数据块的存储器最多 8KB,用户定义的数据总量不能超出这个限制。对数据块必须遵循先建立(定义)后使用的原则,否则将造成系统错误。

(一) 数据块的类型

数据块一般分为共享数据块(DB 或 Shared DB)和背景数据块(DI 或 Instance DB)两种。用户定义的数据类型也可以看成一种特殊的用户定义数据块(DB of Type)。

共享数据块又称为全局数据块,它不附属于任何逻辑块。在共享数据块中和全局符号表中声明的变量都是全局变量。用户程序中所有的逻辑块(FB、FC、OB 等)都可以使用(读写)共享数据块和全局符号表中的数据。

背景数据块是专门指定给某个功能块(FB)或系统功能块(SFB)使用的数据块,它是 FB 或 SFB 运行时的工作存储区。当用户将数据块与某一功能块相连时,该数据块即成为该功能块的背景数据块,功能块的变量声明表决定了它的背景数据块的结构和变量。不能直接修改背景数据块,只能通过对应的功能块的变量声明表来修改它。调用 FB 时,必须同时指定一个对应的背景数据块。只有 FB 才能访问存放在它的背景数据块中的数据。

在符号表中,共享数据块的数据类型是它本身,背景数据块的数据类型是对应的功能块。

一般情况下,一个 FB 都有一个对应的背景数据块,但一个 FB 可以根据需要使用不同的背景数据块。如果几个 FB 需要的背景数据完全相同,也可定义成一个背景数据块,供它们分别使用。通过多重数据块,也可将几个 FB 需要的不同背景数据定义在一个背景数据块中,以优化数据管理(具体参看本章第三节静态变量的设置)。

背景数据块与共享数据块在 CPU 的存储器中是没有区别的,只是因为打开方式不同,才在打开时有背景数据块和共享数据块之分。一般来说,任何一个数据块都可以当作共享数据块或背景数据块来使用,但实际上一个数据块 DB 当作背景数据块使用时,必须与 FB 的要求格式相符。

(二) 建立数据块

在编程阶段和程序运行中都能定义(即生成、建立)数据块。大多数数据块和其他块一样,在编程阶段,在 SIMATIC 管理器或增量编辑器中生成。用户可以选择创建共享数据块或背景数据块,创建一个新的背景数据块时必须指定它所属的功能块 FB。

定义数据块的内容包括数据块号及块中的变量(如变量符号名、数据类型、初始值等)。定义完成后,数据块中变量的顺序及类型,决定了数据块的数据结构,变量的多少决定数据块的大小。数据块在使用前,必须作为用户程序的一部分下载到 CPU 中。

1. 建立共享数据块 DB

建立共享数据块的方法和建立程序块的方法一样。在 SIMATIC Manager 窗口下,用鼠标右键点击 "Blocks",然后选中 "Insert -S7 Block-Data Block",就会弹出 "Properties-Data Block" 对话框,如图 6-9 所示。

在对话框中的 "Name and Type" 栏中做出正确选择(即填写 DB5,在 Shared DB、In-

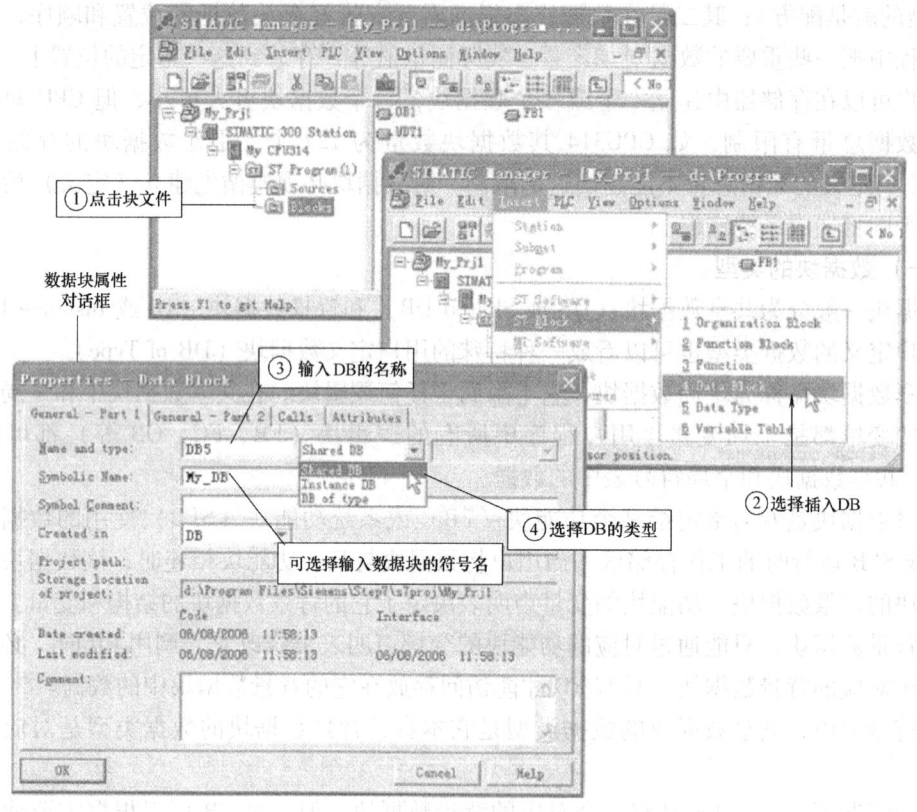

图 6-9 建立共享数据块 DB

stance DB、DB of Type 的三种选项中选择 Shared DB）后，点击 "OK" 按钮，就建立了一个新的共享数据块 DB5。和打开程序块进行编辑一样，双击这个数据块图标，就把这个数据块打开了，如图 6-10 所示。

刚打开的数据块是空的，用户需自己编辑这个数据块。在 Name 栏目中填上变量名称，在 Type 栏目中填上数据类型。在 Type 栏目中可以用鼠标右键列出数据类型清单，然后选择合适的数据类型。Name 和 Type 是必须填写的。系统会根据数据类型自动地为每个变量分配地址（Address）。这是一个相对地址，它相当重要。因为我们往往需要根据地址来访问这个变量。在初始值（Initial Value）栏目，可以按需要填上初始值也可以不填。若不填写，则初始值就为零；若填了初始值，则在首次存盘时系统会将该值复制（Copy）到实际值（Actual Value）栏中。下载数据块时，下载的值是实际值，初始值不能下载。注释（Comment）栏目，填写该变量的注释，也可以让它空着。每个数据块的长度取决于实际编辑的长度。而最大的长度，对于 S7-300 来说是 8KB，对于 S7-400 来说是 64KB。

2. 建立背景数据块 DI

要生成背景数据块，首先应生成对应的功能块（FB），然后再生成背景数据块。所以，背景数据块直接附属于功能块，它是自动生成的。例如，当编好的功能块 FB 存盘时，背景数据块中所含数据为功能块的变量声明表中所存数据。功能块的变量决定了其背景数据块的结构（变量的初始值取自关联块）。背景数据块数据结构的修改只能在相关的功能块中进行，不能独自修改。对于背景数据块来说，用户可以修改变量的实际值。为修改变量的实际

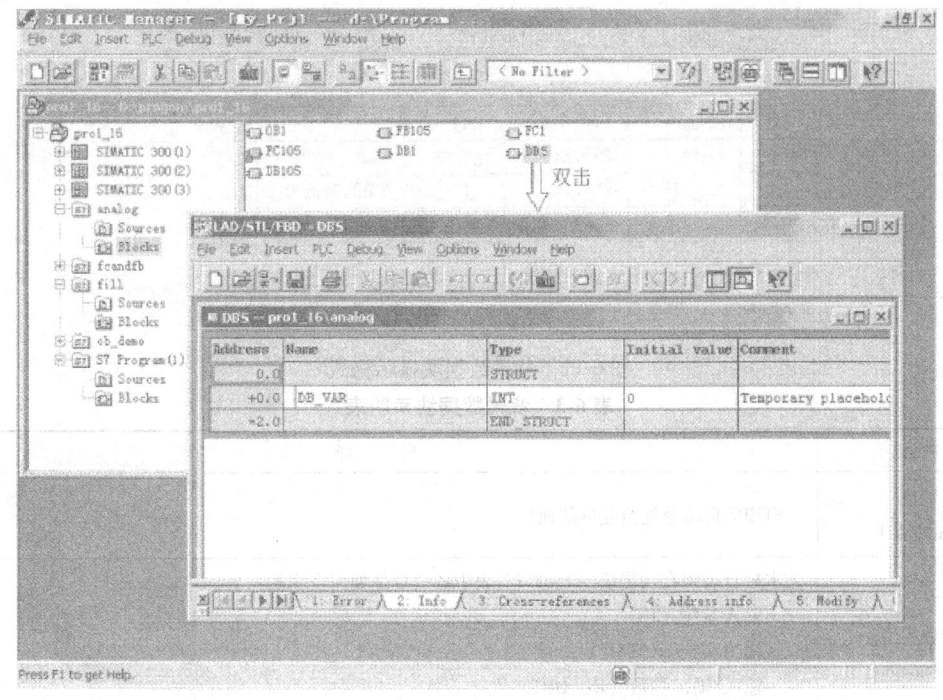

图 6-10　打开共享数据块 DB

值，用户必须工作在数据块的数据显示（浏览）方式中。

数据块有两种显示方式，即声明表显示方式和数据显示方式，菜单命令"View"→"Declaration View"和"View"→"Data View"分别用来指定这两种显示方式。

声明表显示状态用于定义和修改共享数据块中的变量，指定它们的名称、类型和初值，STEP7 根据数据类型给出默认的初值，用户可以修改初值。可以用中文给每个变量加上注释，声明表中的名称只能使用字母、数字和下划线，地址是 CPU 自动指定的。

在数据显示状态，显示声明表中的全部信息和变量的实际值，用户只能改变每个元素的实际值。复合数据类型变量的元素（例如数组中的各元素）用全名列出。如果用户输入的实际值与变量的数据类型不符，将用红色显示错误的数据。在数据显示状态下，用菜单命令"Edit"→"Initialize Data Block"可以恢复变量的初始值。

在 SIMATIC 管理器中，用菜单命令"Insert"→"S7 Block"→"Data Block"生成数据块，在弹出的窗口中，选择数据块的类型为背景数据块（Instance），并输入对应的功能块名称。操作系统在编译功能块时将自动生成功能块对应的背景数据块中的数据，其变量与对应的功能块的变量声明表中的变量相同，不能在背景数据块中增减变量，只能在数据显示（Data View）方式修改其实际值。在数据块编辑器的"View"菜单中选择是声明表显示方式还是数据显示方式。背景数据块声明表显示方式如图 6-11 所示。

背景数据块声明表包括栏目的内容说明见表 6-3。

共享数据块不附属于任何逻辑块，它可含有生产线或设备所需的各种数值。请注意，共享数据块的声明表中无表 6-3 栏目中"参数类型"（Declaration）这一栏。定义时用户按其栏目，可输入想存放在数据块中的各种变量。共享数据块声明表显示格式如图 6-8 所示。

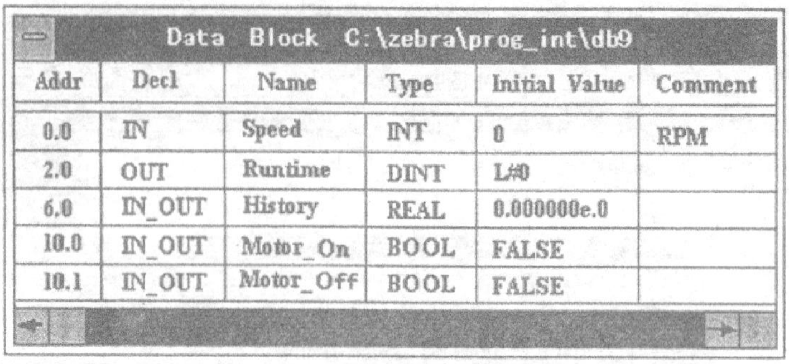

```
┌─────────────────────────────────────────────────────────────┐
│ →      Data Block  C:\zebra\prog_int\db9                    │
├──────┬────────┬──────────┬───────┬───────────────┬──────────┤
│ Addr │ Decl   │ Name     │ Type  │ Initial Value │ Comment  │
├──────┼────────┼──────────┼───────┼───────────────┼──────────┤
│ 0.0  │ IN     │ Speed    │ INT   │ 0             │ RPM      │
│ 2.0  │ OUT    │ Runtime  │ DINT  │ L#0           │          │
│ 6.0  │ IN_OUT │ History  │ REAL  │ 0.000000e.0   │          │
│ 10.0 │ IN_OUT │ Motor_On │ BOOL  │ FALSE         │          │
│ 10.1 │ IN_OUT │ Motor_Off│ BOOL  │ FALSE         │          │
└──────┴────────┴──────────┴───────┴───────────────┴──────────┘
```

图 6-11 背景数据块显示格式

表 6-3 背景数据块声明表

栏目	解　　释
地址（Address）	STEP7 自动分配给变量的地址
参数类型（Declaration）	本栏目表明在功能块的变量声明表中各变量是如何声明的： ·输入参数（IN） ·输出参数（OUT） ·输入/输出参数（IN_OUT） ·静态数据（STAT）
名称（Name）	在功能块变量声明表中给出的符号名
数据类型（Type）	显示功能块的变量声明表中给出的数据类型，变量可以有基本数据类型，复杂数据类型，或用户声明数据类型。如果在功能块中调用其他功能块，必须声明其调用静态变量，用这个静态数据类型也可声明一个功能块或一个系统功能块（SFB）
初值（Initial Value）	用户在功能块的变量声明表中输入初值，如果不想输入，则软件给出默认值 如果用户没有给变量声明实际值，当数据块第一次存盘时，初值将作为实际值
注释（Comment）	在功能块的变量声明表中输入的注释，以便对数据元素文字说明，用户不能编辑该域

三、访问数据块

在用户程序中可能定义了许多数据块，而每个数据块中又有许多不同类型的数据。因此，访问（读/写）时需要明确打开的数据块号和数据块中的数据位置与类型。如果访问了不存在的数据单元或数据块，并且又没有编写错误处理 OB 块，CPU 将进入 STOP 模式。

只有打开的数据块才能访问。由于有两个数据块寄存器（DB 和 DI 寄存器），所以最多可同时打开两个数据块。一个作为共享数据块，共享数据块的块号存储在 DB 寄存器中；一个作为背景数据块，背景数据块的块号存储在 DI 寄存器中。没有专门的数据块关闭指令，在打开一个数据块时，先打开的数据块自动关闭。

（一）寻址数据块

与位存储器相似，数据块中的数据单元按字节进行寻址，S7-300 的最大块长度是 8KB。可以装载数据字节、数据字或数据双字。当使用数据字时，需要指定第一个字节地址（如：L DBW2），按该地址装入两个字节。使用双字时，按该地址装入 4 个字节，如图 6-12 所示。

（二）访问数据块

访问数据块时需要明确数据块的编号和数据块中的数据类型及位置，在 STEP 7 中可以采用传统访问方式，即先打开后访问，也可以采用完全表示的直接访问方式。

1. 先打开后访问

可用指令"OPN DB …"打开共享数据块（自动关闭之前打开的共享数据块），或用指令"OPN DI …"打开背景数据块（自动关闭之前打开的背景数据块）。如果在创建数据块时，给数据块定义了符号名，如：My_ DB，也可以使用指令 OPN "My_ DB"打开数据块。如果 DB 已经打开，则可用装入（L）或传送（T）指令访问数据块。

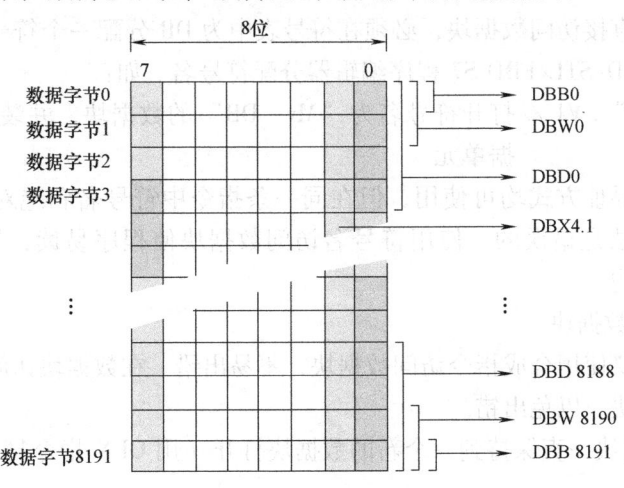

图 6-12　数据块寻址

例 1　打开并访问共享数据块。

OPN	"My_ DB"	//打开数据块 DB1，作为共享数据块
L	DBW2	//将 DB1 的数据字 DBW2 装入累加器 1 的低字中
T	MW0	//将累加器低字中的内容传送到存储字 MW0
T	DBW4	//将累加器 1 低字中的内容传送到 DB1 的数据字 DBW4
OPN	DB2	//打开数据块 DB2，作为共享数据块，同时关闭数据块 DB1
L	DBLG	//装入共享数据块 DB2 的长度
L	MD10	//将 MD10 装入累加器
＜D		//比较数据块 DB2 的长度是否足够长
JC	ERRO	//如果长度小于存储双字 MD10 中的数值，则跳转到 ERRO

例 2　打开并访问背景数据块。

OPN	"My_ DB"	//打开数据块 DB1，作为共享数据块
L	DBW2	//将 DB1 的数据字 DBW2 装入累加器 1 的低字中
T	MW0	//将累加器低字中的内容传送到存储字 MW0
T	DBW4	//将累加器 1 低字中的内容传送到 DB1 的数据字 DBW4
OPN	DI2	//打开数据块 DB2，作为背景数据块
L	DIB2	//将 DB2 的数据字节 DIB2 装入累加器 1 低字的低字节中
T	DIB10	//将累加器 1 低字节的内容传送到 DB2 的数据字节 DIB10

2. 直接访问数据块

直接访问数据块，就是在指令中同时给出数据块的编号和数据在数据块中的地址。可以用绝对地址，也可以用符号地址直接访问数据块。使用绝对地址访问数据块，必须手动定位程序中的数据块单元，采用符号就可以很容易地用源程序调整。数据块中的存储单元的地址由两部分组成，如：DB1.DBW2 则表示数据块 DB1 的第二个数据字单元。

用绝对地址直接访问数据块，如：

L　　DB1.DBW2　　//打开数据块 DB1，并装入地址为 2 的数据字单元

T　　DB1.DBW4　　//将数据传送到数据块 DB1 的数据字单元 DBW4

要用符号地址直接访问数据块，必须在符号表中为 DB 分配一个符号名，同时为数据块中的数据单元用 LAD/STL/FBD S7 程序编辑器分配符号名。如：

L　　"My_DB".V1　//打开符号名为"My_DB"的数据块，并装入名为"V1"的数据单元

在程序中两种寻址方式均可使用，但在同一条指令中符号名和绝对地址不能混用，如 DB29.Number 的用法是错误的。使用符号名访问数据块使程序易读，易确保访问的正确，易修改数据块的结构。

3. 打开与关闭数据块

如果可能，建议使用合成指令访问数据块，不易出错。在数据块访问中要注意当前打开的究竟是哪个数据块，以免出错。

1）打开的数据块一直保持到一个新的数据块打开（用 OPN 指令打开或合成指令打开）时才关闭。

2）一个 OB 或 FC 块在调用另一个 FC 块时退出，但当前打开的数据块保持有效。返回到调用的 OB、FC 时，退出时有效的数据块再次打开，参见图 6-13。

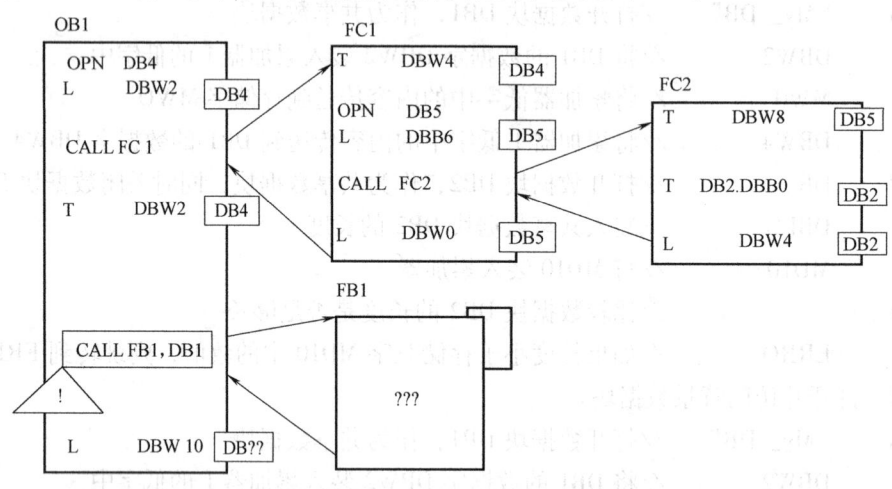

图 6-13　数据块打开与关闭

3）功能块（FB）调用不同。FB 总是带着背景数据块 DB，调用时自动打开背景数据块（所以一般不在 FB 程序中用 OPN DIn 指令打开数据块）。但当返回调用块时，先前打开的全局数据块不再有效，为此，必须重新打开需要的全局数据块。图 6-13 中在执行"L DBW10"指令时应明确打开的数据块。

四、多重背景数据块

每次调用一个 FB 块时都需要一个背景数据块。由于数据块的数量有限，当功能块 FB 进行多层调用时，可生成一个多重背景数据块，供多个 FB 使用，而不需要生成几个背景数据块。具体办法如图 6-14 所示。

功能块 FB100 被调用时（如 OB1 调用它），将只需要一个公用的（多重）背景数据块 DB100。功能块 FB100 中调用 FB12、FB13 本来均需要背景数据块，现将其数据放在 DB100 中。在 FB100 定义变量声明表时，将 FB12、FB13 定义为静态变量，在 FB100 中用符号名调用，如"CALL Motor_10"，"CALL Pump_10"，这样就不需要为其单独指定背景数据块了。

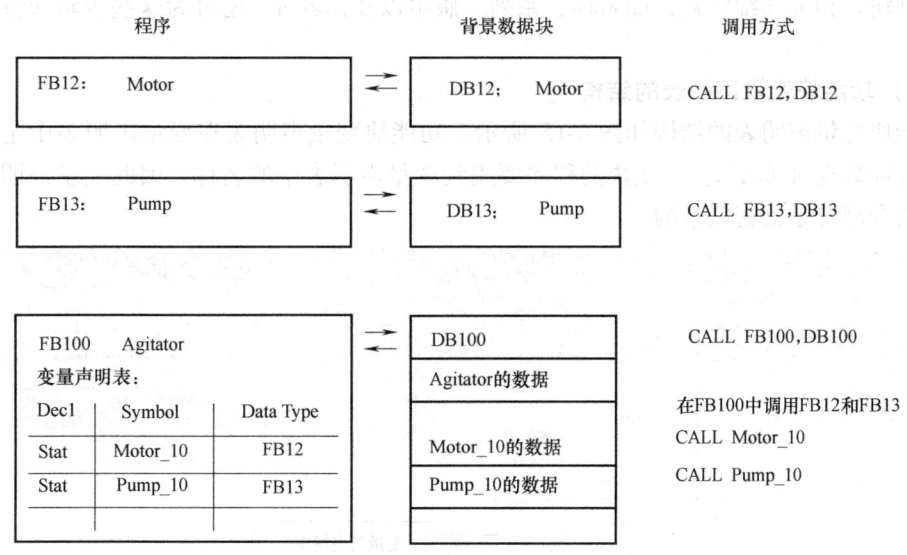

图 6-14　多重背景

第三节　功能块编程与调用

在结构化编程中要用到许多逻辑块和数据块。FB、FC、SFB、SFC 和组织块（OB）统称为逻辑块（或程序块）。实质上它们都是用户编写的子程序。这些程序可以被反复调用，功能块中编写的程序是用户程序的一部分。功能块（FB）有一个数据结构与该功能块的参数完全相同的数据块，称为背景数据块，背景数据块依附于功能块，它随着功能块的调用而打开，随着功能块的结束而关闭。存放在背景数据块中的数据在功能块结束时继续保持。而功能（FC）则不需要背景数据块，功能（FC）调用结束后数据不能保持。OB 是由操作系统直接调用的逻辑块。下面对 FB、FC 进行具体介绍。

一、功能块的结构

逻辑块（OB、FB、FC）由变量声明表、代码段及其属性等几部分组成，其结构如图 6-15 所示。在打开一个逻辑块之后，所打开的窗口右上半部分是功能块的变量声明表（包括变量列表视窗和变量详细列表视窗），而窗口右下半部分编写的是该功能块的程序。对逻辑块编程时必须编辑下列三个部分：

(1) 变量声明表　分别定义形参、静态变量和临时变量（FC 块中不包括静态变量）；确定各变量的声明类型（Decl.）、变量名（Name）和数据类型（Data Type），还要为变量设置初始值（Initial Value）。如果需要还可为变量注释（Comment）。在增量编程模式下，STEP7 将自动产生局部变量地址（Address）。

(2) 代码段　在代码段中，对将要由 PLC 进行处理的块代码进行编程，它由一个或多个程序段组成。要创建程序段，可使用各种编程语言，例如，梯形图（LAD）、语句表（STL）或功能块图（FBD）。

(3) 块属性　块属性包含了其他附加的信息。例如由系统输入的时间标志或路径。此外，也可输入相关详细资料，如名称、系列、版本以及作者等，还可为这些逻辑块分配系统属性。

（一）功能块变量声明表的结构

功能块变量声明表的结构如图 6-15 所示。功能块变量声明表在变量声明表中定义该块用到的局部数据（或变量）。该块的程序要用到变量声明表中的名称，因此变量声明表和其下面的指令部分是紧密联系的。

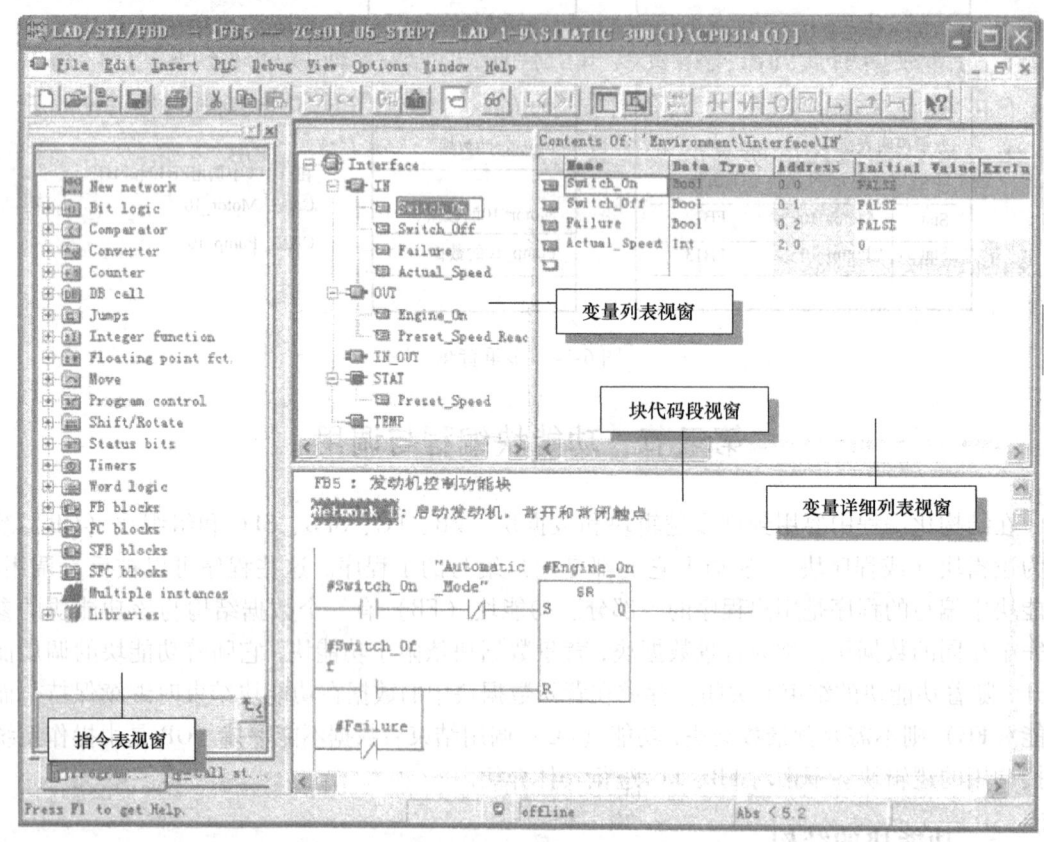

图 6-15　逻辑块编辑窗口

变量声明表中定义的局部数据（或变量）分为"参数（包含 IN、OUT、IN_OUT）"、"静态变量（STAT）"和"临时变量（TEMP）"。参数是在调用块和被调用块间传递的数据，可定义一个参数为块的输入值或块的输出值，或块的输入/输出值。所以要声明参数类型为输入（IN）、输出（OUT）和输入/输出（IN_OUT）。静态变量和临时变量（暂态变量）是仅供功能块本身使用的数据。表 6-4 给出了逻辑块变量声明表中局部数据的声明类型及其使用说明。表 6-4 中参数与变量排列的顺序，也是在创建逻辑块变量声明表时声明的顺序和变量在内存中的存储顺序。在逻辑块中不需使用的局部数据类型，不必在变量声明表中声明。

表 6-4 局部数据声明类型

参数与变量（声明类型）	说 明
输入参数（IN）	输入参数的值由调用的逻辑块提供（FB、FC 中可设置此参数。OB 中不能设置，因 OB 不能被用户调用）
输出参数（OUT）	输出参数表示是向调用的逻辑块返回数据（同上）
输入/输出参数（IN_OUT）	参数的值由调用的块提供，由被调用的块修改，然后返回调用块（同上）
静态变量（STAT）	静态变量存储在背景数据块中，块调用结束后，其内容被保留（仅 FB 中可设置）
临时变量（TEMP）	临时变量存储在 L 堆栈中，块执行结束临时变量的值就不再存储（在 FB、FC、OB 中均可设置）

在执行逻辑块时，用户应清楚了解数据被存储的情况。

1) 当执行功能块（FB）时，背景数据块中保留有输入、输出、输入/输出和静态变量的运行结果。在调用 FB 时，若没有提供实参，则功能块 FB 使用背景数据块中的数值。FB 的临时变量存在 L 堆栈中（不保留）。

2) 功能（FC）没有背景数据块，所以不能使用静态变量。其输入、输出、输入/输出参数作为调用块提供的指向实参的指针，存储在操作系统专为参数传递而保留的额外空间中。FC 的临时变量存在 L 堆栈中。

3) 对于组织块（OB），它是由操作系统调用的，用户不能参与，因此 OB 中只定义临时变量，执行时存在 L 堆栈中。

变量声明表中各栏目的含义及规定可参看表 6-5。

表 6-5 功能块变量声明表栏目含义

栏目	含义	要 点	编 辑
Address（地址）	按 BYTE.BIT 格式产生地址	对多于一个字节的数据类型，地址用跳到下一个字节地址来表示，关键字为： * ：一个数组元素按字节表示的大小 + ：与 STRUCT（结构）的开始有关的初始地址 = ：STRUCT（结构）要求的完整存储区	系统输入：地址是由系统进行分配的，并且，当用户结束一个变量声明的输入时显示
Variable（变量）	变量的符号名	变量符号必须以字母开始，不允许用保留的关键字	需要
Declaration（声明类型）	声明类型，变量的"目的"	根据不同的块类型，可以用下列之中的类型 输入参数："in" 输出参数："out" 输入/输出参数："in_out" 静态变量："stat" 临时变量："temp"	根据不同的块类型，由系统提供

(续)

栏目	含义	要点	编辑
Data type（数据类型）	变量的数据类型（基本数据类型、复合数据类型、参数类型）	可用鼠标右键弹出菜单再选择合适的元素数据类型	需要
Initial Value（初值）	如果不想用缺省值，可在该栏目设置初值	必须与数据类型匹配。当数据块第一次存盘时若用户没有明确地声明实际值，则初值将被用于实际值	可选
Comment（注释）	用于文档栏目的文字注释		可选

（二）功能块变量声明表的定义与使用

1. 用形式参数定义输入、输出、输入/输出参数

为了保证功能块对某一类设备控制（即控制工艺过程相同的不同对象）的通用性，在程序中能多处被调用，用户在编写功能块程序时就不能使用实际设备对应的存储区地址参数（如不能使用I1.0、Q8.3等），而应使用这一类设备的抽象地址参数。这些抽象参数称为形式参数，简称形参。

例如：下面的程序为不可分配参数的逻辑块的程序：

  A I1.0

  A M40.1

  = Q8.3

下面的程序为可分配参数的逻辑块块的程序：

  A #Acknow   //#表示变量声明表中的局部变量

  A #Report

  = #Display

功能块程序应编成可分配参数形式，在调用功能块对具体设备控制时，将该设备的相应实际存储区地址参数（简称实参）传递给功能块，功能块在运行时以实参替代形参，从而实现对其体设备的控制。当对另一设备控制时，同样将另一设备的实参传递给功能块。

因此，对可传递参数功能块的变量声明表中定义参数名时要用形参，实参在调用功能块时给出，但实参的数据类型必须与形参一致。功能块中的输入参数（IN）只能读，输出参数（OUT）只能写，输入/输出参数（IN_OUT）可读/可写。参数传递可将调用块的信息传递给被调用块，也能把被调用块的运行结果返回给调用块。另外，还有一个"RETURN"参数，它是依据IEC61131-3额外定义的有特殊名称的参数，该参数用于功能（FC）中。

用形式参数定义输入、输出、输入/输出参数的具体步骤如下：

1）创建或打开一个功能块（FB）或功能（FC），如图6-16所示。

2）在图6-16所示的变量声明表内，首先选择参数类型（IN、OUT、IN_OUT），然后输入参数名称（如Engine_On），再选择该参数的数据类型（有下拉列表），如果需要还可以为每一个参数分别加上相关注释。

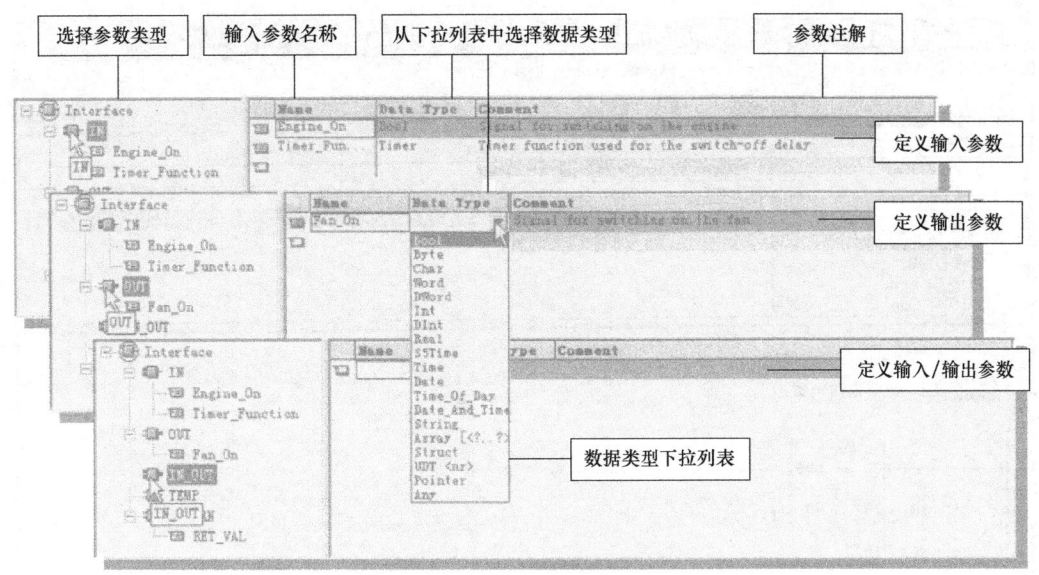

图 6-16 定义形式参数

一个参数定义完后，按 <Enter> 键即出现新的空白行。

2. 定义静态变量

静态变量（STAT）在 PLC 运行期间始终被存储，S7 将静态变量定义在背景数据块中。当功能块被调用运行时，能读出或修改静态变量；功能块被调用运行结束后，静态变量保留在数据块中。由于只有功能块（FB）有关联的背景数据块，所以只能为 FB 定义静态变量，FC 不能有静态变量。

FB 用多重背景数据块时，要将其调用的 FB 定义为静态变量并给予符号名，以减少 DB 个数（见本章第二节）。

3. 定义临时变量

临时变量仅在逻辑块运行时有效，逻辑块结束时存储临时变量的内存被操作系统另行分配。S7 将临时变量定义在 L 堆栈中，L 堆栈是为存储逻辑块的临时变量而专设的，当逻辑块程序运行时，在 L 堆栈中建立该逻辑块的临时变量，一旦逻辑块执行结束，堆栈重新分配，因而信息丢失。

在使用临时变量之前，必须在功能块的变量声明表中进行定义，在 TEMP 行中输入变量名和数据类型，临时变量不能赋予初值。

当完成一个 TEMP 行后，按 <Enter> 键，一个新的 TEMP 行添加在其后。L 堆栈的绝对地址由系统赋值并在 Address 栏中显示。如图 6-17 所示，在功能 FC1 的局部变量声明列表内定义了一个临时变量 result。

在图 6-17 中，Network1 为一个用符号地址访问临时变量的例子。减运算的结果被储存在临时变量 result 中。当然，也可以采用绝对地址来访问临时变量（如 T　LW0），由于这样会使得程序的可读性变差，所以最好不要采用绝对地址。

4. 程序库

程序库用来存放可以多次使用的程序部件，可以从已有的项目中将它们复制到程序库，也可以在程序库中直接生成程序部件。用程序编辑器中的菜单命令"View" → "Overviews"

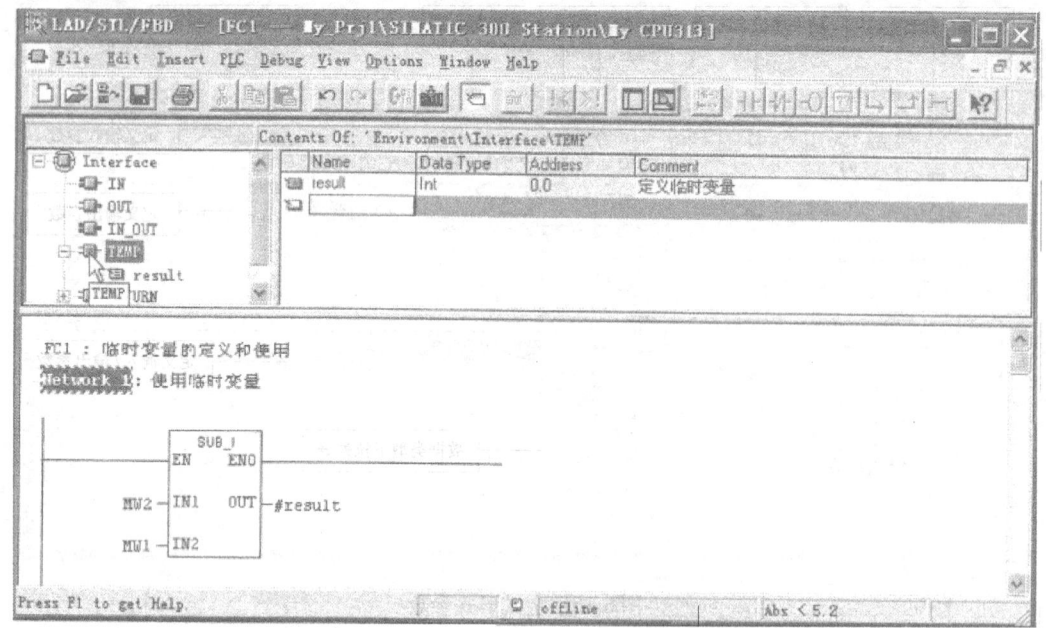

图 6-17 临时变量的定义与使用

可以显示或关闭图 6-17 左边的指令目录和程序库（Libraries）。

STEP 7 标准软件包提供下列标准程序库：

1) 系统功能块（SFB）、系统功能（SFC）和标准组织块（OB）。

2) IEC 功能块。处理时间和日期信息、比较操作、字符串处理与选择最大值和最小值等。

3) PID 控制块与通信块。用于 PID 控制和通信处理器（CP）。

4) 其他功能块（Miscellaneous Blocks），例如用于时间标记和实时钟同步等的块。

用户安装可选软件包后，还会增加其他的程序库。

（三）逻辑块中局部数据的类型

在逻辑块的变量声明表中有一栏明确所用局部数据的"数据类型"（Data type），以便操作系统给变量分配所需的存储空间。局部数据类型除"基本数据类型"（如表 4-4 所列）和复合数据类型（如表 6-2 所列）之外，还有专门为逻辑块之间的参数类的形参传递数据的参数类型。参数类的形参包括定时器形参、计数器形参、块地址形参、指针和 ANY 类形参，如表 6-6 所示。

下面对表 6-6 作补充说明：

（1）指针参数类型（POINTER） 一个指针给出的是变量的地址而不是变量的数值大小。在有些功能块中，可能使用指针编程更为方便。定义指针类型的形参，就能在功能块中先使用一个虚设的指针，待调用功能块时，再为其赋予确定的地址。例如：用 P#M50.0 以访问内存 M50.0。

（2）ANY 类型 当实参的数据类型不能确定或在功能块中需要使用变化的数据类型时，可以把形参定义为 ANY 参数类型。这样就可以将任何数据类型的实参给 ANY 类形参，而不必像其他类型那样保证实参形参类型一致。STEP7 自动为 ANY 类型分配 80bit（10B）的内存，STEP 7 用这 80bit 存储实参的起始地址、数据类型和长度编码。

表 6-6 变量声明表 "Data type"（数据类型）中的参数类型

声明的参数类型	容量	说　　明
TIMER（定时器）	2B	在功能块中定义一个定时器形参，调用时必须赋予定时器实参（如 T10）
COUNTER（计数器）	2B	在功能块中定义一个计数器形参，调用时必须赋予计数器实参（如 C20）
BLOCK_FB BLOCK_FC BLOCK_DB（块） BLOCK_SDB	2B	在功能块中定义一个功能块或数据块形参变量，调用时给功能块类或数据块类形参赋予实际的功能块或数据块编号（用绝对地址如 FC101、DB42 或符号地址如 Value 等）
POINTER（指针）	6B	在功能块中定义一个形参，该形参说明的是内存的地址指针，调用时可给形参赋予实参
ANY（任意参数）	10B	当实参的数据类型未知时，可以使用本类型

例如，功能块 FC100 有三个参数（in_part1, in_part2, in_part3）被定义为 ANY 类型。当功能块 FB10 调用功能块 FC100 时，FB10 传递的可以是：一个整数（静态变量 Speed）、一个字（MW100）和数据块 DB10 中的双字（DB10.DBD40）。而当功能块 FB11 调用功能块 FC100 时，FB11 传递的可以是：一个实数数组（临时变量 Thermo）、一个布尔值（Ml.3）和一个定时器（T2），FB10 和 FB11 分别调用 FC100 时，传递的实参类型完全不同。

（四）不同逻辑块可声明的变量类型及可用数据类型的规定

STEP7 对逻辑块在变量声明表中声明使用的数据类型是有限制的，表 6-7 列出了各种逻辑块允许声明的变量类型及其允许的数据类型。从表 6-7 看出，由于用户不能调用组织块，不需为组织块传递参数，所以 OB 没有输入类型变量（IN）、输出类型变量（OUT）和输入/输出类型变量（IN_OUT）；由于 OB 没有背景数据块 DB，所以不能为 OB 声明任何静态变量。FC 也没有背景数据块 DB，同样也不能对 FC 声明静态变量。表 6-7 中打"√"者为允许使用的数据类型。

表 6-7 各种逻辑块允许使用的数据类型

逻辑块	声明类型	基本数据类型	复合数据类型	参数类型				
				TIMER	COUNTER	BLOCK	POINTER	ANY
OB	临时（TEMP）	√	√					√
FC	输入（IN）	√	√	√	√	√	√	√
	输出（OUT）	√	√				√	√
	I/O（IN_OUT）	√	√				√	√
	临时（TEMP）	√	√					√
FB	输入（IN）	√	√	√	√	√	√	√
	输出（OUT）	√	√					√
	I/O（IN_OUT）	√	√				√	√
	静态（STAT）	√	√					
	临时（TEMP）	√	√					√

二、功能块的调用

一个用户程序可以由多部分（子程序）组成，这些部分存储在不同的块内，通过块调用组成结构化程序。

块调用时，调用块可以是任何逻辑块，被调用块只能是功能块（除 OB 外的逻辑块），如图 6-18 所示。从图中还可看到，在调用块中执行调用指令时，将终止当前块指令的执行，转而执行被调用块的指令。一旦被调用块的所有指令执行完毕，便返回调用块继续执行调用语句后的指令。

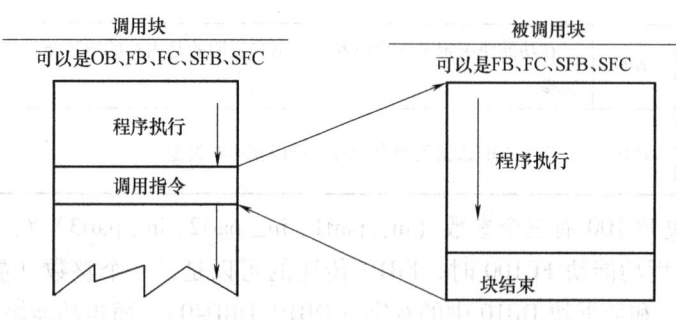

图 6-18　调用功能块

（一）逻辑块的调用过程及内存分配

CPU 提供块堆栈（B 堆栈）来存储与处理被中断块的有关信息。当发生块调用或有来自更高优先级的中断时，就有相关的块信息存储在 B 堆栈里，并影响部分内存和寄存器。图 6-19 显示了调用块时 B 堆栈与 L 堆栈的变化。

1. 用户程序使用的堆栈

堆栈是 CPU 中的一块特殊的存储区，它采用"先入后出"的规则存入和取出数据。堆栈中最上面的存储单元称为栈顶，要保存的数据从栈顶"压入"时，堆栈中原有的数据依次向后移动一个位置。在取出栈顶的数据后，堆栈中所有的数据依次向上移动一个位置。堆栈的这种"先入后出"的存取规则刚好满足块的调用（包括中断处理时块的调用）

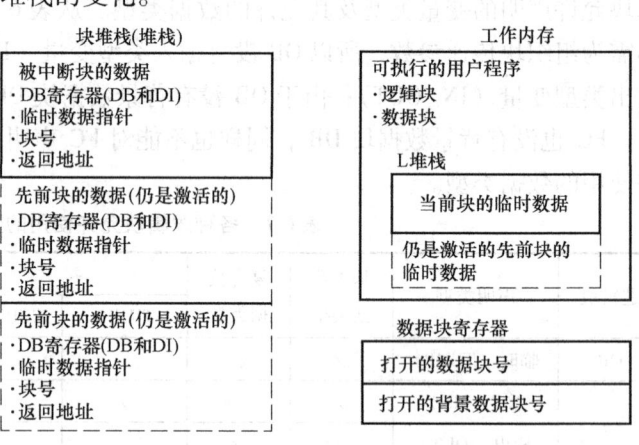

图 6-19　逻辑块调用过程中 B 堆栈与 L 堆栈的变化情况

要求。因此在计算机的程序设计中得到了广泛的应用。

（1）局部数据堆栈（L stack）　局部数据堆栈简称 L 堆栈，是 CPU 中单独的存储器区，可用来存储逻辑块的局部变量（包括 OB 的起始信息）、调用功能（FC）时要传递的实际参数、梯形图程序中的中间逻辑结果等。可以按位、字节、字和双字来存取，例如 L0.0、LB9、LW4 和 LD52。

当操作系统执行一个 OB 时，将打开一个 256B 大小的局部堆栈区，供该 OB 及其中所调用的块使用。S7-300 PLC 的 CPU 中局部堆栈区的总容量为 1536B，共有 8 个优先级，每个优先级赋值 256B，因此，同时激活的优先级不能超过 6 个。例如，如果 OB100 激活（优先级为 27），那么 OB1（优先级为 1）绝不可能激活。进一步说，只有异步错误的故障 OB80~OB87 具有优先级 28，如果在起动程序中出现故障，它们可中断 OB100。

（2）块堆栈（B stack） 块堆栈简称 B 堆栈，是 CPU 系统内存中的一部分，用来存储被中断的块的类型、编号、优先级和返回地址，中断时打开的共享数据块和背景数据块的编号，临时变量的指针（被中断块的 L 堆栈地址）。

STEP 7 中可使用的 B 堆栈大小是有限制的。对于 S7-300 PLC 的 CPU，则可在 B 堆栈中存储 8 个块的信息。因此，块调用嵌套深度也是有限制的，最多可同时激活 8 个块。

（3）中断堆栈（I stack） 中断堆栈简称 I 堆栈，用来存储当前累加器和地址寄存器的内容、数据块寄存器 DB 和 DI 的内容、局域数据的指针、状态字、MCR（主控继电器）寄存器和 B 堆栈的指针。

2. 调用功能块 FB

当调用功能块 FB 时，必须首先为其指定一个背景数据块（在调用前已生成）。当 FB 被调用时，程序可为 FB 里的形参赋予实参（对于复合数据类型的 I/O 形参或参数类型的形参，不要求赋实参）。赋实参的方法如图 6-20 所示。如果调用时没有给 FB 的形参赋予实参，功能块 FB 就调用背景数据块内的数值。该数值是在功能块的变量声明表内或背景数据块内设置的形参初始值；由于 FB 块被调用时实参的值被存储在它的背景数据块中，因此该数值也可能是上一次存储在背景数据块中的参数值。

背景数据块可以保存静态变量，所以只有 FB 才能使用静态变量。

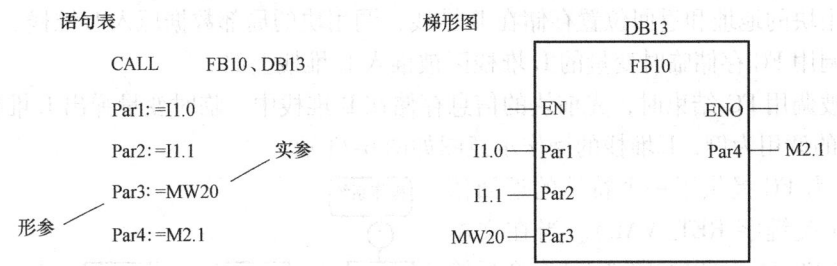

图 6-20 语句表和梯形图中调用 FB

当调用 FB 时，会有以下事件发生：

1）调用块的地址和返回位置存储在 B 堆栈，调用块的临时变量压入 L 堆栈。
2）数据块寄存器 DB 内容与 DI 内容交换。
3）新的数据块地址装入 DI 寄存器。
4）被调用块的实参装入 DB 和 L 堆栈上部。
5）当功能块结束时，先前块的信息从 B 堆栈中弹出，临时变量弹到 L 堆栈上部。
6）DB 和 DI 寄存器内容交换。

调用指令对 CPU 内存的影响，可用图 6-21 表示。

3. 调用功能 FC

因为功能 FC 不用背景数据块，不能分配初值给 FC 的局部数据，所以调用 FC 时，必须给 FC 的形参分配实参，如图 6-22 所示。

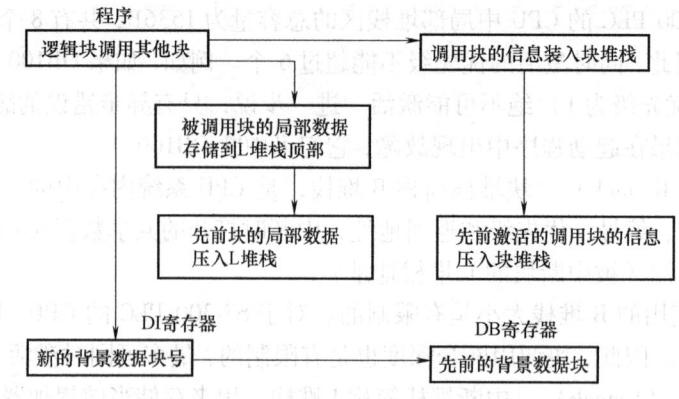

图 6-21 调用指令对 CPU 内存的影响

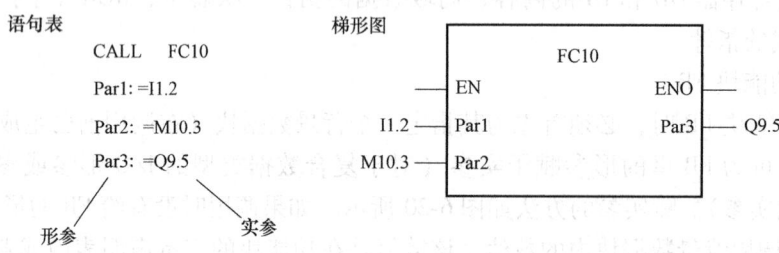

图 6-22 功能 FC 的调用

当调用 FC 时会有以下事件发生:

1) 被调用 FC 实参的指针存到调用块的 L 堆栈。
2) 调用块的地址和返回位置存储在 B 堆栈, 调用块的局部数据压入 L 堆栈。
3) 被调用 FC 存储临时变量的 L 堆栈区被推入 L 堆栈上部。
4) 当被调用 FC 结束时, 先前块的信息存储在 B 堆栈中, 临时变量弹出 L 堆栈。

以 FC 的调用为例, L 堆栈的操作示意图如图 6-23 示。

STEP7 为 FC 提供了一个特殊的返回值输出参数（关键字 RET_VAL）。当在文本文件中创建 FC 时, 可以在定义 FC 命令后输入数据类型（如 BOOL 或 INT）。对文本文件进行编译时, STEP 7 会自动生成 RET_VAL 输出参数。当用 STEP 7 的程序编辑器（Program Editor）以增量模式创建 FC 时, 可在 FC 的变量声明表中声明一个输出参数 RET_VAL, 并指明其数据类型。

4. 块调用小结

1) 块调用时分条件调用和无条件调用。当用 LAD/FBD 调用块时, EN 和 ENO 参数被加在块上, 如果 EN = 0, 块不被执行且

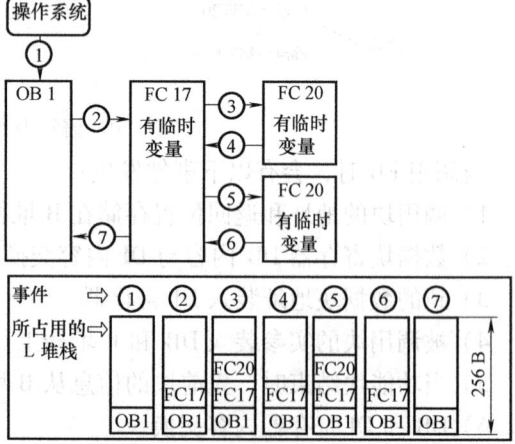

图 6-23 L 堆栈操作示意图

ENO = 0; 如果 EN = 1, 块被执行, 执行过程中如果不出现错误则 ENO = 1, 如果出现错误则 ENO = 0, 这样可根据 RLO 来调用块。在 STL 中, 没有 EN/ENO 参数, CALL 指令用于调用

功能块（FB、FC、SFB、SFC），与 RLO 或其他条件无关，但可以用跳转指令来实现是否调用。

2）调用 FB 或 SFB，必须指定背景数据块。

3）在块调用时，功能块、数据块可用绝对地址或符号地址。

4）在声明表中列出的为"形式参数"，在块调用时分配给块的地址或数值为"实际参数"。静态变量和临时变量不出现在块调用指令中。

5）功能块允许嵌套调用，但嵌套的层数与 CPU 型号和 L 堆栈中数据可能溢出有关（参见本章第一节）。

三、块调用时参数传递的限制

进行功能块调用时，给形参赋值可采用不同的方法，但赋值的数据类型是有限制的。

（一）块间参数传递的规定

块调用时可给形参赋实参，一般而言，实参可以是绝对地址（物理地址）、符号或常数。而实际赋值时要注意不同类型（输入、输出、I/O）的形参允许赋实参的数据类型是有限制的。表 6-8 列出了给不同类型形参赋实参时实参允许使用的数据类型。如输出和 I/O 类型的形参，不能赋值常数因为输出或 I/O 参数是变化的。只能用基本数据类型的绝对地址给形参赋值。符号地址无参数类型的限制。

表 6-8 给形参赋实参时实参允许指定的数据类型

形参类型	绝对地址	符号名	常数	块局部符号
输入（In）	1	1、2	1	1、2
输出（Out）	1	1、2	—	1、2
I/O（In_out）	1	1、2		1、2

注：1——可用基本数据类型　2——可用复合数据类型。

（二）调用功能块的形参传递给被调用功能块的形参

在表 6-8 所列的用"块局部符号"进行参数传递，是指将调用块的形参赋值给被调用块的形参。这种情况在功能块调用另一个功能块（嵌套调用）时发生。功能块间调用有以下情况：FC 调用 FC；FC 调用 FB；FB 调用 FB；FB 调用 FC。由于 FB 和 FC 形参的允许数据类型各有不同，而且形参有输入、输出的区别，因此在形参传递给被调用块时，有一定的限制：

1）调用功能块的输入类形参不能赋给被调用功能块的输出类和 I/O 类形参；

2）调用功能块的输出类形参不能赋给被调用功能块的输入类和 I/O 类形参；

3）调用功能块的形参允许传递给被调用功能块形参的类型列在表 6-9 的第一栏，对形参数据类型的限制（允许的数据类型）也列于表 6-9 中。

表 6-9 调用功能块的形参传递给被调用功能块形参允许的形参类型及数据类型

调用块→被调用块允许传递形参类型	FC 调用 FC	FB 调用 FC	FC 调用 FB	FB 调用 FB
输入→输入	1	1、2	1、2、3	1、2、3
输出→输出	1	1、2	1、2	1、2
输入/输出→输入	1	1	1	1

(续)

调用块→被调用块允许传递形参类型	FC 调用 FC	FB 调用 FC	FC 调用 FB	FB 调用 FB
输入/输出→输出	1	1	1	1
输入/输出→输入/输出	1	1	1	1

注：1—可用基本数据类型　2—可用复合数据类型　3—可用参数类型中的定时器、计数器和块。

四、功能和功能块编程与调用举例

功能和功能块编程的步骤包括两部分内容：第一、定义局部变量（填写变量声明表）；第二、编写要执行的程序。

定义局部变量的工作就是在变量声明表中分别定义形参、静态变量和临时变量（FC 块中无静态变量）。具体则是确定并填入各变量的声明类型（Decl）、变量名（Name）、数据类型（Data type），有需要时还可为变量设置初始值（Initial Value）和为变量加适当的注释（Comment）。在增量模式下，STEP 7 将自动产生局部变量地址（Address）。

功能块程序可以用梯形图（LAD）、语句表（STL）或功能块图（FBD）任一种语言来编写。在编程过程中可以使用本块已定义了的局部变量（只在本块中有效）或在符号表中已定义了的符号地址（全局变量，在整个程序中都有效）。关于程序中的地址需做如下说明：

1）使用局部变量，要在变量名前加前缀（#）；使用全局变量，变量名出现在引号（" "）中，以便区别。在增量编程模式下，（#）和（" "）会自动产生。

2）直接使用局部变量的地址。这种方式只对背景数据块和 L 堆栈有效。

在调用 FB 块时，必须为其指定背景数据块。背景数据块应在调用前生成，其格式顺序与关联 FB 的变量声明表必须保持一致。背景数据块中所含数据为变量声明表中所存数据。当需要时，用户在编程窗口使用菜单命令转换成数据视窗（Data View），便可以为背景数据块设置当前值（Current Value）。通过修改实际值的方法，可为同一功能块设置不同的背景数据块，以实现不同的控制要求。

对于 S7-300，操作系统分配给每一个组织块的局部数据区的最大数量为 256B。OB 的调用自己占去 20 或 22B，则还剩下最多 234B 可分配给 FC 或 FB。如果 FC 或 FB 中定义的局部数据的数量大于 256B，则该 FC 或 FB 将不能下载到 CPU 中。在下载过程中将出现错误提示："The block could not be copied"。如果单击错误信息框中的"Details"按钮，将弹出帮助的信息："Incorrect local data length"。利用"Reference Data"工具可查看程序所占用的局部数据区的字节数（包括总的字节数和每次调用所占用的字节数）。

下面举例说明功能块编程与调用。

（一）功能块的编程与调用

下面以编写一个能对多个发动机（如汽油发动机、柴油发动机）进行起、停控制和速度监视的应用程序为例说明功能块编程与调用。

每个发动机起、停控制的信号和监视的速度各不相同，但控制功能是相同的。这可以采用一个通用的发动机控制功能块，指定不同的背景数据块，通过结构化编程来解决。

1. 确定功能块的参数、类型及填写变量声明表

设发动机控制功能块为 FB1，填写的变量声明表格式如表 6-10 所示。这样便定义了功能块 FB1 的输入、输出参数及所需变量。

对功能块来说，IN、OUT、IN_OUT 和 STAT 变量存储在数据块 DB 内，临时变量 TEMP 存储在 L 堆栈中。

表 6-10　FB1 的变量声明表

名称	数据类型	地址	变量	初始值	描述
Switch_On	BOOL	0.0	IN	FALSE	起动按钮
Switch_Off	BOOL	0.1	IN	FALSE	停车按钮
Failure	BOOL	0.2	IN	FALSE	故障信号
Actual_Speed	INT	2.0	IN	0	实际转速
Engine_On	BOOL	4.0	OUT	FALSE	控制发动机的输出信号
Preset_Speed_Reached	BOOL	4.1	OUT	FALSE	达到预置转速
Preset_Speed	INT	6.0	STAT	1500	预置转速

2. 选择编程语言，编写功能块 FB1 中的程序

采用 LAD 和 STL 两种语言的程序如图 6-24 所示。程序中所使用声明表中的局部变量用 "#" 指示，全局变量出现在引号内，如 "Automatic_Mode"（"自动模式"）是在符号表中定义的，本程序中只是使用，如图 6-25 所示。

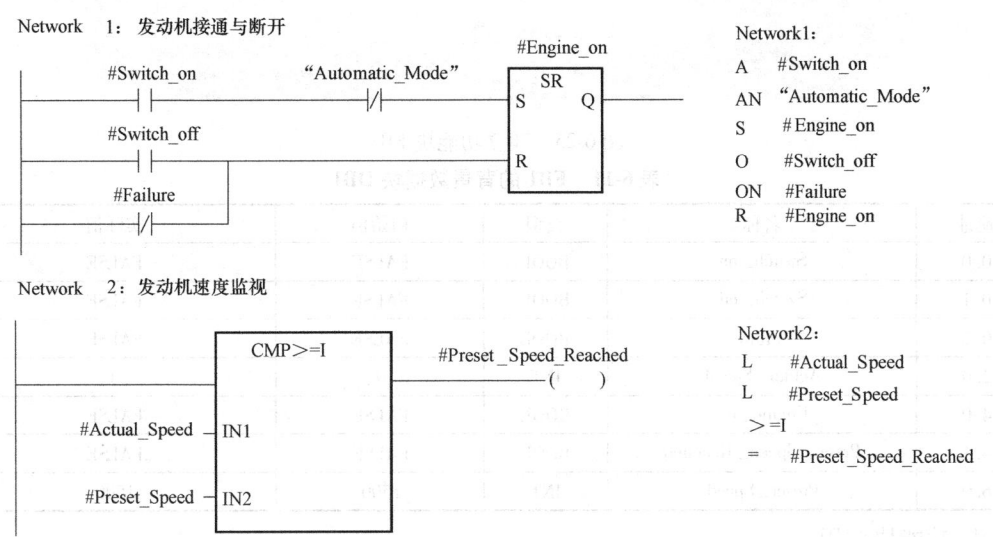

图 6-24　功能块 FB1 中的程序

以上程序实现的功能是：在非自动模式下，按发动机起动按钮，发动机即起动；按停止按钮或发动机故障，发动机即停下。当发动机现行速度超过设定速度时，有报警信号输出。

3. 生成背景数据块和修改实际值

功能块 FB1 用于控制和监视发动机。FB1 建立后可为它建立关联的背景数据块，如 DB1，建立时在实际值（Actual Value）栏的 Preset_Speed 行可输入用户所需速度设定值，如 1500，这样就为发动机定义了最大速度。其显示格式如表 6-11 所示。

用同样办法生成其他背景数据块，如 DB2，为它输入速度设定值 1200，这样便定义了另一台发动机（如柴油发动机）的最大速度。

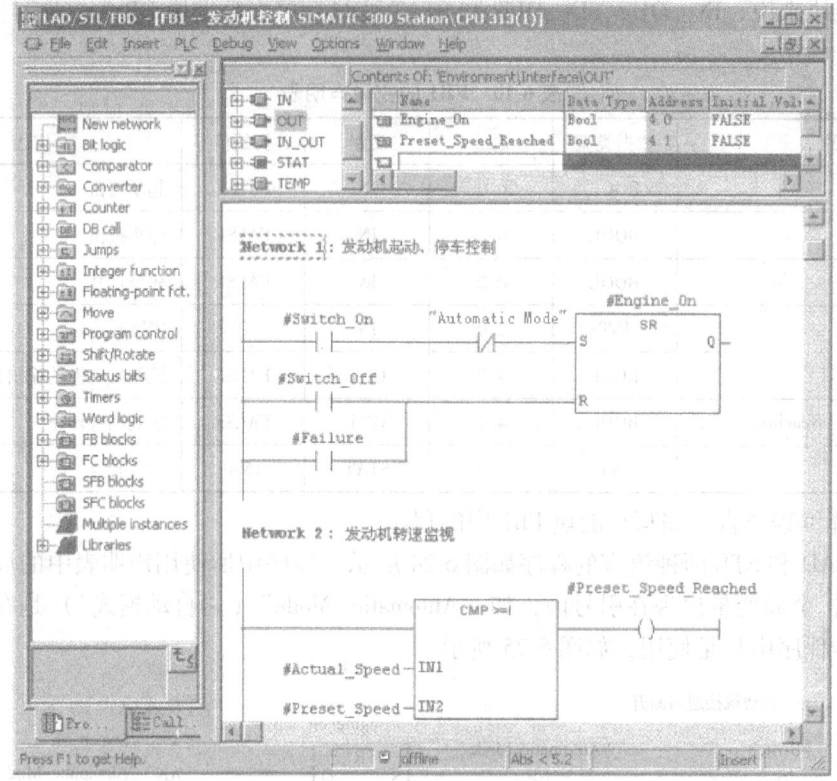

图 6-25　建立功能块 FB1

表 6-11　FB1 的背景数据块 DB1

地址	名称	类型	初始值	实际值
0.0	Switch_on	BOOL	FALSE	FALSE
0.1	Switch_off	BOOL	FALSE	FALSE
0.2	Failure	BOOL	FALSE	FALSE
2.0	Actual_Speed	INT	0	0
4.0	Engine_on	BOOL	FALSE	FALSE
4.1	Preset_Speed_Reached	BOOL	FALSE	FALSE
6.0	Preset_Speed	INT	1500	1500

4. 功能块调用

可以在 FB1 的前一级块中，编写对 FB1 的调用指令并指定相应的背景数据块，以实现对多个发动机的控制与监视。下面举例说明调用方法。

设在符号表中已定义了符号名，如表 6-12 所示。

表 6-12　发动机 Engine 的符号表

符号表	地址	符号表	地址
Engine	FB1	PE_Failure	I0.2
Petrol	DB1	PE_Actual_Speed	MW10
Switch_on_PE	I0.0	PE_on	Q8.0
Switch_off_PE	I0.1	PE_Preset_Speed_Reached	Q8.1

1) 用语句表编程对功能块 FB1 的调用，指定 DB1 背景数据块（用符号地址）。其程序如下：

CALL "Engine"，"Petrol"
Switch_on   : = "Switch_on_PE"
Switch_off   : = "Switch_off_PE"
Failure   : = "PE_Failure"
Actual_Speed   : = "PE_Actual_Speed"
Engine_on   : = "PE_on"
Preset_Speed_Reached : = "PE_Preset_Speed_Reached"

2) 用梯形图编程对功能块 FB1 的调用，指定 DB1 背景数据块（用绝对地址）。其程序如图 6-26 所示。

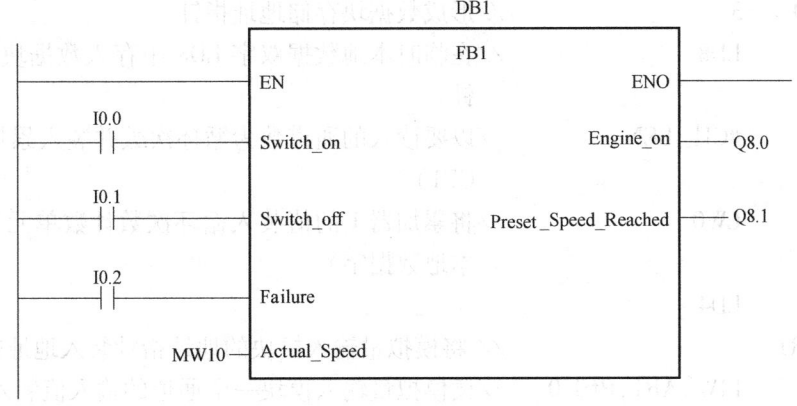

图 6-26　调用 FB1 的梯形图程序

同理，可编写调用 FB1 并指定背景数据块 DB2 的应用程序。

（二）功能 FC 编程与调用

在设计 S7-300 PLC 控制系统中，常使用模拟量输入模块采集信号，当模拟量输入通道较多时，将各通道模拟量信号读入并存储比较繁琐。用户采用功能块编程可使编程工作简化，在需要时进行调用。

下面给出的是一个对功能 FC 编程的例子。FC100 中是一个对多通道进行模拟量信号采集（读入）、存入指定数据块并按指定起始地址开始顺序存放的通用程序。

1. FC100 的变量声明表

为了方便使用，将 FC100 输入变量定义了 4 项，用户可在调用时灵活改变赋值。表 6-13 为模拟量输入采样功能 FC100 的变量声明表。

表 6-13　FC100 的变量声明表

名称	数据类型	地址	变量	描　　述
PIW_Addr	INT	0.0	IN	输入模块通道起始地址
CH_LEN	INT	2.0	IN	要读入的通道数
DB_NO	INT	4.0	IN	存储数据块的块号
DBW_Addr	INT	6.0	IN	存储在数据块中的字地址首号

2. FC100 中的语句表程序

程序设计的思路是：模拟量输入模块通道的地址用地址指针，数据块的存储地址也用地址指针，循环改变地址指针，以读入相应模拟量输入通道的信号并在数据块中顺序存放。

	L	#DB_NO	
	T	LW0	//将存储数据的块号存放在临时本地数据字 LW0 中
	OPN	DB [LW0]	//打开存储数据块（做好装采样值的准备）
	L	#PIW_Addr	
	SLD	3	//形成模拟量输入模块的地址指针
	T	LD4	//在临时本地数据双字 LD4 中存入模拟量输入模块的地址指针
	L	#DBW_Addr	
	SLD	3	//形成数据块存储地址指针
	T	LD8	//在临时本地数据双字 LD8 中存入数据块存储地址指针
	L	#CH_LEN	//以要读入的通道数为循环次数并装入累加器 1（ACCU1）
NEXT:	T	LW0	//将累加器 1 的值装入循环次数计数单元 LW0（临时本地数据字）
	L	LD4	
	LAR1		// 将模拟量输入模块的地址指针装入地址寄存器 1
	L	PIW[AR1,P#0.0]	//读模拟量输入模块一个通道的输入值装入累加器 1
	T	LW2	//将读入通道的模拟量输入值暂存缓冲器 LW2
	L	LD8	
	LAR1		//将数据块存储地址指针装入地址寄存器 1
	L	LW2	//将缓冲器 LW2 内容（读入通道的模拟量输入值）装入累加器 1
	T	DBW[AR1,P#0.0]	//将读入通道的模拟量输入值存入数据块
	L	LD4	//将模拟量模块的地址指针装入累加器 1
	+	L#16	//用 ACCU1 +（…_0001_0000）的值调整模拟量模块的地址指针
	T	LD4	//指向下一通道的地址指针存入 LD4
	L	LD8	
	+	L#16	
	T	LD8	//调整数据块存储地址指针，指向下一个存储地址，存入 LD8
	L	LW0	//将循环次数计数单元 LW0 的值装入累加器 1
	LOOP	NXET	//将累加器 1 的内容减 1，若不为 0 则继续循环，若为 0 则结束

在 FC100 中，寄存器间接寻址指令 "OPN DB [LW0]" 使用了临时本地数据 LW0，变

量表中定义的临时变量（TEMP）虽然也在 L 堆栈中，但不能用于存储器间接寻址，从这里可看出临时本地数据与临时变量还是有区别的。除 LW0 外，程序中 LW2、LD4 和 LD8 可以用临时变量替代。

3. FC100 的调用

在某 PLC 控制系统中，机架 0 的 6 号槽位安装了一块 8 模拟量输入模块 SM331（起始地址 IW288），若要将前 6 个输入通道的信号读入，存入 DB50.DBW10 开始的 6 个字单元中，可按下列程序调用 FC100：

```
CALL      FC100
PIW_Addr  : =288
CH_LEN    : =6
DB_NO     : =50
DBW_Addr  : =10
```

五、系统功能和系统功能块

S7 CPU 为用户提供了一些已经编好并通过程序测试的程序块，这些程序块称为系统功能（SFC）和系统功能块（SFB）。它们属于操作系统的一部分，不需将其作为用户程序下载到 PLC，用户可以直接调用它为自己的应用程序服务，不占用户程序空间。SFB 与 FB 相似，必须为 SFB 生成背景数据块，并将其下载到 CPU 中作为用户程序的一部分。SFC 则与 FC 相同。

不同的 S7 CPU 提供不同的 SFC、SFB 功能。"STEP 7 系统和标准功能参考手册"对 SFC、SFB 功能及如何调用和应该设定哪些参数有较详细的介绍。系统功能和系统功能块的编号及其功能可参见表 4-2 和表 4-3。

六、时间标记冲突与一致性检查

如果修改了块与块之间的软件接口（块内的输入/输出变量：IN_OUT）或程序代码，可能会造成时间标记（Time Stamp）冲突，引起调用块和被调用块（基准块）之间的不一致，在打开调用块时，在块调用指令中被调用的有冲突的块将用红色标出。

块中包含一个代码（Code）时间标记和一个接口（Interface）时间标记。这些时间标记可以在块属性对话框中查看。STEP7 在进行时间标记比较时，如果发现下列问题，就会显示时间标记冲突。

1) 被调用的块比调用它的块的时间标记更新。
2) 用户定义数据类型（UDT）比使用它的块或使用它的用户数据的时间标记更新。
3) FB 比它的背景数据块的时间标记更新。
4) FB2 在 FB1 中被定义为多重背景，FB2 的时间标记比 FB1 的更新。

即使块与块之间的时间标记关系是正确的，如果块的接口定义与它被使用的区域中的定义不匹配（有接口冲突），也会出现不一致性。

如果用手工来消除块的不一致性，工作是很繁重的。可用下面的方法自动修改一致性错误。

1) 在 SIMATIC 管理器的项目窗口中选择要检查的块文件夹，执行菜单命令"Edit→

Check Block Consistency"（检查块的一致性）。在出现的窗口中执行菜单命令"Program→Compile"（程序→编译）。STEP 7 将自动地识别有关块的编程语言，并打开相应的编辑器去进行修改。时间标记冲突和块的不一致性被自动地尽可能地消除，同时对块进行编译。将在视窗下面的输出窗口中显示不能自动消除的时间标记冲突和不一致性。所有的块被自动地重复进行上述处理。如果是用可选的软件包生成的块，可选软件包必须有一致性检查功能，才能作一致性检查。

2）如果在编译过程中不能自动清除所有的块的不一致性，在输出窗口中给出有错误的块的信息。用鼠标右键点击某一错误，调用弹出菜单中的错误显示，对应的错误被打开，程序将跳到被修改的位置。清除块中的不一致性后，保存并关闭块。对于所有标记为有错误的块，重复这一过程。

3）重新执行步骤1）和2），直至在信息窗口中不再显示错误信息。

第四节　组织块及其应用

一、概述

组织块（OB）是操作系统与用户程序在各种条件下的接口界面，用于控制程序的运行。S7 系列 PLC 的不同 CPU 各有一套可编程的 OB 块。不同的 OB 块由不同的事件启动，执行不同的功能，且具有不同的优先级。每一个 OB 在执行程序的过程中，可以被更高优先级的 OB 中断，即中断可嵌套，详见本章第一节。

（一）组织块的分类

S7 系列 PLC 的 CPU 支持的所有组织块见表 6-1。它通常按以下分类：

（1）启动组织块　启动组织块用于系统初始化，CPU 上电或操作模式改为 RUN 时，根据启动的方式执行启动程序 OB100～OB102 中的一个。

（2）循环执行的组织块（OB1）　需要连续执行的程序存放在 OB1 中，执行完后又开始新的循环。

（3）定期执行的组织块　包括日期时间中断组织块 OB10～OB17 和循环中断组织块 OB30～OB38，它们可以根据设定的日期时间或时间间隔执行中断程序。

（4）事件驱动的组织块　包括延时中断组织块 OB20～OB23、硬件中断组织块 OB40～OB47、异步错误中断组织块 OB80～OB87 和同步错误中断组织块 OB121、OB122。延时中断组织块 OB20～OB23 在过程事件出现后延时一定的时间再执行中断程序。硬件中断组织块 OB40～OB47 用于需要快速响应的过程事件，事件出现时马上中止循环程序，执行对应的中断程序。异步错误中断组织块 OB80～OB87 和同步错误中断组织块 OB121、OB122 用来决定在出现错误时系统如何响应。

（5）背景组织块　CPU 可以保证设置的最小扫描循环时间。如果它比实际的扫描循环时间长，在循环程序结束后 CPU 处于空闲的时间内可以执行背景组织块 OB90。如果没有对 OB90 编程，CPU 要等到定义的最小扫描循环时间到达，才开始下次循环的操作。用户可以将对运行时间要求不高的操作放在 OB90 中去执行，以避免出现等待时间。背景 OB 的优先级为 29（最低），不能通过参数设置进行修改。OB90 可以被所有其他的系统功能和任务中断。由于 OB90 的运行时间不受 CPU 操作系统的监视，用户可以在 OB90 中编写长度不受限制的程序。

不同的 CPU 所具有的组织块是不同的。S7-300 PLC 的 CPU314 共有 13 种组织块，具体见表 6-14。

表 6-14 CPU314 组织块优先级顺序表

OB 类型	说　　明	优先级
OB1 主程序循环	在上一循环结束时启动	1（低优先级）
OB10 时间中断	在程序设置的日期和时间启动	2
OB20 延时中断	受 SFC32 控制启动，在一特定延时后运行	3
OB35 循环中断	运行在一特定时间间隔内（1ms 到 1min）	12
OB40 硬件中断	当检测到来自外部模块的中断请求时启动	16
OB80~OB82、OB85、OB87 响应异步错误	当检测到模块诊断错误或超时错误时启动	26（启动时是 28）
OB100 启动	当 CPU 从 STOP 到 RUN 状态时启动	27
OB121、OB122 响应同步错误	当检测到程序错误或接受错误时启动	与被中断的 OB 有相同的优先级

（二）组织块的变量声明表与所使用的数据类型

组织块 OB 只能由操作系统启动，它由一个变量声明表和一个用户编写的控制程序组成。用户编写的控制程序各不相同，但对 OB 中局部数据的类型是有限定的。任何 OB 都是由操作系统调用而不能由用户调用，所以 OB 没有输入、输出和 I/O 参数。由于 OB 没有背景数据块，所以也不能为 OB 声明任何静态变量，因此 OB 的变量声明表中只能定义临时变量。OB 的临时变量的数据类型可以是基本的或复合的数据类型以及数据类型 ANY。对 OB 变量声明表的这一限定用户是应当注意的。

操作系统为所有的组织块声明了由一个 20B 组成的包含 OB 启动信息的标准"变量声明表"。具体内容各组织块有所不同。安排的格式见表 6-15，用户可利用组织块变量声明表中的符号名来得到有用信息，可通过查看各种组织块变量声明表前 20B 的启动信息了解其具体内容。

表 6-15 OB 的变量声明表（前 20B 的启动信息）

地址（字节）	内　　容
0	事件级别与标识码：例如 OB40 为 B#16#11，表示硬件中断被激活
1	用代码表示与启动 OB 的事件有关的信息
2	优先级，例如 OB40 的优先级为 16
3	OB 块号，例如 OB40 的块号为 40
4~11	附加信息，例如 OB40 的第 5 个字节为产生中断的模块类型，16#54 为输入模块，16#55 为输出模块；第 6、7 字节组成的字为产生中断的模块的起始地址；第 8~11 字节组成的双字为产生中断的通道号
12~19	OB 被启动的日期和时间（年、月、日、时、分、秒、毫秒与星期）

下面对 CPU 所具有的组织块简要进行介绍。

二、主程序循环组织块

主程序循环组织块（OB1）是循环执行的组织块。OB1 是最重要的组织块，每一个用户程序都需要。如前所述，根据控制对象的复杂程度，可将所有用户程序放入 OB1 中进行线性化编程，或将程序编成不同的功能块，通过 OB1 调用这些功能块，进行结构化编程。S7-300 PLC 启动时，先执行一次 OB100，而后操作系统调用 OB1，当 OB1 运行结束后，操作系统再次调用 OB1，这样 OB1 中的程序便被循环执行。

表 6-16 为 OB1 的变量声明表，请注意：前 20 个字节是操作系统为 OB1 声明的标准临时变量，不能被修改，用户声明的临时变量只能排在其后。标准临时变量的意义见表 6-16 附加的说明。

表 6-16　OB1 变量声明表格式

地址	变量	名称	类型	说　明
0	TEMP	OB1_EV_CLASS	BYTE	事件级别与标识码：如 B#16#11 表示 OB1 激活
1	TEMP	OB1_SCAN_1	BYTE	用代码表示与启动 OB 的事件有关的信息 B#16#01：暖启动完成 B#16#02：热启动完成 B#16#03：主循环完成 B#16#04：冷启动完成 B#16#05：当前一个主站 CPU 停机，后备新主站 CPU 的第一次 OB1 循环
2	TEMP	OB1_PRIORITY	BYTE	优先级 1（最低）
3	TEMP	OB1_OB_NUMBER	BYTE	OB 块号：如 01 表示 OB1
4	TEMP	OB1_PRESERVED_1	BYTE	保留（备用）
5	TEMP	OB1_PRESERVED_2	BYTE	保留（备用）
6	TEMP	OB1_PREV_CYCLE	INT	上一次 OB1 的循环时间（ms）
8	TEMP	OB1_MIN_CYCLE	INT	自 CPU 启动，最短一次 OB1 的循环时间（ms）
10	TEMP	OB1_MAX_CYCLE	INT	自 CPU 启动，最长一次 OB1 的循环时间（ms）
12	TEMP	OB1_DATE_TIME	DATE_AND_TIME	OB 被调用的日期和时间
20.0	TEMP	用户定义		20.0 开始由用户自定义

OB1 中的程序为用户主程序，由用户根据需要编写。由于被调用块必须在调用前创建，所以在编写 OB1 程序前，如用结构化编程需先创建所需的功能块 FB 或功能 FC。

在 STEP 7 中，可以设置每次处理 OB1 的最长时间和最短时间。具体方法是：在硬件组态中，点击"CPU Properties"，弹出 CPU 属性窗口并选择"Cycle/Clock Memory"选项页，如图 6-27 所示。设置最小循环时间，则 CPU 循环系统将延时达到此时间后才开始下一次 OB1 的执行。

另外，可以在"Cycle/Clock Memory"选项页中设置"Clock Memory"，选中如图 6-27 所示选择框就可激活该功能，并且在"Memory Byte"中输入存储字节 MB 的地址，如 MB10（输入 10 即可），此时 MB10 各位的作用是产生不同频率的方波信号。如果在硬件配置里选择了该项功能，就可以在程序里调用这些特殊的位。Clock Memory 各位的周期及频率见表 6-17。

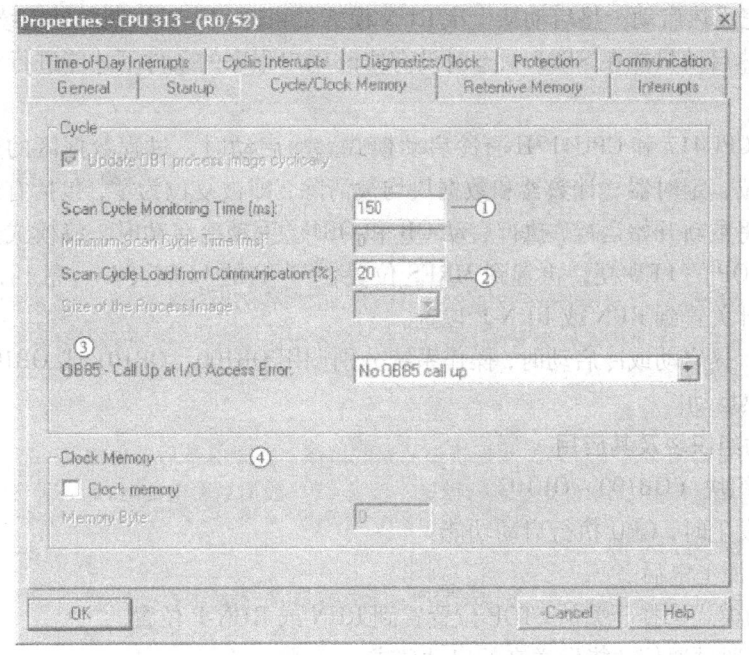

图 6-27 CPU 属性的"Cycle/Clock Memory"设置

例如，按照图 6-27 中的设置将"Memory Byte"设为"0"，则 MB0 就被用作时钟存储器。假如要控制一个灯以 0.5 Hz 的频率闪烁，在梯形图中，只需要编写如图 6-28 所示的程序就可以了。可以看出，这种方法比用定时器实现方便得多。

图 6-28 时钟存储器的应用

表 6-17 Clock Memory 各位的周期及频率

位	7	6	5	4	3	2	1	0
周期/s	2	1.6	1	0.8	0.5	0.4	0.2	0.1
频率/Hz	0.5	0.625	1	1.25	2	2.5	5	10

三、启动特性组织块

（一）CPU 模块的启动方式

CPU 有三种启动方式：暖启动（Warm Restart）、热启动（Hot Restart）和冷启动（Cold Restart）。大多数 S7-300 CPU 只有暖启动模式，对于 CPU318-2 DP 和 S7-400 CPU 还具有热启动和冷启动模式。

1. 暖启动

暖启动时，过程映像数据以及非保持的存储器位、定时器和计数器被复位；具有保持功能的存储器位、定时器、计数器和所有数据块将保留原数值；程序将重新开始运行，CPU 会自动调用启动组织块 OB（如 S7-300 的 CPU314 会调用 OB100），然后开始循环执行 OB1。手动暖启动时，将模式选择开关置到 STOP 位置，STOP 的 LED 亮，然后置到 RUN 或 RUN – P 位置。

2. 热启动

在 RUN 状态时，如果电源突然失电而后又重新上电，则 S7-400 CPU 将执行一个初始化程序，自动地完成热启动。热启动从上次 RUN 模式结束时程序被中断之处继续执行，不对计数器等复位。热启动只能在 STOP 状态时没有修改用户程序的条件下才能进行。

3. 冷启动

S7-400 的 CPU417 和 CPU417H 有冷启动模式。冷启动时，过程数据区的所有过程映像数据、存储器位、定时器、计数器和数据块均被清除，即被复位为零，包括有保持功能的数据。用户程序将重新开始运行，执行启动 OB 和 OB1。手动冷启动时，将模式选择开关置到 STOP 位置，STOP 的 LED 亮，再置到 MRES 位置，STOP 的 LED 灭 1s、亮 1s，再灭 1s 后保持亮。最后将开关置到 RUN 或 RUN-P 位置。

在暖启动、热启动或冷启动时，操作系统分别调用 OB100、OB101 或 OB102，S7-300 和 S7-400H 不能热启动。

（二）启动组织块及其应用

1. 启动组织块（OB100 ~ OB102）

下列事件发生时，CPU 执行启动功能：

1）PLC 电源上电后。

2）CPU 的模式选择开关从 STOP 位置置到 RUN 或 RUN-P 位置。

3）接收到通过通信功能发送来的启动请求。

4）多 CPU 方式同步之后。

5）H 系统（用 S7-400H 组成的控制系统，它是冗余设计的容错自动化系统）连接好后（只适用于备用 CPU）。

CPU318-2 只允许手动暖启动或冷启动。对于某些 S7-400 的 CPU，如果允许用户通过 STEP7 的参数设置手动启动，用户可以使用状态选择开关和启动类型开关（CRST/WRST）进行手动启动。在设置 CPU 模块属性的对话框中，选择"Startup"选项卡，可以设置启动的各种参数。表 6-18 是 OB100 变量声明表中声明的临时变量。

表 6-18　OB100 的变量声明表

变量	类型	声明	描述
OB 100_EV_CLASS	BYTE	TEMP	事件级别和标识码：B#16#13：激活
OB 100_STRTUP	BYTE	TEMP	启动方式 B#16#81：手动暖启动 B#16#82：自动暖启动
OB 100_PRIORITY	BYTE	TEMP	优先级：27
OB 100_OB_NUMBER	BYTE	TEMP	OB 号：100 表示 OB100
OB 100_PRESERVED_1	BYTE	TEMP	保留
OB 100_PRESERVED_2	BYTE	TEMP	保留
OB 100_STOP	WORD	TEMP	引起 CPU 停止的事件号码
OB 100_STRT_INFO	DOUBLE WORD	TEMP	系统启动信息（32 位，有规定表示格式）
OB 100_DATE_TIME	DATE_AND_TIME	TEMP	OB100 被调用的时间和日期

为了在启动时监视是否有错误，用户可以选择以下的监视时间：

1）向模块传递参数的最大允许时间。

2）上电后模块向 CPU 发送"准备好"信号的允许最大时间。

3）S7-400 CPU 热启动允许的最大时间,即电源中断的时间或由 STOP 转换为 RUN 的时间。一旦超过监视时间,CPU 将进入停机状态或只能暖启动。如果监控时间设置为 0,表示不监控。

启动程序没有长度和时间的限制,因为循环时间监视还没有被激活,在启动程序中不能执行时间中断程序和硬件中断程序。

2. 启动组织块的应用

启动用户程序之前,先执行启动组织块 OB。所以,用户可以通过在启动组织块 OB100 ~ OB102 中编写程序,来设置 CPU 的初始化操作,比如开始运行的初始值,I/O 模块的起始值等。下面以 S7-300 PLC 为例来说明如何在启动组织块 OB 中编写程序。

每当 CPU 由停止转入运行状态时,S7-300 的操作系统便调用 OB100。当 OB100 运行结束后,操作系统才调用 OB1。利用 OB100 先于 OB1 执行的特点,在 OB100 中编写用户的启动条件来提供用户设置或启动操作参数。

例1 通过分析 OB100 的启动信息,可以在程序中确定启动的类型。试在 OB100 中编程,使得当手动暖启动时输出 Q0.0 被置位,而当自动暖启动时 Q 0.1 被置位。

说明:在编程时,利用比较指令比较局部变量 OB100_STRTUP 中的值是否与启动方式相同。手动暖启动的启动方式代码为 B # 16 # 81,自动暖启动的启动方式代码为 B # 16 # 82。启动组织块 OB100 的程序如下:

Network1:是否为手动暖启动方式

L　# OB100_STRTUP

L　B # 16 # 81

＝ ＝ I

＝　Q0.0

Network1 是否为自动暖启动方式

L　# OB100_ STRTUP

L　B# 16#82

＝ ＝ I

＝　Q0.0

四、定期执行的组织块

STEP 7 提供了一些可以在特定时间或特定间隔下定期执行的组织块,它们是日期时间中断 OB10 和循环中断 OB35。

(一)日期时间中断组织块 (OB10 ~ OB17)

1. 概述

STEP7 提供多达 8 个日期时间中断组织块(OB10 ~ OB17),这 8 个 OB 的默认优先级相同,都没有指定默认时间。但是,只有 S7-400 系列的高级 CPU 才可以使用全部 8 个 OB。S7-300 系列中 CPU318 能使用 OB10 和 OB11,其余 CPU 只能使用 OB10。下面以 OB10 为例来说明其用法。

日期时间中断 OB10 可以在某一特定的日期(年_月_日)和时间(时_分_秒)执行一

次，也可以从设定的日期时间开始，周期性地重复执行，例如每分钟、每小时、每天甚至每年执行一次。

用户若需要这种特性，可在 OB10 中编入相应程序。系统已经在 OB10 中定义了一些局部变量（见表 6-19），为用户编程提供了便捷。表中参数"OB10_PRIORITY"是各个 OB 的优先级，默认为 2。若用户在系统中使用了多个日期时间中断组织块，则可以通过设置这个参数实现改变中断的优先级。可以通过改变参数"OB10_PERIOD_EXE"的值设置循环间隔，注意这些设置值是固定的，与循环间隔是一一对应的关系。

表 6-19 OB10 的局部变量

变量	类型	描述
OB10_EV_CLASS	BYTE	事件级和识别码：B#16#11 = 中断激活
OB10_STRT_INFO	BYTE	B#16#11 ~ B#16#18； 分别是启动请求 OB10 ~ OB17
OB10_PRIORITY	BYTE	分配的优先级：默认 2
OB10_OB_NUMBR	BYTE	OB 号（10 ~ 17）
OB10_RESERVED_1	BYTE	保留
OB10_RESERVED_2	BYTE	保留
OB10_PERIOD_EXE	WORD	OB 以特殊的间隔运行： W#16#0000：一次 W#16#0201：每分钟一次 W#16#0401：每小时一次 W#16#1001：每天一次 W#16#1201：每周一次 W#16#1401：每月一次 W#16#1801：每年一次 W#16#2001：每月底一次
OB10_DATE_TIME	DATE_AND_TIME	调用 OB 时的日期和时间

只有设置了中断的参数，并且在相应的组织块中有用户程序存在，日期时间中断才能被执行。如果不满足上述条件，操作系统将会在诊断缓冲区中产生一个错误信息，并执行异步错误处理。如果设置从 1 月 31 日开始每月执行一次 OB10，只在有 31 天的那些月启动它。

在简单应用中，可在编程器上用 STEP7 的 Configration 工具设置（修改日期时间中断组织块的参数）中通过给 CPU 设置参数实现，在较为复杂的应用中，可以运用系统功能 SFC28 ~ SFC31 设置、取消、重新设置或激活以及查询或监控日期时间中断，并且编程实现。例如可使用下列系统功能块：

SFC28　　　　SET-TINT 设置启动日期、时刻和周期
SFC29　　　　CAN_TINT 取消日期时间中断
SFC30　　　　ACT-TINT 重新激活日期时间中断
SFC31　　　　QRY_TINT 查询设置了哪些日期时间中断

日期时间中断在 PLC 暖启动或热启动时被激活，而且只能在 PLC 启动过程结束之后才能执行。暖启动后必须重新设置日期时间中断。

2. 应用方法

在启动日期时间中断时，必须首先设置和激活中断。以下三种方式可以设置和激活中断。

1) 自动启动日期时间中断，可以通过 STEP7 设置并激活中断。具体方法如下：

在 STEP7 的硬件组态窗口中，双击项目中机架 CPU 所在的行，打开 CPU 属性对话框，点击"Time-Of-Day Interrupts"选项页，设置框就显示出当前 CPU 可以使用的日期时间中断块，用户可以选中"Active"（激活）选择框激活 OB10。在"Execution"列表框内选择循环时间间隔，并在其后的两个编辑框内输入启动中断的日期和时间。设置和激活日期时间中断的方法如图 6-29 所示。保存后下载硬件组态，就实现了日期时间中断的自动启动。

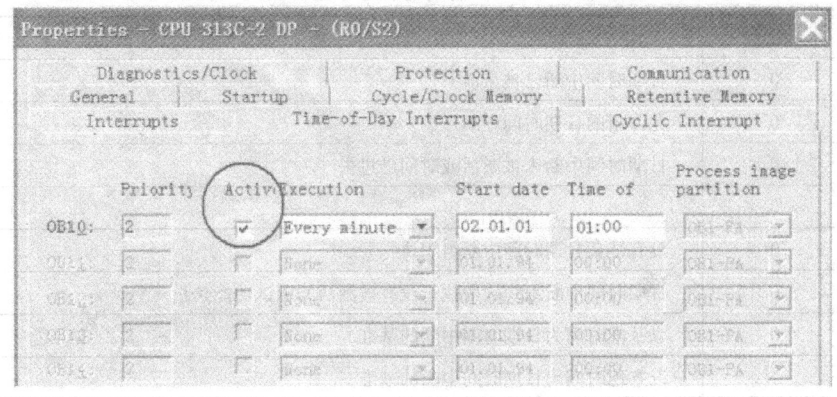

图 6-29　设置和激活日期时间中断

2) 在 STEP 7 中设置日期时间中断，但不激活"Active"选择框，然后通过程序调用 SFC30 "ACT-TINT" 来激活日期时间中断。

3) 调用 SFC28 "SET-TINT" 设置日期时间中断。再通过调用 SFC30 "ACT-TINT"，激活日期时间中断。具体方法参见例 2。

用同样的方法也可以在 STEP7 中取消日期时间中断。在程序中需要时可通过调用 SFC29 "CAN_TINT" 取消日期时间中断，调用 SFC31 "QRY_TINT" 查询日期时间中断。表 6-20 所示为 SFC28 ~ SFC31 的参数说明。

表 6-20　SFC28 ~ SFC31 的参数说明

参数	声明	数据类型	存储区域	参数说明
OB_NR	INPUT	INT	I，Q，M，D，L，常数	中断 OB 号（OB10 ~ OB17）
SDT	INPUT	DT	D，L，常数	启动时间：所定义的启动时间中秒和毫秒省略，用 0 代替
PERIOD	INPUT	WORD	I，Q，M，D，L，常数	STD 启动周期 W#16#0000：一次 W#16#0201：每分钟 W#16#0401：每小时 W#16#1001：每天 W#16#1201：每周 W#16#1401：每月 W#16#1801：每年 W#16#2001：每月末

(续)

参数	声明	数据类型	存储区域	参数说明
RET_VAL	OUTPUT	INT	I,Q,M,D,L	如故障发生，返回值包含故障代码
STATUS	OUTPUT	WORD	I,Q,M,D,L	日期时间中断状态

要想查询设置了哪些日期时间中断，以及这些中断什么时间发生，用户可以调用 SFC 31 "QRY_TINT" 或查询系统状态表中的"中断状态表"。SFC31 输出的状态字节 STATUS 见表 6-21。

表 6-21 SFC31 输出的状态字节 STATUS

位	取值	意 义
0	0	日期时间中断已被激活
1	0	允许新的日期时间中断
2	0	日期时间中断未被激活或时间已过去
3	0	—
4	0	没有装载日期时间中断组织块
5	0	日期时间中断组织块的执行没有被激活的测试功能禁止
6	0	以基准时间为日期时间中断的基准
7	1	以本地时间为日期时间中断的基准

例 2 自 2006-2-12 的 18 点整开始，每分钟中断一次，每次中断使 MW0 自动加 1。要求用 I0.0 的上升沿脉冲设置和启动日期时间中断 OB10，用 I0.1 的高电平禁止日期时间中断 OB10。

图 6-30 所示为主程序 OB1，图 6-31 所示为中断程序 OB10。

说明：在 OB1 的 Network1 中调用系统 IEC 功能 FC3 "DATE and TOD to DT"，将日期（格式为 DATE）和时间（格式为 TOD）数据合并，并且转换为 DATE_AND_TIME 格式（DT）的数据，并且暂时置于局部变量 OB1_DATE_TIME。因为在 SFC28 "SET-TINT" 功能块中，输入参数 SDT（设置中断的启动起始时间）的数据类型为 DT 格式，所以必须进行数据类型的合并与转换。在 Network4 中，"OB1_DATE_TIME" 作为 SFC28 的输入参数 SDT。W#16#0201 表示每分钟中断一次（见表 6-20）。在 OB10 中，只需将 MW0 自动加 1 即可，MW0 自动加 1 表明调用 OB10 的次数。

程序保存好后就可以下载到实际 PLC 或 PLCSIM 仿真软件中了。需要注意的是，一定要把所有的程序块都下载，包括 FC3、SFC28 等。可以选中将要下载的程序块（如图 6-32 所示），再点击工具栏的下载按钮。

为了方便监控程序运行情况，在 STEP7 的 Blocks 中插入变量表，然后打开，填入地址 MW0、MW10、MW12 等，并点击工具栏中"眼镜（监控）"按钮，利用变量表监控程序的运行（如图 6-33 所示）。在 Network2 中，用 I0.0 设置并激活 OB10，可以观察到 MW0 每隔 1min 便自动加 1；在 Network3 中，用 I0.1 取消此中断。MW10、MW12 和 MW14 分别是 SFC28、SFC29 和 SFC30 的返回值，若有故障产生，将会显示相应的故障代码。具体故障代码的含义请参考系统手册《SIMATI CS7-300/400 的系统软件和标准功能》，以后涉及的故障代码均参考该手册。

（二）循环中断组织块（OB30～OB38）

1. 概述

STEP7 提供了 9 个循环中断组织块（OB30～OB38）。它们经过一段固定的时间间隔中断用户的程序。S7-300 系列中 CPU318 能使用 OB32 和 OB35，其余 S7-300 CPU 只能使用 OB35。S7-400 系列 CPU 可以使用的循环中断组织块与其型号有关。表 6-22 所示为每个循环中断组织块默认的时间间隔和优先级，用户可以设置自己需要的时间间隔和优先级。下面以 OB35 为例来说明其用法。

OB35 是按设定的时间间隔循环执行的中断程序，时间间隔由编程工具设置或修改（默认值为 100ms），其范围从 1ms ～1min。间隔时间从 STOP 切换到 RUN 模式时开始计算，当允许循环中断时，OB35 以固定的间隔循环运行。

用户定义时间间隔时，必须确保在两次循环中断之间的时间间隔中有足够的时间处理循环中断程序，即应保证设置的间隔值比 OB35 中程序的运行时间长，否则造成系统异常，操作系统将调用异步错误 OB80。

如果两个 OB 的时间间隔成整倍数，不同的循环中断 OB 可能同时请求中断，造成处理循环中断服务程序的时间超过指定的循环时间。为了避免出现这样的错误，用户可以定义一个相位偏移。相位偏移用于在循环时间间隔到达时，延时一定的时间后再执行循环中断。相位偏移 m 的单位为 ms，应有 $0 \leqslant m < n$，式中 n 为循环的时间间隔。假设 OB38 和 OB37 的中断时间间隔分别为 10ms 和 20ms，它们的相位偏移分别为 0ms 和 3ms，则 OB38 分别在 $t = 10$ms、20ms、…、60ms

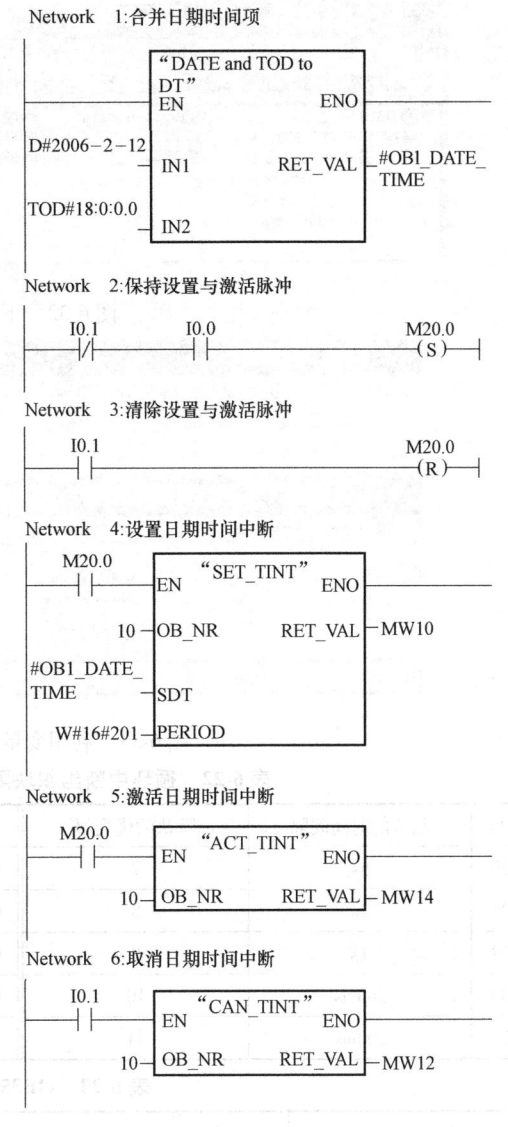

图 6-30 主程序 OB1

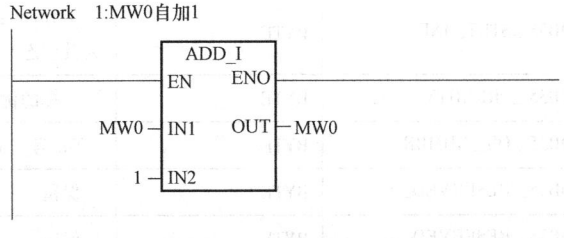

图 6-31 中断程序 OB10

时产生中断，而 OB37 分别在 $t = 23$ms、43ms、63ms 时产生中断。

用户可以在 OB35 中周期地调用 PID 模块（SFB41/42），完成 PID 调节。也可以在 OB35 中，调用周期的数据发送指令，完成数据发送功能等。表 6-23 所示为 OB35 的局部变量。

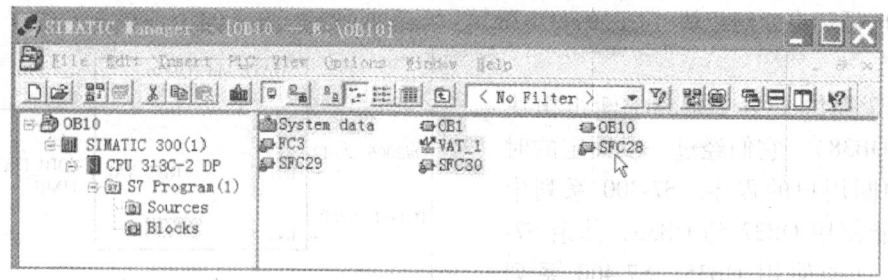

图 6-32 下载程序块

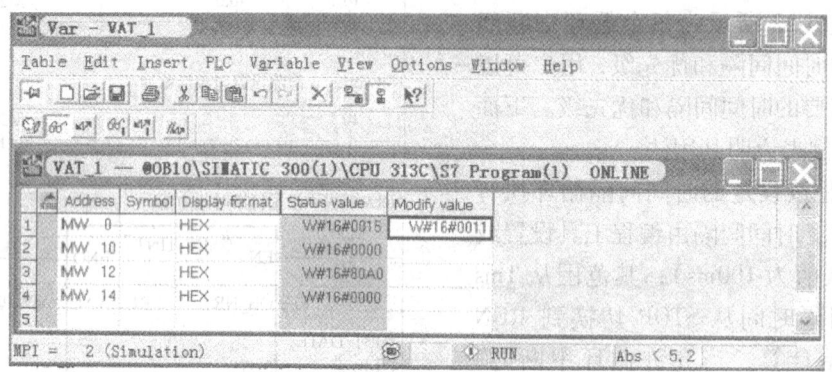

图 6-33 利用变量表监视程序运行

表 6-22 循环中断组织块默认的时间间隔和优先级

OB 号	默认的时间间隔	默认的优先级	OB 号	默认的时间间隔	默认的优先级
OB30	5s	7	OB35	100ms	12
OB31	2s	8	OB36	50ms	13
OB32	1s	9	OB37	20ms	14
OB33	500ms	10	OB38	10ms	15
OB34	200ms	11			

表 6-23 OB35 的局部变量

变量	类型	描述
OB35_EV_CLASS	BYTE	事件级别和识别码 B#16#11：中断激活
OB35_STRT_INF	BYTE	B#16#30：循环中断组织块的启动请求（只有 H 型 CPU 明确地为其组态）B#16#31 ~ B#16#39：OB30 ~ OB38 的启动请求
OB35_PRIORITY	BYTE	分配的优先级：默认 7（OB30）~ 15（OB38）
OB35_OB_NUMBR	BYTE	OB 号（30 ~ 38）
OB35_RESERVED_1	BYTE	保留
OB35_RESERVED_2	BYTE	保留
OB35_PHASE_OFFSET	WORD	相位偏移量 [ms]
OB35_EXC_FREQ	INT	时间间隔，以 ms 计
OB35_DATE_TIME	DATE_AND_TIME	OB 调用时的日期和时间

与 OB20 使用方法不同的是,系统没有提供专用的激活和禁止循环中断 SFC,但可以运用 SFC39 ~ SFC42 来取消、延时和再次激活循环中断。SFC40 "EN_IRT" 是用于激活新的中断和异步错误的系统功能,其参数 MODE 为 0 时激活所有的中断和异步错误;为 1 时激活部分中断和异步错误;为 2 时激活指定的 OB 编号对应的中断和异步错误。SFC39 "DIS_IRT" 是禁止新的中断和异步错误的系统功能,其参数 MODE 为 2 时禁止指定的 OB 编号对应的中断和异步错误。MODE 参数有多种选择,其他可查阅系统手册《SIMATIC S7-300/400 的系统软件和标准功能》。以上两个 SFC 的 MODE 参数必须用十六进制数来设置。表 6-24 所示为 SFC39 ~ SFC42 的参数说明。

表 6-24 SFC39 ~ SFC42 的参数说明

参数	声明	数据类型	存储区域	参数说明
OB_NR	INPUT	INT	I, Q, M, D, L, 常数	OB 号(OB30 ~ OB38)
MODE	INPUT	BYTE	I, Q, M, D, L, 常数	定义被禁止的中断和异步故障
RET_VAL	OUTPUT	INT	I, Q, M, D, L	如故障发生,返回值包含故障代码 在 SFC41 中:延迟的编号(等于 SFC41 调用的编号) 在 SFC42 中:激活报警中断调用 SFC 的次数或者故障信息

2. 应用方法

首先可以在 STEP7 中查看可支持的循环中断 OB。具体方法是:在 STEP7 的硬件组态窗口中,双击项目中机架上 CPU 所在的行,打开 CPU 属性对话框,点击 "Cyclic Interrupts" 选项页,设置框就显示出当前 CPU 可以使用的循环中断块,设置循环中断如图 6-34 所示。用户可以在 "Priority" 编辑框中设置当前循环 OB 的优先级,在 "Execution" 编辑框中可改变默认的间隔时间,范围是 0 ~ 60000ms。

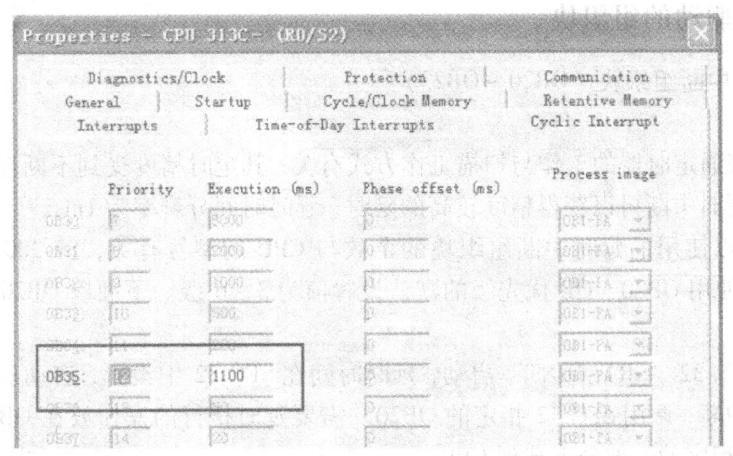

图 6-34 设置循环中断

3. 应用实例

例 3 每 3s 中断一次,每次中断使 MW0 自动加 1。要求用 I0.0 的上升沿脉冲设置和启动循环中断 OB35,用 I0.1 的高电平禁止日期时间中断 OB10。

首先在图 6-34 中设置循环间隔时间为 3000 ms，表示每 3s 调用 OB35 一次。如图 6-35 所示是主程序 OB1，循环中断程序与例 2 相同。

说明：在 OB1 的 Network3 和 Network4 中 MODE 为 B#16#2，分别表示激活指定的 OB35 所对应的循环中断 SFC40 "EN_IRT" 和禁止新的循环中断 SFC39 "DIS_IRT"。

程序保存好后就可以下载到实际 PLC 或 PLCSIM 仿真软件中了。为了方便监控程序运行情况，在 STEP7 的 Blocks 中插入变量表，方法同例 2。程序进入 RUN 模式后，可以观察到每 3s，MW0 自动加 1。当产生 I0.1 高电平时，循环中断被禁止，MW0 停止自动加 1；当输入 I0.0 脉冲时，循环中断又被激活，MW0 又开始自动加 1。

例 4 利用 OB35 产生 2Hz 的闪烁信号。

首先在硬件组态中，设置调用 OB35 的时间间隔为 250ms。把组态下载到 PLC，然后在 OB35 中编制如下中断程序：

```
AN    Q4.0
=     Q4.0
```

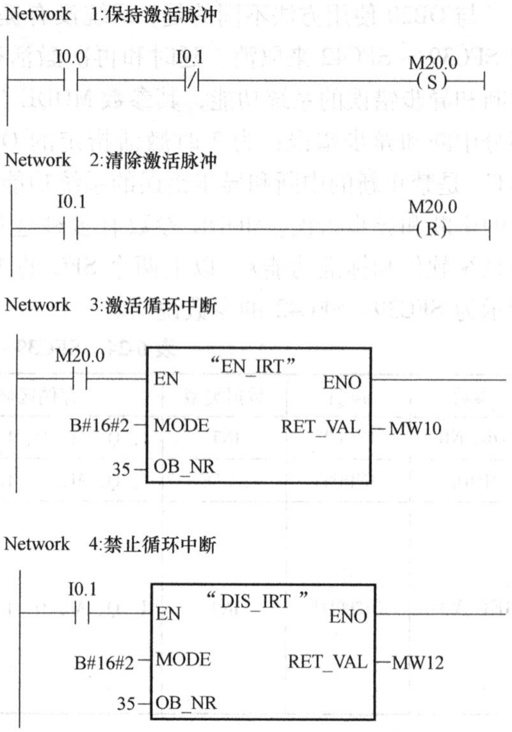

把中断程序下载到 PLC 中，令 CPU 进入 RUN 状态，Q4.0 就会以 2Hz 频率闪烁。

图 6-35 主程序 OB1

五、事件驱动的组织块

（一）延时中断组织块（OB20～OB23）

1. 概述

PLC 中的普通定时器的工作与扫描工作方式有关，其定时精度受到不断变化的循环周期的影响。使用延时中断可以获得精度较高的延时，延时时间分辨率为 1ms。

各 CPU 可以使用的延时中断组织块的个数与 CPU 的型号有关，S7-300 CPU（不包括 CPU318）只能使用 OB20。OB 优先级的默认设置值为 3～6 级。下面以 OB20 为例来说明其用法。

OB20 用 SFC 32 "SRT_DINT" 启动，延时时间在 SFC 32 中设置，启动后经过设定的延时时间后触发中断，调用 SFC 32 指定的 OB20。需要延时执行的操作放在 OB20 中，必须将 OB20 作为用户程序的一部分下载到 CPU。

如果延时中断已被启动，延时时间还没有到达，可以用 SFC33 "CAN DINT" 取消延时中断的执行。SFC34 "QRY_DINT" 用来查询延时中断的状态。表 6-25 给出了 SFC 34 输出的状态字节 STATUS。表 6-26 所示为 SFC32～SFC34 的参数说明。

只有在 CPU 处于运行状态时才能执行延时中断 OB20，暖启动或冷启动都会清除延时中断 OB 的启动事件。

表 6-25　SFC34 输出的状态字节 STATUS

位	取值	意　义
0	0	延时中断已被允许
1	0	未拒绝新的延时中断
2	0	延时中断未被激活或已完成
3	0	—
4	0	没有装载延时中断组织块
5	0	日期时间中断组织块的执行没有被激活的测试功能禁止

表 6-26　SFC32 ~ SFC34 的参数说明

参数	声明	数据类型	存储区域	参数说明
OB_NR	INPUT	INT	I, Q, M, D, L, 常数	OB 号（OB20 ~ OB23），延时后被启动
DTIME	INPUT	TIME	I, Q, M, D, L, 常数	延时值（1 ~ 60000ms）
SIGN	INPUT	WORD	I, Q, M, D, L, 常数	当延时中断 OB 被调用时，在起始事件信息中出现的开始标志
RET_VAL	OUTPUT	INT	I, Q, M, D, L	如故障发生，返回值包含故障代码
STATUS	OUTPUT	WORD	I, Q, M, D, L	时间中断的状态

如果下列任何一种情况发生，操作系统将会调用异步错误 OB：

1）延时中断 OB 已经被 SFC 32 启动，但是没有下载到 CPU。

2）延时中断 OB 正在执行延时，又有一个延时中断 OB 被启动。

OB20 的局部变量如表 6-27 所示，这些变量的定义为用户编程提供了方便。其中变量"OB20_ PRIORITY"是代表 OB20 的优先级，默认为 3，可以通过设置这个变量参数改变优先级。

表 6-27　OB20 的局部变量

变　量	类　型	描　述
OB20_EV_CLASS	BYTE	事件级别和识别码，B#16#11：中断激活
OB20_STRT_INF	BYTE	B#16#20 ~ B#16#21：OB20 ~ OB23 的启动请求
OB20_PRIORITY	BYTE	分配的优先级：默认值为 3（OB20）~ 6（OB23）
OB20_OB_NUMBR	BYTE	OB 号（20 ~ 23）
OB20_RESERVED_1	BYTE	保留
OB20_SIGN	WORD	用户 ID：SFC32 的输入参数 SIGN
OB20_DTIME	TIME	以毫秒形式组态的延时时间
OB20_DATE_TIME	DATE_AND_TIME	OB 被调用时的日期和时间

2. 应用方法

首先可以在 STEP7 中查看可支持的延时中断 OB。具体方法是：在 STEP7 的硬件组态窗口中，双击项目中机架上 CPU 所在的行，打开 CPU 属性对话框，点击"Interrupts"选项页，设置框中显示出当前 CPU 支持的延时中断组织块，如图 6-36 所示。

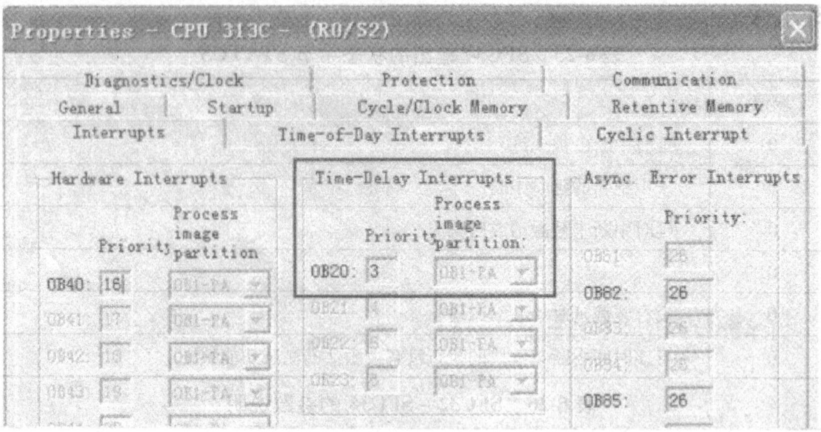

图 6-36 CPU 支持的延时中断组织块

例 5 在主程序 OB1 中实现下列功能：

（1）在 I0.0 的上升沿用 SFC 32 启动延时中断 OB20，10s 后 OB20 被调用，在 OB20 中将 Q4.0 置位，并立即输出。

（2）在延时过程中，如果 I0.1 由 0 变为 1，在 OB1 中用 SFC 33 取消延时中断，OB20 不会再被调用。

（3）I0.2 由 0 变为 1 时，Q4.0 被复位。

项目的名称取为"OB20 例程"，下面是用 STL 编写的 OB1 程序。

Network 1：I0.0 的上升沿时启动延时中断

```
    A       I0.0
    FP      M1.0         //I0.0 上升沿检测
    JNB     m001         //不是 I0.0 的上升沿则跳转
    CALL    SFC32        //启动延时中断 OB20
    OB_NO   :=20         //组织块编号
    DTME    :=T#10S      //延时时间为 10s
    SIGN    :=MW12       //保存延时中断是否启动的标志
    RET_VAL :=MW100      //保存执行时可能出现的错误代码，为 0 时无错误
m001: NOP0
```

Network 2：查询延时中断

```
    CALL SFC 34          //查询延时中断 OB20 的状态
    OB_NO   :=20         //组织块编号
    RET_VAL :=MWI02      //保存执行时可能出现的错误代码，为 0 时无错误
    STATUS  :=MW4        //保存延时中断的状态字；MB5 为低字节
```

Network 3：I0.1 上升沿时取消延时中断

```
    A       I0.1
    FP      M1.1         //I0.1 的上升沿检测
    A       M5.2         //延时中断未被激活或已完成（状态字第 2 位为 0）时跳转
    JNB     m002
```

```
        CALL      SFC 33         //禁止 OB20 延时中断
        OB_NR     :=20           //组织块编号
        RET_VAL   :=MWI04        //保存执行时可能出现的错误代码，为 0 时无错误
m002：NOP0
        A         I0.2
        R         Q4.0           //I0.2 为 1 时复位 Q4.0
```

下面是用 STL 指令编写的 OB20 的中断程序：

Network 1：
```
        SET
        =         Q4.0           //将 Q4.0 无条件置位
```

Network 2：
```
        L         QW4            //立即输出 Q4.0
        T         PQW4
```

（二）硬件中断组织块（QB40～OB47）

1. 概述

延时中断组织块（OB20～OB23）在过程事件出现后延时一定的时间再执行中断程序。硬件中断组织块（OB40～OB47）用于需要快速响应的过程事件，事件出现时马上中止循环程序，执行对应的中断程序。即硬件中断组织块用于快速响应信号模块（SM，即输入／输出模块）、通信处理模块（CP）和功能模块（FM）的信号变化。当具有中断能力的信号模块（并非所有的信号模块都具有中断能力）将中断信号传送到 CPU 时，或者当功能模块产生一个中断信号时，将触发硬件中断。硬件中断被 SM、CP 或 FM 等模块触发后，操作系统将自动识别是哪一个槽的模块和模块中哪一个通道产生的硬件中断。硬件中断 OB 执行完后，将发送通道确认信号。

各 CPU 可以使用的硬件中断 OB 的个数与 CPU 的型号有关，S7-300 的 CPU（不包括 CPU318）只能使用 OB40。表 6-28 所示描述了 OB40 的局部变量。

表 6-28　OB40 的局部变量

变　　量	类　　型	描　　述
OB40_EV_CLASS	BYTE	事件级别和诊断号： B#16#11：中断被激活
OB40_STRT_INF	BYTE	B#16#41：中断通过中断行 1 B#16#42～B#16#44： 中断通过中断行 2～4（只对 S7-400） B#16#45：WinAC 通过 PC 触发的中断
OB40_PRIORITY	BYTE	分配优先级：默认 16（OB40）～23（OB47）
OB40_OB_NUMBR	BYTE	OB 号（40～47）
OB40_RESERVED_1	BYTE	保留
OB40_IO_FLAG	BYTE	输入模块：B#16#54　输出模块：B#16#55
OB40_MDL_ADDR	WORD	触发中断模块的逻辑地址

(续)

变量	类型	描述
OB40_POINT_ADDR	DWORD	数字模块：带有模块输入状态的位字段（0位对应第一个输入） 模拟模块：带有限幅信息输入通道的位字段 CP 或 IM：模块中断状态（不是与用户相关的）
OB40_DATE_TIME	DATE_AND_TIME	被调用的日期和时间

只有用户程序中有相应的组织块，才能执行硬件中断。否则操作系统会向诊断缓冲区中输入错误信息，并执行异步错误处理组织块 OB80。

如果在处理硬件中断的同时，又出现了其他硬件中断事件，新的中断按以下方法识别和处理：

1）如果正在处理某一中断事件，又出现了同一模块同一通道产生的完全相同的中断事件，新的中断事件将丢失，即不处理它。图 6-37 中，若在数字量模块输入信号的第一个上升沿时触发中断，由于正在用 OB40 处理中断，第 2 个和第 3 个上升沿产生的中断信号将丢失。

2）如果正在处理某一中断信号时，同一模块中其他通道产生了中断事件，新的中断不会被立即触发，但是不会丢失。在当前已激活的硬件中断执行完后，再处理被暂存的中断。

3）如果有硬件中断被触发，并且它的中断模块 OB 已被其他模块中的硬件中断激活，新的中断请求将被记录，空闲后再执行该中断。

2. 应用方法

首先可以在 STEP7 中查看可支持的硬件中断组织块。具体方法是：在 STEP7 的硬件组态窗口中，双击项目中机架上 CPU 所在的行，打开 CPU 属性对话框，点击"Interrupts"选项页，可以看到 CPU 支持的硬件中断块，如图 6-38 所示。在此也可以为硬件中断 OB 选择优先级。

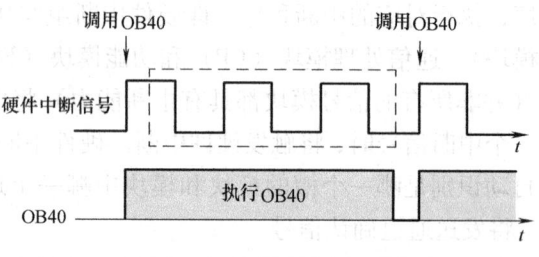

图 6-37 硬件中断信号的处理

通过 STEP7 进行参数赋值，可以为能够触发硬件中断的每一个信号模块指定参数。对于可分配参数的信号模块（DI、DO、AI、AO），可以用 STEP7 的硬件组态功能 Configuration 工具来设定信号模块哪一个通道在什么条件下产生硬件中断，将执行哪个硬件中断 OB，

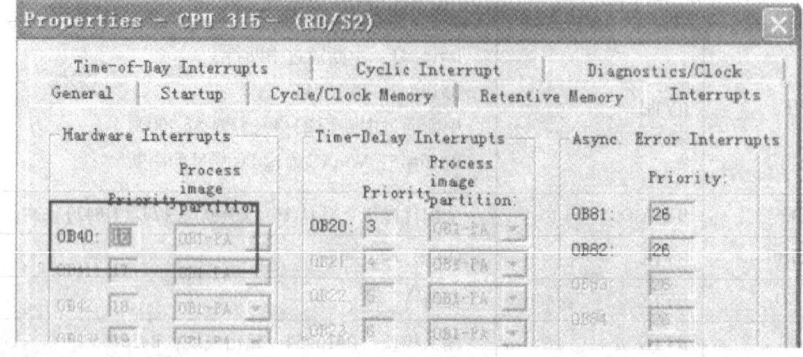

图 6-38 CPU 支持的硬件中断块

OB40 被默认用于执行所有的硬件中断；对于 CP 模块和 FM 模块，利用相应的组态软件在对话框中设置相应的参数来启动硬件中断 OB。硬件中断 OB 的默认优先级为 16～23，用户可以设置参数改变优先级。也可用 SFC39～SFC42 来禁止、延迟和再次激活硬件中断。

3. 应用实例

例 6 用 I0.0 的上升沿作为硬件中断触发脉冲，使用硬件中断 OB40，当来一次 I0.0 的上升沿，就使 MW0 自动加 1。

首先在硬件组态中设置中断触发信号。如上所述，并不是所有的信号模块都具有中断功能。此例中，需要一个数字量输入模块。图 6-39 所示为硬件组态，其右视图硬件目录的"DI-300"中，有此版本软件支持的所有 SM321。单击一个模块后，右下角处将出现这个模块的基本信息。然后插入 CPU 313C-2DP 和一块具有中断功能的数字量输入模块（如 SM321，订货号 6ES7 321-7BH01-0AB0）。双击模块，选择"Inputs"选项，同时激活"Hardware interrupt"和"Trigger for Hardware Interrupt"选项，图 6-40 所示为设置数字量输入模块的中断。

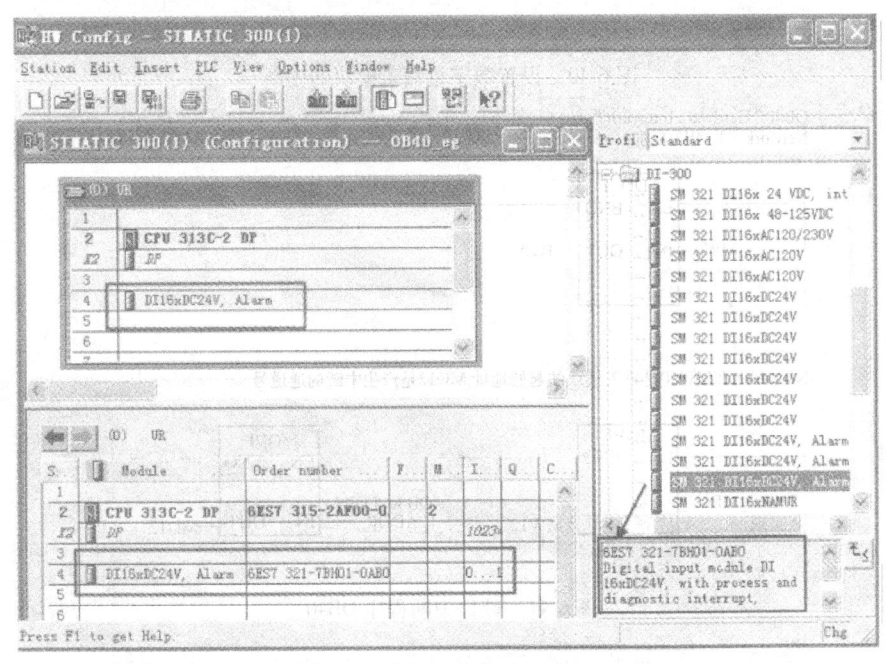

图 6-39 硬件组态

图 6-41 所示为硬件中断程序 OB40。在 Network2 中利用局部变量 OB40_MDL_ADDR 和 OB40_POINT_ADDR，在 MW10 和 MD12 中得到输入模块的起始地址和产生的中断号。

本例共使用了两个 OB40 的局部变量 OB40_MDL_ADDR 和 OB40_POINT_ADDR，用于观察中断是由哪个模块的哪个通道产生的。利用变量表监控程序的运行如图 6-42 所示。MW0 当前值为 000D，它自动加 1 已经是 13 了，表示已经中断了 13 次；MW10 为 0000，表示这个硬件中断由起始字节地址为 0 的模块产生；MD12 为 3，表示由第 3 个通道（第 4 位）产生，即 I0.3 的上升沿产生的硬件中断。当然也可使用这个模块的其他通道，但必须在图 6-40 所示的组态时激活这些通道。

说明：也可以用例 3 的方法，用 SFC39 "DIS_IRT" 和 SFC40 "EN_IRT" 来取消和激活

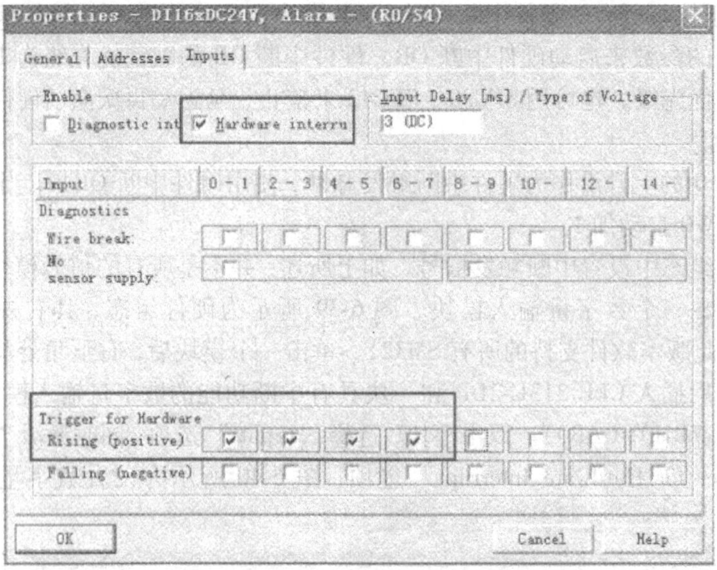

图 6-40 设置数字量输入模块的中断

图 6-41 硬件中断程序 OB40

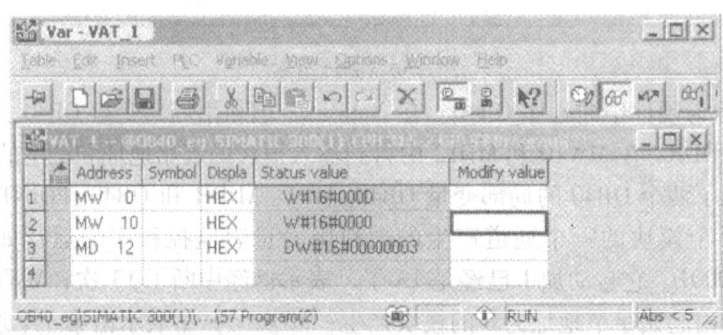

图 6-42 利用变量表监视程序的运行

中断。在此，我们只设置中断模块，并在 OB40 中编程即可完成功能，如下例所示。

例 7 CPU313C-2DP 集成的 10 点数字量输入 I124.0～I125.1 可以逐点设置中断特性。

通过 OB40 对应的硬件中断，在 I124.0 的上升沿将 CPU313C-2DP 集成的数字量输出 Q124.0 置位，在 I124.1 的上升沿将 Q124.0 复位。此外要求在 I124.2 的上升沿时激活 OB40 对应的硬件中断，在 I124.3 的上升沿禁止 OB40 对应的硬件中断。

在 STEP7 中生成名为"OB40 例程"的项目。选用 CPU313C-2DP，在硬件组态工具中打开 CPU 属性的组态窗口，由"Interrupts"选项卡可知，在硬件中断中，只能使用 OB40。双击机架中 CPU313C-2DP 内的集成 I/O"DI16/DO16"所在的行（见图 6-43），在打开的对话框"Input"选项卡中，设置在 I124.0 的上升沿和 I124.1 的上升沿来产生中断。下面是用 STL 编写的 OB1 的程序。

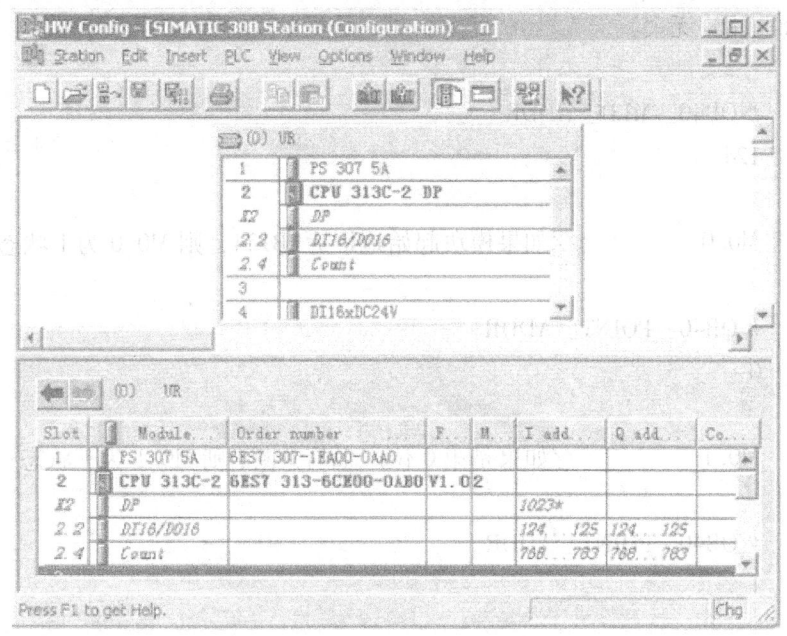

图 6-43　S7-300 的硬件组态窗口

Network 1：在 I124.2 的上升沿激活硬件中断
```
    A        I124.2
    FP       M1.2
    JNB      m001          //不是 I124.2 的上升沿时则跳转
    CALL     SFC 40        //激活 OB40 对应的硬件中断
    MODE    ：=B#16#2      //用 OB 编号指定中断
    OB_NO   ：=40          //OB 编号
    RET_VAL：=MW 100       //保存执行时可能出现的错误代码，为 0 时无错误
    m001：   NOP0
```
Network 2：在 I124.3 的上升沿禁止硬件中断
```
    A        I124.3
    FP       M1.3
    JNB      m002          //不是 I124.3 的上升沿时则跳转
    CALL     SFC 39        //禁止 OB40 对应的硬件中断
```

```
    MODE     :=B#16#2        //用OB编号指定中断
    OB_NR    :=40            //OB编号
    RE_T VAL:=MWI04          //保存执行时可能出现的错误代码,为0时无错误
m002:    NOP0
```

下面是用STL编写的硬件中断组织块OB40的程序。在OB40中通过比较指令判别是哪一个模块和哪一点输入产生的中断。在I124.0的上升沿将Q124.0置位,在I124.1的上升沿将Q124.0复位。OB40_POINT_ADDR是数字量输入模块内的位地址(第0位对应第一个输入),或模拟量模块超限的通道对应的位域;对于通信模块CP和功能模块FM,则是该模块的中断状态(与用户无关)。

```
Network 1:
    L       #OB40_MLD_ADDR
    L       124
    ==I
    =       M0.0             //如果模块起始地址为IB124,则M0.0为1状态
Network 2:
    L       #OB40_POINT_ADDR
    L       0
    ==I
    =       M0.1             //如果是第0位产生的中断,则M0.1为1状态
Network 3:
    L       #OB40_POINT_ADDR
    L       1
    ==I
    =       M0.2             //如果是第1位产生的中断,则M0.2为1状态
Network 4:
    A       M0.0
    A       M0.1
    S       Q124.0           //如果是I124.0产生的中断,将Q124.0置位
Network 5:
    A       M0.0
    A       M0.2
    R       Q124.0           //如果是I124.1产生的中断,将Q124.0复位
```

例8 在模拟量输入模块SM331上,激活硬件中断,设置上下限条件如图6-44所示。

设置的上下限,可以在量程范围(0~27648)以内,也可以在量程范围以外,但是不可以超过最高界限,也就是不可以在 -32768 ~ +32767 之外。

把硬件组态下载到PLC,把希望执行的中断服务程序写在OB40中并且下载到PLC。CPU在RUN状态下,有硬件中断事件发生的时候(在本例中是模拟量输入超过上下限的时候),系统就会中断正在运行的程序,执行OB40的中断服务程序。

（三）异步错误组织块

1. 错误处理概述

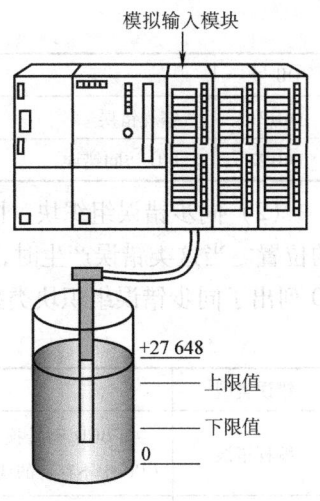

图 6-44 硬件中断组织块 OB40 的设置

西门子的大中型 PLC 具有很强的错误（或称故障）检测及处理能力。这里所说的错误是 PLC 内部的功能性错误或编程错误、访问错误，而不是外部控制电路及其设备的错误，如外部回路接线错误、外部传感器失效或执行机构故障等。CPU 检测到某种错误后，操作系统调用与错误类型相关的错误组织块。用户可以在组织块中编程，对发生的错误采取相应的措施。对于大多数错误，如果没有给组织块编程，出现错误时 CPU 将进入 STOP 模式（即停机状态）。

系统程序可以检测出下列错误：不正确的 CPU 功能、系统程序执行中的错误、用户程序中的错误和 I/O 中的错误。根据错误类型的不同，CPU 被设置为进入 STOP 模式或调用一个错误处理组织块。

当 CPU 检测到错误时，会调用适当的错误处理组织块（见表 6-29），如果没有相应的错误处理组织块，CPU 将进入 STOP 模式。用户可以在错误处理组织块中编写如何处理这种错误的程序，以减小或消除错误的影响。

为避免发生某种错误时 CPU 进入停机状态，可以在 CPU 中建立一个对应的空组织块。

操作系统检测到一个异步错误时，将启动相应的错误处理组织块。异步错误处理组织块具有最高等级的优先级，如果当前正在执行的 OB 的优先级低于 26，异步错误 OB 的优先级为 26；如果当前正在执行的 OB 的优先级为 27（启动组织块），异步错误 OB 的优先级为 28，其他 OB 不能中断它们。如果同时有多个相同优先级的异步错误 OB 出现，将按出现的顺序处理它们。

错误处理组织块可分为以下两个基本类型：

（1）异步错误组织块 异步错误是与 PLC 的硬件或操作系统密切相关的错误，与程序执行无关。异步错误的后果一般都比较严重。异步错误对应的组织块为 OB70 ~ OB73（仅 H 系列 CPU 有）和 OB80 ~ OB87（见表 6-29），有最高的优先级。

表 6-29 错误处理组织块

OB 号	错误类型	优先级
OB70	I/O 冗余错误（仅 H 系列 CPU）	25
OB72	CPU 冗余错误（仅 H 系列 CPU）	28
OB73	通信冗余错误（仅 H 系列 CPU）	25
OB80	时间错误	26
OB81	电源故障	26/28
OB82	诊断中断	26/28
OB83	插入/取出模块中断	26/28
OB84	CPU 硬件故障	26/28
OB85	优先级错误	26/28
OB86	机架故障或分布式 I/O 的站故障	26/28
OB87	通信错误	26/28

OB 号	错误类型	优先级
OB121	编程错误	引起错误的
OB122	I/O 访问错误	OB 的优先级

(2) 同步错误组织块 同步错误是与程序执行有关的错误,可以跟踪到某一具体指令的位置。当这类错误产生时,操作系统调用相应的同步错误组织块 OB121 或 OB122,表 6-30 列出了同步错误组织块类型。

表 6-30 同步错误组织块类型

错误类型	举例	OB	优先级
编程错误	如 BCD 码转换出错、定时器或计数器错误,调用 CPU 中不存在的块等	OB121	与被中断的错误 OB 优先级相同
模块访问错误	访问一个有故障或不存在的模块	OB122	

用户可以通过错误处理组织块的变量声明表(见表 6-31)提供的信息来判断错误的类型,错误处理组织块的局域数据中的变量 OB8x_FLT_ID 和 OB12x_SW_FLT 包含有错误代码。它们的具体含义见《S7-300/400 的系统软件和标准功能参考手册》。

表 6-31 OB81 变量声明表

变量名	数据类型	声明	描述
OB 81_EV_CLASS	BYTE	TEMP	39 = 事件级别 39xx
OB 81_FLT_ID	BYTE	TEMP	错误鉴别码 B#16#21 = 至少有一个主机架的备用电池失效 B#16#22 = 主机架的缓冲器掉电 B#16#23 = 主机架 24V 供电故障 B#16#31 = 至少有一个扩展机架的备用电池失效 B#16#32 = 扩展机架的缓冲器掉电 B#16#33 = 扩展机架 24V 供电故障
OB 81_PRIORITY	BYTE	TEMP	优先级 = 26/28
OB 81_OB_NUMBER	BYTE	TEMP	81 = OB81
OB 81_RESERVED_1	BYTE	TEMP	保留
OB 81_RESERVED_2	BYTE	TEMP	保留
OB 81_MDL_ADDR	WORD	TEMP	模块地址:检测电源与电池相关的机架数
OB 81_RESERVED_3	BYTE	TEMP	保留
OB 81_RESERVED_4	BYTE	TEMP	保留
OB 81_RESERVED_5	BYTE	TEMP	保留
OB 81_RESERVED_6	BYTE	TEMP	保留
OB 81_DATE_TIME	DATE_AND_TIME	TEMP	OB 81 启动时间和日期
Integer1	INT	TEMP	梯形图编程时用的临时变量
Integer2	INT	TEMP	梯形图编程时用的临时变量

2. 电源故障处理组织块(OB81)

电源故障包括后备电池失效或未安装，如 CPU 机架或扩展机架上的 DC 24V 电源故障。电源故障出现和消失时操作系统都要调用 OB81。用户可通过 OB81 变量声明表提供的信息来判断发生的错误类型。OB81 变量声明表见表 6-31，OB81 的局域变量 OB81_FLT_ID 是 OB81 的错误代码，指出属于哪一种故障，OB81_EV_CLASS 用于判断故障是刚出现或是刚消失。用户可在 OB81 程序中，取用这些信号并作适当处理，示例如下：

```
     L    B#16#21          //装入常数 B#16#21，该常数表示电池的电压低
     L    #OB81_FLT_ID     //装入 OB81 错误标识码
     ==I                   //比较，OB81 错误标识码是否为电池电压故障
     JC   Bflt             //若是，转向故障处理
     L    B#16#22          //装入常数 B#16#22，该常数表示主机架电源故障
     <>I                   //比较，OB81 错误标识码是否为机架电源故障
     BEC                   //若不是，结束操作；若是，执行下面的程序
Bflt: S    Battery_fault   //置故障标志 Battery_fault 为 1
```

3. 时间错误处理组织块（OB80）

循环监控时间的默认值为 150ms。时间错误包括实际循环时间超过设置的循环时间、因为向前修改时间而跳过日期时间中断、处理优先级时延迟太多等。例如，当循环中断组织块 OB35 仍在执行前一次的调用时，该组织块的启动事件发生，操作系统就调用 OB80。若 OB80 未编程，CPU 转为 STOP 方式。为 OB80 编程时应判断是哪个日期时间中断被跳过，使用 SFC29 "CAN_TINT" 可以取消被跳过的日期时间中断。

4. 诊断中断处理组织块（OB82）

如果模块有诊断功能并且激活了它的诊断中断，当它检测到错误时，以及错误消失时，就输出一个诊断中断请求给 CPU（到来事件或离去事件），操作系统都会调用 OB82。当一个诊断中断被触发时，有问题的模块自动地在诊断中断 OB 的启动信息和诊断缓冲区中存入 4B 的诊断数据和模块的起始地址。OB82 在下列情况时被调用：有诊断功能的模块的断线故障，模拟量输入模块的电源故障，输入信号超过模拟量模块的测量范围等。

在编写 OB82 的程序时，要从 OB82 的启动信息中获得与出现的错误有关的更确切的诊断信息，例如是哪一个通道出错，出现的是哪种错误。表 6-32 所示为 OB82 的局部变量，你可以利用这些变量得到一些诊断信息。

表 6-32 诊断中断 OB82 的局部变量

变 量	类型	描 述
OB82_EV_CLASS	BYTE	事件级别和标识：B#16#38：离去事件 B#16#39：到来事件
OB82_FLT_ID	BYTE	故障代码（B#16#42）
OB82_PRIORITY	BYTE	优先级：可通过 STEP7 选择（硬件组态）
OB82_OB_NUMBR	BYTE	OB 号（82）
OB82_IO_FLAG	BYTE	输入模块：B#16#54 输出模块：B#16#55
OB82_MDL_ADDR	WORD	故障发生处模块的逻辑起始地址

(续)

变量	类型	描述
OB82_MDL_DEFECT	BOOL	模块故障
OB82_INT_FAULT	BOOL	内部故障
OB82_EXT_FAULT	BOOL	外部故障
OB82_PNT_INFO	BOOL	通道故障
OB82_EXT_VOLTAGE	BOOL	外部电压故障
OB82_FLD_CONNCTR	BOOL	前连接器未插入
OB82_NO_CONFIG	BOOL	模块未组态
OB82_CONFIG_ERR	BOOL	模块参数不正确
OB82_MDL_TYPE	BYTE	位0~3：模块级别 位4：通道信息存在 位5：用户信息存在 位6：来自替代的诊断中断
OB82_SUB_MDL_ERR	BOOL	子模块丢失或有故障
OB82_COMM_FAULT	BOOL	通信问题
OB82_MDL_STOP	BOOL	操作方式（0：RUN，1：STOP）
OB82_INT_PS_FLT	BOOL	内部电源故障
OB82_PRIM_RATT_FLT	BOOL	电池故障
OB82_BCKUP_BATT_FLT	BOOL	全部后备电池故障
OB82_RACK_FLT	BOOL	扩展机架故障
OB82_RAM_FLT RAM	BOOL	故障

使用 SFC 51 "RDSYSST" 可以读出模块的诊断数据，用 SFC 52 "WR_USMSG" 可以将这些信息存入诊断缓冲区，也可以发送一个用户定义的诊断报文到监控设备。

例9 如图6-45所示，液位传感器接入模拟量输入模块，利用带有诊断中断的模拟量模块实现以下功能：当模块通道上的测量值超限时，诊断中断处理组织块 OB82 被调用，输出 Q4.1 就得电；当测量值回到允许范围内时，OB82 又将调用一次，输出 Q4.1 失电。

首先进行 PLC 的硬件组态，如图6-46所示。双击模拟量输入模块 "AI2×12bit"，将出现该模块的参数设置对话框，点击 "Input" 选项页，如图6-47所示。在 "Enable" 选项框中，选中 "Diagnostic Interrupt" 和 "Hardware Interrupt When Limit Exceed（当超限时硬件中断）"，在0和1通道组中选中 "Group Diagnostic"，在 "Measuring" 选项框中设置0-1通道组为 "4DMU（4线式电流传感器）"、"4..20mA"，在 "Trigger for Hardware" 选项框中设置通道0的上限值为16mA，点击 "OK" 按钮确定。保存 PLC 的硬件组态配置并下载。

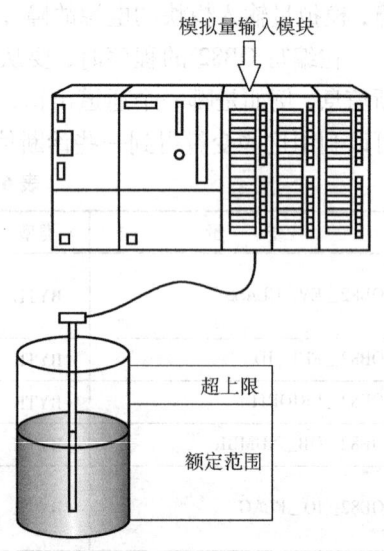

图6-45 液位传感器

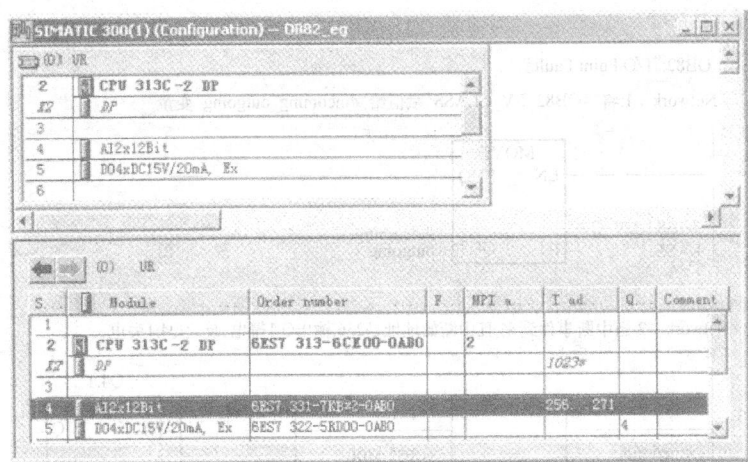

图 6-46　硬件组态

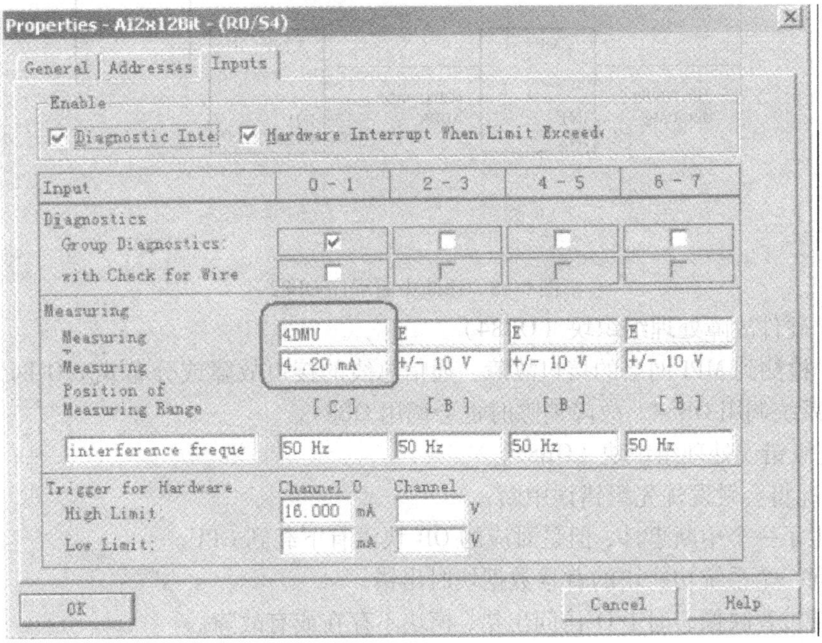

图 6-47　模块参数设置"Input"选项页

说明：在 CPU 的"Blocks"中插入新组织块 OB82，新建一个局部变量"incoming_outgoing"，诊断中断程序 OB82 如图 6-48 所示。当模拟量模块的值超过上限时，操作系统调用 OB82，在 Network2 中，当中断事件到来（标识为 B#16#39，即十进制数 57），且发生故障模块的逻辑起始地址是 256 时，输出 Q4.1 得电；反之，当中断事件离去（标识为 B#16#38，即十进制数 56），且逻辑起始地址是 256 时，输出 Q4.1 失电。

5. 插入/拔出模块中断组织块（OB83）

S7-400 可以在 RUN、STOP 或 STARTUP 模式下带电拔出和插入模块，但是不包括 CPU 模块、电源模块、接口模块和带适配器的 S5 模块，上述操作将会产生插入/拔出模块中断。

OB82:"I/O Point Fault"

Network 1:将'#OB82_EV_CLASS'赋值给'#incoming_outgoing'变量

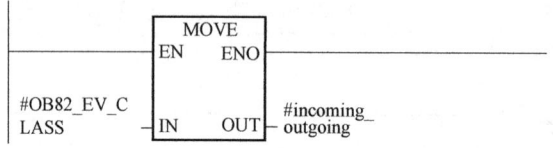

Network 2:当中断事件到来,且中断始地址是256,输出Q.1得电,反之Q4.1失电

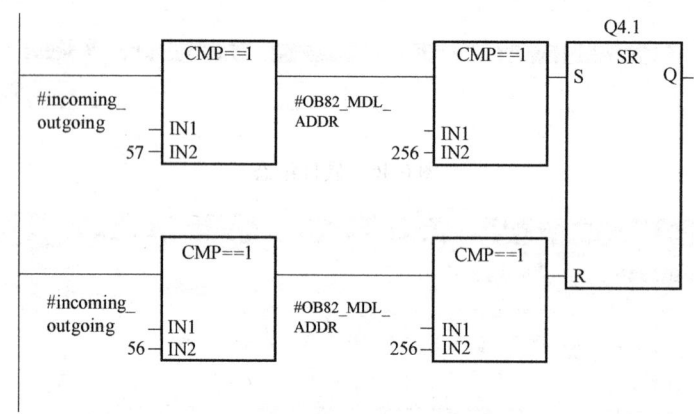

图 6-48 诊断中断程序 OB82

6. CPU 硬件故障处理组织块（OB84）

当 CPU 检测到 MPI 网络的接口故障、通信总线的接口故障或分布式 I/O 网卡的接口故障时，操作系统调用 OB84。故障消除时也会调用 OB84。

7. 优先级错误处理组织块（OB85）

以下情况将会触发优先级错误中断：

1）产生了一个中断事件，但是对应的 OB 块没有下载到 CPU。

2）访问一个系统功能块的背景数据块时出错。

3）刷新过程映像表时 I/O 访问出错，模块不存在或有故障。

8. 机架故障组织块（OB86）

出现下列故障或故障消失（到来和离去事件）时，都会触发机架故障中断，操作系统将调用 OB86。

1）扩展机架故障（不包括 CPU318）。

2）DP 主站系统故障或分布式 I/O 的故障。

故障产生和故障消失时都会产生中断。如果 OB86 未编程，当检测到上述故障时，CPU 进入 STOP 方式。

可以使用 SFC39～SFC42 来禁止、延时或激活 OB86。当在通信发生问题后或者访问不到配置的机架或从站时，将执行 OB86 程序，此时程序还可能需要调用 OB82 和 OB122 等组织块。

当 OB86 执行时，可以通过它的局部变量读出产生故障的错误代码和事件类型，通过它们的组合可以得出具体的错误信息，这些信息可以通过 OB86 的在线帮助查到，同时也可以读到产生错误的模块地址和机架信息，表 6-33 描述了 OB86 的局部变量。

表 6-33 OB86 的局部变量

变量	类型	描述
OB86_EV_CLASS	BYTE	事件级别和标识： B#16#38：离去事件 B#16#39：到来事件
OB86_FLT_ID	BYTE	故障代码：（可能值 B#16#C1，B#16#C2，B#16#C3，B#16#C4，B#16#C5，B#16#C6，B#16#C7，B#16#C8）
OB86_PRIORITY	BYTE	优先级，可通过 STEP7 选择（硬件组态）
OB86_OB_NUMBR	BYTE	OB 号（86）
OB86_RESERVED_1	BYTE	备用
OB86_RESERVED_2	BYTE	备用
OB86_MDL_ADDR	WORD	根据故障代码
OB86_RACKS_FLTD	BOOL ARRAY [0..31]	根据故障代码

例 10 下面以一个示例演示如何应用 OB86，通过 OB86 可以得到什么信息。

首先，新建一个项目 OB86_eg，在项目中插入一个 S7-300 站，然后插入 CPU313C-2DP，选择 DP 作为主站，双击硬件组态中 CPU 所在的行，并打开 CPU313C-2DP 的 "Interrupts" 选项页，如图 6-49 所示，从中可以看到这个 CPU 支持 OB86。

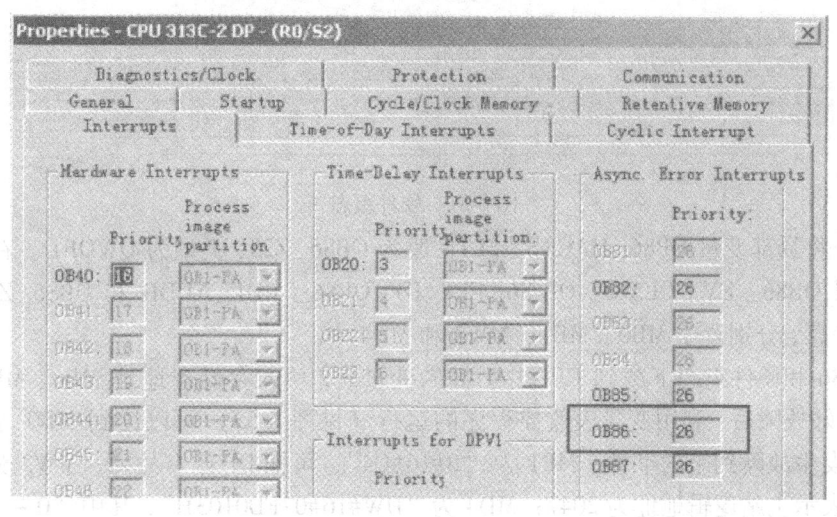

图 6-49 CPU313C-2DP 的 Interrupts 选项页

在 DP 主站下面添加一个 ET200M 从站（在硬件目录栏中的 PROFIBUS-DP 下），并在主站中插入一个模拟量模块 SM331（订货号为 6ES7 331-7KF02-0AB0），必须注意 DP 主站地址和 ET200M 从站地址（此处设置为 3，如图 6-50 所示的设置 DP 从站属性）不能相同，并且 ET200M 的站地址必须和 ET200M 模块上的实际设置地址一致，硬件组态如图 6-51 所示。接下来打开 OB86，编写机架故障组织块 OB86 程序，如图 6-52 所示。

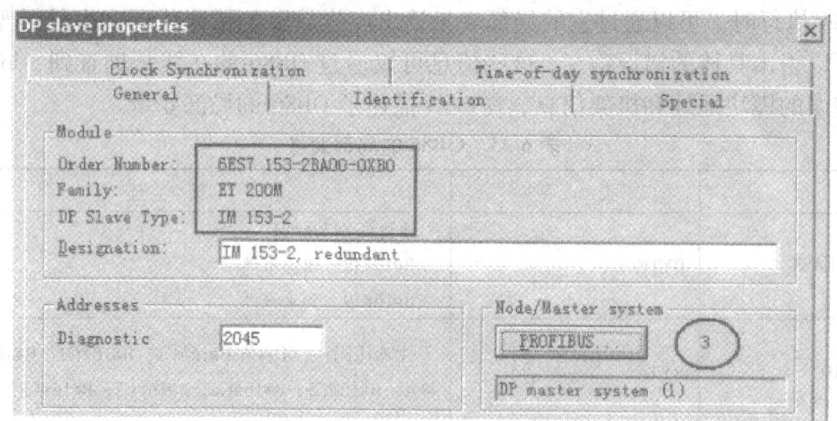

图 6-50 设置 DP 从站属性

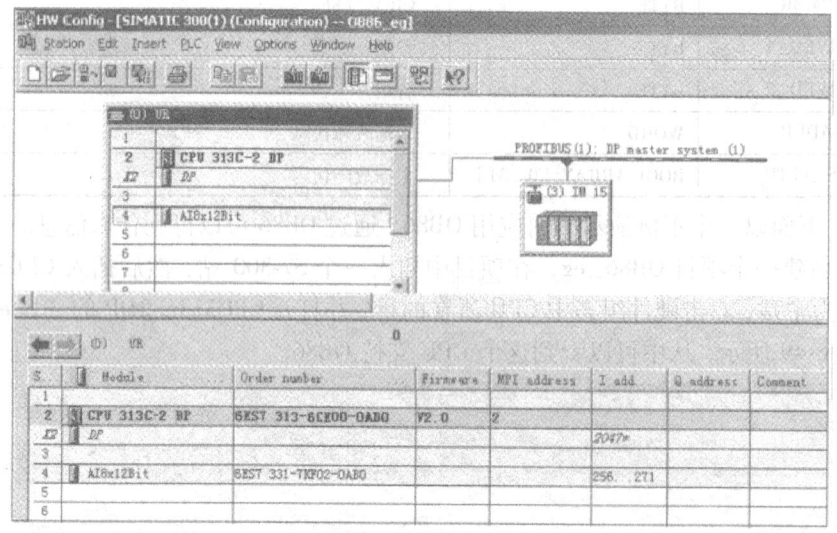

图 6-51 硬件组态

说明：将局部变量 OB86_RACKS_ FLTD 改为 OB86_Z23，类型为 DWORD。在程序中通过局部变量 OB86_ EV_ CLASS、OB 86_FLT_ID、OB86_ MDL_ADDR 和 OB86_Z23 获得系统的故障信息，分别置于 MB0、MB1、MW2 和 MD4 中。

将 OB86 和硬件组态下载到 CPU 中。插入变量表，填入存储器地址 MB0、MB1、MW2、MD4。设置好故障后，利用变量表监控程序的运行（见图 6-53）可以读到 MB0 为 "B# 16# 39"，表示发生故障到来的事件；MB1 为 "B#16#C4"，可知 DP 站有故障；MW2 为 "W#16# 07FFH"，表示主站逻辑地址为 2047；MD4 为 "DW#16#07FD0103H"，其中 "0~7" 位表示出现错误的从站地址为 3，"16~30" 位表示从站逻辑地址为 2045（07FDH）。

9. 通信错误组织块（OB87）

在使用通信功能块或全局数据（GD）通信进行数据交换时，如果出现下列通信错误，操作系统将调用 OB87。

1）接收全局数据时，检测到不正确的帧标识符（ID）。

2）全局数据通信的状态信息数据块不存在或太短。

3）接收到非法的全局数据包编号。

（四）同步错误组织块（OB121、OB122）

1. 同步错误概述

同步错误是与程序执行有关的错误，可以跟踪到某一具体指令的位置。程序中如果有不正确的地址区、错误的编号或错误的地址，都会出现同步错误。当这类错误产生时，操作系统调用相应的同步错误组织块OB121或OB122。OB121用于对程序错误的处理，OB122用于处理I/O接口或模块访问错误。

同步错误组织块的优先级与检测到出错的块的优先级一致，可以作为程序的一部分来执行。因此OB121和OB122可以访问中断发生时被中断组织块存储的数据，如累加器和寄存器的内容，用户程序可以用它们来处理错误。当对错误进行适当处理后，可将处理结果返回被中断的块（由被中断的程序存取）。

同步错误可以用SFC 36"MASK_FLT"来屏蔽，使某些同步错误不触发同步错误组织块OB的调用，但是CPU在错误寄存器中记录发生的被屏蔽的错误。用错误过滤器中的一位来表示某种同步错误是否被屏蔽。错误过滤器分为程序错误过滤器和访问错误过滤器，分别占一个双字。错误过滤器的详细信息见西门子《S7-300/400的系统软件和标准功能参考手册》的第11章。

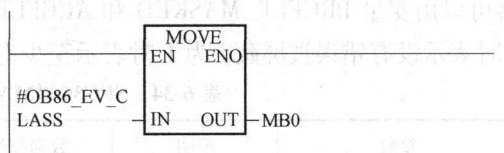
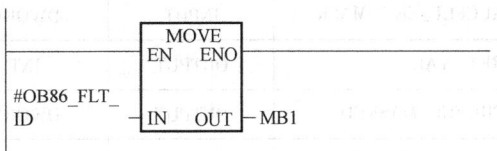
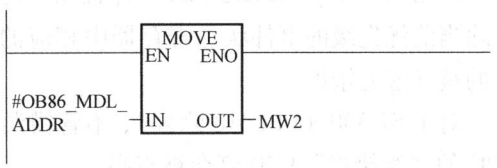
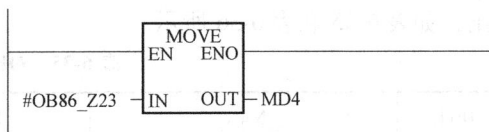

图6-52 机架故障组织块OB86程序

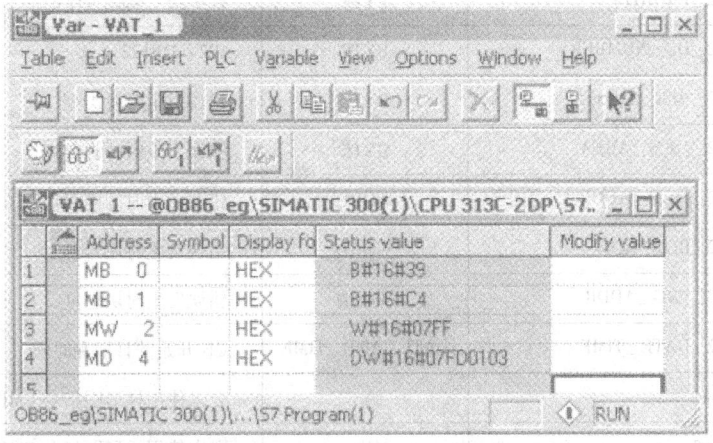

图6-53 利用变量表监控程序的运行

表 6-34 中 SFC36 的变量 PRGFLT_SET_MASK 和 ACCFLT_SET_MASK 分别用来设置程序错误过滤器和访问错误过滤器，某位为 1 表示该位对应的错误被屏蔽。屏蔽后的错误过滤器可以用变量 PRGFLT_MASKED 和 ACCFLT_MASKED 读出。错误信息返回值 RET_VAL 为 0 时表示没有错误被屏蔽，为 1 时表示至少有一个错误被屏蔽。

表 6-34 SFC36 "MASK_FLT" 的局域变量表

参数	声明	数据类型	存储区	描述
PRGFLT_SET_MASK	INPUT	DWORD	I、Q、M、D、L、常数	要屏蔽的程序错误
ACCFLT_SET_MASK	INPUT	DWORD	I、Q、M、D、L、常数	要屏蔽的访问错误
RET_VAL	OUTPUT	INT	I、Q、M、D、L	错误信息返回值
PRGFLT_MASKED	OUTPUT	DWORD	I、Q、M、D、L	被屏蔽的程序错误
ACCFLT_MASKED	OUTPUT	DWORD	I、Q、M、D、L	被屏蔽的访问错误

调用 SFC37 "DMSK_FLT" 并且在当前优先级被执行完后，将解除被屏蔽的错误，并且清除当前优先级的事件状态寄存器中相应的位。可以用 SFC 38 "READ_ERR" 读出已经发生的被屏蔽的错误。

对于 S7-300（CPU318 除外），不管错误是否被屏蔽，错误都会被送入诊断缓冲区，并且 CPU 的 "组错误" LED 灯会被点亮。

同步错误组织块 OB 所响应错误的种类及鉴别码可以在 OB121、OB122 的变量声明表中查出，如表 6-35 和表 6-36 所示。

表 6-35 OB122 变量声明表

Decl	Name	Type	说 明
TEMP	OB122_EV_CLASS	BYTE	B#16#29：事件等级 29xx
TEMP	OB122_SW_FLT	BYTE	错误特征码：B#16#42：读取出错 B#16#43：写入出错
TEMP	OB122_PRORITY	BYTE	优先级：错误发生时的 OB 优先级
TEMP	OB122_OB_NUMBER	BYTE	122：OB122
TEMP	OB122_BLK_TYPE	BYTE	错误发生时块类型
TEMP	OB122_MEM_AREA	BYTE	错误发生时的内存区
TEMP	OB122_MEM_ADDR	WORD	错误发生时的内存地址
TEMP	OB122_BLK_NUM	WORD	错误发生时块号
TEMP	OB122_PRG_ADDR	WORD	错误发生时块地址
TEMP	OB122_DATE_TIME	DATE_AND_TIME	OB 开始的日期和时间
TEMP	Interger1	INT	要求使用梯形图指令 CMP
TEMP	Interger2	INT	要求使用梯形图指令 CMP
TEMP	Error	INT	储存来自 SFC44 的错误码

表 6-36 OB121 变量声明表

变量	类型	描 述
OB121_EV_CLASS	BYTE	事件级别和标识：B#16#25
OB121_SW_FLT	BYTE	故障代码：（可能值：B#16#21，B#16#22，B#16#23，B#16#24，B#16#25，B#16#26，B#16#27，B#16#28，B#16#29，B#16#30，B#16#31，B#16#32，B#16#33，B#16#34，B#16#35，B#16#3A，B#16#3C，B#16#3D，B#16#3E，B#16#3F）
OB121_PRIORITY	BYTE	优先级 = 出现故障的组织块的优先级
OB121_BLK_TYPE	BYTE	出现故障的块的类型（在 S7-300 时无有效值在这里记录）：B#16#88：OB，B#16#8A：DB，B#16#8C：FB，B#16#8E：FB

对于某些同步错误类型，用户可使用同步错误组织块 OB 调用 SFC44 创建一个程序，用新的数值代替错误值，以便程序能继续下去。从图 6-54 可以看出，能检测到错误的区域有：CPU、总线（BUS）以及 I/O 模块。在 CPU 或 BUS 上检测到错误，需用 SFC44 产生替代值；如果错误发生在输入模块上，可在用户程序中直接替代；如果是输出模块的错误，输出模块将自动用组态时定义的值替代。

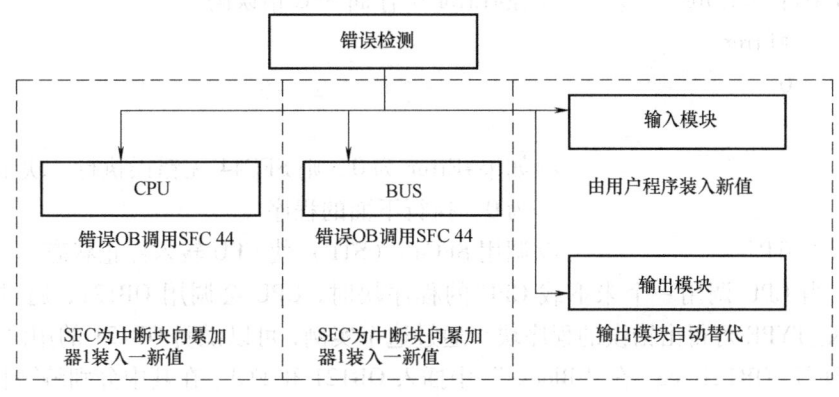

图 6-54 错误检测中替代新值的方法

2. 应用实例

例 11 图 6-55 显示了如果 CPU 发现输入模块没有响应，OB122 将如何被调用，并通过调用 SFC 44 在累加器 1 中产生一个替代值，以保证程序运行下去。替代值虽然不一定能真实反映过程信号，但可避免程序终止及使 PLC 转入停止态。

如果在执行"L PIW0"指令时产生了一个同步错误，操作系统就执行 OB122 中的程序。在 OB122 处理程序中，先使用临时变量错误特征码（OB 122_SW_FLT）中的数值对引起的错误原因进行鉴别。如果是严重错误，例如模块不存在，就调用 SFC46 让 CPU 转入停止状

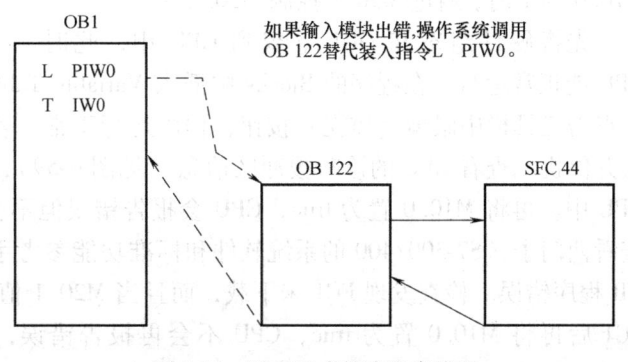

图 6-55 用 SFC 来解决程序错误

态。如果错误不严重，例如偶然的读超时，就调用 SFC44 在累加器 1 中产生一个替代值，然后结束 OB122 返回 OB1，如果 SFC44 执行中有错误，CPU 也转入停止状态。下面是 OB122 中语句表程序：

L	B#16#42	
L	#OB122_SW_FLT	
==I		//以 OB 122 中的事件码与读外部 I/O 超时事件码比较
JC	Aver	//如果相同（是读超时），跳转到 Aver
L	B#16#43	//装入寻址错误（例如模块不存在）事件码 B#16#43
<>I		//如果 OB122 中的事件码与寻址错误事件码相同，继续执行程序
JC	Stop	//如果不同，跳转到 Stop
Aver：CALL	"REPL_BAL"	//调用 SFC44（REPL_VAL），将 DW#16#12 装入累加器 1（替代引起 OB122 调用的值）
VAL	:= DW#16#12	
RET_VAL	:= Error	//在#Error 中存储 SFC 错误码
L	#Error	
L	0	
==I		
BEC		//如果#Error 为 0，则 SFC44 无错误执行，块结束；若不为 0，执行下面的程序
Stop：CALL "STP"		//调用 SFC46（STP）使 CPU 转入停止状态

例 12 当 CPU 调用一个未下载 CPU 的程序块时，CPU 会调用 OB121，通过局部变量 OB121_BLK_TYPE 可得出错误的程序块。通过这个实例，可以说明 OB121 的用法。

建立新项目 OB121_eg，在 "Blocks" 中插入 OB121 和 FC1，在其中分别编写程序。

说明：图 6-56 所示为编程错误组织块 OB121 程序，将局部变量 OB121_BLK_TYPE 的值存入 MW0。图 6-57 为 FC1 程序，而且在 FC1 中建立两个局部变量 in 和 out，in 控制 out 的通断。图 6-58 为 OB1 程序，有条件（M10.0）调用 FC1，当 M10.0 为 1 时，通过 M20.1 控制 M20.2。

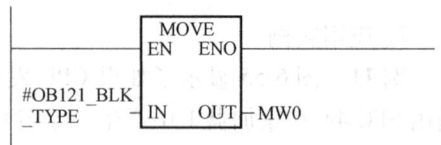

图 6-56 编程故障组织块 OB121 程序

先将硬件组态和 OB1 下载到 CPU 中，此时 CPU 能正常运行。在程序的 Blocks 中插入 Variable Table，填入存储器地址 MW0 和 M10.0，并点击工具栏中眼镜（监视）按钮，程序运行正常。若将 M10.0 置为 true，则 CPU 报告错误并停机。查看 CPU 的诊断缓冲区信息（见图 6-59），发现为编程错误。将 OB121 下载到 CPU 中。再将 M10.0 置为 true，CPU 会报告错误但不会停机，此时 MW0 显示为 B#16#88，查看西门子《S7-300/400 的系统软件和标准功能参考手册》得知故障代码 B#16#88 表示为 OB 程序错误。检查发现 FC1 未下载，而且当 M20.1 值为 1 时，M20.2 值仍保持为 0。下载 FC1 后再将 M10.0 置为 true，CPU 不会再报告错误，程序也不会再调用 OB121。此时当 M20.1 值为 1 时，M20.2 值为 1。

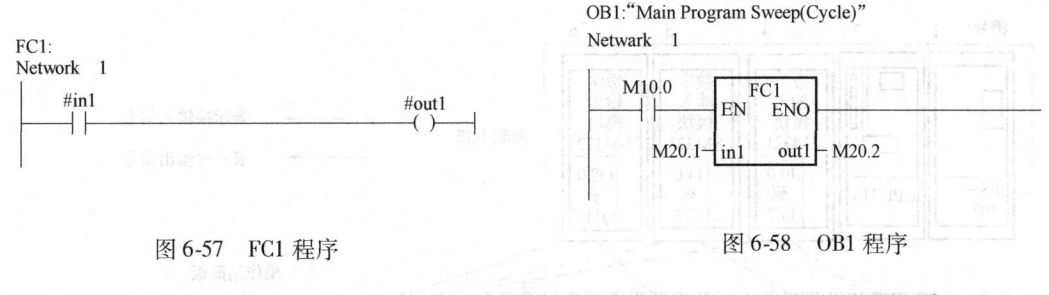

图 6-57　FC1 程序　　　　　　　　图 6-58　OB1 程序

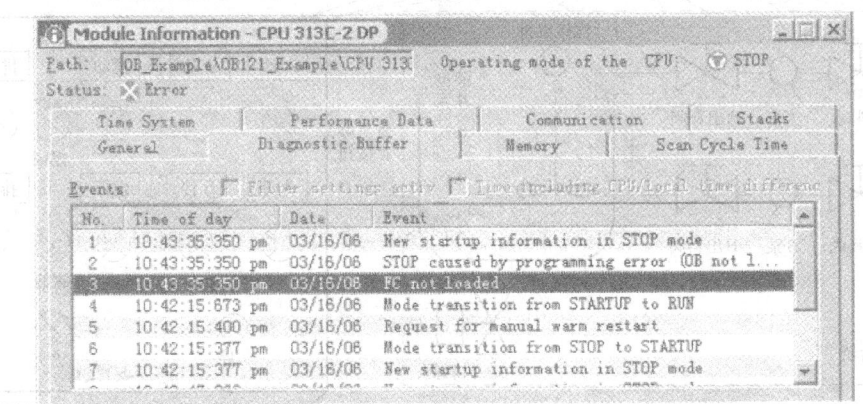

图 6-59　CPU 诊断缓冲区信息

第五节　结构化程序设计举例

PLC 应用程序的设计是 PLC 控制系统设计的核心内容，这里以西门子公司 STEP7《程序设计 编程手册》上介绍的工业搅拌机系统的控制程序为例，说明如何编写一个结构化程序。

一、控制对象及其控制要求

(一) 控制对象的工作流程

图 6-60 中左下边为一工业搅拌机系统示意图。它的功能是将送入搅拌桶的 A、B 两种液料搅拌混合，而后经出口排料阀 S 送出。液料 A、B 的输送分别有进料阀、出料阀和送料泵组成。搅拌电动机转动实现液料混合。混合后的液料开启排料电磁阀排出。搅拌桶内装有液位开关，用来检测桶内液面位置（满、低、空）。

(二) 控制要求

1. 送料泵 A（B）

1) 送料泵 A（B）满足以下条件才允许工作：进料阀 A（B）已开；出料阀 A（B）已开；搅拌桶的排料阀门已关闭；搅拌桶未满；泵电动机无故障；紧急停止没有动作。

2) 在满足"送料泵允许工作"条件下，操作人员按起、停按钮可以开、停送料泵 A（B）。

3) 泵电动机故障检测：泵电动机起动时，在规定时间内无反馈信号（其起动辅助触点

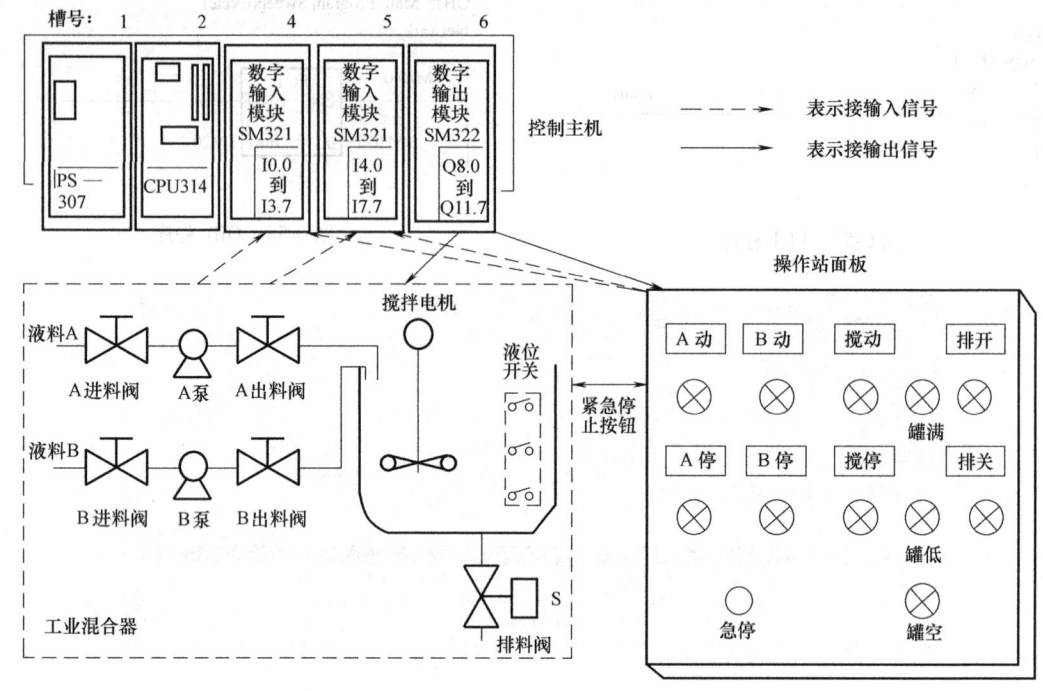

图 6-60 工业搅拌机 PLC 控制系统配置图

未动作）则认为泵电动机故障。

4）送料泵的运行和停止要有相应的指示灯显示。

2. 搅拌电动机

1）搅拌电动机满足以下条件才允许工作：搅拌桶排料阀关闭；搅拌桶未空；搅拌电动机无故障；紧急停止没有动作。

2）在满足"搅拌电动机允许工作"条件下，操作人员按起、停按钮可以开、停搅拌电动机。

3）搅拌电动机故障检测：搅拌电动机起动时，在规定时间内无反馈信号（其起动辅助触点未动作）则认为搅拌电动机故障。

4）搅拌电动机的运行和停止要有相应的指示灯显示。

3. 排料电磁阀

1）排料电磁阀满足以下条件才允许打开：搅拌桶未空；搅拌电动机已停；紧急停止没有动作。

2）在满足排料电磁阀允许打开的条件下，操作人员按打开、关闭按钮可以控制排料阀开启和关闭（排料阀为带有返回弹簧的单线圈电磁阀）。

3）排料阀开启和关闭要有相应的指示灯显示。

4. 搅拌桶的液位开关

设置液面"满、低、空"的三个传感器，并用相应的指示灯作其状态显示，以便于操作人员了解桶内液位情况。液位的"满、空"信号还应作为送料泵、搅拌电动机和排料阀的工作联锁条件。

二、控制系统的硬件设计

(一) 操作站设计

操作站设计及其面板图如图 6-60 右下图所示，其上有控制用的起、停按钮及显示操作状态的指示灯，此外还设有遇事故需紧急停止的按钮。急停按钮一般是一个红色有蘑菇头带自锁的按钮，特别强调它要放在容易按、又不容易错按的地方。

(二) 安全回路设计

搅拌机系统采取了以下安全措施：

1) 急停按钮在 PLC 外部电路可直接切断 A、B 送料泵电动机、搅拌电动机和排放电磁阀电源。

2) 急停按钮信号送入 PLC 进行软件联锁。

(三) PLC 硬件配置

1. I/O 点数量的统计

根据上述的控制要求，操作站和安全回路设计的考虑，归纳统计出本系统对 PLC 的 I/O 总能力要求为：开关量输入 19 点，开关量输出 15 点。

2. 硬件配置

综合考虑各方面因素及下一步发展要求，选定为西门子的 S7-300 PLC，CPU 模块选用 CPU314，具体配置见表 6-37。系统配置及模块安装位置如图 6-60 左上图所示。

表 6-37 PLC 系统配置

序号	名称	型号	规格	数量
1	电源模块	6ES7 307—1EA00—0AA0	PS307：5A	1
2	CPU 模块	6ES7 314—1AE01—0AB0	CPU314	1
3	开关量输入模块	6ES7 321—1BH00—0AA0	SM321：16 点 DI，24VDC	2
4	开关量输出模块	6ES7 322—1HH00—0AA0	SM322：16 点 DO，继电器输出	1
5	前连接器	6ES7 392—1AJ00—0AA0	20 针螺钉型	3
6	导轨	6SE7 390—1AF30—0AA0	530cm	1

3. 地址分配

开关量 I/O 模块的安装位置，决定了接入系统中各模块 I/O 点的物理地址，用户应进行地址分配，这是程序设计时的重要依据。地址分配情况见表 6-38。

表 6-38 搅拌机系统应用程序符号地址表

符号名	地址	数据类型	说明
InA_Mtr_Fbk	I0.0	BOOL	A 送料泵起动辅助触点
InA_IvIv_Opn	I0.1	BOOL	A 进料阀打开
InA_Fviv_Opn	I0.2	BOOL	A 出料阀打开
InA_Start_PB	I0.3	BOOL	A 电动机起动按钮
InA_Stop_PB	I0.4	BOOL	A 电动机停止按钮
InA_Mtr_Coil	Q8.0	BOOL	A 送料泵电动机起动线圈

（续）

符号名	地址	数据类型	说明
InA_Start_Lt	Q8.1	BOOL	A 电动机起动灯
InA_Stop_Lt	Q8.2	BOOL	A 电动机停止灯
InA_Mtr_Fault	M10.0	BOOL	A 电动机错
InB_Mtr_Fbk	I1.0	BOOL	B 送料泵起动辅助触点
InB_IvIv_Opn	I1.1	BOOL	B 进料阀打开
InB_Fviv_Opn	I1.2	BOOL	B 出料阀打开
InB_Start_PB	I1.3	BOOL	B 电动机起动按钮
InB_Stop_PB	I1.4	BOOL	B 电动机停止按钮
InB_Mtr_Coil	Q8.3	BOOL	B 送料泵电动机起动线圈
InB_Start_Lt	Q8.4	BOOL	B 电动机起动灯
InB_Stop_Lt	Q8.5	BOOL	B 电动机停止灯
InB_Mtr_Fault	M10.1	BOOL	B 电动机错
A_Mtr_Fbk	I4.0	BOOL	搅拌电动机起动辅助触点
A_Mtr_Start_PB	I4.1	BOOL	搅拌电动机起动按钮开关
A_Mtr_Stop_PB	I4.2	BOOL	搅拌电动机结束按钮开关
A_Mtr_Start_Lt	Q8.6	BOOL	搅拌电动机起动灯
A_Mtr_Stop_Lt	Q8.7	BOOL	搅拌电动机结束灯
A_Mtr_Coil	Q9.0	BOOL	搅拌电动机起动线圈
A_Mtr_Fault	M10.2	BOOL	搅拌电动机错
Drn_Opn_PB	I4.4	BOOL	打开排料阀按钮
Drn_Cls_PB	I4.5	BOOL	关闭排料阀按钮
Drn_Sol	Q9.2	BOOL	排料阀螺线管
Drn_Opn_Lt	Q9.3	BOOL	打开排料灯
Drn_Cls_Lt	Q9.4	BOOL	关闭排料灯
Tank_Low	I5.0	BOOL	搅拌液位低传感器
Tank_Empty	I5.1	BOOL	搅拌液位空传感器
Tank_Full	I5.2	BOOL	搅拌液位满传感器
Tank_Full_Lt	Q9.5	BOOL	搅拌液位满灯
Tank_Low_Lt	Q9.6	BOOL	搅拌液位低灯
Tank_Empty_Lt	Q9.7	BOOL	搅拌液位空灯
E_Stop_Off	I5.7	BOOL	紧急停止按钮
Motor	FB1	FB1	控制泵和搅拌电动机的 FB
Drain	FC1	FC1	控制排料阀的 FC
InA_Data	DB1	FB1	泵 A 的背景数据块
InB_Data	DB2	FB1	泵 B 的背景数据块
M_Data	DB3	FB1	搅拌电动机的背景数据块

三、应用程序设计

(一) 选择程序结构

应用程序设计是 PLC 控制系统设计的关键,在未具体设计前要合理的选择程序结构。下面针对搅拌机 PLC 控制系统的程序结构进行简单讨论。

1. 采用线性编程

搅拌机系统整个控制程序都放在组织块 OB1 中,这是 PLC 一般的编程方法,其程序结构如图 6-61a 所示。

2. 分块编程

可将搅拌机系统自动化过程按要求分成为对送料泵 A 的控制、对送料泵 B 的控制、对排料电磁阀的控制等部分。编程时每一部分就是一个块,一个块编成一个功能(FC)。这种功能块不传递也不接收参数,相当于子程序,其编程方法除分成块外,与一般编程相差不多。其程序结构如图 6-61b 所示。

3. 结构化编程

从控制要求描述中可以看出,送料泵 A、B 和搅拌电动机的控制逻辑(控制方法)是相同的,只是具体条件不同,采用结构化设计编成一个电动机控制功能块(FB),OB1 在调用时传递不同的具体参数以实现不同的控制。排料阀的控制编成功能块虽只使用一次,但使程序结构更加清晰,也给调试带来便利。综合考虑,搅拌机系统采用结构化程序,如图 6-61c 所示。下面对本例结构化编程的方法进行具体介绍。

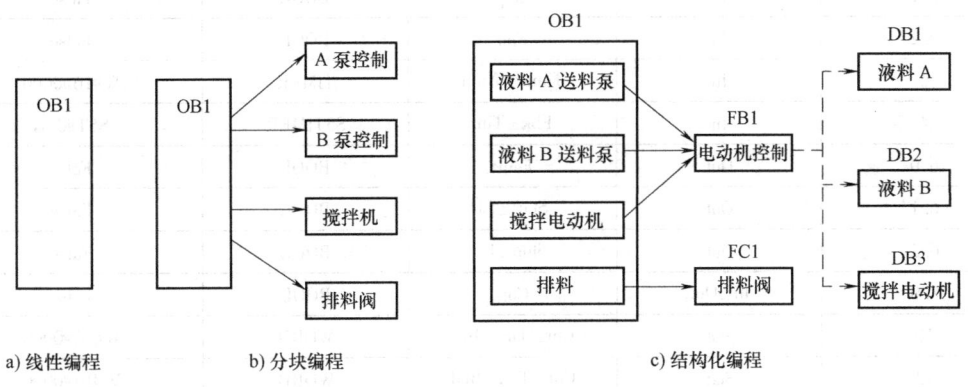

图 6-61 搅拌机系统程序结构图

(二) 创建符号表地址

为了更容易阅读程序,用 STEP7 符号地址表定义搅拌机的共享符号(全局变量),见表 6-38。

(三) 创建基础功能块

STEP7 要求任何被其他块调用的程序块必须在调用前被创建。根据图 6-60,必须在创建 OB1 程序前把其他基础功能块创建好。通过 OB1 调用这些基础功能块就构成了系统控制程序。下面是对所创建功能块的说明。

1. 创建电动机控制功能块 FB1

功能块 FB1 要实现对送料泵 A、送料泵 B 和搅拌电动机的控制,必须为 FB1 定义通用的输入、输出形参名。根据控制要求，FB1 应有如下输入、输出参数：

1）送料泵或电动机起动（start）和停止（stop）的输入信号。
2）送料泵或电动机起动正常（起动辅助触点动作）的反馈信号（Fbk）输入。
3）因故障检测需用定时器，所以需要输入定时器号（Timer_Num）和定时器预置值（Fbk_Tim）。
4）控制与操作站相关的运行指示灯（Start_Lt）和停止指示灯（Stop_Lt）的打开与关闭的输出信号、反映送料泵或电动机故障的输出信号（Fault）。
5）控制驱动泵或电动机线圈的"输入_输出（In_Out）"信号（Coil）。

综上所述便可得到 FB1 的输入、输出图，如图 6-62 所示，为功能块 FB1 定义局部变量即填写局部变量声明表，见表 6-39。

FB1 块的梯形图（LAD）和语句表（STL）程序如图 6-63 所示。

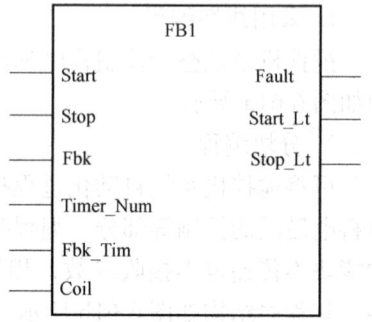

图 6-62　FB1 的输入和输出

表 6-39　FB1 的变量声明表

地址	声明类型	变量名	数据类型	初始值
0.0	In	Start	BOOL	False
0.1	In	Stop	BOOL	False
0.2	In	Fbk	BOOL	False
2	In	Timer_Num	TIMER	W#16#0000
4	In	Fbk_Tim	S5TIMER	S5T#0ms
6.0	Out	Fault	BOOL	False
6.1	Out	Start_Lt	BOOL	False
6.2	Out	Stop_Lt	BOOL	False
8.0	In_Out	Coil	BOOL	False
10	Stat	Cur_Tim_Bin	WORD	W#16#0000
12	Stat	Cur_Tim_Bcd	WORD	W#16#0000

当输入启动信号（#start）为 1 时，控制驱动泵或电动机线圈#Coil 有输出，搅拌电动机或送料泵等有关外部设备启动，同时用其状态（读#Coil 触点）参与控制定时器启动。在定时器延时时间未到之前，外部设备正常启动的反馈信号（#Fbk）已到（为 1），其常闭触点打开，定时器不动作；其常开接点闭合，有关运行指示灯亮。当定时器延时时间已到，反馈信号（#Fbk）未到（为 0），则定时器动作，说明搅拌电动机或送料泵等有关外部设备故障，外部设备故障标志（#Fault）置位并输出，使启动信号（#Start）为 0，停止信号（#Stop）为 1，#Coil 无输出（外部设备启动停止）。定时器当前计时时间存放在#Car_Tim_Bin（二进制）和#Car_Tim_Bcd（十进制数）中。

2. 创建 FB1 的背景数据块 DB1、DB2、DB3

电动机控制功能块 FB1 用于对送料泵 A、送料泵 B 和搅拌电动机进行控制，因此必须

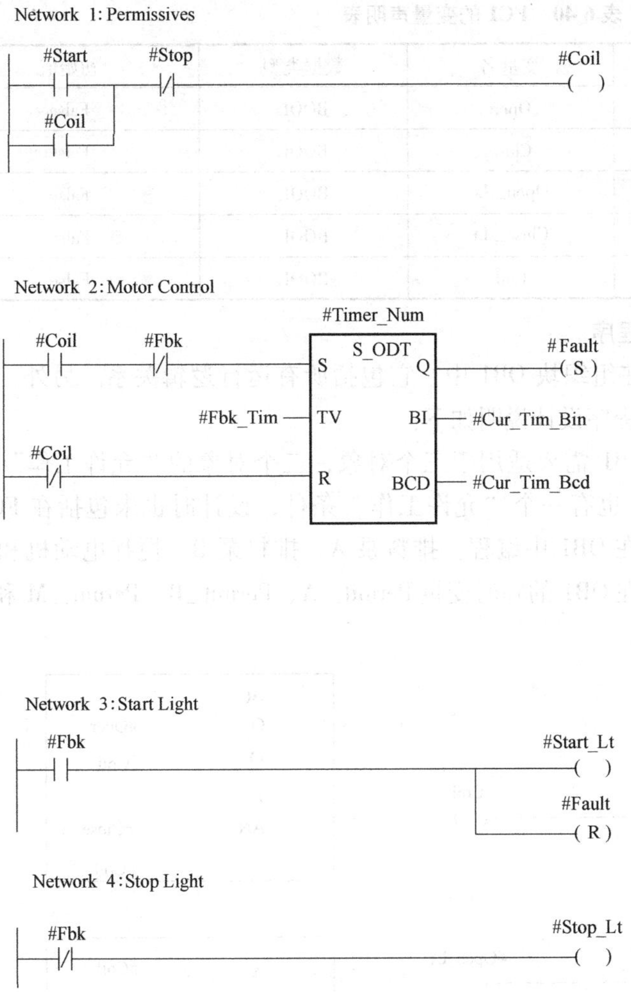

```
Network 1: Permissives
   #Start    #Stop                              #Coil
   ──┤├──────┤/├──────────────────────────────( )
   #Coil                                    A(
   ──┤├──                                   O        #Start
                                            O        #Coil
                                            )
                                            AN       #Stop
                                            =        #Coil

Network 2: Motor Control
                        #Timer_Num
   #Coil  #Fbk          ┌─S_ODT─┐            #Fault
   ──┤├────┤/├──────────┤S    Q ├───────────( S )
                        │       │
                #Fbk_Tim┤TV   BI├── #Cur_Tim_Bin
   #Coil                │       │
   ──┤/├────────────────┤R   BCD├── #Cur_Tim_Bcd
                        └───────┘

                                            A        #Coil
                                            AN       #Fbk
                                            L        #Fbk_Tim
                                            SD       #Timer_Num
                                            AN       #Coil
                                            R        #Timer_Num
                                            L        #Timer_Num
                                            T        #Cur_Tim_Bin
                                            LC       #Timer_Num
                                            T        #Cur_Tim_Bcd
                                            A        #Timer_Num
                                            S        #Fault

Network 3: Start Light
   #Fbk                                     #Start_Lt
   ──┤├──────────────────────────────────( )
                                          #Fault
                                         ( R )

                                            A        #Fbk
                                            =        #Start_Lt
                                            R        #Fault

Network 4: Stop Light
   #Fbk                                     #Stop_Lt
   ──┤/├──────────────────────────────────( )

                                            AN       #Fbk
                                            =        #Stop_Lt
```

图 6-63 电动机控制功能块 FB1 中的程序

生成相应的三个背景数据块 DB1、DB2 和 DB3 供调用 FB1 时使用。功能块的变量声明表决定了其背景数据块的结构（变量的顺序、类型、多少），生成背景数据块的方法已在本章第二节中介绍，DB1、DB2 和 DB3 的结构格式与表 6-39 相同，这里从略。

3. 创建排料功能 FC1

功能 FC1 要实现对排料电磁阀的开启、关闭和信号显示。所以排料功能 FC1 的参数要有令排料阀开启（Open）和关闭（Close）的输入信号；要有控制打开排料灯（Open_Lt）和关闭排料灯（Close_Lt）的输出信号；还要有驱动电磁阀线圈的信号（Coil）。

根据以上要求的输入、输出信号，可得出排料功能 FC1 的输入、输出图，如图 6-64 所示。并确定 FC1 的局部变量，其变量声明表如表 6-40 所示。FC1 的梯形图（LAD）和语句表（STL）程序如图 6-65 所示。FC1 程序中还包括搅拌桶空、低、满的指示灯显示程序。

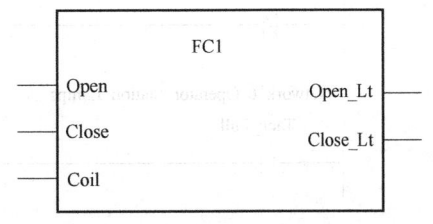

图 6-64 FC1 的输入和输出

表 6-40 FC1 的变量声明表

地址	声明类型	变量名	数据类型	初始值
0.0	In	Open	BOOL	False
0.1	In	Close	BOOL	False
0.2	Out	Open_Lt	BOOL	False
2	Out	Close_Lt	BOOL	False
4	In_Out	Coil	BOOL	False

(四) 创建组织块 OB1 中的程序

搅拌机控制系统的主程序放在组织块 OB1 中,它包括所有运行逻辑关系。另外,它还有一个 OB1 的变量声明表,对主程序设计说明如下:

1) 在设计 FB1 时,考虑到 FB1 需要适用于三个对象,三个对象的"允许工作"条件(一些联锁条件)各不相同。FC1 也有一个"允许工作"条件,设计时也未包括在 FC1 块内,这些"允许工作"条件都放在 OB1 中编程。排料泵 A、排料泵 B、搅拌电动机和排料阀的"允许工作"标志分别存储在 OB1 的临时变量 Permit_A、Permit_B、Permit_M 和 Permit_Dr 中。

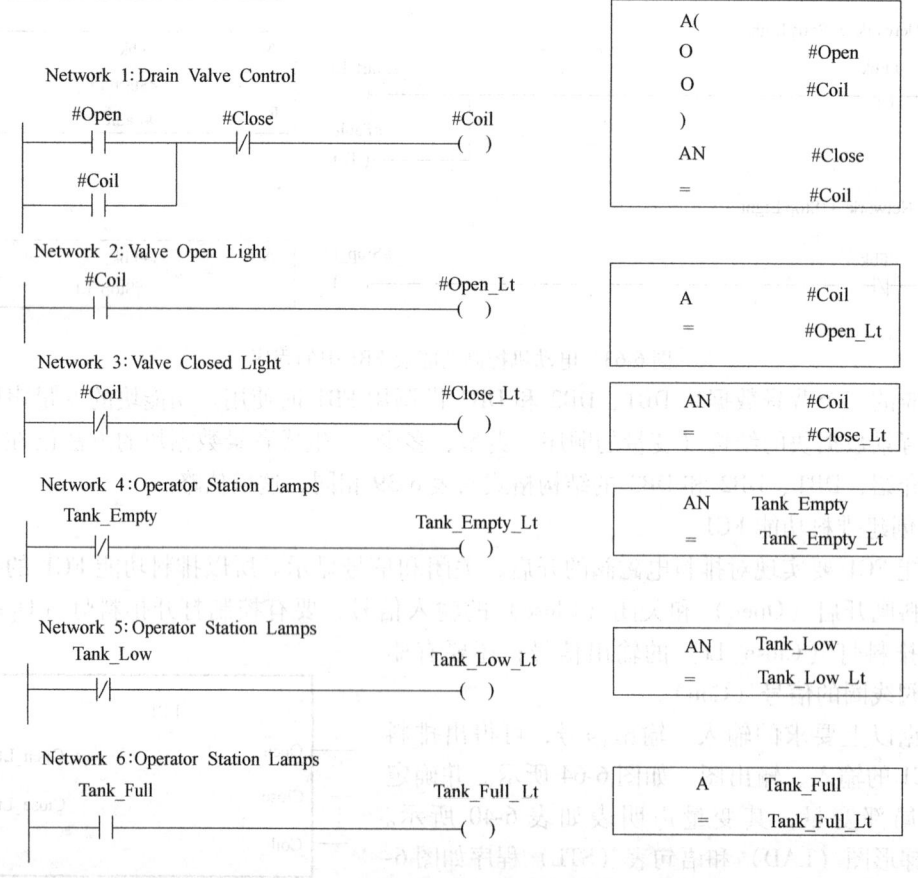

图 6-65 排料功能 FC1 中的程序

2) 梯形图编程时,主程序 4 次功能块调用执行有无错误的标志,存储 OB1 的临时变量 A_Done、B_done、M_Done、Dr_Done 中。

3) 语句表编程时,临时变量 Start_Condition、stop_Condition 用于暂时存储中间运算结果,在梯形图编程时自动提供存储这些结果。

4) 根据图 6-61,在 OB1 中进行各功能块调用,OB1 中的主程序调用顺序如图 6-66 所示。

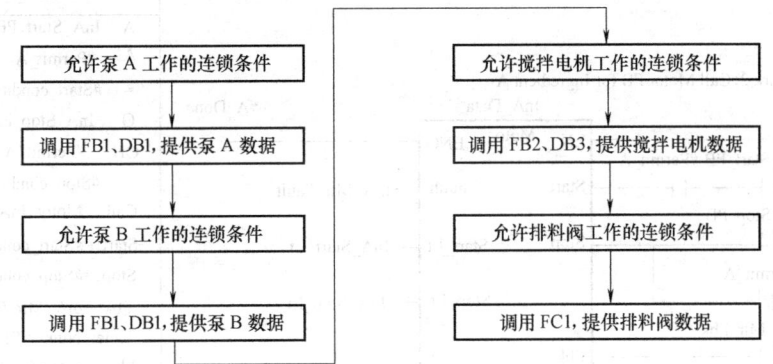

图 6-66　OB1 中主程序调用顺序

搅拌机控制系统主程序循环块 OB1 中的变量声明表如表 6-41 所示,OB1 中的程序如图 6-67 所示。

表 6-41　OB1 变量声明表

地址	声明类型	变量名	数据类型
0	TEMP	OB1_EV_CLASS	BYTE
1	TEMP	OB1_SCAN1	BYTE
2	TEMP	OB1_PRIORITY	BYTE
3	TEMP	OB1_OB_NUMBR	BYTE
4	TEMP	OB1_RESERVED_1	BYTE
5	TEMP	OB1_RESERVED_2	BYTE
6	TEMP	OB1_PREV_CYCLE	INT
8	TEMP	OB1_MIN_CYCLE	INT
10	TEMP	OB1_MAX_CYCLE	INT
12	TEMP	OB1_DATE_TIME	DATE_AND_TIME
20.0	TEMP	Permit_A	BOOL
20.1	TEMP	Permit_B	BOOL
20.2	TEMP	Permit_Dr	BOOL
20.3	TEMP	Permit_M	BOOL
20.4	TEMP	M_Done	BOOL
20.5	TEMP	B_Done	BOOL
20.6	TEMP	A_Done	BOOL
20.7	TEMP	D_Done	BOOL
21.0	TEMP	Start_condition	BOOL
21.1	TEMP	Stop_condition	BOOL

注:前 20 个字节为操作系统规定的,其含义可查看表 6-16。

278 西门子 PLC 应用与设计教程

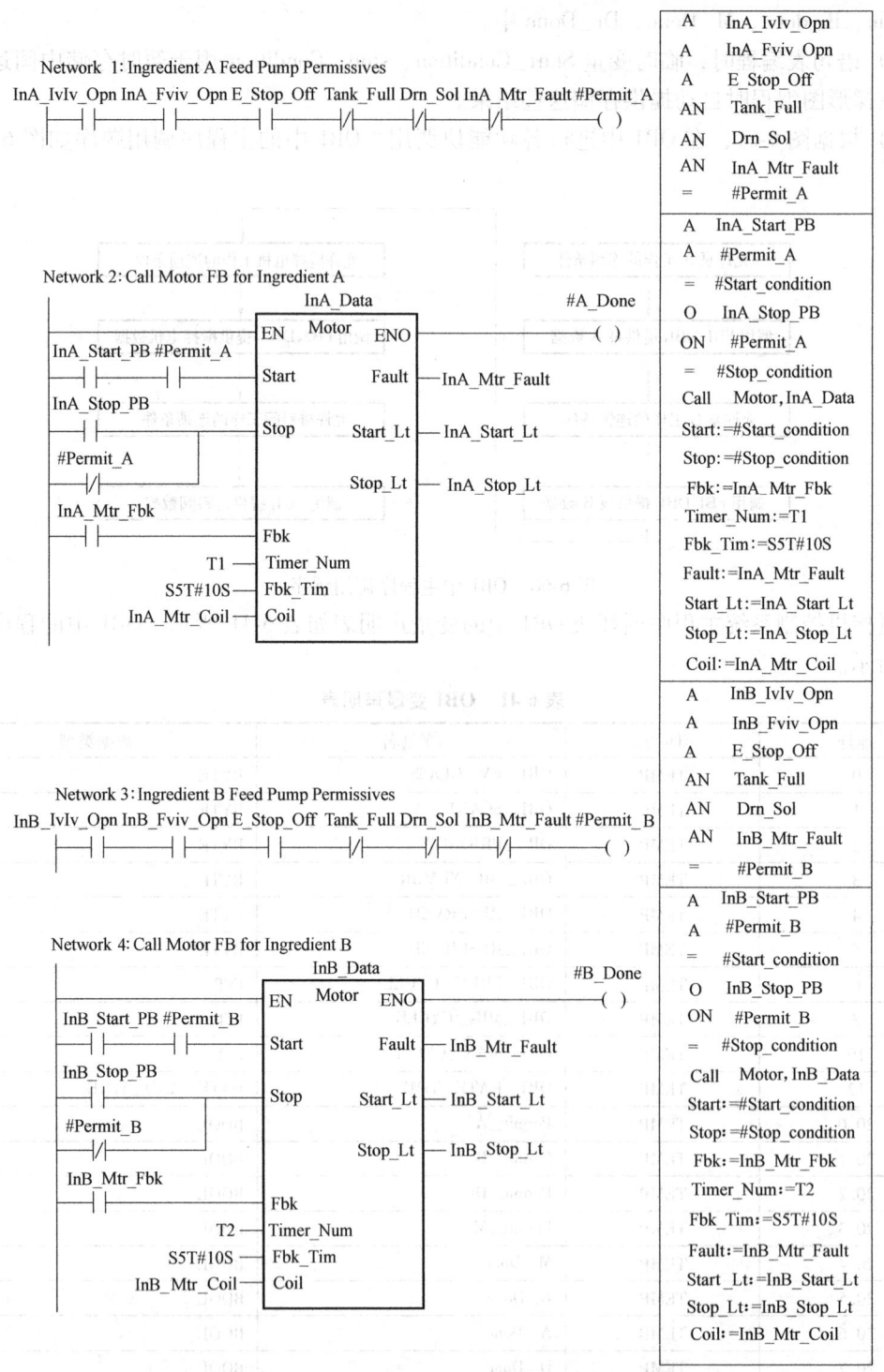

图 6-67 搅拌机控制系统 OB1 中的程序

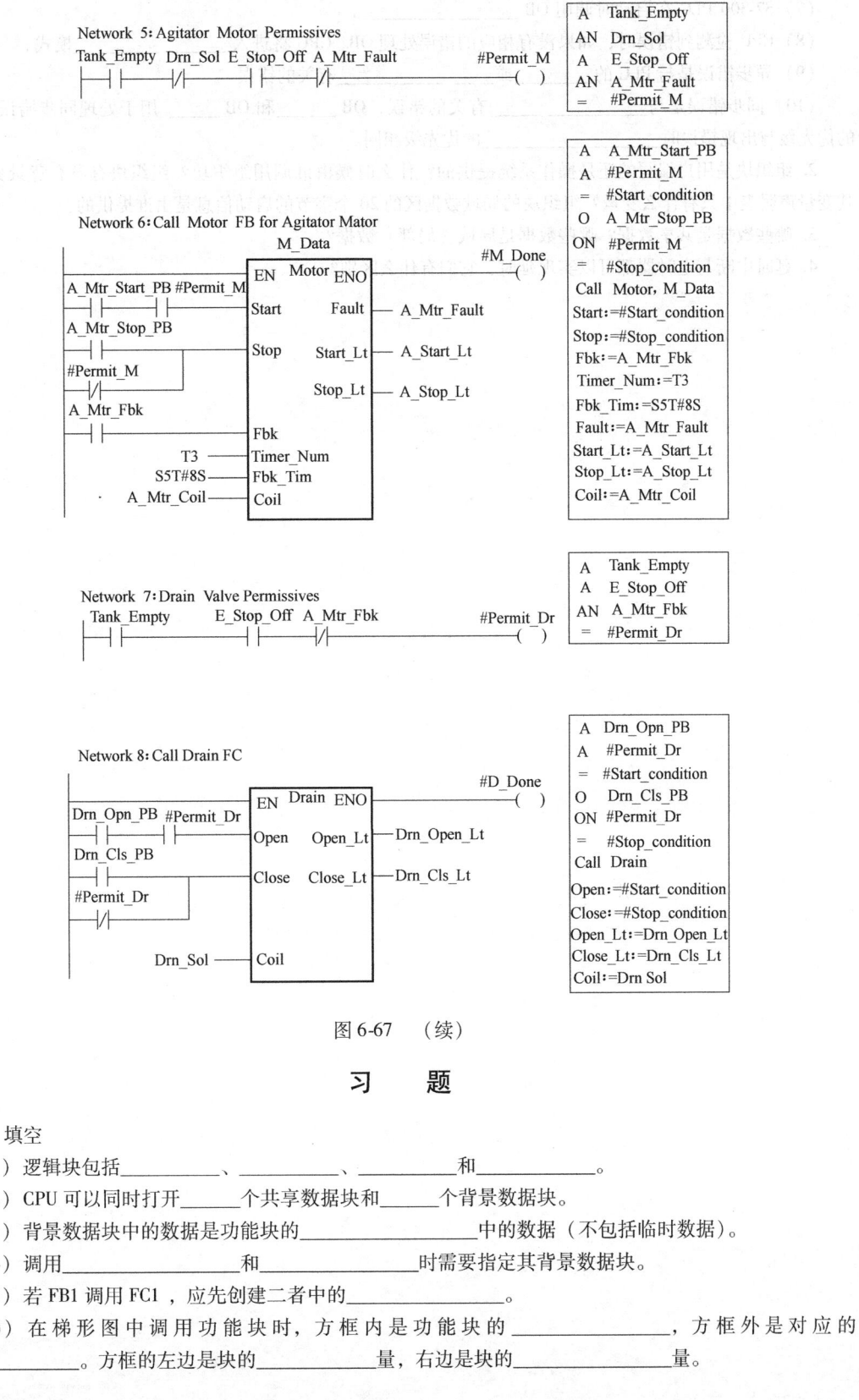

图 6-67 （续）

习 题

1. 填空

（1）逻辑块包括_____、_____、_____和_____。

（2）CPU 可以同时打开_____个共享数据块和_____个背景数据块。

（3）背景数据块中的数据是功能块的_____中的数据（不包括临时数据）。

（4）调用_____和_____时需要指定其背景数据块。

（5）若 FB1 调用 FC1，应先创建二者中的_____。

（6）在梯形图中调用功能块时，方框内是功能块的_____，方框外是对应的_____。方框的左边是块的_____量，右边是块的_____量。

（7）S7-300 PLC 在启动时调用 OB _____。

（8）CPU 检测到错误时，如果没有相应的错误处理 OB，CPU 将进入_____模式。

（9）异步错误是与 PLC 的_____或_____有关的错误。

（10）同步错误是与_____有关的错误，OB _____和 OB _____用于处理同步错误，它们的优先级与出现错误时_____的优先级相同。

2. 组织块是用户编写的还是操作系统提供的？什么时候由谁调用组织块？组织块有没有背景数据块？其变量声明表中只有什么变量？组织块的局域数据区的 20 个字节的启动信息是由谁提供的？

3. 哪些数据是共享数据？哪些数据是局域（局部）数据？

4. 延时中断与定时器都可以实现延时，它们有什么区别？

第七章 PLC 控制系统设计

学习 PLC 的最终目的是把它应用到实际的工程控制系统中去。在前面几章中，对 PLC 的基本配置、指令系统和编程方法有了一定的了解之后，就可以利用 PLC 构成一个实际的控制系统，这种系统的设计就是 PLC 控制系统设计。

第一节 PLC 控制系统的设计原则、内容与步骤

PLC 是一种计算机化的高科技产品，相对继电器而言价格相对较高。因此，在应用 PLC 之前，首先应考虑是否有必要使用 PLC。如果被控系统很简单，I/O 点数很少，或者 I/O 点数虽多，但是控制要求并不复杂，各部分的相互联系也很少，就可以考虑采用继电器控制的方法，而没有必要使用 PLC。

在下列情况下，可以考虑使用 PLC：

1）系统的开关量 I/O 点数很多，控制要求复杂，如果用继电器控制，则需要大量的中间继电器、时间继电器、计数器等器件。

2）系统对可靠性的要求高，继电器控制不能满足要求。

3）由于生产工艺流程或产品的变化，需要经常改变系统的控制功能，或需要经常修改多项控制参数。

4）可以用一台 PLC 控制多台设备的系统。

一、设计原则

每一个成熟的 PLC 控制系统在设计时要达到的目的都是实现对被控对象的预定控制。为实现这一目的，在进行 PLC 控制系统的设计时，应遵循以下的基本原则：

（1）最大限度地满足被控对象的控制要求　系统设计前，除了了解被控对象的各种技术要求外，还应深入现场进行调查研究、搜集资料，并与工艺师和实际操作人员密切配合，共同拟定电气控制方案。

（2）系统结构力求简单　在满足控制要求的前提下，力求使控制系统简单、经济、操作及维护方便。对一些过去较为繁琐的控制可利用 PLC 的特点加以简化，通过内部程序简化外部接线及操作方式。

（3）保证控制系统的安全、可靠　控制系统的安全性、可靠性是提高生产效率和产品质量的必要保证，是衡量控制系统优劣的因素之一。为确保系统的安全性、可靠性，可适当增加外部安全措施，如急停电源等，进一步保证系统的安全，同时采取"软硬兼施"的办法共同提高系统的可靠性。

（4）易于扩展和升级　考虑到系统的发展和设备的改进，在选择 PLC 容量及 I/O 点数时，应适当留有 20% 左右的裕量。

（5）人机界面友好　对于具有人机界面的 PLC 控制系统，应充分体现以人为本的理念。

设计的人机操作界面要使用户感到方便、易懂。

二、设计内容

PLC 控制系统的设计内容主要包括硬件选型、设计和软件的编制两个方面，基本由以下几部分组成：

（1）拟定控制系统设计的技术条件　技术条件一般以设计任务书的形式来确定，它是整个控制系统设计的依据。

（2）选择外围设备　根据系统设计要求选择外围输入设备和输出设备。

（3）选定 PLC 的型号　PLC 是整个控制系统的核心部件，合理选择 PLC 对保证系统的技术指标和质量是至关重要的。

（4）分配 I/O 点　根据系统要求，编制 PLC 的 I/O 地址分配表，并绘制 I/O 端子接线图。

（5）设计操作台、电气柜及非标准电器元件。

（6）软件编写　控制系统的软件包括 PLC 控制软件和上位机控制软件。在编制 PLC 控制软件前要深入了解控制要求与主要控制的基本方法以及系统应完成的动作、自动工作循环的组成、必要的保护和联锁等方面的情况。对比较复杂的控制系统，可利用状态图和顺序功能图方法全面地分析，必要时还可将控制任务分解成几个独立的部分，利用结构化或模块化方法进行编程，这样可化繁为简，有利于编程和调试。

对于有人机界面的 PLC 控制系统，上位机控制软件的编制也尤为重要。因为上位机控制软件是系统的操作人员与控制系统之间交互的纽带。良好的人机界面可以让操作人员的操作更为容易，利用上位机控制软件还能制作历史趋势图、打印报表、记录数据库和故障警报等，使工作效率更加提高。因此，上位机控制软件的编制十分重要。

（7）系统技术文件的编写　系统技术文件包括说明书、电气原理图、元件明细表、元件布置图、机柜接线图、系统维护手册、上位机控制软件操作手册、系统安装调试报告等。

三、设计步骤

PLC 控制系统设计步骤如下：

（1）深入了解和分析被控对象的工艺条件和控制要求　被控对象就是受控的机械、电气设备、生产线或生产过程。控制要求主要是指控制的基本方式、控制指标、应完成的动作、自动工作循环的组成、必要的保护和联锁等。

（2）确定 I/O 设备　根据被控对象对 PLC 控制系统的功能要求，确定系统所需的输入输出设备。常用的输入设备有按钮、行程开关、选择开关、传感器等，常用的输出设备有继电器、接触器、指示灯、电磁阀、气缸等。

（3）选择合适的 PLC 类型　根据已经确定的 I/O 设备，统计所需要的 I/O 信号的点数，选择 PLC 类型，包括 PLC 机型的选择、容量的选择、I/O 模块的选择、电源模块的选择以及通信模块的选择等。

（4）分配 I/O 点地址　根据所选择的 I/O 模块和其组态的位置分配 PLC 的 I/O 点地址，编制 I/O 点地址分配表并设计输入输出端子接线图。同时可进行控制柜和操纵台的设计以及现场施工。

（5）设计 PLC 程序 按照系统的控制要求和控制流程要求进行 PLC 程序的设计，其中包括故障的报警和处理方式等。这是整个应用系统设计的核心工作。

（6）PLC 程序的下载与调试 程序设计好后需要通过编程电缆将程序下载到 PLC 的 CPU 中，然后进行软件测试工作。由于在程序的编写过程中难免会有疏漏之处，因此在将 PLC 连接到现场设备之前，一定要先进行软件测试。如果 PLC 程序比较大，最好编写测试程序对程序进行各功能的分段测试。

（7）上位机软件的编程与调试 对于 PLC 控制系统，上位机监控软件的编程与调试也是整个应用系统设计的重点。编程人员根据 PLC 的 I/O 点地址分配表定义上位机软件的地址分配表，并按照系统的控制进程要求设计上位机软件、绘制操作界面。

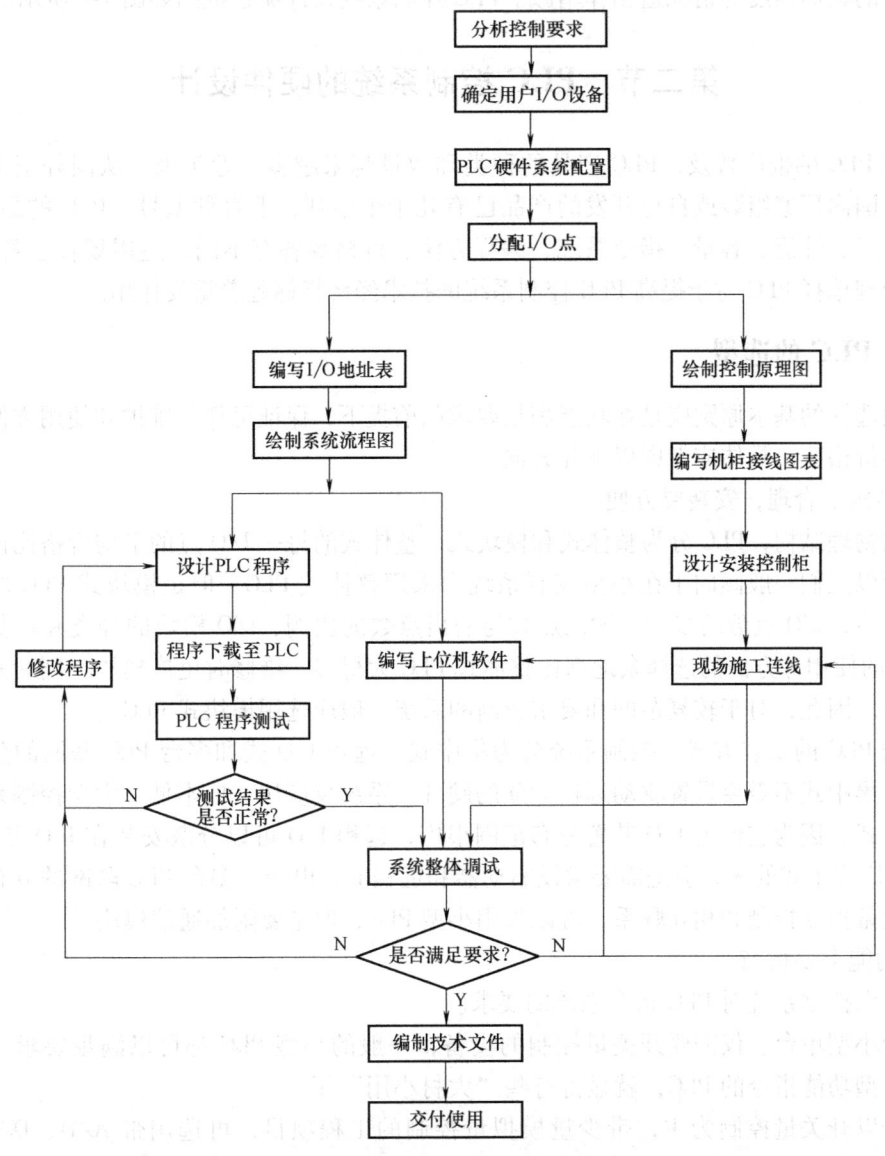

图 7-1 PLC 控制系统设计流程框图

（8）整个应用系统联调 当现场施工完成，控制柜接线结束，PLC 程序调试通过，且上位机软件编程结束后，就可进行整个应用系统的联合调试。调试过程中应先将主回路脱开，进行控制电路的调试。待控制回路调试一切正常后，再进行带主回路的调试。如果控制系统是由若干个部分组成的，则应先做各局部的调试，然后做整体调试。在系统联调时，不仅仅要做正常控制过程的调试，还应做故障情况的测试，应当尽量将可能的故障情况全部加以测试，确保控制系统的可靠性。

（9）编制技术文件 技术文件是用户将来使用、操作和维护的依据，也是这个控制系统档案保存的重要材料，因此应当给予重视。

以上是一个 PLC 控制系统设计的一般步骤。在具体应用时，可以根据控制系统的规模、控制流程的繁简程度等情况适当作增减。PLC 控制系统设计流程框图如图 7-1 所示。

第二节 PLC 控制系统的硬件设计

随着 PLC 的推广普及，PLC 产品的种类和数量越来越多。近年来，从国外引进的 PLC 产品加上国内厂家组装或自行开发的产品已有几十个系列，上百种型号。PLC 的品种繁多，其结构形式、性能、容量、指令系统、编程方法、价格等各有不同，适用场合也各有侧重。因此，合理选择 PLC 对于提高 PLC 控制系统的技术经济指标起着重要作用。

一、PLC 的选型

机型选择的基本原则应是在功能满足要求的前提下，保证可靠、维护和使用方便以及最佳的性能价格比。具体应考虑以下几方面。

1. 结构上合理，安装要方便

按照物理结构，PLC 分为整体式和模块式。整体式的每一 I/O 点的平均价格比模块式的便宜，所以人们一般倾向于在小型控制系统中采用整体式 PLC。但是模块式 PLC 的功能扩展方便灵活，I/O 点数的多少、输入点数与输出点数的比例、I/O 模块的种类和块数、特殊 I/O 模块的使用等方面的选择余地都比整体式 PLC 大得多，维修时更换模块、判断故障范围也很方便。因此，对于较复杂的和要求较高的系统一般应选用模块式 PLC。

根据 PLC 的安装方式，控制系统分为集中式、远程 I/O 式和多台 PLC 联网的分布式三种方式。集中式不需要设置驱动远程 I/O 的硬件，系统反应快、成本低。大型控制系统常用远程 I/O 式，因为它们的 I/O 装置分布范围很广，远程 I/O 可以分散安装在 I/O 装置附近，I/O 连线比集中式的短，但是需要增设驱动器和远程 I/O 电源。多台 PLC 联网的分布式适用于多台设备独立控制和相互联系，可以采用小型 PLC，但是要附加通信模块。

2. 功能上要相当

要考虑控制系统对 PLC 指令系统的要求。

对于小型单台、仅需要开关量控制的设备，一般的小型 PLC 都可以满足要求，如果选用有增强型功能指令的 PLC，就显得有些"大材小用"了。

对于以开关量控制为主，带少量模拟量控制的工程项目，可选用带 A/D、D/A 转换，具有加减运算、数据传送功能的低档机。

对于控制比较复杂，控制功能要求更高的工程项目，例如要求实现 PID 运算、闭环控制、通信联网等功能时，可视控制规模及复杂程度，选用中档或高档机。其中高档机主要用于大规模过程控制系统、全 PLC 的分布式控制系统以及整个工厂的自动化等。

3. 机型上应统一

对于一个企业，控制系统设计中应尽量做到机型统一。因为同一机型的 PLC，其模块可互为备用，便于备用和备件的采购与管理；其功能及编程方法统一，有利于技术人员的培训、技术水平的提高和功能的开发；其外部设备通用，资源可共享。

同一机型 PLC 的另一个好处是，在使用上位计算机对 PLC 进行管理和控制时，通信程序的编制比较方便。这样，容易把控制各独立系统的多台 PLC 联成一个多级分布式控制系统，相互通信，集中管理，充分发挥网络通信的优势。

4. 是否在线编程

PLC 的特点之一是使用灵活。当被控设备的工艺过程改变时，只需用编程器重新修改程序，就能满足新的控制要求，给生产带来很大方便。

编程可分为在线编程和离线编程。小型 PLC 一般使用简易编程器。它必须插在 PLC 上才能进行编程操作，其特点是编程器与 PLC 共用一个 CPU，在编程器上有一个"运行/监控/编程（RUN/MONITOR/PROGRAM）"选择开关。当需要编程或修改程序时，将选择开关转到"编程（PROGRAM）"位置，这时 PLC 的 CPU 不执行用户程序，只为编程器服务，这就是"离线编程"。当程序编好后再把选择开关转到"运行（RUN）"位置，CPU 则去执行用户程序，对系统实施控制。简易编程器结构简单，体积小、携带方便，很适合在生产现场调试、修改程序用。

图形编程器或者个人计算机与编程软件包配合可实现在线编程。PLC 和图形编程器各有自己的 CPU，编程器的 CPU 可随时对键盘输入的各种编程指令进行处理；PLC 的 CPU 主要完成对现场的控制，并在一个扫描周期的末尾与编程器通信，编程器将编好或修改好的程序发送给 PLC，在下一个扫描周期，PLC 将按照修改后的程序或参数控制，实现"在线编程"。图形编程器价格较贵，但它功能强，适应范围广，不仅可以用指令语句编程，还可以直接用图形编程。目前多使用个人计算机进行在线编程，这样可省去图形编程器，但需要编程软件包的支持，其功能类似于图形编程器。

5. 是否满足响应时间的要求

由于现代 PLC 有足够高的速度处理大量的 I/O 数据和解算梯形图逻辑，因此对于大多数应用场合来说，PLC 的响应时间并不是主要的问题。然而，对于某些个别的场合，则要求考虑 PLC 的响应时间。

响应时间是指将相应的外部输入转换为给定的输出的总时间。它包括以下部分：

1）输入滤波器的延迟时间。

2）I/O 服务延迟时间。

3）程序执行延迟时间。

4）输出滤波器的延迟时间。

PLC 的处理速度应满足实时控制的要求。因为 PLC 工作时，从输入信号到输出控制存在着滞后现象，即输入量的变化，一般要在 1~2 个扫描周期之后才能反映到输出端。这对于一般的工业控制是允许的。但有些设备的实时性要求很高，不允许有较大的滞后时间。例如 PLC 的 I/O 点数在几十到几千点范围内，这时用户应用程序的长短对系统的影响速度会有较大的差别。滞后时间应控制在几十毫秒之内，应小于普通继电器的动作时间（普通继电器的动作时间约为 100ms），否则就没有意义了。通常为了提高 PLC 的处理速度，可以用以下几种方法：

1）选择 CPU 处理速度快的 PLC，使执行一条基本指令的时间不超过 $0.5\mu s$。

2）优化应用软件，缩短扫描周期。

3）采用高速响应模块和中断输入模块，例如高速计数模块，其影响的时间可以不受 PLC 扫描周期的影响，而只取决于硬件的延时。

6. 对联网通信功能的要求

近年来，工厂自动化得到了迅速的发展，企业的可编程设备（如工业控制计算机、PLC、机器人、柔性制造系统等）已经很多，将不同厂家生产的这些设备连在一个网络上，互相之间进行数据通信，由企业集中管理，已经是很多企业必须考虑的问题。

如果要将 PLC 纳入工厂自动控制网络，应选具有通信联网功能的 PLC。一般中型以上的 PLC 提供一个或一个以上的 RS-232-C 串行标准接口，以便连接打印机、CRT、上位计算机或其他 PLC。

7. 其他特殊要求

要考虑被控对象对于 PID 闭环控制、高速计数和运动控制等方面的特殊要求，可以选用有相应特殊 I/O 模块的 PLC。对可靠性要求极高的系统，应考虑是否采用冗余控制系统或热备用系统。

有模拟量控制功能的 PLC 价格较高。对于单台小型设备，可以考虑用模拟电路控制模拟量。对于精度要求不高的恒值调节系统，可以用电接点温度表和电接点压力表这类传感器提供上、下限开关量信号，将被控物理量控制在设定的范围内。

二、PLC 容量的估算

PLC 的容量指 I/O 点数和用户存储器的存储容量（字数）两方面的含义。在选择 PLC 型号时不应盲目追求过高的性能指标，但是在 I/O 点数和存储器容量方面除了要满足控制系统要求外，还应留有裕量，以做备用或系统扩展时使用。

1. I/O 点数的确定

PLC 的 I/O 点数的确定以系统实际的输入/输出点数为基础确定。在确定 I/O 点数时，应留有适当裕量。目前 PLC 的 I/O 点价格还较高，平均每点为 100~120 元人民币。如果备用的 I/O 点的数量太多，就会使成本增加。因此，通常在选择 I/O 点数时可按实际需要的 10%~15% 考虑裕量。

2. 存储器容量的确定

通常，一条逻辑指令占存储器一个字，计时、计数、移位以及算术运算、数据传送等指令占存储器两个字。各种指令占存储器的字数可查阅 PLC 产品使用手册。在选择存储容量时，一般可按实际需要的 25%~30% 考虑裕量。

存储器容量的选择有两种方法。一种是根据编程实际使用的节点数计算，这种方法可精确地计算出存储器实际使用容量，缺点是要编完程序之后才能计算。常用的方法是估算法。

用户应用程序占用多少内存与许多因素有关，如 I/O 点数、控制要求、运算处理量、程序结构等。因此在程序设计之前只能粗略的估算。根据经验，每个 I/O 点及有关功能器件占用的内存如下：

开关量输入：所需存储器字节数 = 输入点数×10；
开关量输出：所需存储器字节数 = 输出点数×8；
定时器/计数器：所需存储器字节数 = 定时器/计数器数×2；
模拟量输入：所需存储器字节数 = 模拟量输入通道数×100；
模拟量输出：所需存储器字节数 = 模拟量输出通道数×200；
通信接口：所需存储器字节数 = 接口个数×300。

根据存储器的总字节数再加上 10% ~ 25% 的备用量即可估算出所需存储器容量。作为一般应用的经验公式为：

所需存储器容量（KB） = （1.1 ~ 1.25）×（DI×10 + DO×8 + AI×100 + AO×200 + T/C×2 + CP×300）/1024

其中：DI 为开关量输入总点数；DO 为开关量输出总点数；AI 为模拟量输入通道总数；AO 为模拟量输出通道总数；T/C 为定时器/计数器总数；CP 为通信接口总数。

三、I/O 模块选择

PLC 是一种工业控制计算机，其控制对象是工业生产设备或工业生产过程，其工作环境是工业生产现场，与工业生产过程的联系是通过 I/O 接口模块来实现的。

通过 I/O 接口模块可以检测被控生产过程的各种参数，并以这些现场数据作为控制器对被控制对象进行控制的依据。同时，控制器又通过 I/O 接口模块将控制器的处理结果送给被控设备或工业生产过程，驱动各种执行机构来实现控制。外部设备或生产过程中的信号电平各种各样，各种机构所需的信息电平也是各种各样的，而 PLC 的 CPU 所处理的信息只能是标准电平，所以 I/O 接口模块还需实现这种转换。PLC 从现场收集的信息及输出给外部设备的控制信号都需经过一定的距离，为了确保这些信息的正确无误，PLC 的 I/O 接口模块都具有较好的抗干扰能力。根据实际需要，PLC 相应有许多种 I/O 接口模块，包括开关量输入模块、开关量输出模块、模拟量输入模块及模拟量输出模块，可以根据实际需要进行选择使用。

I/O 部分的价格占 PLC 价格的一半以上。不同的 I/O 模块，其电路和性能不同，它直接影响着 PLC 的应用范围和价格，应该根据实际情况合理选择。

1. 开关量输入模块选择

PLC 的开关量输入模块用来检测来自现场（如按钮、行程开关、温控开关、压力开关等）的高电平信号，并将其转换为 PLC 内部的低电平信号。

按输入点数分：常用的有 8 点、12 点、16 点、32 点等。

按工作电压分：常用的有直流 5V、12V、24V、交流 110V、220V 等。

选择输入模块主要考虑以下两点：

1）根据现场输入信号（如按钮、行程开关）与 PLC 输入模块距离的远近来选择电压的高低。一般 24V 以下属低电平，其传输距离不宜太远，如 12V 电压模块一般不超过 10m。距离较远的设备选用较高电压模块比较可靠。

2）密度大的开关量输入模块，如 32 点输入模块，能允许同时接通的点数取决于输入电压和环境温度。一般同时接通的点数不宜超过总输入点数的 60%。

2. 开关量输出模块选择

开关量输出模块的任务是将 PLC 内部低电平的控制信号，转换为外部所需电平的输出信号，驱动外部负载。输出模块有三种输出方式：继电器输出、双向晶闸管输出、晶体管输出。

(1) 输出方式的选择　继电器输出价格便宜，使用电压范围广，导通压降小，承受瞬时过电压和过电流能力较强，且有隔离作用。但继电器有触点，寿命较短，且响应速度较慢，适用于动作不频繁的交直流负载。当驱动电感性负载时，最大开关频率不得超过 1Hz。双向晶闸管输出（交流）和晶体管输出（直流）都属于无触点开关输出，适用于通断频繁的感性负载。感性负载在断开瞬间会产生较高的反压，必须采取抑制措施，如并接阻容吸收电路等。

(2) 输出电流的选择　模块的输出电流必须大于负载电流的额定值，如果负载电流较大，输出模块不能直接驱动时，应增加中间放大环节。对于电容性负载、热敏电阻负载，考虑到接通时有冲击电流，要留有足够的裕量。

(3) 同时接通的输出点数　在选用输出模块时，不但要看一个输出点的驱动能力，还要看整个输出模块的满载负荷能力，即开关量输出模块同时接通点数的总电流值不得超过模块规定的最大允许电流。

3. 模拟量 I/O 模块选择

模拟量 I/O 接口是用来传送传感器产生的模拟信号和输出模拟量控制信号的。这些接口能测量流量、温度和压力等模拟量的数值，并用于控制电压或电流输出设备。PLC 的典型接口量程，双极性电压为 $-10 \sim +10V$，单极性电压为 $0 \sim +10V$，电流为 $4 \sim 20mA$ 或 $10 \sim 50mA$。

一些制造厂家又提供了特殊模拟接口来接收低电平信号（如 RTD、热电偶等）。一般地说，这类接口模块能接收同一模块上的不同类型热电偶或电阻温度探测器 RTD 的混合信号。用户应就具体条件向供应厂商提出要求。

4. 特殊功能 I/O 模块的选择

在选择一台 PLC 时，用户可能会面临需要一些特殊类型的且不能用标准 I/O 实现（如定位、快速输入及频率等）的情况。用户应当考虑供应厂商是否提供一些特殊的有助于最大限度减小主 PLC 控制量的模块。灵便模块和特殊接口模块都应考虑使用。有的模块自身能够处理一部分现场数据，从而使 CPU 从处理耗时任务中解脱出来。

5. 智能 I/O 模块的选择

当前，PLC 的生产厂家相继推出了一些智能式的 I/O 模块。所谓智能式 I/O 模块，就是模块本身带有处理器，对输入或输出信号做预先规定的处理，将其处理结果送入 CPU 或直接输出，这样可提高 PLC 的处理速度和节省存储器的容量。

智能 I/O 模块有温度控制模块、高速计数器（可做加法计数或减法计数）、凸轮模拟器（用作绝对编码输入）、带速度补偿的凸轮模拟器、单回路或多回路的 PID 调节器、ASCII 处理器、RS-232C/422 接口模块等。表 7-1 归纳了选择 I/O 模块的一般规则。

表 7-1　选择 I/O 模块的一般规则

I/O 模块类型	现场设备或操作（举例）	说　　明
开关量输入模块	选择开关、按钮、光电开关、限位开关、电路断路器、接近开关、液位开关、电动机起动器触点、继电器触点、拨盘开关	输入模块接收 ON/OFF 或 Open/Close（开/关）信号，开关信号可以是直流的，也可以是交流的

(续)

I/O 模块类型	现场设备或操作（举例）	说　　明
开关量输出模块	报警器、控制继电器、风扇、指示灯、扬声器、阀门、电动机起动器、电磁线圈	输出模块将信号传递到 ON/OFF 或 Open/Close（开/关）设备。开关信号可以是交流或直流的
模拟量输入模块	温度变送器、压力变送器、湿度变送器、流量变送器、电位器	将连续的模拟量信号转换成 PLC 处理器可接受的输入值
模拟量输出模块	模拟量阀门、执行机构、图表记录器、电动机驱动器、模拟仪表	将 PLC 处理过的输出转为现场设备使用的模拟量信号（通常是通过变送器进行）
特种 I/O 模块	编码器、流量计、I/O 通信、ASCII、RF（射频）型设备、称重计、条形码阅读器、标签阅读器、显示设备	通常用作如位置控制、PID 和外部设备通信等专门用途

四、电源模块选择

电源模块的选择一般只需考虑输出电流。电源模块的额定输出电流必须大于处理器模块、I/O 模块、专用模块等消耗电流的总和。以下步骤为选择电源的一般步骤：

1) 确定电源的输入电压。

2) 将框架中每块 I/O 模块所需的总背板电流相加，计算出 I/O 模块所需的总背板电流值。

3) I/O 模块所需的总背板电流值再加上以下各电流：①框架中带有处理器时，则加上处理器的最大电流值；②当框架中带有远程适配器模块或扩展本地 I/O 适配器模块时，应加上适配器模块或扩展本地 I/O 适配器模块的最大电流值。

4) 如果框架中留有空槽用作将来扩展时，则应做以下处理：①列出将来要扩展的 I/O 模块所需的背板电流；②将所有扩展的 I/O 模块的总背板电流值与步骤 3) 中计算得出的总背板电流值相加。

5) 在框架中是否有用于电源的空槽，若没有，将电源装到框架的外面。

6) 根据确定好的输入电压要求和所需的总背板电流值，从用户手册中选择合适的电源模块。

五、外部接线设计

（一）通道分配与 I/O 点的节省方法

1. 通道分配

一般输入点与输入信号、输出点与输出设备是一一对应的。程序设计前，应按系统配置的通道与接点号，分配给每一个输入信号和输出信号，即进行通道分配。在个别情况下，也有两个信号用一个输入点的，那样就应在接入输入点前，按逻辑关系接好线（如两个接点先串联或并联），然后再接到输入点。

（1）明确 I/O 通道范围　不同型号的 PLC，其 I/O 通道的范围是不一样的，应根据所选 PLC 型号，查阅相应的编程手册，决不可"张冠李戴"。

（2）内部辅助继电器　内部辅助继电器不对外输出，不能直接连接外部器件，而是在控制其他继电器、定时器/计数器时作数据存储或数据处理用。从功能上讲，内部辅助继电器和数据存储器相当于传统电控柜中的中间继电器。根据程序设计的要求，应合理安排 PLC 的内部辅助继电器和数据存储器，在设计说明书中应详细列出各内部辅助继电器和数据存储器在程序中的用途，避免重复使用。

（3）分配定时器/计数器　程序中使用到的定时器/计数器的编号不能相同。若扫描时间较长，应使用高速定时器，以确保计时准确。

（4）数据存储器　在数据存储、数据转换以及数据运算等场合，经常需要以通道为单位的数据，此时，应用数据存储器是很方便的。数据存储器中的内容，即使在 PLC 断电、运行开始或停止时也能保持不变。数据存储器也应根据程序设计的需要来合理安排，需详细列出各数据存储器通道在程序中的用途，以避免重复使用。

2. 输入点的节省方法

PLC 输入/输出点数的多少是决定控制系统价格的重要因素，因此设计控制系统时应尽量简化输入/输出点数。节省 PLC 输入输出点数的方法很多，在完成同样控制功能的情况下，通过合理选择模块可以简化控制方案。同样，在设计 PLC 外围电路时，也要注意输入/输出点的简化问题。

下面，介绍 PLC 外部电路设计中输入点简化的几种常用方法。

（1）输入点合并　如果某些外部输入信号总是以某种"串联"或"并联"组合的方式整体出现在梯形图中，可以将它们对应的触点在 PLC 的外部串、并联后，再作为一个输入点接到 PLC。

例如，图 7-2 中的 SB1 和 SB2 两个按钮控制同一个电动机，分别设在近处和远处。按照图 7-2a 的接法需要两个输入点，将两个开关并联后再输入给 PLC，则仅需一点输入。这样，PLC 的输入点和相应的梯形图都可以简化，如图 7-2b 所示。

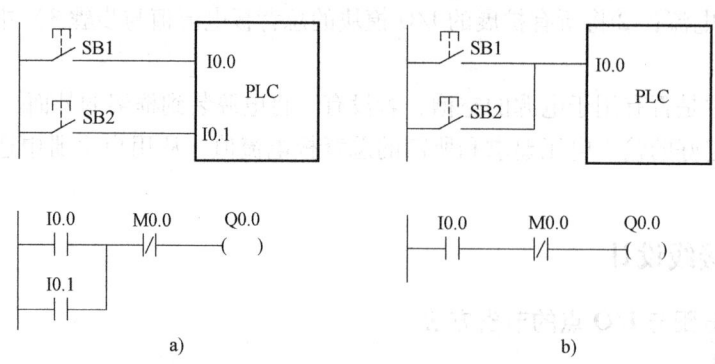

图 7-2　外部信号的并联连接输入

同样，对于设在多处的电动机停止开关，也可以先串联后再连接到 PLC，只占用一个输入点，如图 7-3 所示，相应的梯形图也可以得到简化。

（2）分时分组输入　有些输入信号可以按输入时机分成几组，如自动程序和手动程序不会同时执行，自动和手动两种工作方式分别使用的输入信号可以分成两组输入，并增加一个自动/手动指令信号，用于自动程序和手动程序的切换，如图 7-4 所示。

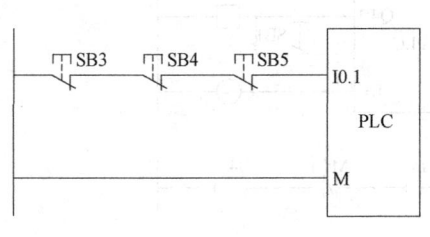
图 7-3 外部信号的串联连接输入

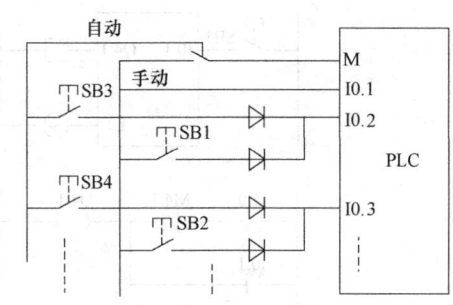
图 7-4 外部信号的分时分组输入

注意：分时分组输入时，各开关需要串联二极管来切断寄生电路，以免产生错误输入。

如图 7-4 所示，假设图中没有二极管，系统处于自动状态，SB1、SB2、SB3 闭合，SB4 断开，这时电流从 M 流出，经 SB3、SB1、SB2 形成回路，使输入 I0.3 错误地为"ON"。各开关串联了二极管后，切断了寄生回路，避免了错误输入的产生。

（3）减少多余信号的输入　如果通过 PLC 程序能够判定输入信号的状态，则可以减少一些多余信号的输入。

如图 7-5 所示，系统设有自动、半自动和手动三种工作状态，通过转换开关 S 切换。图 7-5a 将转换开关的三路信号全部输入到 PLC，而图 7-5b 则用自动和半自动的"非"来表示手动，则可节省一个输入点。

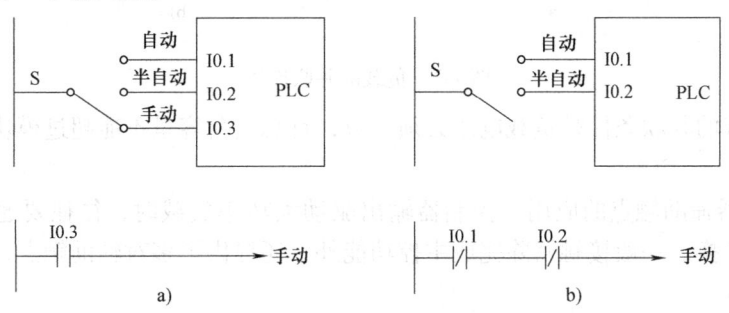

图 7-5 多余输入信号的处理

（4）手动开关置于 PLC 之外　系统的某些输入信号，如手动操作按钮、保护动作后需要手动复位的电动机热继电器的常闭触点等提供的信号，可以设置在 PLC 外部的硬件电路中。图 7-6b 中将手动操作开关直接和控制器的输出接点相并联，与图 7-6a 相比可以节省大量的输入点，并可以简化梯形图。

注意：有些手动开关需要串接一些安全联锁接点，如果外部硬件联锁电路过于复杂，应考虑将有关信号送入 PLC，用软件实现联锁。

3. 输出点的节省方法

与输入点的简化相同，在 PLC 外部电路设计中也需要考虑输出点的简化问题。下面，简要说明输出点简化的几种常用方法。

（1）负载的并联使用　系统中有些负载的通/断状态是完全相同的，可以共用一个输出点来驱动。

如图 7-7 所示，用 PLC 的一点输出同时驱动负载 M 和状态指示灯 L，可节约 PLC 数字

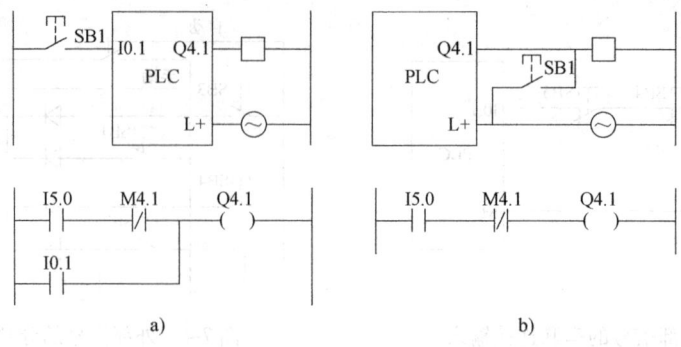

图 7-6 手动开关的处理

量输出点数。

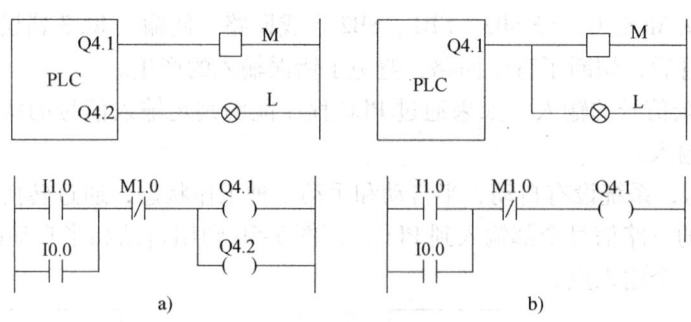

图 7-7 负载的并联连接

注意：负载的并联条件是负载电压必须一致，且总负荷容量不能超过模块允许的负载容量。

（2）接触器辅助触点的应用　控制器输出驱动大功率负载时，往往要通过接触器进行电压或功率的转换。一般接触器除完成主控功能外，还提供了多对辅助触点，用来对有关设备进行联锁控制。

在 PLC 外部电路设计中，可充分利用这类辅助触点，使 PLC 的一个输出点可同时控制两个或多个有不同要求的负载；通过外部的转换开关的切换，一个输出点也可以控制两个或多个不同时工作的负载，这样可节省 PLC 的输出点数。

（3）用数字显示器代替指示灯　如果系统的状态指示灯或程序工步很多，可以用数字显示器来代替指示灯，这样可以节省输出点数。

如图 7-8 所示，16 步的程序指示需要用 16 点输出来驱动指示灯，如果使用 BCD 码的数字显示，只需要 8 点输出，来驱动两个带译码驱动的数字显示器。由于两个数字显示器可显示数字"00"～"99"，即 100 个状态，因此程序步或状态指示灯越多，用数字显示器的优越性就越大。

（4）多位数字显示器的动态扫描驱动　对于多位数字显示器，如果直接用数字量输出点来控制，所需要的输出点是很多的。使用动态扫描技术，可以大幅度地减少输出点数。

如图 7-9 所示，有 5 位数字显示器，按图 7-8b 所示的直接驱动方法，需要 5×4 = 20 个数字量输出点。采用如图 7-9 所示的动态扫描驱动方法，则只需要 9 点输出即可。图 7-9 所示中，显示数据由 Q0.1～Q0.4 输出，数字显示器的控制端分别由 Q1.0～Q1.4 控制，用于

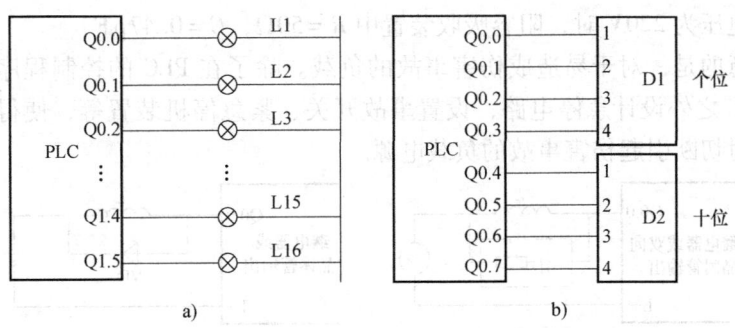

图 7-8 指示灯及数字显示器驱动的比较

动态扫描的选通输出。

(二) PLC 外部接线

在 PLC 选型和通道分配结束后,可根据手册的规定画出 PLC 外部接线。外部接线主要包括以下内容:

(1) 电源 PLC 通常采用 220V 交流电源,允许一定的波动,但为了提高系统可靠性,应在输入端配置 1∶1 隔离变压器(如果电网电压过高,为了安全,可取 1∶0.9),且应有独立使用的断路器。

(2) 接地 PLC 在大多数情况可以不做接地处理,但在条件允许时应尽量设计接地线路。在实际 PLC 控制系统中,接地是抑制干扰、使系统可靠工作的主要方法。在设计中如能把接地和屏蔽正确地结合起来使用,可以解决大部分干扰问题。

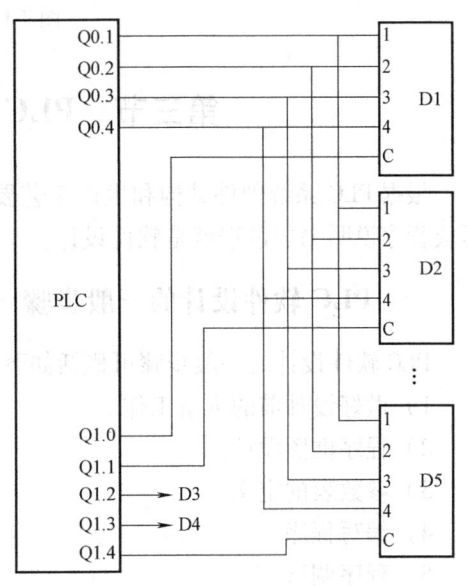

图 7-9 多位数字显示器的动态扫描驱动

如要做接地处理,一般情况,PLC 控制系统应设置独立接地,为保证接地质量,一般要求接地电阻应小于 4Ω,实在做不到,也可与弱电系统共地。在噪声较大时,可将噪声滤波端与接地端短接。

(3) 输入 PLC 可与有触点及电流型输入设备相连,但不能与电压型输入设备相连接。在 I/O 接线设计时,应检查所有输入设备的兼容性,并充分考虑漏电流和负载感应电动势的影响。

(4) 输出 晶体管或双向晶闸管输出型 PLC 接上负载后,当漏电流较大有可能造成设备的误动作时,应在负载两端并联一个旁路电阻,如图 7-10 所示。

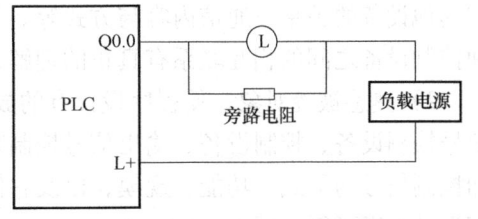

图 7-10 负载并联旁路电路

当感性负载连到 PLC 输出端时,同样需要加电涌抑制器或二极管,用以吸收负载产生的反电动势,如图 7-11 所示。其中,二极管必须耐 3 倍的负载电压,并允许流过 1A 的平均电流。当负载电压为220V时，阻容吸收装置中 $R=50\Omega$，$C=0.47\mu F$。

还需要注意的是，对于易造成伤害事故的负载。除了在 PLC 的控制程序中要加以考虑外，还应在 PLC 之外设计急停电路，设置事故开关、紧急停机装置等，使得一旦设备发生故障时，能及时切断引起伤害事故的负载电源。

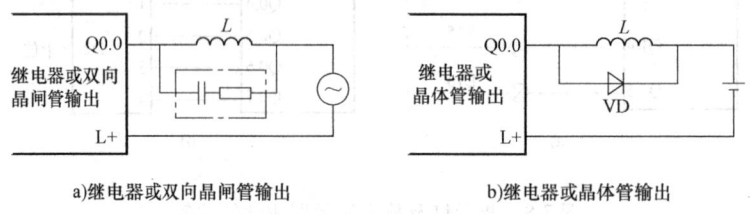

a)继电器或双向晶闸管输出　　　　　　b)继电器或晶体管输出

图 7-11　感性负载输出

第三节　PLC 控制系统的软件设计

根据 PLC 系统硬件结构和生产工艺要求，使用相应的编程语言编制实际应用程序，并形成程序说明书的过程就是软件设计。

一、PLC 软件设计的一般步骤

PLC 软件设计的一般步骤可概括如下：
1）做好设计前的准备工作。
2）程序框图设计。
3）参数表的定义。
4）编写程序。
5）程序调试。
6）编写程序说明书。
下面进行分述。

1. 程序设计前的准备工作

1）了解系统概况，形成整体概念　这一步工作主要是通过系统设计方案了解控制系统的全部功能、控制规模、控制方式、输入和输出信号的种类及数量、是否有特殊功能接口、与其他设备的关系、通信内容与方式等。如果没有对整个控制系统的全面了解，就不能对各种控制设备之间的相互联系有真正的理解，靠想当然编制的程序是肯定无法实际运行的。

2）熟悉被控对象，使程序设计有的放矢　将控制要求根据控制功能分类，并根据输入信号检测设备、控制设备、输出信号控制装置的具体情况，深入细致地了解每一个检测信号和控制信号的形式、功能、规模，以及它们之间的关系，并预见以后可能出现的问题，使程序设计有章可循。

在熟悉被控对象的同时，还要认真借鉴前人在程序设计中的经验和教训，总结各种问题的解决方法。总之，在程序设计之前，掌握的东西越多，对问题思考得越深入，程序设计就会越得心应手。

3）充分地利用各种软件编程环境　目前各 PLC 主流产品都配置了功能强大的编程环

境，如西门子公司的 STEP 7、欧姆龙公司的 CX-P 软件等，可在很大程度上减轻软件编制的工作强度，提高编程效率和质量。

熟悉编程器和编程语言是进行程序设计的前提。这一步骤的主要任务是根据有关手册详细了解所使用的编程器及其操作系统，选择一种或几种合适的编程语言形式，并熟悉其指令系统和参数分类，尤其注意研究那些在编程中可能要用到的指令和功能。

一个比较好的熟悉编程语言的方法是上机操作，并编制一些试验程序，在模拟平台上进行试运行，以便更详尽地了解指令的功能和用途，为后面的程序设计打下良好的基础，避免走弯路。

2. 程序框图设计

程序框图设计工作主要是根据控制系统的具体情况，确定用户程序的基本结构、程序设计标准和结构框图，然后再根据工艺要求，绘制出各个功能单元的详细功能框图。系统程序框图应尽量做到模块化，一般最好按功能采取模块化设计方法，因此相应的框图也应依此绘制，并规定其各自应完成的功能，然后再绘制图中各模块内部的详细功能、顺序功能图和状态图。框图是编程的主要依据，要尽可能准确和详细。如果框图是由别人设计的，一定要设法弄清楚其设计思想和方法。完成这部分工作之后就会对系统全部程序设计内容具有一个整体思想，为下一步的程序设计奠定良好的基础。

3. 参数表的定义

参数表的定义是程序设计的基础，包括对输入信号表、输出信号表、中间标志位和存储单元表的定义。

参数表的定义格式和内容根据个人的爱好和系统的情况而不同，但所包含的内容基本是相同的。总的设计原则是便于使用，尽可能详细。

定义输入/输出信号表的主要依据是硬件接线原理图。每一种 PLC 的输入点编号和输出点编号都有自己明确的规定，在确定了 PLC 型号和配置后，要对 I/O 信号分配 PLC 的输入、输出编号（地址），并编制成表。

一般情况下，I/O 信号表要明显地标出模块的位置、信号端子号或线号、输入/输出地址号、信号名称和信号的有效状态等。表 7-2 是 I/O 信号表的一种典型格式，内容应根据具体情况，尽可能详细。

表 7-2 I/O 信号表格式

框架序号	模块序号	信号端子号	信号地址	信号名称	信号的有效状态	备 注

4. 编写程序

编写程序就是根据设计出的顺序功能或状态图编写控制程序，这是整个程序设计工作的核心部分。

在编写程序的过程中，可以借鉴典型的标准程序，但必须读懂这些程序段，否则将会给后续工作带来困难和损失。另外,编写程序过程中要编写符号表,并及时对编写出的程序进行注释,以免忘记相互之间关系。

5. 程序测试

刚编好的程序难免存在错误或缺陷。为了及时发现和消除程序中的错误和缺陷,减少系统现场调试的工作量,确保系统在各种正常和异常情况时都能做出正确的响应,需要对程序进行离线测试。经调试、排错、修改及模拟运行后,才能正式投入运行。

程序测试时重点应注意下列问题:

1) 程序能否按设计要求运行。
2) 各种必要的功能是否具备。
3) 发生意外事故时能否做出正确的响应。
4) 对现场干扰等环境因素适应能力如何。

经过测试、排错和修改后,程序基本正确,下一步就可到使用现场试运行,进一步察看系统整体效果,还有哪些地方需要进一步完善。经过一段时间运行,证明系统性能稳定,工作可靠,已达到设计要求,就可把程序下装到 PLC 的 CPU 中,正式投入运行。

6. 编写程序说明书

程序说明书是程序设计的综合说明文档。编写程序说明书的目的是为了便于程序的设计者与现场工程技术人员进行程序调试与程序修改工作,它是程序文件的组成部分。程序说明书一般应包括程序设计的依据、程序设计与调试的关键点等。

二、西门子 STEP7 程序设计方法

下面以 S7 系列 PLC 的应用程序设计为例,说明程序设计的方法与步骤。

1. 程序结构设计

STEP7 不仅从不同层次充分支持合理的程序结构设计,而且,也简化了结构设计的复杂程度。

首先,一个复杂的自动化过程可以被分解并定义为一个或多个项目(Project);而对于每个项目,又可以进一步分解并定义给一个或多个 CPU;每个 CPU 有一个控制程序(CPU_Program)。图 7-12 显示了一个样本过程,它分成不同的项目:项目 1 和项目 2 只有一个 CPU,而项目 3 和项目 4 有多个 CPU。这样,一个很复杂的控制任务的结构设计,就被简化为各个 CPU 程序的结构设计。项目间或项目中的各 CPU 程序之间,能以某种方式联网,实现信息共享。如在 S7 协议支持下,用 MPI 网以全局数据通信的方式可方便地建立起联系,实现一个项目中各 CPU 共享信息。

一个工厂的过程任务:

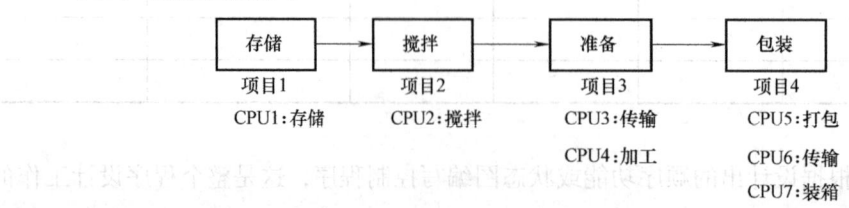

图 7-12 样本过程的项目划分

关于项目，用得最多的情况是一个过程控制任务只有一个项目，该项目下也仅有一个 CPU 程序，它包含完成这项控制任务的所有程序和数据。

如前所述，S7 系列 PLC 的 CPU 程序采用块式程序结构，它有各种逻辑块和数据块。而组织块 OB1（主程序循环）中的程序是应用程序的主要的也是最复杂的部分，因此，对 OB1 中的程序，设计合理的结构是十分重要的。STEP7 提供的三种程序结构包括：①线性编程；②分块编程；③结构化编程。用户可根据控制项目的复杂程度，选择合理的程序结构。

在 CPU 程序中，用户还可依据时间特性或事件触发特性的差异，将有关程序分别编入不同的组织块（OB）中。例如，需要以固定时间间隔循环执行的那部分程序，可编入组织块 OB35 中；为 PLC 正常运行而需进行初始化的程序编入组织块 OB100 中；由硬件触发的中断服务程序编入组织块 OB40 中；对程序执行中产生的同步错误的响应处理程序编入组织块 OB121 或 OB122 中等。这些属于中断处理程序与循环执行的 OB1 中程序配合，共同完成 PLC 系统的控制任务。

2. 数据结构设计

STEP7 不仅从不同层次充分支持合理的数据结构设计，而且也简化了数据设计的复杂程度。因为 STEP7 提供了许多基本数据类型和复合数据类型，这些既丰富又实用的数据类型还可以灵活地组合在一起构成用户自定义数据类型。各种数据类型组合在一起可以构成数据块。数据块有共享数据块和背景数据块（专有数据块），数据块的共享特性使得各功能块间能够方便地交换信息；数据块的专有特性使得某功能块能单独占用数据块，而不必担心被其他块修改。

数据结构设计实际上就是设计数据块的问题。这些数据块划分了数据的存储空间，并让这些存储空间存储不同类型的信息。在数据结构设计中，应明确规定各数据块的特性、作用、编号、数据的存放格式等内容，数据结构的设计也与程序结构的设计直接相关。

3. 编程任务

STEP7 按项目、程序、块的层次管理用户程序，由块构成 CPU 的程序，CPU 程序又组成项目，形成一个树状目录结构。STEP 7 要求用户先创建项目名称，再创建 CPU 程序名，最后创建 CPU 程序的块名并确定块的类型、输入块的内容，所以 STEP7 是从上至下建立结构。然而具体编程时却是依据从底向上的方法进行。在程序结构设计和数据结构设计的基础上，被调用的功能块或数据块首先建立，然后依次在更高层次上建立逻辑块，直至所有块全部建立。

编程步骤及所需完成的工作如下：

（1）生成项目目录　用 STEP 7 提供的工具生成项目名、CPU 程序名、创建存储程序的目录。

（2）创建用户程序块，输入程序　声明块的局部数据，编辑或写入程序。以文本方式输入程序（仅对语句表有效）或以增量方式输入程序。

（3）分配符号地址　用 STEP 7 符号表可以建立符号地址，符号地址可有效减少程序错误并使程序易读易懂。

（4）配置 PLC 和设置参数　创建程序时可为 PLC 组态模块和为模块配置参数。

（5）分配项目的全局数据　STEP 7 可为 CPU 间的网络通信分配共享的 CPU 内存区。

（6）下载程序到 CPU　写完程序块后，将其从编程器下载到 PLC 内存中。

（7）测试程序　STEP 7 提供了在线测试程序功能的工具。

（8）监控 CPU 运行状态　STEP 7 提供了检测 PLC 运行状态的工具。

对上述任务的详细了解，可参看西门子公司 STEP 7 用户手册。

用户在逻辑块中编写的程序，在有效而可靠地完成其功能的前提下，应力求简明和可读性好，易为他人读懂。或者说设计者自己在间隔一定时间后再阅读，能很快明白其意义。每段程序力求功能单一，程序中设置适当的调试标志，以便查找故障。为完成同一控制功能所编的程序，其好坏可能相差很远。

4. 程序调试

PLC 程序的调试一般要经过单元测试、功能总体测试等前期步骤和现场冷热态调试等后期步骤。前期调试在实验室进行，是后期调试的基础。由于在实验室不可能为 PLC 系统接入大量的过程 I/O 信号，因此需要采用模拟调试法。PLC 程序调试时所需的信息，大体上可以分为三类：

1）程序运算中产生的。

2）操作人员输入的。

3）现场实际状态返回的。

模拟调试的基本思想是：以方便的形式模拟产生三类信号，为程序的运行创造必要的环境条件。依据信号产生的方式不同，模拟调试又有两种形式：

（1）硬件模拟法　使用一些硬件设备，如用另一台 PLC 模拟产生现场的信号，并将这些信号以硬接线的方式连到 PLC 系统的输入模块中去，其特点是时效性较强；

（2）软件模拟法　在 PLC 中另外编写一套模拟程序，模拟提供现场的信号。其特点是简便易行，但时效性不易保证。

工程实践中，往往灵活组合上述两种方法。高性能编程器提供了较完善的程序测试手段，大大减少了程序测试的工作量。

第四节　PLC 控制系统的人机接口设计

一、人机接口（界面）概述

人机接口装置简称 HMI（即人机操作界面 Human Machine Interface），是用来实现操作人员与 PLC 控制系统之间的对话和相互作用的装置，或简单地说是人与机器直接打交道的工具或界面。

对于一个有实际应用价值的 PLC 控制系统来讲，除了硬件和控制软件之外，还应有操作方便的人机接口或人机界面。近年来，软件的人机界面系统起着越来越重要的作用，它的好坏直接影响到软件的寿命。人机界面的设计质量，直接影响用户对软件产品的评价，从而影响软件产品的竞争力。用户可以通过人机界面随时了解、观察并掌握整个控制系统的工作状态，必要时还可以通过人机界面向控制系统发出故障报警，进行人工干预。因此，人机界面可以看成是人与硬件（计算机、PLC 等）和控制软件的交叉部分，人可以通过人机界面与计算机、PLC 进行信息交换，向 PLC 控制系统输入数据、信息和控制命令，而 PLC 控制系统又可以通过人机界面，在可编程终端和计算机上回送控制系统的数据和有关信息给用户。由此可知，人机界面充分地体现了 PLC 控制系统的 I/O 功能及用户对系统工作情况进行操作的控制功能。综上所述，所谓人机界面指的是介于人与 PLC 控制系统之间的一个界面。操作人员可以通过人机界面与 PLC 控制系统进行信息数据的处理和交流。

二、人机接口系统的选型

人机接口（HMI）设计的第一步是根据用户的要求选型。HMI 设备是控制系统的一个组成部分，它不参与具体的控制运算，因此在选型中有很大的随意性。综合 HMI 应用的情况，决定选型的因素有价格、显示与操作的复杂程度、PLC 系统的结构、HMI 的安装因素、对数据库的要求、用户的特殊要求等。

1. 价格因素

在市场经济的大环境下，商品的价格永远是第一位的。作为一个商品生产者，在产品设计或做市场规划时首要的是做价格规划。对控制系统的设计也是这样，先要了解用户对 HMI 设备的价格要求，选取基本适合用户价格要求的产品。一般而言，文本显示的可编程终端的价格在 2000 元以下，一般 6in（1in = 2.54cm）左右的触摸式可编程终端的价格在 6000 元左右，而一个较小规模的监控计算机系统软、硬件的价格至少也在 12000 元以上。

2. 显示和操作的复杂程度

显示和操作的复杂程度决定了所选用的 HMI 系统的档次，实际也决定了系统的基本价格范围。这可分为以下三种情况：

1）系统只有几个操作按钮，设置和显示的参数也很少，且不需图形显示的系统，可选文本显示型可编程终端。

2）要求较多图形显示、操作界面简单、无大量数据统计、无打印要求的单 PLC 系统，一般选用图形显示薄膜按键式可编程终端。

3）要求有大量数据统计、打印和报表功能，或多 PLC 网络系统监控的，一般选用监控计算机系统。

3. PLC 系统的结构

PLC 的系统结构主要是指单 PLC 系统还是 PLC 网络系统，一般而言，可编程终端不适合用于同时和多台 PLC 连接来作为整个 PLC 网络的 HMI。但它可以连接网络中的一台 PLC 作为单机的 HMI。在一个控制网络中，可编程终端适合作为单机上的现场操作用 HMI；监控计算机系统适合装置在监控中心作为整个控制网络的监控站使用。

4. HMI 的安装与操作方式

可编程终端都可以采用面板式安装，且有很高的防护等级，适合就近安装在控制柜的面板（或门上），可取代常规的设置和操作器件，方便操作者在面板上直接操作，而面板式安装和常规电气控制的操作很接近。监控计算机系统在采用工业控制机时虽说也可以采用柜式安装，但一般需要一个专用机柜，也不适宜安装在工业现场，操作方式也多用键盘和鼠标，它适合大量的数据输入，但不适应常规电气操作人员的习惯。它适用于有专门的监控室和专门值班人员的场合。

5. 对数据库、打印和报表等的要求

如果系统有大量的数据需要记录，并要做一些统计、报表和打印方面的工作，监控计算机系统是最适合的选择。可编程终端的特点在其操作性，大量数据的记录和统计对它来讲是困难的。计算机的有些功能（如数据存盘、网络共享、报表设计等）它基本无法做到。至于打印，很多的中高档可编程终端也有打印接口，但它们往往只支持有限的几种打印机，一般只能做图形复制或数据打印，而不可能打印出有个性化的文档。

6. 用户的特殊要求

用户的特殊要求包括数据的保密方式，是否是高亮度显示，是单色显示还是彩色显示，应用环境的温度、湿度、粉尘等要求。

在 HMI 系统选型时还有一个不可忽视的要点，这就是可编程终端对 PLC 系统的支持。目前很多 PLC 生产厂家都生产多种可编程终端，但大部分都只支持自己品牌的 PLC 产品，只有很少一些品牌的可编程终端支持多个 PLC 品牌。这一点在文本显示的可编程终端中最为常见。在组态软件的选用上也有类似的问题，部分组态软件对一种品牌 PLC 的一些专用通信协议不支持的情况也应引起选型者的注意。这种情况有的可以通过购买该 PLC 的 I/O 驱动器的方式解决，有的可以改用另一种通信方式连接，但这些都应得到组态软件供应方的确认。

三、系统设计

人机界面的主要任务是迅速获取、处理应用系统运行过程中的数据、命令，并以适当的方式显示出来。正如以上分析的那样，人机界面的形式多种多样，因此在设计时尽量可以采用不同的设计思路和方法。

HMI 的设计首先要了解被控制系统的工艺，然后在 PLC 选型的同时对 HMI 设备选型，接下来才进行具体界面的设计。

界面的设计一般由下面几个步骤构成。

1）汇总所有要在界面上反应的元素，如要设置和显示的参数、操作命令元件和系统状态的指示、需要记录的参数等。

2）对元素进行分组，如依运行状态分为调试组、单步组和自动组等，或按设备的功能分为上料组、前加工组和后加工组等。

3）从 PLC 编程方得到上述汇总元素的所有地址，有时也可以要求 PLC 编程人员按界面编程人员指定的地址进行编程。

4）按工艺要求对各元素进行分组，划分界面的页面。

5）初步构思，勾画出界面各页的草图，找使用方的有关人员征求意见，做出适合操作、美观的页面构思。

6）用相关的支持软件制作页面，下载给接口设备，进行模拟显示，根据显示效果调整画面。

7）连接 PLC 系统进行全面测试，并进行相应的修改和调整。

第五节　PLC 控制系统的可靠性与抗干扰设计

PLC 是专为工业生产环境设计的控制装置，一般不需要采取什么特殊措施，就可以直接在工业环境中使用。但是，如果环境过于恶劣，电磁干扰特别强烈，或 PLC 的安装和使用方法不当，都有可能给 PLC 的安全和可靠运行带来隐患。因此，在 PLC 控制系统设计中，还需要注意系统的可靠性与抗干扰设计问题。

一、PLC 的环境适应性设计

每种控制器都有自己适应的环境技术条件，因此用户在选用时，特别是在设计控制系统时，对环境条件要给予充分的考虑。

一般情况下，PLC 及其外部电路（I/O 模块、辅助电源等）能在下列环境条件下可靠地工作：

1) 温度：工作温度 0～55℃，最高为 60℃；保存温度：-20～85℃。
2) 湿度：相对湿度 5%～95%（无凝结霜）。
3) 振动和冲击：满足国际电工委员会标准。
4) 电源：220V 交流供电时，允许变化 -15%～+15%，频率 47～53Hz，瞬间停电保持 10ms。
5) 空气环境：周围空气不能混有可燃性、爆发性和腐蚀性气体。

下面分别分析温度、湿度、振动和冲击空气环境对 PLC 工作可靠性的影响，并给出在恶劣环境下改善 PLC 工作环境的措施。

1. 温度

PLC 及其外部电路都是由半导体集成电路、晶体管和电阻、电容等元器件构成的，温度的变化将直接影响这些元器件的可靠性和寿命。温度高时，容易产生下列问题：

1) 半导体器件性能恶化，故障率增加和寿命降低。
2) 电容器件等漏电流增大，故障率增大，寿命降低。
3) 模拟回路的漂移变大，精度降低等。

如果 PLC 的周围环境温度超过极限温度（55℃），可以采取下面的措施：

1) 盘、柜内设置风扇或冷风机，把自然风引入盘、柜内，使用冷风机时注意不能结露。
2) 把控制系统置于有空调的控制室内，不能直接放在日光下。
3) 控制器的安装要考虑通风，控制器的上面和下面要留有 50mm 的距离，I/O 模块配线时要使用导线槽，以免妨碍通风。
4) 安装时要把发热体，如电阻器或电磁接触器等远离控制器，或者把控制器安装在发热体的下面。

而温度偏低时，除模拟回路精度降低外，回路的安全系数变小，超低温时可能引起控制系统的动作不正常。特别是温度的急剧变化（高低温冲击），由于电子器件热胀冷缩，更容易引起电子器件的恶化和温度特性降低。此时，系统设计中应注意如下几点：

1) 在盘、柜内设置加热器，使盘、柜内温度能够保持在 0℃以上。设置加热器时，要选择适当的温度传感器，以便在高温时能自动切断加热器电源，在低温时能够自动接通电源。
2) 停运时，不切断控制器和 I/O 模块电源，靠其本身的发热量使周围温度升高，特别是夜间低温时。
3) 温度有急骤变化的场合，不要打开盘、柜的门，以防冷空气进入。

2. 湿度

大气环境中湿度的变化可能对 PLC 产生的影响有：

1) 在湿度大的环境中，水分容易通过模块上半导体集成电路金属表面的缺陷浸入内部，引起模块内部元件的老化，印制电路板可能由于高压或高浪涌电压而引起短路等故障，造成电路板损坏。

2) 在极干燥的环境下，绝缘物体上可能带静电，特别是 MOS 集成电路，由于输入阻抗高，可能由于静电感应而损坏。

3) 控制器不运行时，由于温度、湿度的急骤变化可能引起控制器结露。结露后会使绝缘电阻大大降低，由于高压的泄露，可使金属表面生锈，特别是交流 220V 的 I/O 模块，由于绝缘的恶化可能产生预料不到的事故。

因此，在系统设计时应注意如下几点：盘、柜设计成密封型，并放入吸湿剂；把外部干燥的空气引入盘、柜内；印制电路板上再覆盖一层保护层，如喷松香水等；在湿度低、干燥的场合进行检修时，应尽量不接触模块，以防人体产生的感应电损坏器件。

3. 振动与冲击

一般情况下，PLC 能承受的振动和冲击频率为 $10 \sim 55Hz$，振幅为 $0.5mm$，加速度到 $2g$，冲击为 $10g$（g 为重力加速度）。超过这个极限时，可能会引起误动作、机械结构松动、电气部件疲劳损坏以及连接器接触不良等后果。

在有振动和冲击时，应弄清振动源是什么，并采取相应防振措施：

1) 如果振动源来自盘、柜之外，可对相应的盘、柜采用防振橡皮，以达到减振目的；同时，也可以把盘柜设置在远离振源的地方。

2) 如果振动来自盘、柜内，则要把产生振动和冲击的设备从盘、柜内移走，或单独设置盘、柜。

3) 强固控制器或 I/O 模块印制电路板、连接器等可能产生松动的部件或器件，连接线亦要固定紧。

4. 周围空气成分对 PLC 工作可靠性的影响

PLC 的周围空气中不能混有尘埃、导电性粉末、腐蚀性气体、水分、油分、油雾、有机溶剂和盐分等，否则会引起下列不良现象：

1) 尘埃可引起接触部分的接触不良，或使滤波器的网眼堵住，造成盘内温度上升。

2) 导电性粉末可引起误动作，导致绝缘性能变差和短路等。

3) 油和油雾可能会引起接触不良和腐蚀塑料。

4) 腐蚀性气体和盐分可能会引起印制电路板的底板或引线腐蚀，造成继电器或开关类的可动部件接触不良。

如果 PLC 的周围环境空气不清洁，可采取下面相应措施：

1) 盘、柜采用密封型结构。

2) 盘、柜内打入高压清洁空气，使外界不清洁空气不能进入盘柜内部。

3) 印制板表面涂一层保护层，如松香水等。

二、PLC 控制系统的冗余性设计

一般情况下，使用 PLC 构成控制系统的可靠性较高。然而，无论使用什么样的硬件，故障总是难免的。特别是控制器，对用户来说就好象是一个黑盒子，一旦出现故障，用户一点办法也没有。因此，在控制系统设计时必须充分考虑可靠性和安全性。

为了保证控制系统可靠地工作，除选用可靠性高的 PLC，并使其在允许的环境下工作外，控制系统的冗余设计也是提高控制系统可靠性的一条有效措施。PLC 控制系统设计中，可以采取以下冗余措施。

1. 环境条件上的富裕

前面讲了改善环境条件的设计方法，其目的在于使控制器工作在合适的环境中。在设计中，还要使环境条件有一定的富裕量。如对于温度，虽然控制器能在 55℃ 高温下工作，但为了保证可靠性，环境温度最好能控制在 30℃ 以下，即留有 1/3 的富裕量。其他环境条件的确定也是如此。

2. 控制器的并列运行

用两台控制内容完全相同的控制器，输入/输出分别连接到两台控制器，当某一台控制器故障时，可自动或手动切换到另一台控制器继续运行。

控制器并列运行方案仅适用于小规模的控制系统，输入/输出点数比较少，布线容易。对大规模的控制系统，由于 I/O 点数多，电缆配线变得复杂，同时控制系统成本相应增加（几乎是成倍增加），也限制了它的应用。

3. 双机双工热后备控制系统

用两台完全相同的 PLC 构成同一控制系统，其中一台 PLC 起控制作用，同时把控制信息传递给备用 PLC。由监控器实时监视两台 PLC 的工况，并比较它们执行的结果。当起控制作用的工作机出现故障时，监控器把控制权交给备用 PLC，并关断工作机的控制，指示出现故障，这就是所谓的双机双工热后备控制系统。

双机双工热后备控制系统仅限于控制器的冗余，I/O 通道仅能做到同轴电缆的冗余，不可能把所有 I/O 点都冗余，只有那些不惜成本的场合才考虑全部系统冗余。

也有把备用机作为冷备机的，即冷备机平时不通电，只有工作机故障时人为接通备用机电源，并切除原工作机。冷备机的优点是不需要监控器，节省投资；缺点是当工作机故障时，需要停运系统，并人为加载后备机程序，系统可靠性比热备差。

4. 与继电器控制盘并用

在老系统改造的场合，原有的继电器控制盘最好不要拆掉，应保留其原来的功能，作为控制系统的后备机使用。对于新建项目，由于小规模控制系统中的控制器造价可做到和继电器控制盘相当，因此以采用控制器并列运行方案为好。对于中大规模的控制系统，由于继电器控制盘比较复杂，电缆线和工时费用都比较高，还不如采用控制器可靠，这时推荐双机双工热后备控制系统方案。

此外，在控制系统设计时，应设计必要的手动操作回路，作为自动控制回路的后备。可将手操开关与输出信号线并连，当控制器故障时，由手动操作开关直接驱动负载，这样仍能使系统运行。

三、PLC 控制系统的抗干扰设计

PLC 属于专用工业控制计算机，一般放置和工作于工业现场，直接与被控装置及设备相连接，由于其自身工作电压较低，工作频率较高，因此现场的各种干扰对它将会造成很大的影响，甚至引起误动作造成重大的损失。特别是系统的输入/输出环节，更是干扰进入的重要通道，因此在 PLC 控制系统设计中，考虑相应的抗干扰措施是极为重要的。工业现场环境条件一般比较恶劣，为此必须考虑 PLC 控制系统的合理抗干扰措施。

1. 抗电源干扰的措施

可以使用如图 7-13 所示的隔离变压器来抑制电网中的干扰信号，没有隔离变压器时，也可以使用普通变压器。为了改善隔离变压器的抗干扰效果，应注意两点：

1）屏蔽层要良好接地。
2）一次侧、二次侧连接线应使用双绞线，以减少电源线间干扰。

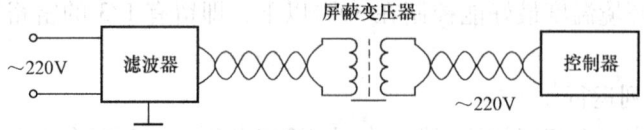

图 7-13 滤波器和隔离变压器同时使用

使用滤波器在一定频率范围内有较好的抗电网干扰的作用，但是要选择好滤波器的频率范围常常是困难的。为此，常用的方法是既使用滤波器，同时也使用隔离变压器，连接方法如图 7-13 所示。

注意：滤波器与隔离变压器同时使用时，应把滤波器接入电源，然后再接隔离变压器。同时，隔离变压器的一次侧和二次侧连接线要用双绞线，且一、二次要分离开。

此外，将控制器、I/O 通道和其他设备的供电分离开也有助于抗电网干扰。

2. 控制系统的接地设计

在控制系统中，良好的接地可以起到如下的作用：

1）一般情况下，控制器和控制柜与大地之间存在电位差，良好的接地可以减少由于电位差引起的干扰电流。
2）混入电源和 I/O 信号线的干扰可通过接地线引入大地，从而减少干扰的影响。
3）良好的接地可以防止漏电流产生的感应电压。

可见，良好的接地可以有效防止干扰引起的误动作，控制系统的接地一般有如图 7-14 所示的三种方法。

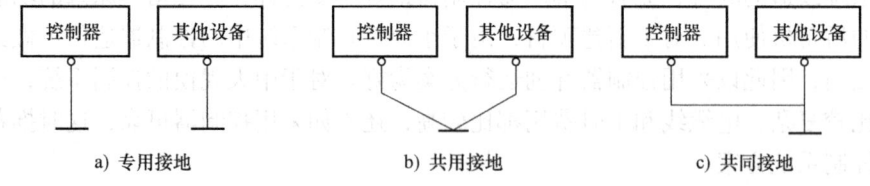

图 7-14 控制系统的接地方法

其中图 7-14a 为控制器和其他设备分别接地方式，这种接地方式最好。如果做不到每个设备专用接地，也可使用图 7-14b 的共用接地方法。一般不能使用图 7-14c 所示的共同接地方法，特别是应避免与电动机、变压器等动力设备共同接地。

在设计接地时，还应注意以下几点：

1）采用共同接地方式，接地电阻应小于 4Ω。
2）接地线应尽量粗，一般用大于 $2mm^2$ 的接地线。

3）接地点应尽量靠近控制器，接地点与控制器之间的距离不大于 50m。

4）接地线应尽量避开强电回路和主回路的电线，不能避开时，应垂直相交，应尽量缩短平行直线的长度。

3. 防 I/O 干扰的措施

(1) 从抗干扰角度选择 I/O 模块　从抗干扰的角度来看，I/O 模块的选择要考虑下列因素：

1）I/O 信号与内部回路隔离的模块比非隔离的模块抗干扰性能好。

2）晶体管型等的无触点输出的模块比有触点输出的模块在控制器一侧产生的干扰小。

3）输入模块允许的输入信号 ON-OFF 电压差大，抗干扰性能好；OFF 电压高，对抗感应电压是有利的。

4）输入信号响应时间慢的输入模块抗干扰性能好。

(2) 防输入信号干扰的措施　输入设备的输入信号中的线间干扰（差模干扰）用输入模块的滤波可以使其衰减。然而，输入信号线与大地间的共模干扰在控制器内部回路会产生大的电位差，这是引起控制器误动作的主要原因。为了抗共模干扰，控制器要良好接地。

如图 7-15 所示，在输入端有感性负载时，为了防止反向感应电动势损坏模块，在负载两端并接电容 C 和电阻 R（交流输入信号），或并接续流二极管 VD（直流输入信号）。如果与输入信号并接的电感性负载大时，使用继电器中转效果最好。交流输入方式时，C、R 的选择要合适才能起到较好的效果。一般情况下的参考数值为：负载容量在 10VA 以下，选电容为 $0.1\mu F$，电阻为 120Ω 的元件；负载容量在 10VA 以上时，选电容为 $0.47\mu F$，电阻为 47Ω 的元件。

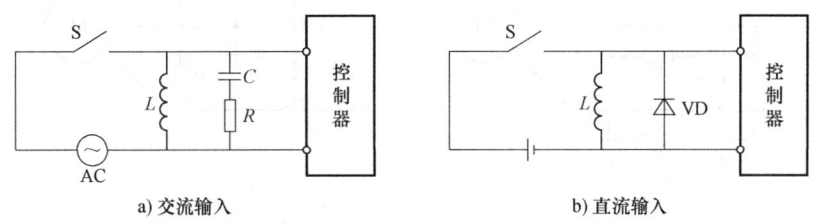

a) 交流输入　　　　　　b) 直流输入

图 7-15　与输入信号并接感性负载

输入电路中感应电压的存在也是产生干扰信号的一个重要因素。图 7-16 是感应电压产生示意图，由图可知，感应电压是通过下列因素产生的：

1）输入信号线间的寄生电容 C_{s1}。

2）输入信号线与其他线间的寄生电容 C_s。

3）输入信号与其他线，特别是大电流线的电气耦合 M。

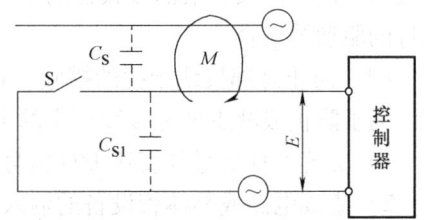

图 7-16　电路中感应电压的产生

对于感应电压干扰，可以采取下面的三种措施：

1）输入电压的直流化。如果可能的话，在感应电压大的场合，变交流输入为直流输入。

2）在输入端并接浪涌吸收器。

3）在长距离配线和大电流的场合，感应电压大，可用继电器转换。

(3) 防输出信号干扰的措施　输出信号干扰的产生：感性负载场合，输出信号由断开变成接通时产生突变电流;从接通变成断开时产生反向感应电势;另外,电磁接触器等接点会产生电弧。所有这些,都有可能产生干扰。

根据负载的不同,防止输出信号干扰的措施主要有以下几条:

1) 交流感性负载的场合:在负载的两端并接 RC 浪涌吸收器,如图 7-17a 所示,RC 越靠近负载,其抗干扰效果越好。

2) 直流感性负载的场合:在负载的两端并接续流二极管 VD,如图 7-17b 所示,二极管也要靠近负载,其反向耐压应是负载电压的 4 倍。

3) 在通、断电路时产生干扰较大的场合,对于交流负载可使用双向晶闸管输出模块。

4) 交流接触器的触点开、闭时产生电弧干扰,可在触点两端连接 RC 浪涌吸收器,如图 7-18a 所示。要注意的是,通过 RC 浪涌吸收器会有一定的漏电流产生。

5) 存在电动机或变压器开关干扰时,可在线间采用 RC 浪涌吸收器,如图 7-18b 所示。

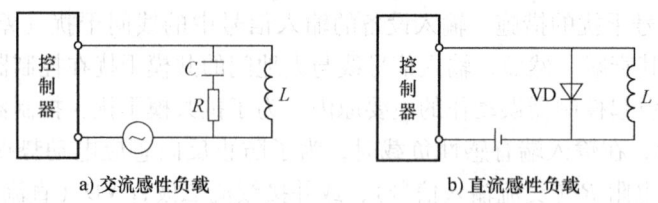

a) 交流感性负载　　　　　　b) 直流感性负载

图 7-17　防止感性负载干扰的措施

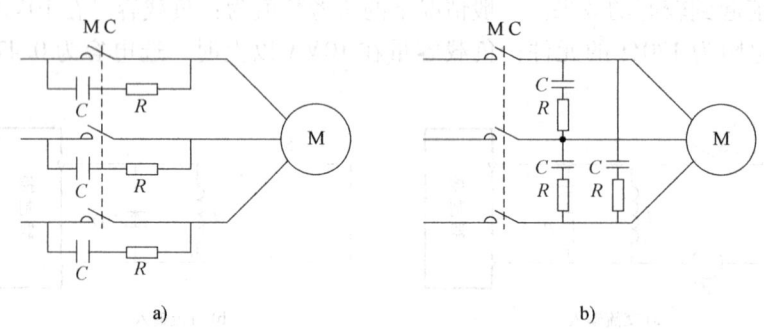

图 7-18　防止大容量负载干扰的措施

从防止输出干扰的角度来考虑控制器输出模块的选择,在有干扰的场合要选用装有浪涌吸收器的模块。没有浪涌吸收器的模块,仅限用于电子式或电动机的定时、小型继电器、指示灯的驱动等场合。

(4) 防止外部接线干扰的措施　控制器外部 I/O 的接线不当,很容易造成信号间的干扰。为了防止或减少外部接线产生的干扰,可以采取以下措施:

1) 交流 I/O 信号与直流 I/O 信号分别使用各自的电缆。

2) 集成电路或晶体管设备的输入信号线,需要使用屏蔽电缆。屏蔽电缆中的屏蔽线在 I/O 设备一侧悬空,而在控制器一侧接地。

3) 控制器的接地线与电源线或动力线分开。

4) I/O 信号线与高电压、大电流的动力线分开。

5) 30m 以下的短距离时,直流和交流 I/O 信号线不要使用同一电缆,必须使用同一电缆时,直流 I/O 信号线要使用屏蔽电缆。

6）30~300m 中距离的场合，不管直流还是交流信号，I/O 线都不能使用同一根电缆，输入信号线一定要用屏蔽线。

7）300m 以上的长距离场合，可考虑使用中间继电器转接信号，或使用远程 I/O 通道。

四、PLC 控制系统的故障诊断

PLC 具有一定的自检能力，而且在系统运行周期中都有自诊断处理阶段。在 PLC 控制系统工作过程中一旦发生故障，首先要充分了解故障，包括故障发生点、故障现象、是否有再生性、是否与其他设备相关等，然后再去分析故障产生的原因，并设法予以排除。

一般情况下，PLC 故障的诊断先从总体检查开始，根据总体检查的情况找出故障点的大方向，然后再逐步细化，以找出具体故障点。细化检查的方向包括以下几点。

1. 电源检查

如果在总体检查中发现 PLC 的电源指示灯不亮，就需要对供电系统进行检查，检查的内容包括：

1）指示灯与熔断器是否正常。

2）电源是否有供电电压。

3）电源供电电压是否在额定范围。

4）电压切换端子的设定是否正确。

5）端子是否松动。

6）电源线是否断开。

2. 异常检查

当 PLC 的 CPU 上"运行"指示灯不亮时，说明系统 PLC 已经因为某种异常而中止了正常运行。此时，在电源指示灯亮的条件下，检查以下内容：

1）异常指示灯亮否。

2）装上编程器后，编程器是否有指示。有指示时利用编程器进行如下检查：①存储器有无异常；②程序中有无 END 指令；③进行 I/O 操作，有无异常；④是否系统异常（WDT 错误）。

检查出错误应进行更正，再进行检查。对于系统异常的情况，可考虑加大看门狗 WDT 的设定值。如无法进行进一步的检查，可考虑更换模块。

3. 报警故障检查

报警故障一般不会引起 PLC 停止运行，但是仍然需要尽快查清原因，尽速处理，甚至在必要时进行停机来处理故障。

报警故障首先反映在报警灯的闪烁上，可以查阅相关手册来查找引起故障的原因，并根据提示进行相应的处理。

4. 输入/输出检查

输入/输出是 PLC 与外部设备进行信息交换的渠道，它能否正常工作，除了和输入/输出单元有关外，还与连接线、接线端子、熔断器等元件的状态有关。检查的内容主要包括：

1）模块上输入/输出的指示灯亮否。

2）模块上输入/输出的端子电压或电流是否正常。

3）接线是否正确，是否有断线。

4）接线端子是否松动。

5）熔断器是否正常。

检查出错误应进行更正，再进行检查。如无法进行进一步的检查，可考虑更换输入或输出模块。

5. 外部环境检查

如果外部环境过于恶劣，也可能影响 PLC 的正常工作。主要检查内容有：

1）温度是否在要求的范围内。

2）湿度是否在要求的范围内。

3）空气中有无粉尘及腐蚀性气体。

4）环境噪声是否过大。

5）是否存在强的电磁干扰。

一般情况下，可以认为环境各因素对 PLC 的影响是相互独立的，因此检查可以分别进行。根据检查结果，应采取相应的制冷或加热、防潮、除尘或隔离等措施，以提高 PLC 运行的可靠性。

第六节　PLC 控制系统设计举例

下面以机械手控制系统为例来说明 PLC 控制系统设计的主要过程。

一、机械手控制系统简介

为了满足生产的需要，很多设备要求设置多种工作方式，如手动方式和自动方式。自动方式包括连续、单周期、单步、自动返回初始状态几种工作方式。手动程序比较简单，一般用经验法设计，复杂的自动程序一般根据系统的顺序功能图用顺序控制法设计。

如图 7-19 所示，某机械手用来将工件从 A 点搬运到 B 点，操作面板如图 7-20 所示，图 7-21 是 PLC 的外部接线图。输出 Q4.1 为 1 时工件被夹紧，为 0 时被松开。

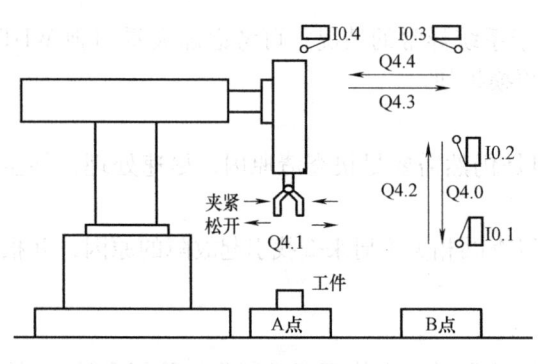

图 7-19　机械手示意图

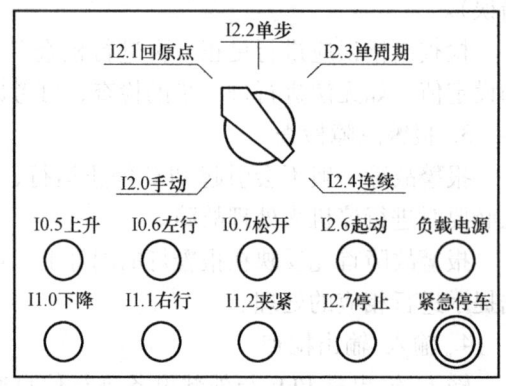

图 7-20　操作面板

工作方式选择开关的 5 个位置分别对应于 5 种工作方式，操作面板左下部的 6 个按钮是手动按钮。为了保证在紧急情况下（包括 PLC 发生故障时）能可靠地切断 PLC 的负载电源，设置了交流接触器 KM（见图 7-21）。在 PLC 开始运行时按下"负载电源"按钮，使 KM 线圈得电并自锁，KM 的主触点接通，给外部负载提供交流电源，出现紧急情况时用"紧急停车"按钮断开负载电源。

系统设有手动、单周期、单步、连接和回原点 5 种工作方式，机械手在最上面和最左边且松开时，称为系统处于原点状态（或称初始状态）。

如果选择的是单周期工作方式，按下起动按钮 I2.6 后，从初始步 M0.0 开始，机械手按顺序功能图（见图 7-26）的规定完成一个周期的工作后，返回并停留在初始步。如果选择连续工作方式，在初始状态按下起动按钮后，机械手从初始步开始一个周期接一个周期地反复连续工作。按下停止按钮，并不马上停止工作，完成最后一个周期的工作后，系统才返回并停留在初始步。在单步工作方式，从初始步开始，按一下起动按钮，系统转换到下一步，完成该步的任

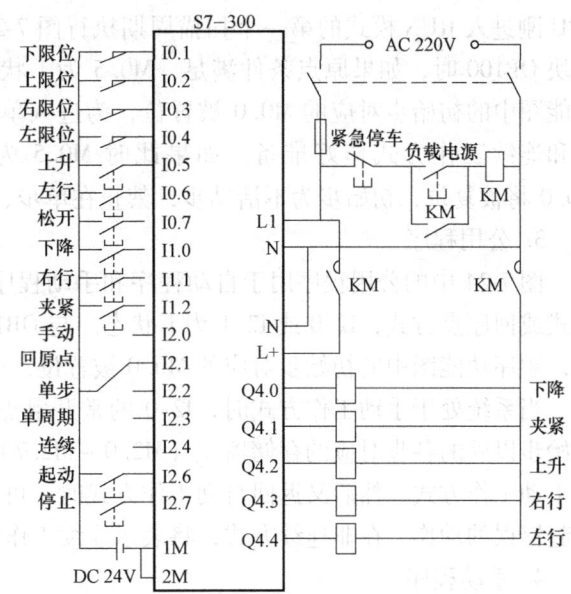

图 7-21 外部接线图

务后，自动停止工作并停在该步，再按一下起动按钮，又往前走一步。单步工作方式常用于系统的调试。

在进入单周期、连续和单步工作方式之前，系统应处于原点状态；如果不满足这一条件，可以选择回原点工作方式，然后按起动按钮 I2.6，使系统自动返回原点状态。在原点状态，顺序功能图中的初始步 M0.0 为 ON，为进入单周期、连续和单步工作方式做好了准备。

二、使用起保停电路的编程方法

1. 程序的总体结构

项目的名称为"机械手控制"，在主程序 OB1（见图 7-22）中，用调用功能（FC）的方式来实现各种工作方式的切换。公用程序 FC1 是无条件调用的，供各种工作方式公用。由外部接线图可知，工作方式选择开关是单刀 5 掷开关，同时只能选择一种工作方式。选择手动方式时调用手动程序 FC2，选择回原点工作方式时调用回原点程序 FC4，选择连续、单周期和单步工作方式时，调用自动程序 FC3。

在 PLC 进入 RUN 运行模式的第一个扫描周期，系统调用组织块 OB100，在 OB100 中执行初始化程序。

2. OB100 中的初始化程序

机械手处于最上面和最左边的位置且夹紧装置松开时，

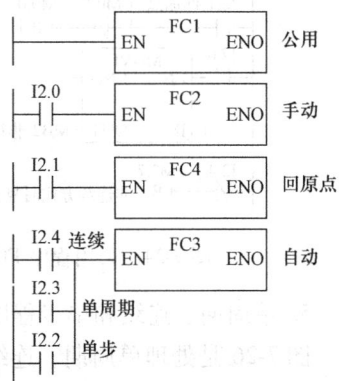

图 7-22 OB1 程序结构

系统处于规定的初始条件，称为"原点条件"，此时左限位开关 I0.4、上限位开关 I0.2 的常开触点和表示夹紧装置松开的 Q4.1 的常闭触点组成的串联电路接通，存储器位 M0.5 为 1 状态。

对 CPU 组态时，代表顺序功能图中的各位的 MB0～MB2 应设置为没有断电保持功能，CPU 启动时它们均为 0 状态。CPU 刚进入 RUN 模式的第一个扫描周期执行图 7-23 中的组织块 OB100 时，如果原点条件满足，M0.5 为 1 状态，顺序功能图中的初始步对应的 M0.0 被置位，为进入单步、单周期和连续工作方式作好准备。如果此时 M0.5 为 0 状态，M0.0 将被复位，初始步为不活动步，禁止在单步、单周期和连续工作方式工作。

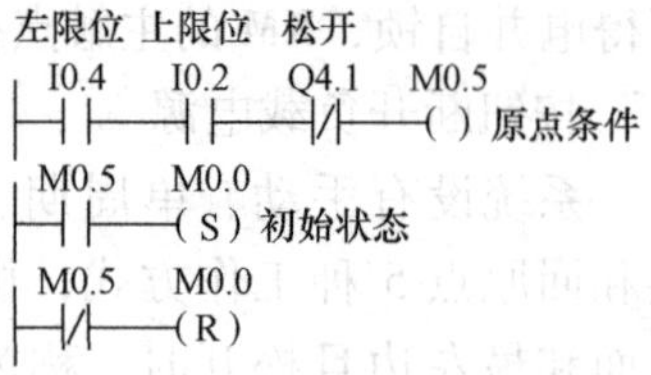

图 7-23 OB100 初始化程序

3. 公用程序

图 7-24 中的公用程序用于自动程序和手动程序相互切换的处理。当系统处于手动工作方式或回原点方式，I2.0 或 I2.1 为 1 状态。与 OB100 中的处理相同，如果此时满足原点条件，顺序功能图中的初始步对应的 M0.0 被置位，反之则被复位。

当系统处于手动工作方式时，I2.0 的常开触点闭合，用 MOVE 指令将顺序功能图中除初始步以外的各步对应的存储器位（M2.0～M2.7）复位，否则当系统从自动工作方式切换到手动工作方式，然后又返回自动工作方式时，可能会出现同时有两个活动步的异常情况，引起错误的动作。在非连续方式，将表示连续工作状态的标志 M0.7 复位。

4. 手动程序

图 7-25 是手动程序，手动操作时用 I0.5～I1.2 对应的 6 个按钮控制机械手的升、降、左行、右行和夹紧、松开。为了保证系统的安全运行，在手动程序中设置了一些必要的联锁，例如限位开关对运动的极限位置的限制；上升与下降之间、左行与右行之间的互锁用来防止功能相反的两个输出同时为 ON。上限位开关 I0.2 的常开触点与控制左、右行的 Q4.4 和 Q4.3 的线圈串联，机械手升到最高位置才能左右移动，以防止机械手在较低位置运行时与别的物体碰撞。

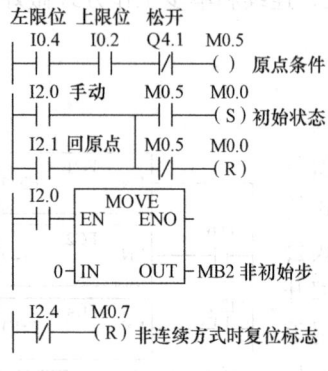

图 7-24 公用程序 FC1

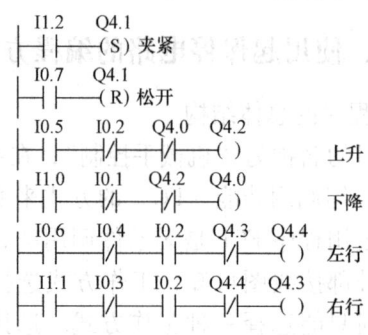

图 7-25 手动程序 FC2

5. 单周期、连续和单步程序

图 7-26 是处理单周期、连续和单步工作方式的功能 FC3 的顺序功能图和梯形图程序。M0.0 和 M2.0～M2.7 用典型的起保停电路来控制。

单周期、连续和单步这三种工作方式主要是用"连续"标志 M0.7 和"转换允许"标志 M0.6 来区分的。

(1) 单步与非单步的区分 M0.6 的常开触点接在每一个控制代表步的存储器位的起动

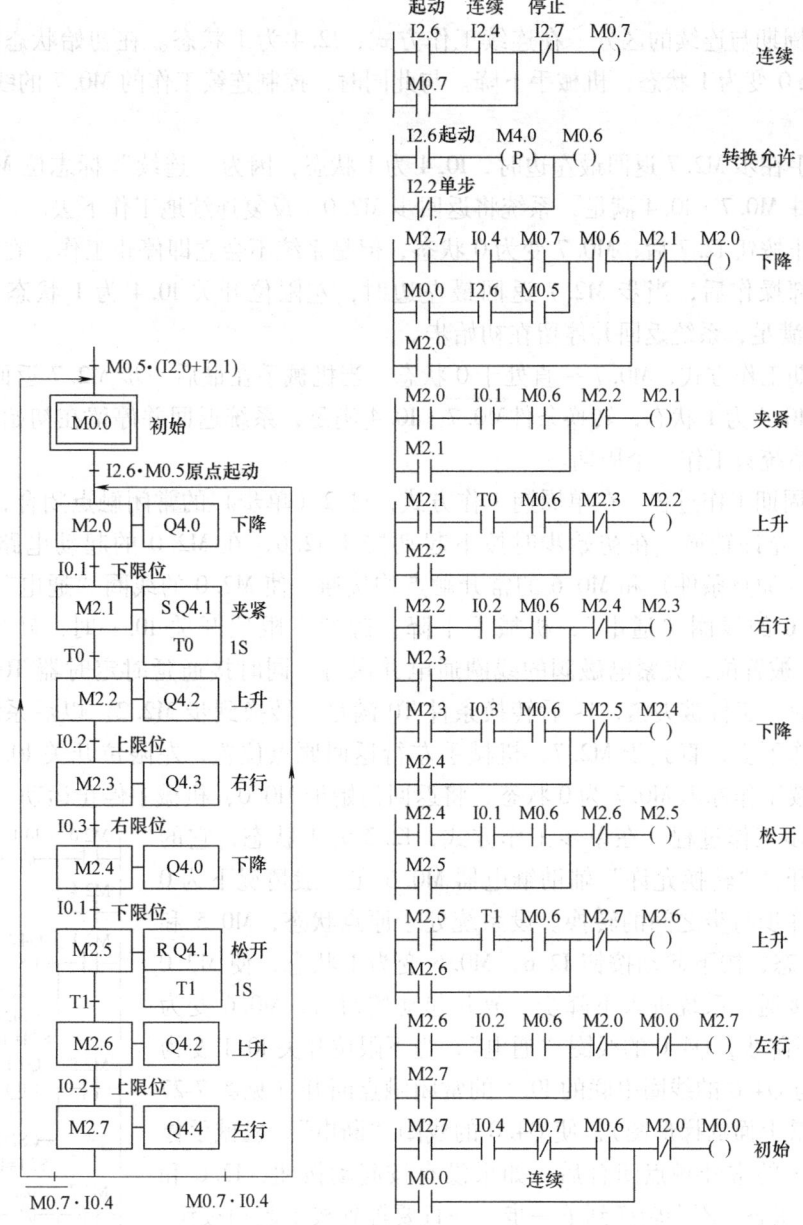

图 7-26 顺序功能图与梯形图

电路中,它们断开时禁止步的活动状态的转换。如果系统处于单步工作方式,I2.2 为 1 状态,它的常闭触点断开,"转换允许"存储器位 M0.6 在一般情况下为 0 状态,不允许步与步之间的转换。当某一步的工作结束后,转换条件满足,如果没有按起动按钮 I2.6,M0.6 处于 0 状态,起保停电路的启动电路处于断开状态,不会转换到下一步。一直要等到按下起动按钮 I2.6,M0.6 在 I2.6 的上升沿 ON 一个扫描周期,M0.6 的常开触点接通,系统才会转换到下一步。

系统工作在连续、单周期(非单步)工作方式时,I2.2 的常闭触点接通,使 M0.6 为 1 状态,串联在各起保停电路的起动电路中的 M0.6 的常开触点接通,允许步与步之间的正常转换。

(2) 单周期与连续的区分　在连续工作方式，I2.4 为 1 状态。在初始状态按下起动按钮 I2.6，M2.0 变为 1 状态，机械手下降。与此同时，控制连续工作的 M0.7 的线圈"通电"并自保持。

当机械手在步 M2.7 返回最左边时，I0.4 为 1 状态，因为"连续"标志位 M0.7 为 1 状态，转换条件 $\overline{M0.7} \cdot I0.4$ 满足，系统将返回步 M2.0，反复连续地工作下去。

按下停止按钮 I2.7 后，M0.7 变为 0 状态，但是系统不会立即停止工作，在完成当前工作周期的全部操作后，当步 M2.7 返回最左边时，左限位开关 I0.4 为 1 状态，转换条件 $\overline{M0.7} \cdot I0.4$ 满足，系统返回并停留在初始步。

在单周期工作方式，M0.7 一直处于 0 状态。当机械手在最后一步 M2.7 返回最左边时，左限位开关 I0.4 为 1 状态，转换条件 $\overline{M0.7} \cdot I0.4$ 满足，系统返回并停留在初始步。按一次起动按钮，系统只工作一个周期。

(3) 单周期工作过程　在单周期工作方式，I2.2（单步）的常闭触点闭合，M0.6 的线圈"通电"，允许转换。在初始步时按下起动按钮 I2.6，在 M2.0 的起动电路中，M0.0、I2.6、M0.5（原点条件）和 M0.6 的常开触点均接通，使 M2.0 的线圈"通电"，系统进入下降步，Q4.0 的线圈"通电"，机械手下降；碰到下限位开关 I0.1 时，转换到夹紧步 M2.1，Q4.1 被置位，夹紧电磁阀的线圈通电并保持。同时接通延时定时器 T0 开始定时，定时时间到时，工件被夹紧，1s 后转换条件 T0 满足，转换到步 M2.2。以后系统将这样一步一步地工作下去，直到步 M2.7，机械手左行返回原点位置，左限位开关 I0.4 变为 1 状态，因为连续工作标志 M0.7 为 0 状态，将返回初始步 M0.0，机械手停止运动。

(4) 单步工作过程　在单步工作方式，I2.2 为 1 状态，它的常闭触点断开，"转换允许"辅助继电器 M0.6 在一般情况下为 0 状态，不允许步与步之间的转换。设系统处于原点状态，M0.5 和 M0.0 为 1 状态，按下起动按钮 I2.6，M0.6 变为 1 状态，使 M2.0 的起动电路接通，系统进入下降步。放开起动按钮后，M0.6 变为 0 状态。在下降步，Q4.0 的线圈"通电"，当下限位开关 I0.1 变为 1 状态时，与 Q4.0 的线圈串联的 I0.1 的常闭触点断开（见图 7-27 输出电路中最上面的梯形图），使 Q4.0 的线圈"断电"，机械手停止下降。I0.1 的常开触点闭合后，如果没有按起动按钮，I2.6 和 M0.6 处于 0 状态，不会转换到下一步。一直要等到按下起动按钮，I2.6 和 M0.6 变为 1 状态，M0.6 的常开触点接通，转换条件 I0.1 才能使图 7-26 中的 M2.1 的起动电路接通。M2.1 的线圈"通电"并自保持，系统才能由步 M2.0 进入步 M2.1。以后在完成某一步的操作后，都必须按一次起动按钮，系统才能转换到下一步。

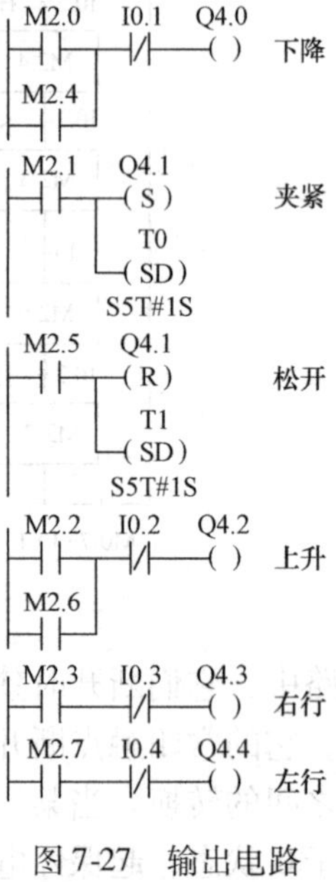

图 7-26 中控制 M0.0 的起保停电路如果放在控制 M2.0 的起保停电路之前，在单步工作方式，步 M2.7 为活动步时按起动按钮 I2.6，返回步 M0.0 后，M2.0 的起动条件满足，将马上进入步 M2.0。在单步工作方式，这样连续跳两步是不允许的。将控制 M2.0 的起保停电路放在控制 M0.0 的起保停电路之前和 M0.6 的线圈之后可以解决这一问题。在图 7-26 中，控制 M0.6（转换允许）的是起动按钮 I2.6 的上升沿检测信

图 7-27　输出电路

号，在步 M2.7 按起动按钮，M0.6 仅执行一个扫描周期，它使 M0.0 的线圈通电后，下一扫描周期处理控制 M2.0 的起保停电路时，M0.6 已变为 0 状态，所以不会使 M2.0 变为 1 状态，要等到下一次按起动按钮时，M2.0 才会变为 1 状态。

（5）输出电路　输出电路（见图 7-27）是自动程序 FC3 的一部分，输出电路中 I0.1 ~ I0.4 的常闭触点是为单步工作方式设置的。以机械手下降为例，当小车碰到限位开关 I0.1 后，与下降步对应的存储器位 M2.0 或 M2.4 不会马上变为 OFF，如果 Q4.0 的线圈不与 I0.1 的常闭触点串联，机械手不能停在下限位开关 I0.1 处，还会继续下降，这种情况对于某些设备可能造成事故。

6. 自动返回原点程序

图 7-28 是自动返回原点程序的顺序功能图和用起保停电路设计的梯形图。在回原点工作方式，I2.1 为 1 状态，按下起动按钮 I2.6，M1.0 变为 1 状态并保持，机械手上升，升到上限位开关时，I0.2 为 1 状态，机械手改为左行，到左限位开关时，I0.4 变为 1 状态，将步 M1.1 复位，同时将 Q4.1 复位，机械手松开。松开后原点条件满足，M0.5 变为 1 状态，在公用程序中，初始步 M0.0 被置位，为进入单周期、连续或单步工作方式作好了准备，因此可以认为自动程序 FC3 中的初始步 M0.0 是步 M1.1 的后续步。

a) 顺序功能图　b) 用起保停电路设计的梯形图　c) 用置位复位指令编写的梯形图

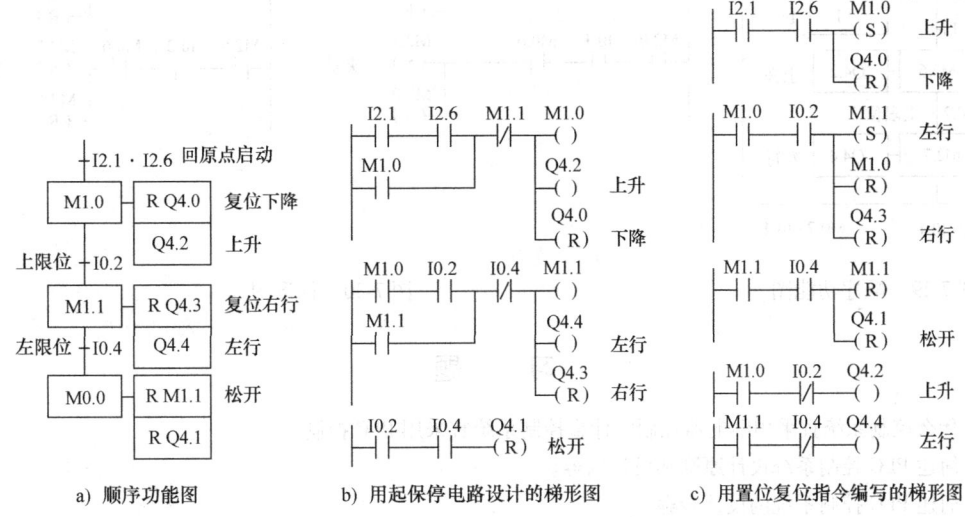

图 7-28　自动返回原点的顺序功能图和梯形图

三、使用置位复位指令的编程方法

与使用起保停电路的编程方法相比，OB1、OB100、顺序功能图（见图 7-29）、公用程序、手动程序和自动程序中的输出电路完全相同。仍然用存储器位 M0.0 和 M2.0 ~ M2.7 来代表各步，它们的控制电路的部分梯形图如图 7-30 所示。该图中控制 M0.0 和 M2.0 ~ M2.7 置位、复位的触点串联电路，与图 7-26 起保停电路中相应的起动电路相同。M0.7 与 M0.6 的控制电路与图 7-26 中的相同，自动返回原点的程序如图 7-28c 所示。

图 7-30 中对 M0.0 置位的电路应放在对 M2.0 置位的电路后面，否则在单步工作方式从步 M2.7 返回步 M0.0 时，会马上进入步 M2.0。

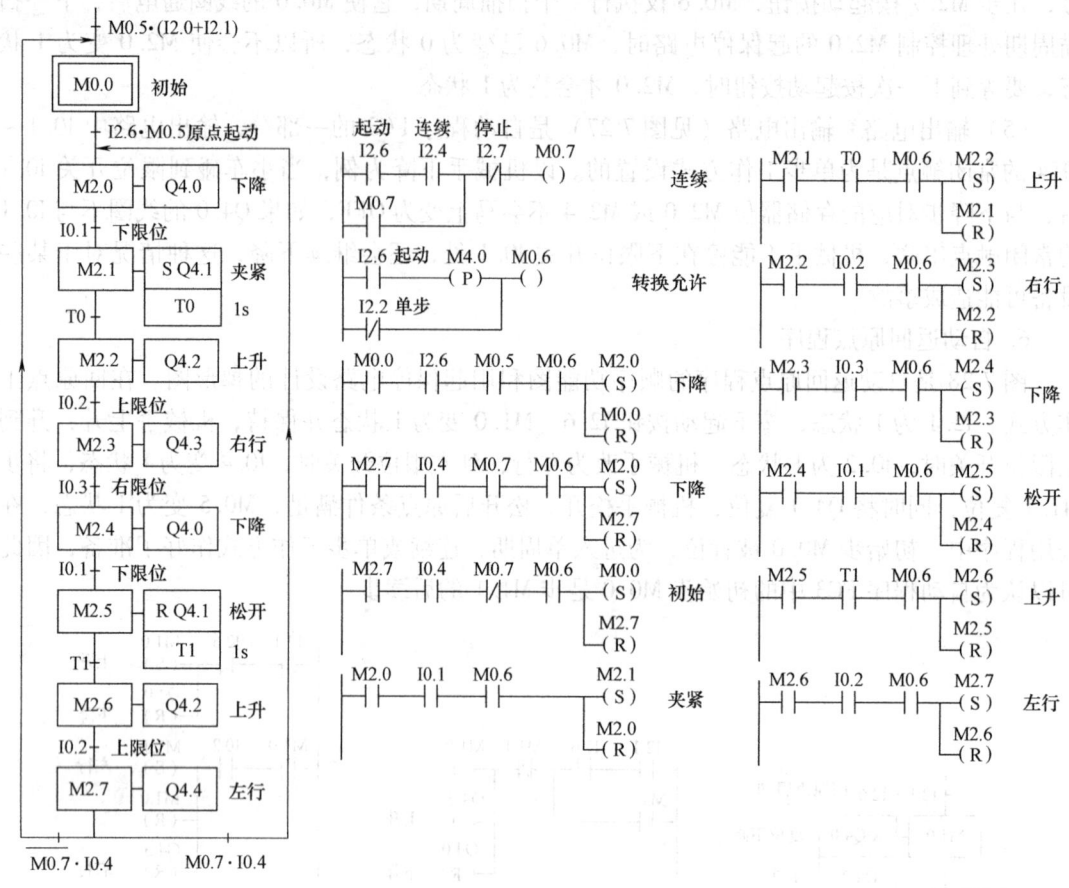

图 7-29　顺序功能图　　　　图 7-30　梯形图

习　题

1. 什么控制系统宜采用继电器控制？什么控制系统宜采用 PLC 控制？
2. 简述 PLC 控制系统设计原则和设计内容。
3. 简述 PLC 控制系统的设计步骤。
4. 简述 PLC 控制系统 I/O 的节省方法。
5. 选择 PLC 时，如何确定 PLC 开关量的 I/O 点数？
6. 简述 PLC 软件设计的一般步骤。
7. 简述西门子 STEP7 程序设计的编程步骤。
8. 说明人机接口在 PLC 控制系统中的作用。
9. 在 PLC 控制系统中，为什么要采用冗余性设计？并说明常用哪些冗余措施？
10. 在 PLC 控制系统设计中，常采用哪些抗干扰措施？
11. PLC 控制系统良好的接地有何作用？其接地有何要求？
12. PLC 的 I/O 回路上有哪些干扰源？分别采用什么抗干扰措施？

附　录

附录A　STEP7语句表指令一览表

英文助记符	德文助记符	程序元素分类	说　明
+	+	整数算术运算指令	加上一个整数常数（16位，32位）
=	=	位逻辑指令	赋值
)	)	位逻辑指令	嵌套闭合
+ AR1	+ AR1	累加器指令	AR1加累加器1至地址寄存器1
+ AR2	+ AR2	累加器指令	AR2加累加器1至地址寄存器2
+ D	+ D	整数算术运算指令	作为双整数（32位），将累加器1和累加器2中的内容相加
− D	− D	整数算术运算指令	作为双整数（32位），将累加器2中的内容减去累加器1中的内容
* D	* D	整数算术运算指令	作为双整数（32位），将累加器1和累加器2中的内容相乘
/D	/D	整数算术运算指令	作为双整数（32位），将累加器2中的内容除以累加器1中的内容
? D	? D	比较指令	双整数（32位）比较＝＝，＜＞，＞，＜，＞＝，＜＝
+ I	+ I	整数算术运算指令	作为整数（16位），将累加器1和累加器2中的内容相加
− I	− I	整数算术运算指令	作为整数（16位），将累加器2中的内容减去累加器1中的内容
* I	* I	整数算术运算指令	作为整数（16位），将累加器1和累加器2中的内容相乘
/I	/I	整数算术运算指令	作为整数（16位），将累加器2中的内容除以累加器1中的内容
? I	? I	比较指令	整数（16位）比较＊＝，＜＞，＞，＜，＞＝，＜＝
+ R	+ R	浮点算术运算指令	作为浮点数（32位，IEEE-FP），将累加器1和累加器2中的内容相加
− R	− R	浮点算术运算指令	作为浮点数（32位，IEEE-FP），将累加器2中的内容减去累加器1中的内容
* R	* R	浮点算术运算指令	作为浮点数（32位，IEEE-FP），将累加器1和累加器2中的内容相乘
/R	/R	浮点算术运算指令	作为浮点数（32位，IEEE-FP），将累加器2中的内容除以累加器1中的内容
? R	? R	比较指令	比较两个浮点数（32位）＝＝，＜＞，＞，＜，＞＝，＜＝
A	U	位逻辑指令	"与"
A(	U(	位逻辑指令	"与"操作嵌套开始
ABS	ABS	浮点算术运算指令	浮点数取绝对值（32位，IEEE-FP）
ACOS	ACOS	浮点算术运算指令	浮点数反余弦运算（32位）
AD	UD	字逻辑指令	双字"与"（32位）
AN	UN	位逻辑指令	"与非"

(续)

英文助记符	德文助记符	程序元素分类	说 明
AN(	UN(	位逻辑指令	"与非"操作嵌套开始
ASIN	ASIN	浮点算术运算指令	浮点数反正弦运算（32位）
ATAN	ATAN	浮点算术运算指令	浮点数反正切运算（32位）
AW	UW	字逻辑指令	字"与"（16位）
BE	BE	程序控制指令	块结束
BEC	BEB	程序控制指令	条件块结束
BEU	BEA	程序控制指令	无条件块结束
BLD	BLD	程序控制指令	程序显示指令（空）
BTD	BTD	转换指令	BCD转成整数（32位）
BTI	BTI	转换指令	BCD转成整数（16位）
CAD	TAD	转换指令	颠倒累加器1中4个字节的顺序
CALL	CALL	程序控制指令	块调用
CALL	CALL	程序控制指令	调用多背景块
CALL	CALL	程序控制指令	从库中调用块
CAR	TAR	装入/传送指令	交换地址寄存器1和地址寄存器2的内容
CAW	TAW	转换指令	交换累加器1低字中两个字节的顺序
CC	CC	程序控制指令	条件调用
CD	ZR	计数器指令	减计数器
CDB	TDB	转换指令	交换共享数据块和背景数据块
CLR	CLR	位逻辑指令	RLO清零（=0）
COS	COS	浮点算术运算指令	浮点数余弦运算（32位）
CU	ZV	计数器指令	加计数器
DEC	DEC	累加器指令	减少累加器1低字的低字节
DTB	DTB	转换指令	双整数（32位）转成BCD
DTR	DTR	转换指令	双整数（32位）转成浮点数（32位，IEEE-FP）
ENT	ENT	累加器指令	进入累加器栈
EXP	EXP	浮点算术运算指令	浮点数指数运算（32位）
FN	FN	位逻辑指令	脉冲下降沿
FP	FP	位逻辑指令	脉冲上升沿
FR	FR	计数器指令	使能计数器（任意）（任意，FRC0-C255）
FR	FR	定时器指令	使能定时器（任意）
INC	INC	累加器指令	增加累加器1低字的低字节
INVD	INVD	转换指令	对双整数求反码（32位）
INVI	INVI	转换指令	对整数求反码（16位）
ITB	ITB	转换指令	整数（16位）转成BCD
ITD	ITD	转换指令	整数（16位）转成双整数（32位）

(续)

英文助记符	德文助记符	程序元素分类	说 明
JBI	SPBI	跳转指令	若 BR = 1，则跳转
JC	SPB	跳转指令	若 RLO = 1，则跳转
JCB	SPBB	跳转指令	若 RLO = 1 且 BR = 1，则跳转
JCN	SPBN	跳转指令	若 RLO = 0，则跳转
JL	SPL	跳转指令	跳转到标号
JM	SPM	跳转指令	若为负，则跳转
JMZ	SPMZ	跳转指令	若为负或零，则跳转
JN	SPN	跳转指令	若为非零，则跳转
JNB	SPBNB	跳转指令	若 RLO = 0 且 BR = 1，则跳转
JNBI	SPBIN	跳转指令	若 BR = 0，则跳转
JO	SPO	跳转指令	若 OV = 1，则跳转
JOS	SPS	跳转指令	若 OS = 1，则跳转
JP	SPP	跳转指令	若为正，则跳转
JPZ	SPPZ	跳转指令	若为正或零，则跳转
JU	SPA	跳转指令	无条件跳转
JUO	SPU	跳转指令	若为无效数，则跳转
JZ	SPZ	跳转指令	若为零，则跳转
L	L	装入/传送指令	装入
L DBLG	L DBLG	装入/传送指令	将共享数据块的长度装入累加器 1 中
L DBNO	L DBNO	装入/传送指令	将共享数据块的块号装入累加器 1 中
L DILG	L DILG	装入/传送指令	将背景数据块的长度装入累加器 1 中
L DINO	L DINO	装入/传送指令	将背景数据块的块号装入累加器 1 中
L STW	L STW	装入/传送指令	将状态字装入累加器 1
L	L	定时器指令	将当前定时值作为整数装入累加器 1（当前定时值可以是 0 ~ 255 之间的一个数字，例如 L T32）
L	L	计数器指令	将当前计数值装入累加器 1（当前计数值可以是 0 ~ 255 之间的一个数字，例如 L C15）
LAR1	LAR1	装入/传送指令	将累加器 1 中的内容装入地址寄存器 1
LAR1 < D >	LAR1 < D >	装入/传送指令	将两个双整数（32 位指针）装入地址寄存器 1
LAR1 AR2	LAR1 AR2	装入/传送指令	将地址寄存器 2 的内容装入地址寄存器 1
LAR2	LAR2	装入/传送指令	将累加器 2 中的内容装入地址寄存器 1
LAR2 < D >	LAR2 < D >	装入/传送指令	将两个双整数（32 位指针）装入地址寄存器 2
LC	LC	计数器指令	将当前计数值作为 BCD 码装入累加器 1（当前计数值可以是 0 ~ 255 之间的一个数字，例如 LC C15）
LC	LC	定时器指令	将当前定时值作为 BCD 码装入累加器 1（当前定时值可以是 0 ~ 255 之间的一个数字，例如 LC T32）
LEAVE	LEAVE	累加器指令	离开累加器栈

(续)

英文助记符	德文助记符	程序元素分类	说　　明
LN	LN	浮点算术运算指令	浮点数自然对数运算（32 位）
LOOP	LOOP	跳转指令	循环
MCR(	MCR(	程序控制指令	将 RLO 存入 MCR 堆栈，开始 MCR
)MCR	)MCR	程序控制指令	结束 MCR
MCRA	MCRA	程序控制指令	激活 MCR 区域
MCRD	MCRD	程序控制指令	取消 MCR 区域
MOD	MOD	整数算术运算指令	双整数形式的除法，其结果为余数（32 位）
NEGD	NEGD	转换指令	对双整数求补码（32 位）
NEGI	NEGI	转换指令	对整数求补码（16 位）
NEGR	NEGR	转换指令	对浮点数求反（32 位，IEEE-FP）
NOP 0	NOP 0	累加器指令	空指令
NOP 1	NOP 1	累加器指令	空指令
NOT	NOT	位逻辑指令	RLO 取反
O	O	位逻辑指令	"或"
O(	O(	位逻辑指令	"或" 操作嵌套开始
OD	OD	字逻辑指令	双字"或"（32 位）
ON	ON	位逻辑指令	"或非"
ON(	ON(	位逻辑指令	"或非" 操作嵌套开始
OPN	AUF	数据块调用指令	打开数据块
OW	OW	字逻辑指令	字"或"（16 位）
POP	POP	累加器指令	弹出
POP	POP	累加器指令	带有两个累加器的 CPU
POP	POP	累加器指令	带有 4 个累加器的 CPU
PUSH	PUSH	累加器指令	带有两个累加器的 CPU
PUSH	PUSH	累加器指令	带有 4 个累加器的 CPU
R	R	位逻辑指令	复位
R	R	计数器指令	复位计数器（当前计数值可以是 0~255 之间的一个数字，例如 R　　C15）
R	R	定时器指令	复位定时器（当前定时值可以是 0~255 之间的一个数字，例如 R　　T32）
RLD	RLD	移位和循环移位指令	双字循环左移（32 位）
RLDA	RLDA	移位和循环移位指令	通过 CC1 累加器 1 循环左移（32 位）
RND	RND	转换指令	取整
RND –	RND –	转换指令	向下舍入为双整数
RND +	RND +	转换指令	向上舍入为双整数
RRD	RRD	移位和循环移位指令	双字循环右移（32 位）
RRDA	RRDA	移位和循环移位指令	通过 CC1 累加器 1 循环右移（32 位）

(续)

英文助记符	德文助记符	程序元素分类	说 明
S	S	位逻辑指令	置位
S	S	计数器指令	置位计数器（当前计数值可以是 0~255 之间的一个数字，例如 S C15）
SAVE	SAVE	位逻辑指令	把 RLO 存入状态字 BR 位
SD	SE	定时器指令	延时接通定时器
SE	SV	定时器指令	延时脉冲定时器
SET	SET	位逻辑指令	置位
SF	SA	定时器指令	延时断开定时器
SIN	SIN	浮点算术运算指令	浮点数正弦运算（32 位）
SLD	SLD	移位和循环移位指令	双字左移（32 位）
SLW	SLW	移位和循环移位指令	字左移（16 位）
SP	SI	定时器指令	脉冲定时器
SQR	SQR	浮点算术运算指令	浮点数平方运算（32 位）
SQRT	SQRT	浮点算术运算指令	浮点数平方根运算（32 位）
SRD	SRD	移位和循环移位指令	双字右移（32 位）
SRW	SRW	移位和循环移位指令	字右移（16 位）
SS	SS	定时器指令	保持型延时接通定时器
SSD	SSD	移位和循环移位指令	移位有符号双整数（32 位）
SSI	SSI	移位和循环移位指令	移位有符号整数（16 位）
T	T	装入/传送指令	传送
T STW	T STW	装入/传送指令	将累加器 1 中的内容传送到状态字
TAK	TAK	累加器指令	累加器 1 与累加器 2 进行互换
TAN	TAN	浮点算术运算指令	浮点数正切运算（32 位）
TAR1	TAR1	装入/传送指令	将地址寄存器 1 中的内容传送到累加器 1
TAR1	TAR1	装入/传送指令	将地址寄存器 1 的内容传送到目的地（32 位指针）
TAR1	TAR1	装入/传送指令	将地址寄存器 1 的内容传送到地址寄存器 2
TAR2	TAR2	装入/传送指令	将地址寄存器 2 中的内容传送到累加器 1
TAR2	TAR2	装入/传送指令	将地址寄存器 2 的内容传送到目的地（32 位指针）
TRUNC	TRUNC	转换指令	截尾取整
UC	UC	程序控制指令	无条件调用
X	X	位逻辑指令	"异或"
X(	X(	位逻辑指令	"异或"操作嵌套开始
XN	XN	位逻辑指令	"异或非"
XN(	XN(	位逻辑指令	"异或非"操作嵌套开始
XOD	XOD	字逻辑指令	双字"异或"（32 位）
XOW	XOW	字逻辑指令	字"异或"（16 位）

附录 B PLC 实验指导

实验一 实验系统简介及 STEP7 编程软件编程练习

一、实验系统简介

实验装置由西门子 S7-300 PLC 作为主控设备，配以用作编程器的 PC，来控制 S7-300 模拟实验箱上各种控制系统的模拟对象。

编程装置是 PLC 的外部设备，用以输入、检查、修改、调试程序或监视 PLC 的工作情况。本实验装置通过专用的 MPI 电缆线将 PLC 与电脑连接，并利用专用的 STEP7 编程软件进行电脑编程和监控。

实验装置提供的主机型号是西门子 S7-300 系列的 CPU312C，配上 8 路数字量输入输出模块 SM323。输入点数为 18，输出点数为 14。地址 I0.0～I0.7、Q0.0～Q0.7 在 SM323 上，I1.0～I2.1、Q1.0～Q1.5 集成在 CPU312C 上。这些数字量输入/输出位都已通过导线连接至实验箱中控制模块上方面板上对应的银色控制端子上，实验中，只要把实验箱中 24V 电源端（红色接线端子）和公共端（黑色接线端子）相应接至所需实验模块中的红色或黑色接线端子，再接上所需的控制位信号就可以进行相应的实验项目。

二、STEP7 编程软件使用练习

1. 实验目的

认识和初步掌握 STEP7 编程软件的使用，为完成后续 S7-300 PLC 的编程实验做好准备。

2. 实验要求

加深对 S7-300 程序结构的认识，了解一个完整的项目或程序一般应包括的几个主要部分。熟悉 STEP7 编程软件各界面中各菜单及各种工具图标。学会建立一个新项目，并能利用它来进行一些初步的编程和调试练习。

3. 实验内容

按以下各示范图例给出的步骤，学习 STEP7 编程软件的使用，并建立一个新项目和程序，完成编程练习。

（1）新建一个项目 一个项目包括整个自动化任务的所有程序和数据。此项目可以包括多个硬件站点、网络或多个 CPU 中的应用程序。一个项目就是一个对象构架，其他所有的 STEP7 对象将在此构架下进行组态。项目的树形结构模仿了 Windows 资源管理器的文件夹结构。

1）用开始菜单命令【Start】|【SIMATIC】|【SIMATIC Manager】来开启 STEP7 的 SIMATIC Manager，也可以双击桌面上的 STEP7 图标开启 SIMATIC Manager，如图 B-1 所示。

2）在 SIMATIC Manager 中，选择菜单【File】|【New】建立新的项目。如图 B-2 所示。

3）在 New 图层上，输入项目的名称。在此示例中，取名为 Demo_Labor，单击【OK】确认。这个项目将被储存在默认目录里，如图 B-3 所示。

（2）使用项目向导创建一个项目 STEP7 提供了一种称为项目向导的工具来帮助进行

图 B-1 启动 Step7 软件

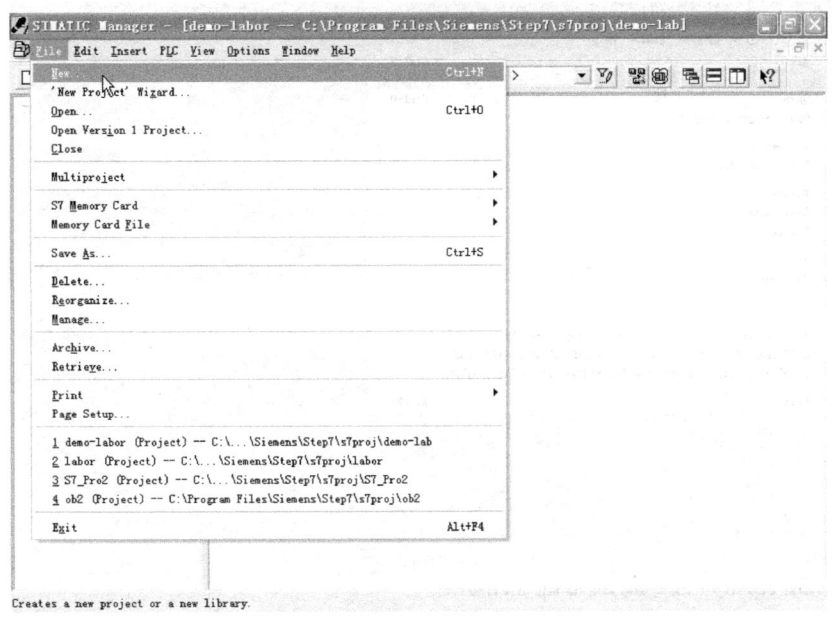

图 B-2 新建项目

项目的建立工作。为了开发一个自动化应用程序或组织程序，STEP7 用一种称为项目（Project）的文件夹。一个项目包括所有的程序、硬件组态和一个完整应用任务的网络组态及数据。这个项目可以包括在一个或多个 CPU 中使用的程序。这节将展示如何在项目向导的帮助下创建一个新的项目。

1) 在 SIMATIC Manager 中，选择菜单命令【File】|【'New Project' Wizart…】，如图 B-4 所示。

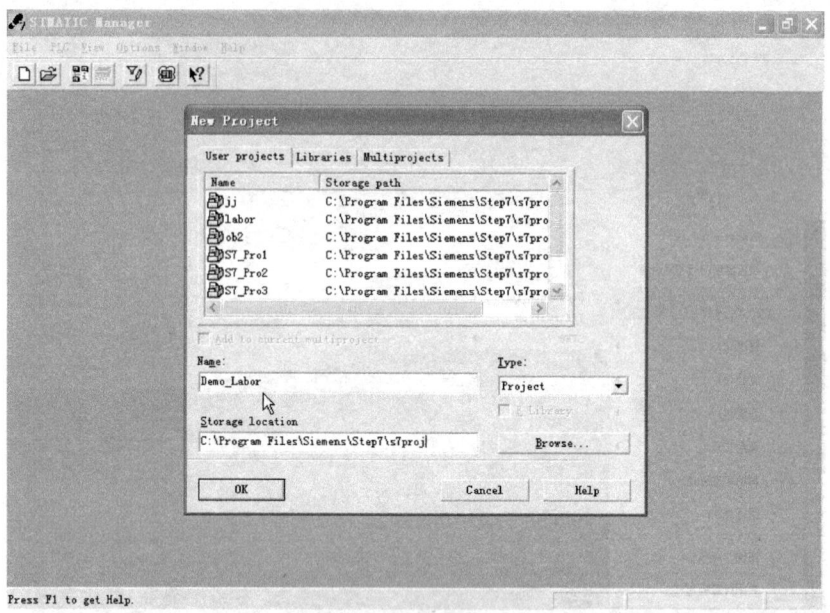

图 B-3 确定项目名称

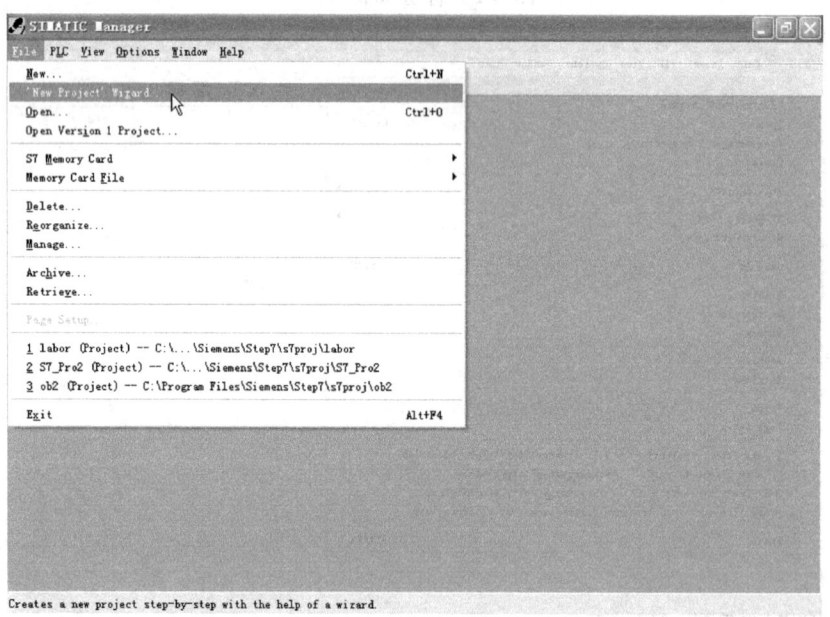

图 B-4 根据项目向导新建项目

2）在 STEP7 Wizard 屏幕上，单击【Preview】按钮（预览窗口将提示项目开发过程中的下一个步骤），再单击【Next】按钮，如图 B-5 所示。

3）在提示屏幕问到"Which CPU are you using in your project?"时，选择可选的 CPU。在此示例中，选择 CPU312C。单击【Next】继续，如图 B-6 所示。

4）在提示屏幕问到"Which blocks do you want to add?"时，选择 OB。选择 STL（语句表）作为所有块的编程语言，其中：OB1（组织块 1）是主程序块，STL（语句表）将是默

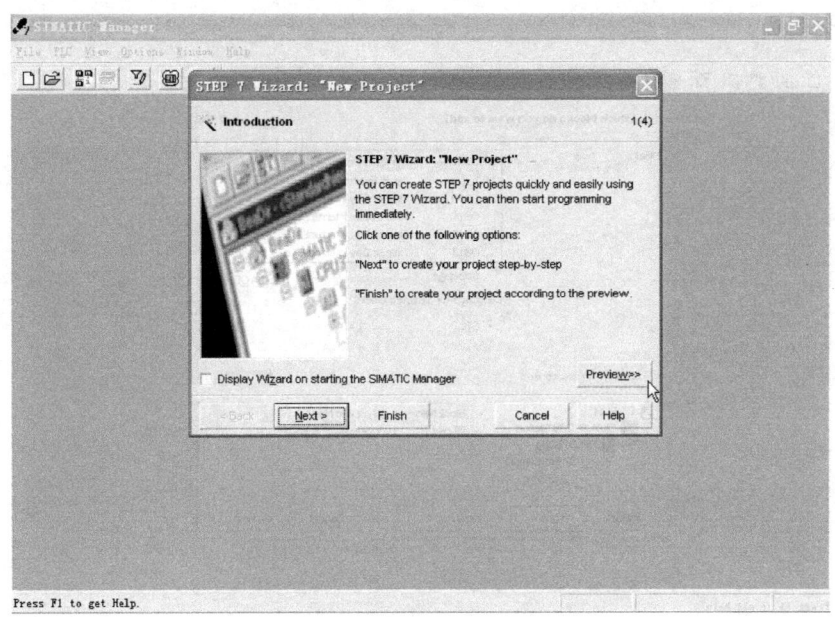

图 B-5　进入新建项目向导界面

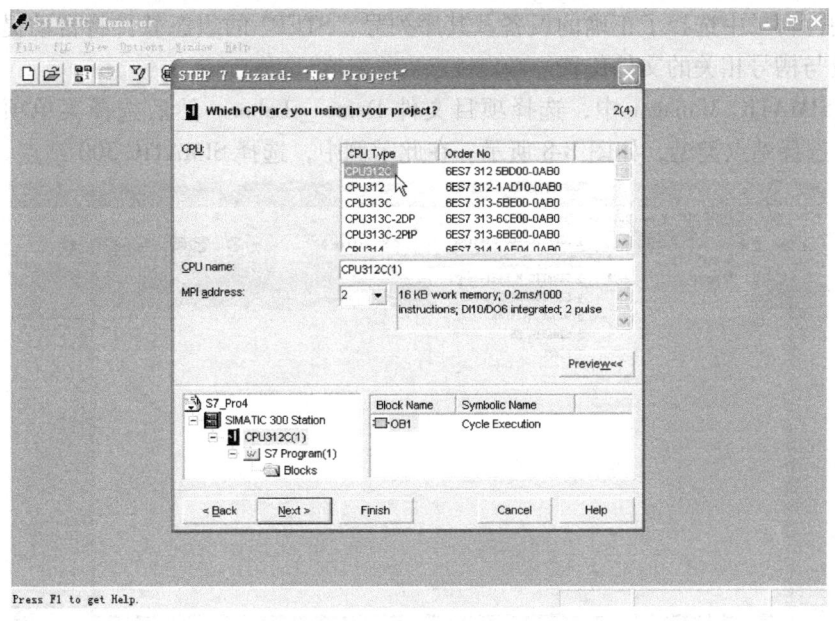

图 B-6　选择 CPU 型号

认的编程语言。然后单击【Next】继续，如图 B-7 所示。

5）在"What do you want to call your project？"屏幕上输入项目名称。在此示例中，使用"Demo_Labor_Wizard"作为项目名称。单击【Finish】，这样就创建了新的项目。

在此，通过 Project Wizard 开发了一种典型的自动化项目设计方法及其构架，一个顶层文件夹，一个硬件站点，一个程序文件夹，一个代码块区域，其中包括用于编程的代码块。

（3）插入一个硬件站，并进行硬件组态　一个硬件站点包括所有的物理设备的组态信息，例如：机架、电源、CPU 和输入/输出模块。通过此示例，可以看到如何来建立一个站

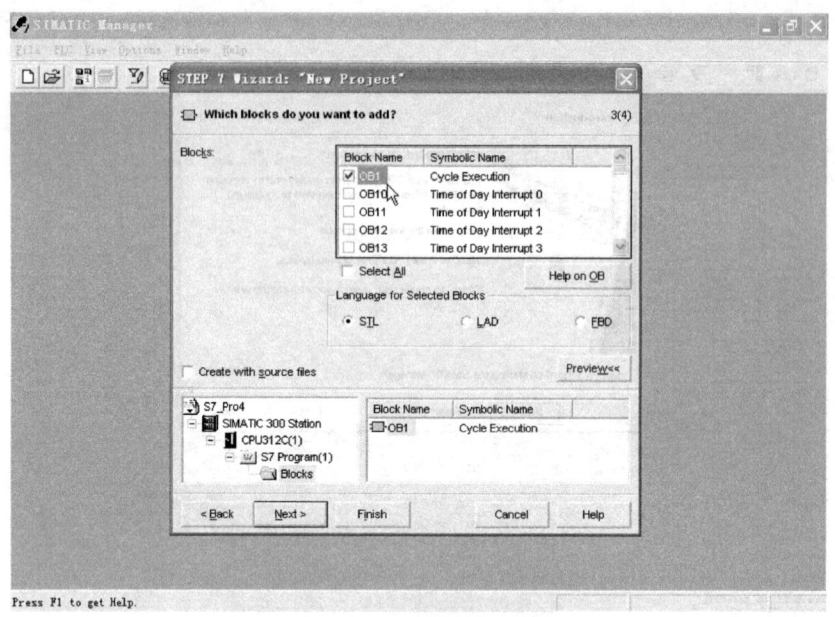

图 B-7 选择块和编程语言

点。当从硬件目录中选择了正确的设备及其序列号,STEP7 的组态软件将自动提供输入/输出寻址以及与槽号相关的文件位置。

1)在 SIMATIC Manager 中,选择项目文件 Demo _ Labor。然后选择菜单项【Insert】|【Station】,选择站点类型,如图 B-8 所示。在此示例中,选择 SIMATIC 300 站点。

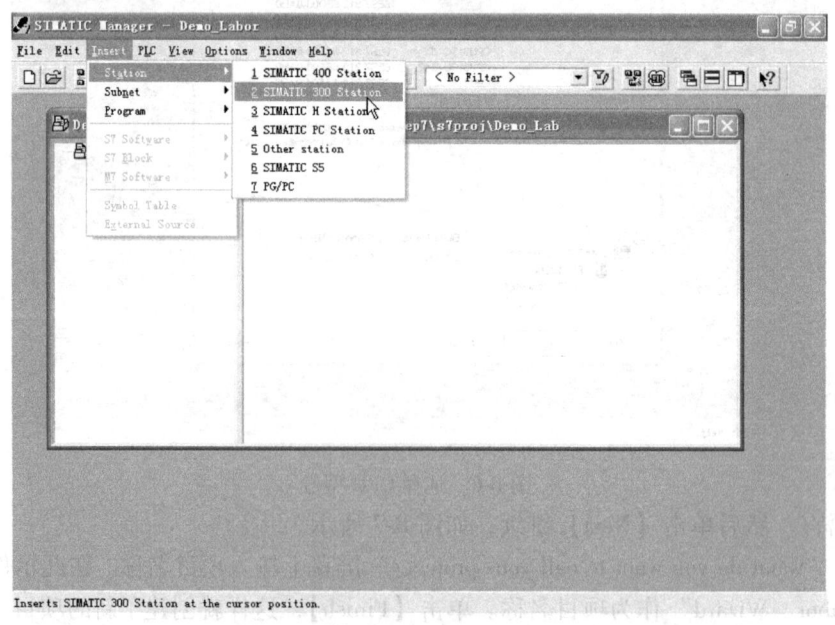

图 B-8 插入硬件站点

2)输入 PLC 站点的名称。此例取为 Labor PLC,如图 B-9 所示。

3)选择站点 Labor PLC。双击【Hardware】图标,打开站点和硬件组态窗口,如图 B-10 所示。

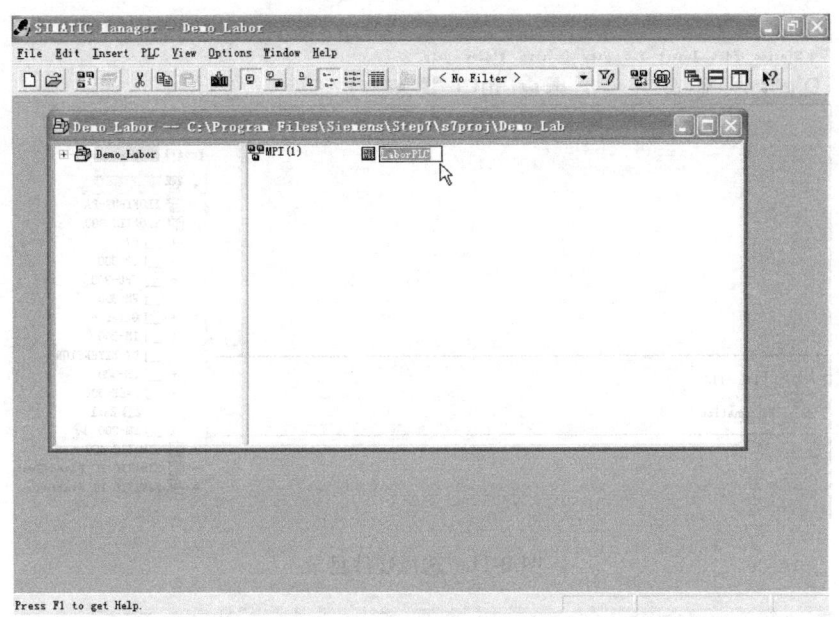

图 B-9　确定硬件站点名称

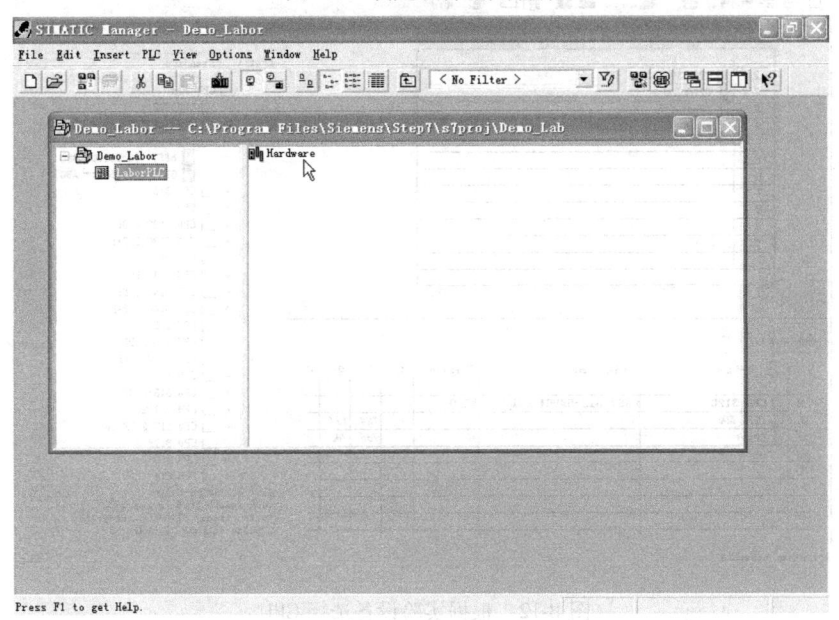

图 B-10　进入硬件组态

4）在工具栏中选择【Catalog】工具图标。在 SIMATIC 300 目录下打开 RACK-300 文件夹，将一个 Rail 拖放到空白的配置区。双击对象相当于拖放它，如图 B-11 所示。

5）打开子文件夹 CPU-300 到 CPU 312C 文件夹。根据实验设备选择产品序列号为 6ES7 312-5BD01-0AB0 的 CPU 312C，然后将其拖放到机架的 2 号槽。当在目录中选择一个组件时，它的详细信息将被显示在屏幕底部的子窗口中，如图 B-12 所示。

主机架按以下规范配置：1 号槽只能放置电源模块，2 号槽只能放置 CPU 模块，3 号槽只能放置接口模块，4~11 号槽中的模块必须连续排列，可最多放置 8 个，这些模块包括通

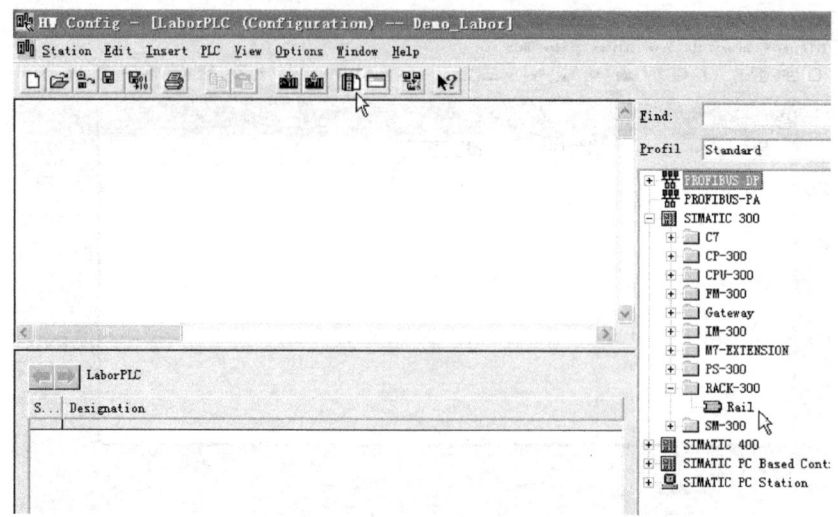

图 B-11　选择硬件目录

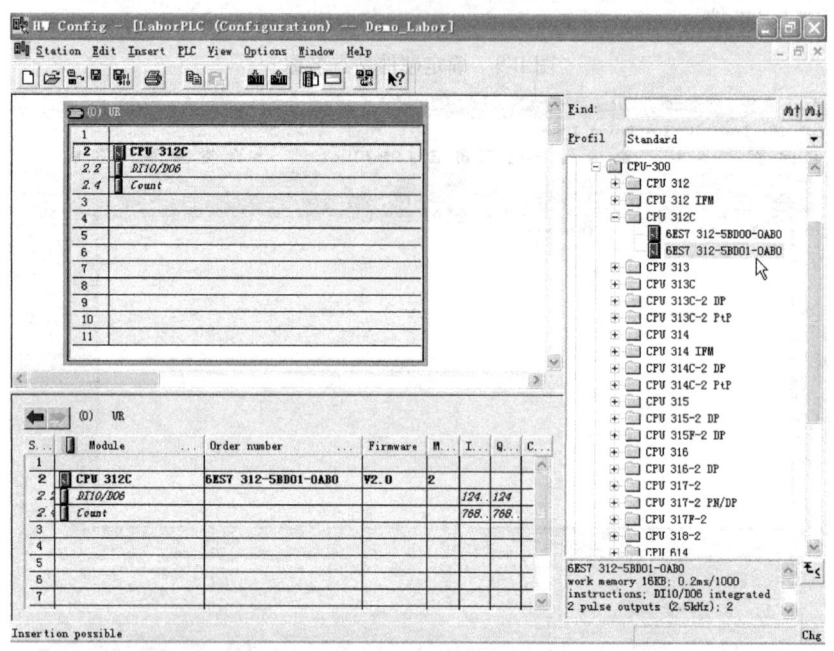

图 B-12　根据实验设备选择 CPU

信模块、信号模块和功能模块等。其中 2 号槽不能为空，CPU 模块必须配置。其他各槽可以根据实际情况进行配置。

6）打开 SM-300 子文件夹，可以看到可选的数字和模拟模块。在此例中，打开子文件夹 DI/DO-300（数字量输入/输出模块）。选择模块 SM323 DI8/DO8xDC24V0.5A（产品序列号：6ES7 323-1BH01-0AA0），然后将其拖放到机架上 4 号槽，如图 B-13 所示。

7）分配或修改 I/O 地址。在组态一个 PLC 或 PC 站时，输入/输出模块需要一个寻址方案来把真实设备和编程地址关联起来。STEP7 和 S7 的硬件可以为数字量和模拟量 I/O 自动分配默认地址，也可以利用硬件组态工具修改这个默认方案。

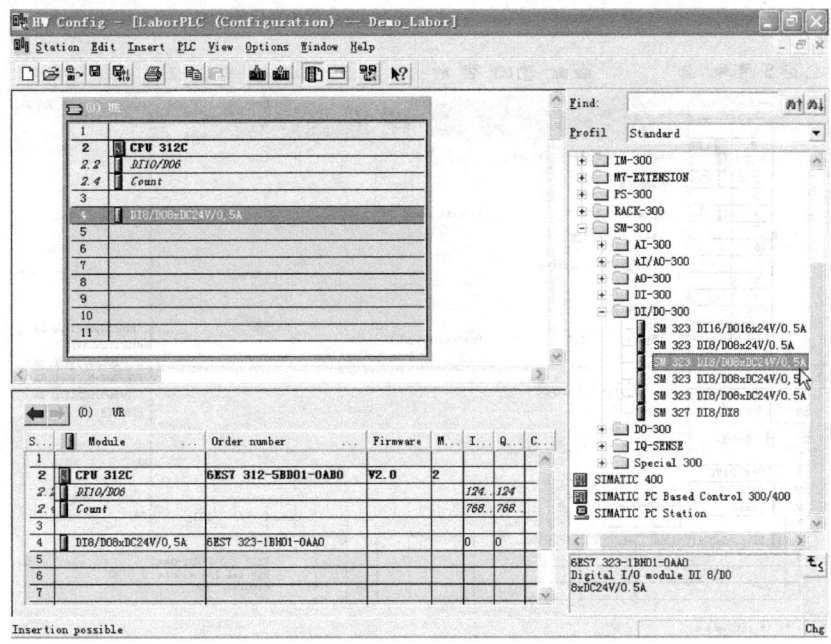

图 B-13　根据实验设备选择输入输出模块

例如，在 CPU 机架（Rack）中双击槽 2.2CPU 312C 中集成的 10 位数字量输入、6 位数字量输出模块 DI10/DO6，如图 B-14 所示。

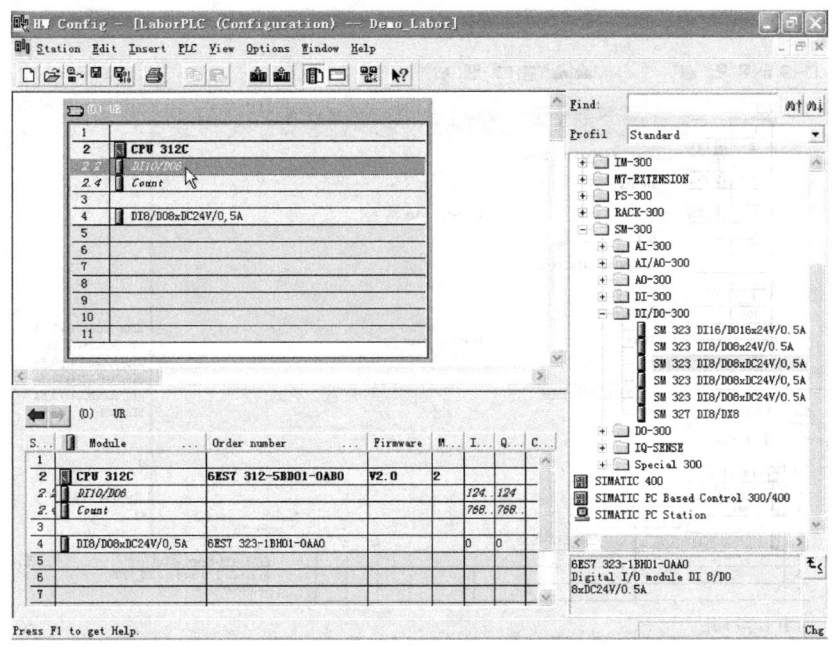

图 B-14　选择地址设置对象

在【Properties】对话框中单击【Address】页。然后，单击【System selection】，除去其前面的√，这将关闭系统默认的寻址方案，如图 B-15 所示。

为模块输入新的起始地址。在本示例中，选择 I/O 模块的起始地址均为 1，结束地址由

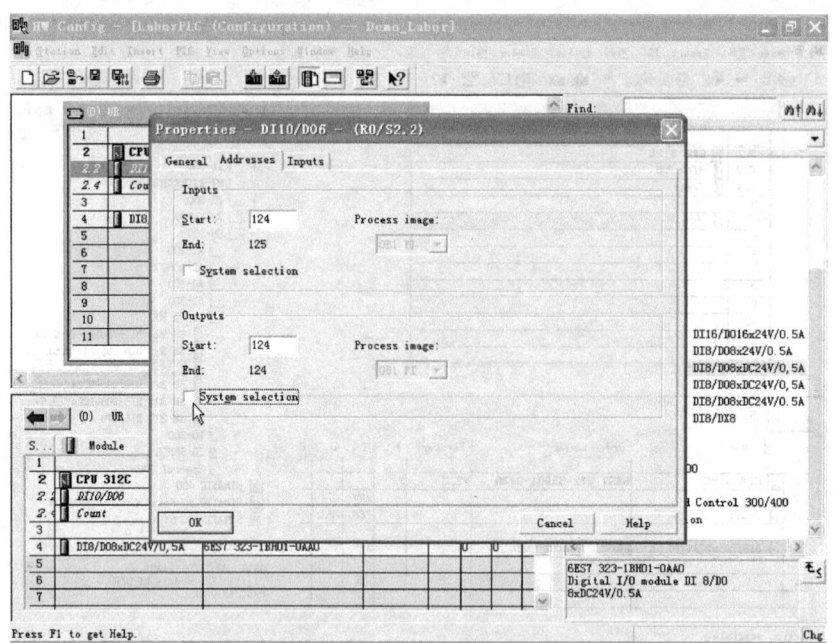

图 B-15 关闭系统默认寻址

系统自动生成,如图 B-16 所示。如果选择了一个无效的或已被使用过的地址,STEP 7 将自动提供一个有效的替换地址。

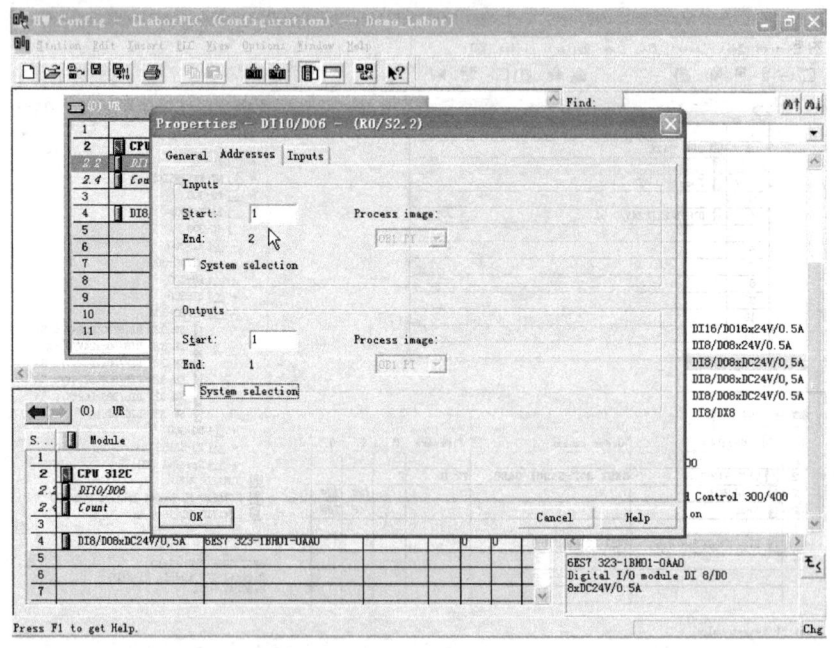

图 B-16 修改 I/O 地址

同样可对 SM323 的地址进行修改,在此使用系统默认地址 0。

按照此示例中以上的地址组态结果,实验中可用的数字量 I/O 位地址范围分别为 I0.0 ~ I2.1,Q0.0 ~ Q1.5。

8) 单击【Save and compile】工具图标编译并保存硬件站点，也可以在菜单中选择【Station】|【Save and compile】来完成。这将生成一个系统数据（SDB）。它将出现在 SIMATIC Manager 中【Demo_Labor】项目站点下的【Blocks】子文件夹中，如图 B-17 所示。

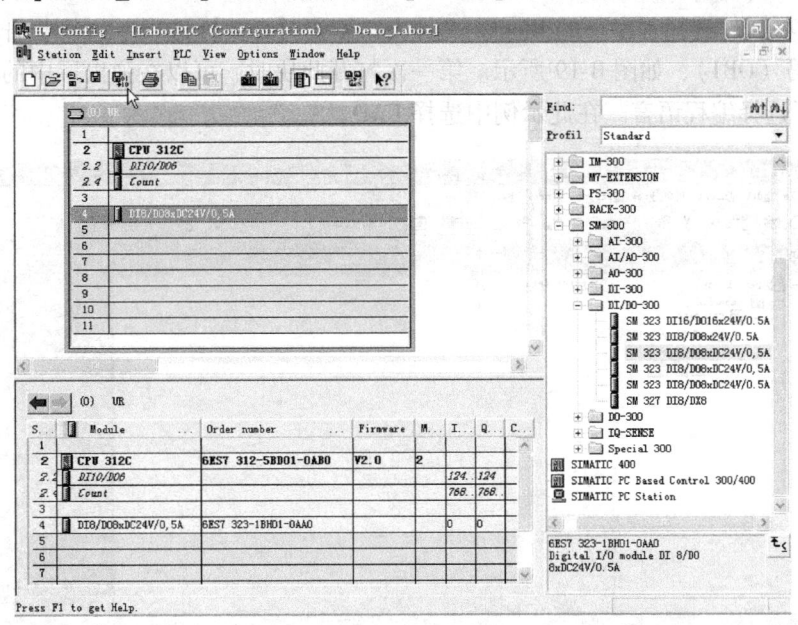

图 B-17　编译并保存硬件组态结果

9) 下载硬件组态结果。与硬件实物完全相符（包括产品型号和序列号）的硬件组态完成后，在在线联机工作状态下，把这个组态结果下载到实物 PLC 的 CPU 中去。单击工具栏中的 Download 工具进行下载，也可以使用菜单项【PLC】|【Download】或按下 Ctrl + L 组合键进行下载，如图 B-18 所示。

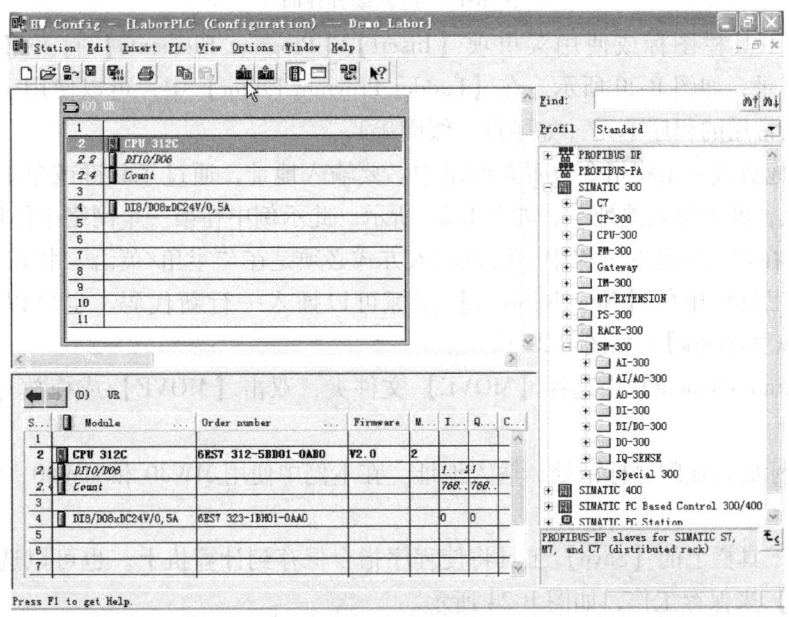

图 B-18　下载硬件组态

(4) 创建一个线性程序 在一个线性程序中，所有的程序指令都被设置放在一个连续的指令块中。这种结构相当于用一个可编程序控制器程序代替了一个固定线路中的继电器电路。随着对整个程序的每次扫描，系统便一次次成功地处理了各个单独的指令。

1) 打开项目，选择程序下的 Blocks 文件夹，双击【OB1】选项。这将打开可执行每次扫描的主代码（OB1），如图 B-19 所示。第一次打开此块时，可以在弹出层中的【Created in Language】下选择编程语言。在此示例中选择 LAD。

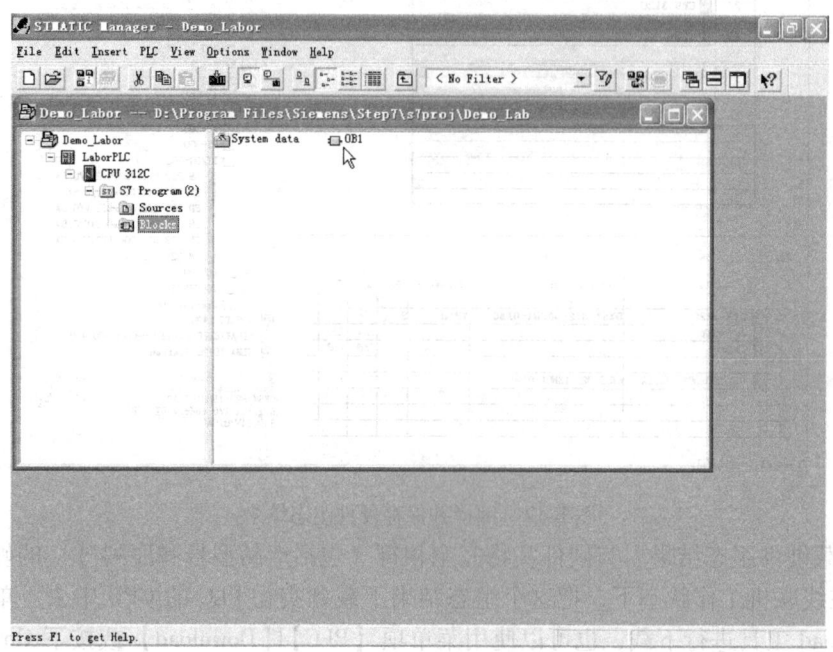

图 B-19 进入编程界面

2) 单击工具栏图标或使用菜单项【Insert】|【Program Elements】打开【Program element】指令目录，如图 B-20 所示。在【Ladder Program Editor】中，可以使用工具栏中的编程图标来插入常用的程序单元（如触点、线圈等）。

3) 通过拖放或双击将指令放置在网络中。要输入地址，通过 Tab 键或单击鼠标将光标放置在元件上，就可键入地址了，如图 B-21 所示。此示例中在第一个网络中使用地址 I0.0，I0.1，Q0.0。在输入地址的过程中，语言输入方式必须是在"半角/英语"状态。

4) 单击工具栏中的【New Network】图标可以插入一行新代码。也可以使用菜单项【Insert】|【New Network】，如图 B-22 所示。

在【Program element】中选择【MOVE】文件夹，双击【MOVE】或拖放【MOVE】指令到新网络中。

5) 将光标放置在问号标记处，输入地址。在本例中使用 MW30 和 MW40，如图 B-23 所示。

6) 单击工具栏上的【Save】工具将使程序指令保存到计算机上。也可以选择菜单命令【File】|【Save】来保存工作，如图 B-24 所示。

(5) 选择编程语言 STEP 7 的基本程序编辑器支持 LAD（梯形图）、FBD（功能图）

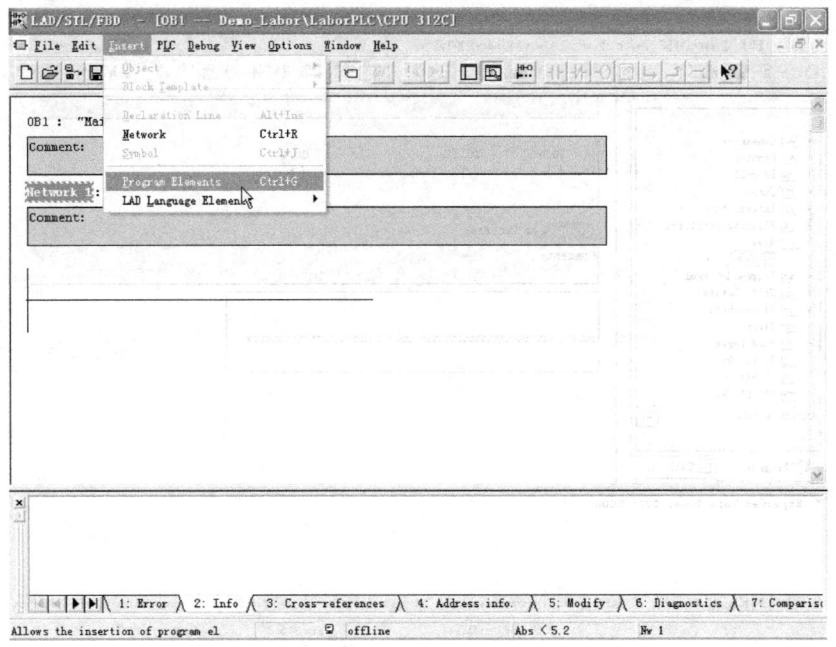

图 B-20　LAD 编程

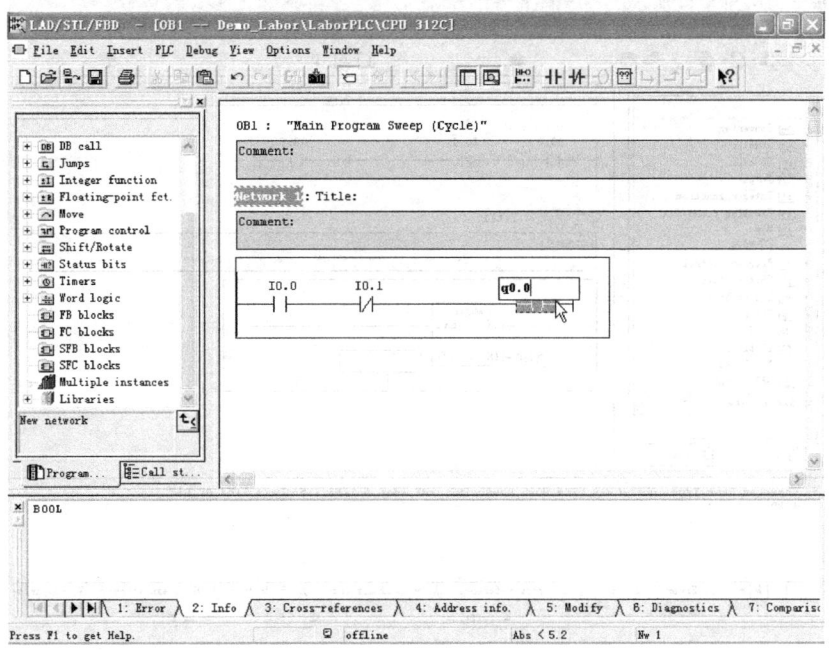

图 B-21　输入编程元件地址

和 STL（语句表）这三种标准的 PLC 编程语言。此外，STEP 7 符合 IEC1131 - 3 标准，还能支持其他的编程语言。

在【Program Editor】中，选择【View】菜单，可以进行 LAD/STL/FBD 三种编程语言之

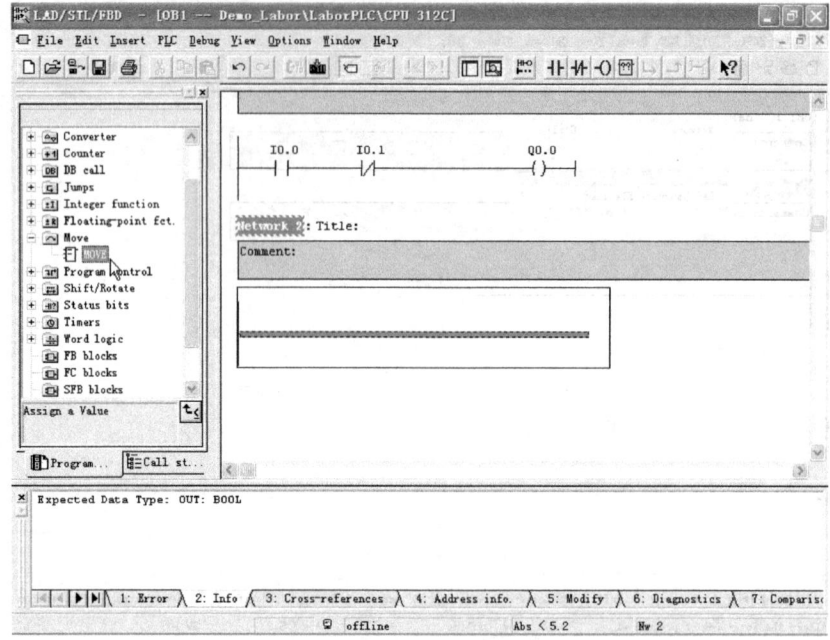

图 B-22　插入一行新代码

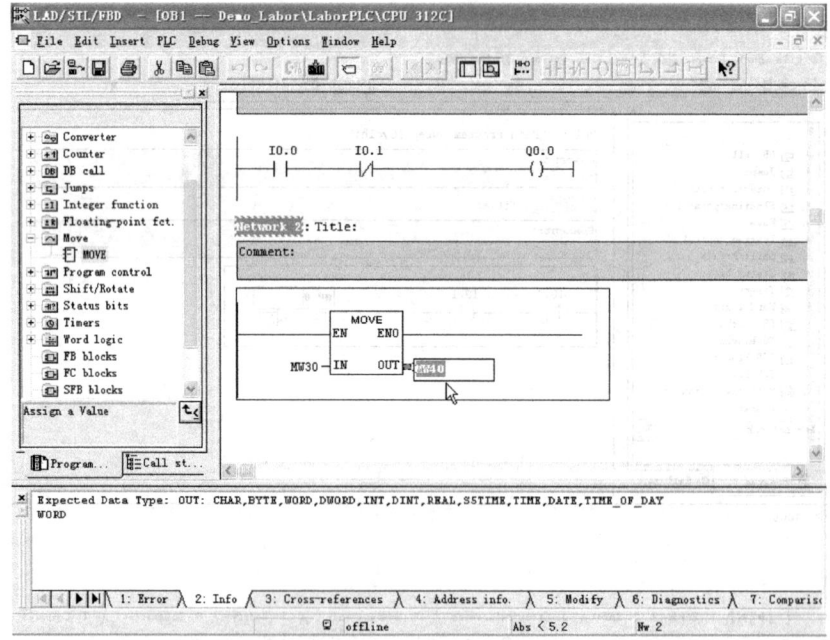

图 B-23　插入 MOVE 指令

间的切换,如图 B-25 所示。也可以使用热键来进行语言选择:

$$Ctrl + 1 = LAD$$
$$Ctrl + 2 = STL$$
$$Ctrl + 3 = FBD$$

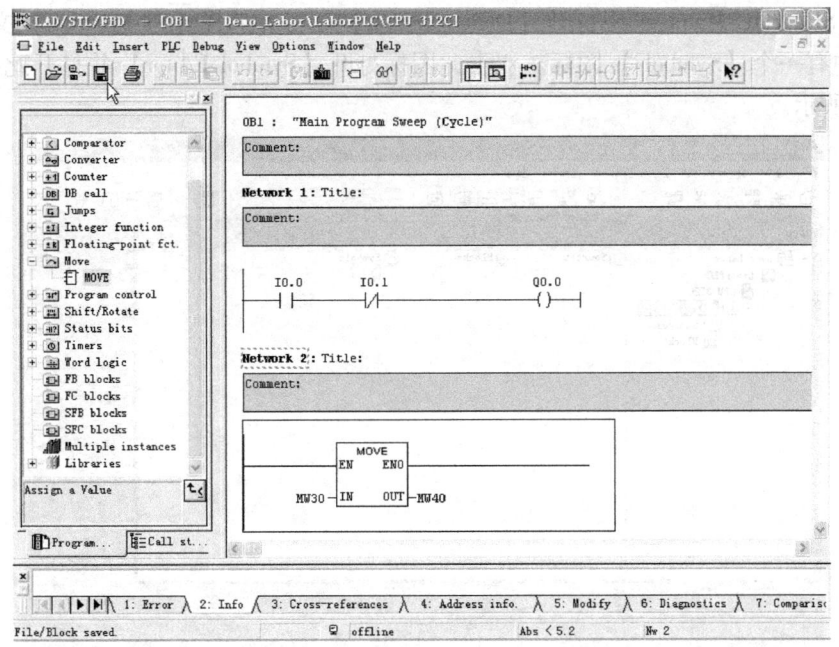

图 B-24 保存程序

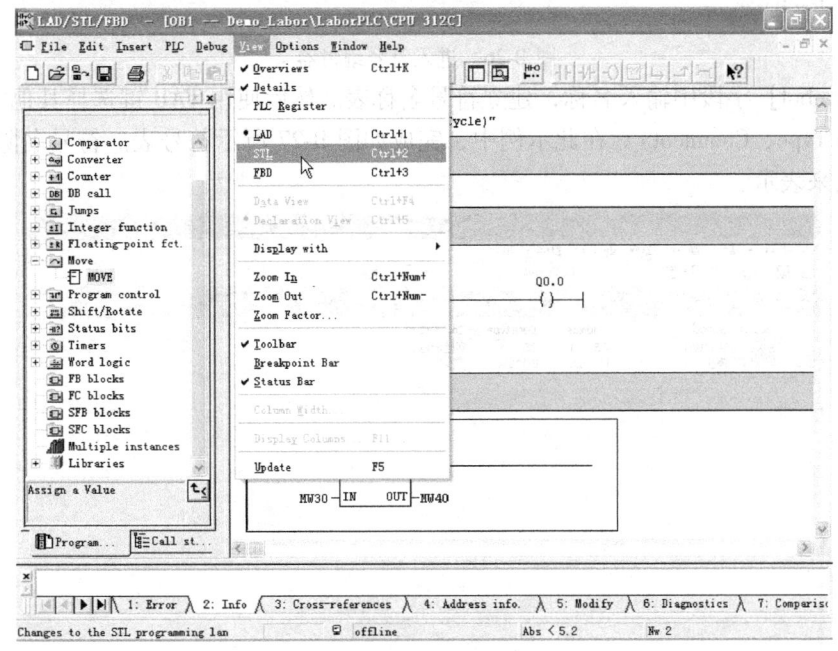

图 B-25 选择编程语言

(6) 使用符号名 符号名就是用文字和数字等作为符号地址来代替绝对地址在编程中进行使用，例如用"停止"来代替绝对地址 I0.0，"实验程序"来代替 OB1。利用过程或设备等的名称作为符号名，可以把程序和过程及应用联系起来，使程序的开发、读取、移植更加方便易懂。所有的程序变量、块、数据类型等，都可以有一个符号名。

1) 在 SIMATIC Manager 中打开【Demo_Labor】项目并选择【S7-Program】文件夹，在此文件夹中有一个【Symbols】图标。双击此图标打开【Symbol Editor】并打开此符号文件，如图 B-26 所示。

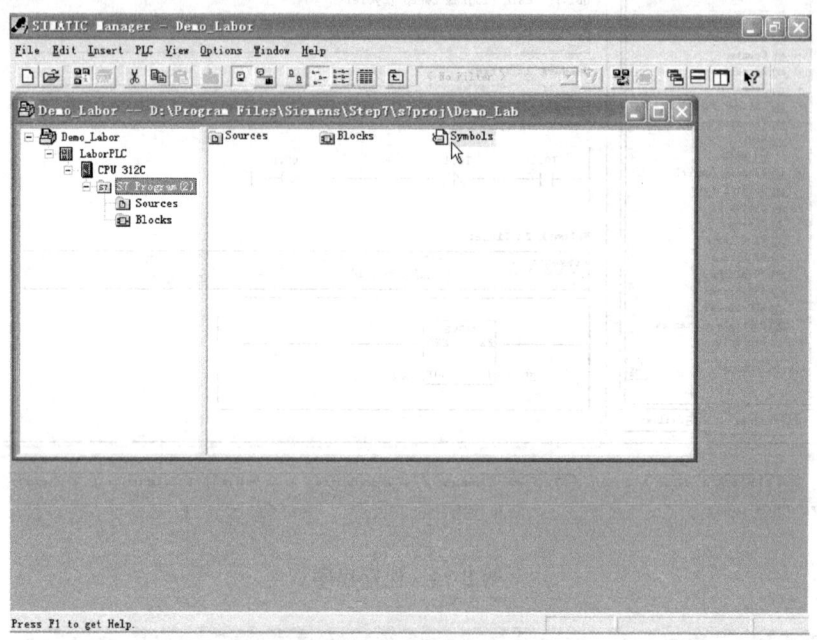

图 B-26　进入符号编辑器

在【Symbol】字段中输入名称，建立符号名称表。然后使用 TAB 键选择其他字段（Address，Data Type，Comment）。在此示例中，完成如图 B-27 所示符号表。符号名除英文外还可以用中文来表示。

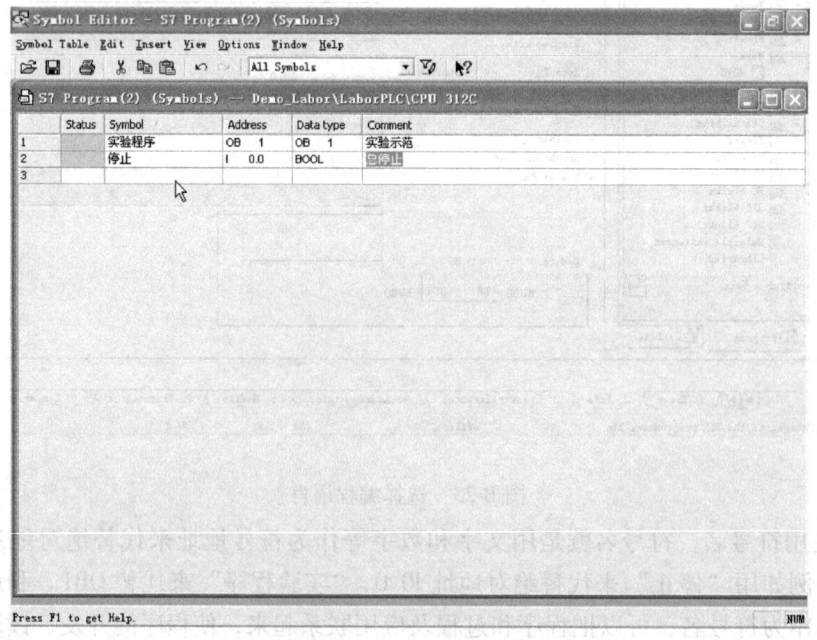

图 B-27　编辑符号表

选择工具栏中的【Save】工具进行保存。

2）在 SIMATIC Manager 中打开【Blocks】文件夹中，双击一个代码块，打开【Program Editor】，可以通过多种途径来使用符号名称。使用菜单项【View】|【Display with】|【Symbol Representation】,【Symbol Information】和【Symbol Selection】等，打开所有的符号选择，就可以得到所有的符号信息，如图 B-28 所示。

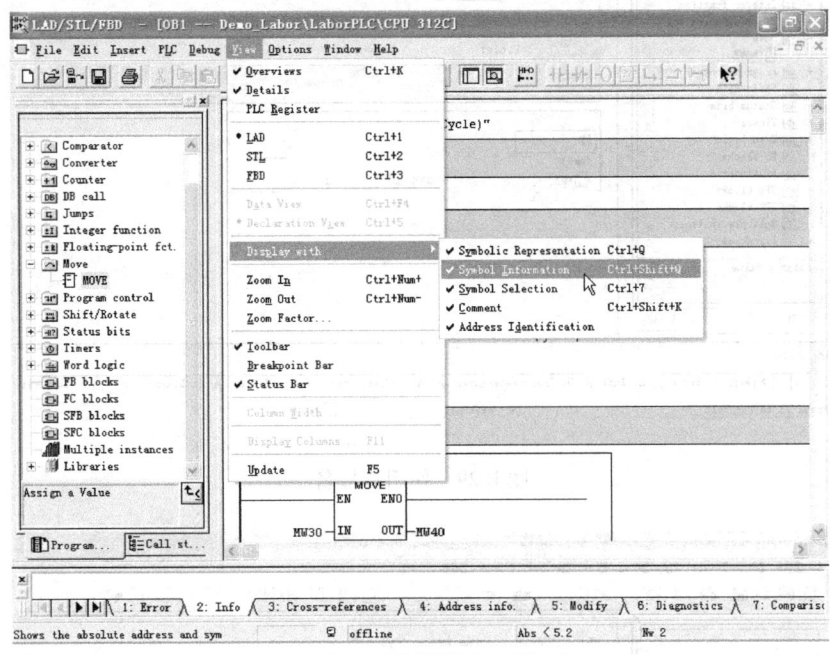

图 B-28　选择显示符号信息

3）在编程时可以通过下面方法使用符号名称：①在地址字段中，键入要使用的符号名称的首字母，然后在弹出列表中选出符号名称；②在地址字段中，右击，在菜单中选择【Insert Symbol】，然后选出要使用的符号名称；③键入绝对地址（如 I0.0），则符号名称将自动从符号表中调出来；④键入符号地址的全名，如图 B-29 所示。

保存符号表后，程序中显示的绝对地址被符号名替代，如图 B-30 所示。

（7）创建子程序　一个子程序实际上就是一组保存在代码块中的逻辑指令，代码块是为解决特定的任务开发的。通过把程序分割为代码块，每一个任务都能被开发并检测，而后在程序中按照需要被调用。STEP7 中的子程序被称为函数（FCs）和函数块（FBs）。代码指令决定了处理子程序的顺序。下面示例中包括控制生产过程中不同的操作模式，在时间/事件基础上执行计算或数据采集任务。

1）打开【Demo_Labor】项目，选择程序下的【Blocks】文件夹。然后选择菜单【Insert】|【S7 Block】|【Function】。在图层上，修改函数名称、符号名称/注释以及编程语言。在示例中，使用 FC1 作为函数名称，Speed 作为符号名称，电机速度测试作为符号注释，LAD 作为编程语言。选择【OK】继续。也可以右击来选择【Insert】|【Function】，如图 B-31 所示。

2）在【SIMATIC Manager】中双击打开【FC1】，进入【Ladder Program Editor】，如图

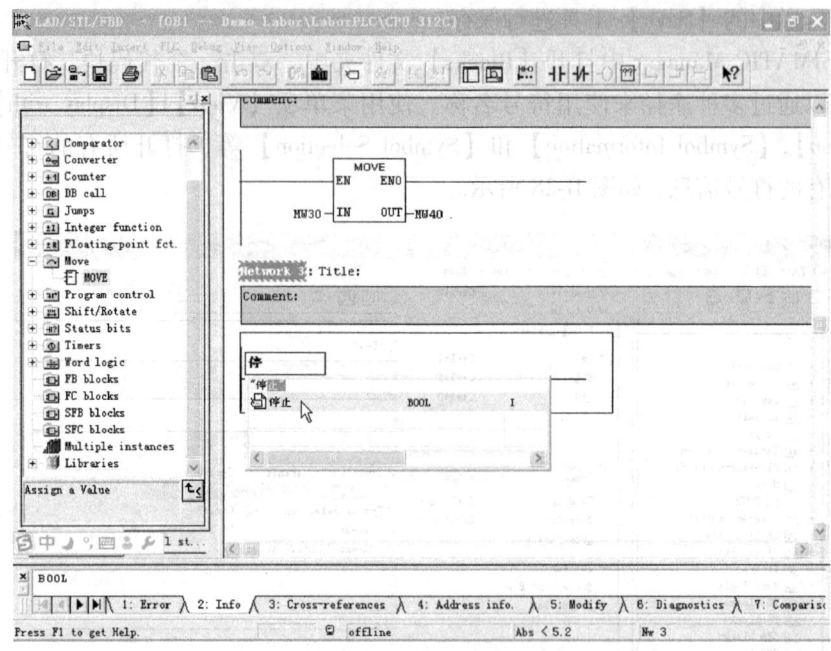

图 B-29　使用符号名

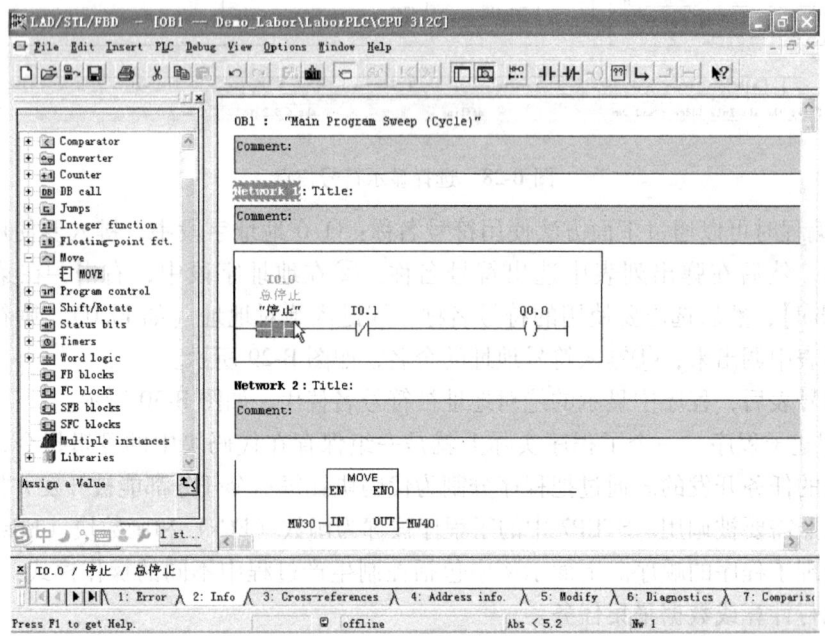

图 B-30　显示符号名信息

B-32 所示。应注意输入语言须是英语，可以在【SIMATIC Manager】中选择菜单项【Options】|【Customize】|【Language】|【English】进行设置。

3）单击图标打开【Program Elements】目录。在示例中，打开【Comparator】文件夹并选择【GT_I】（Greater Than _ Integer）框图指令（此指令将两个数值作比较，当结果为

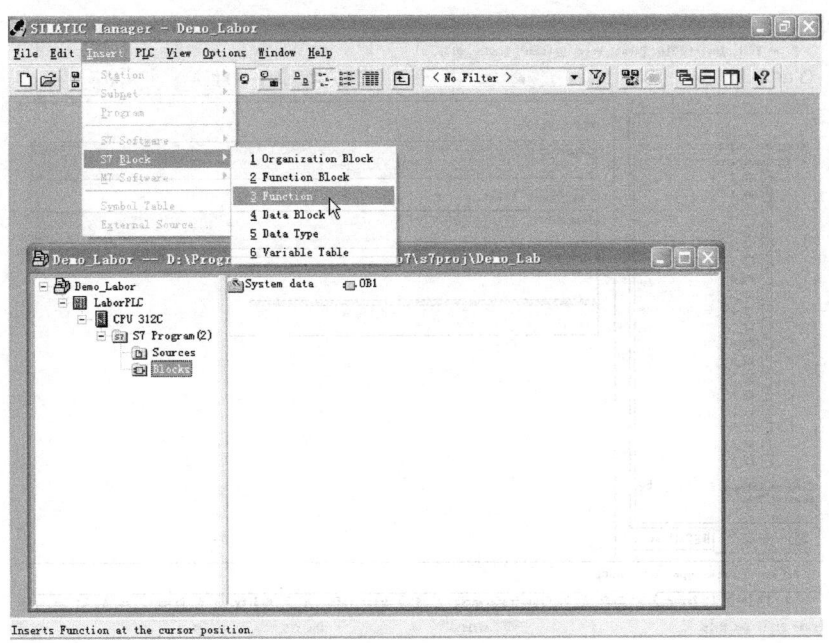

图 B-31　插入子程序

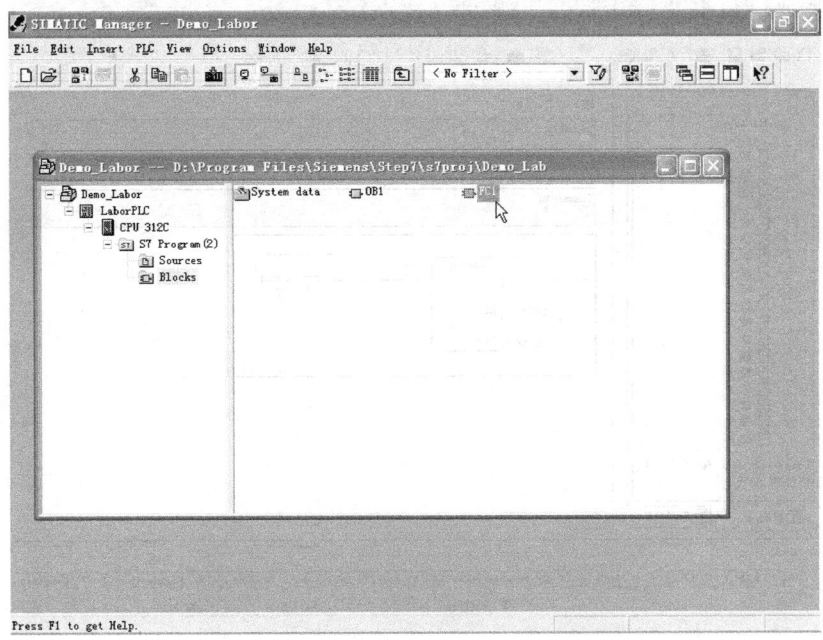

图 B-32　选择子程序进入编程界面

True 时,打开它的输出),将其拖放到网络上,如图 B-33 所示。

4) 使用 PIW288 作为数值一的地址,数值二为常数 1500。其中地址 PIW288 表示 Peripheral Input Word 288。从工具栏中,选择 Coil 图标并将其放置在网络末端,使用 Q1.2 作为它的地址,如图 B-34 所示。

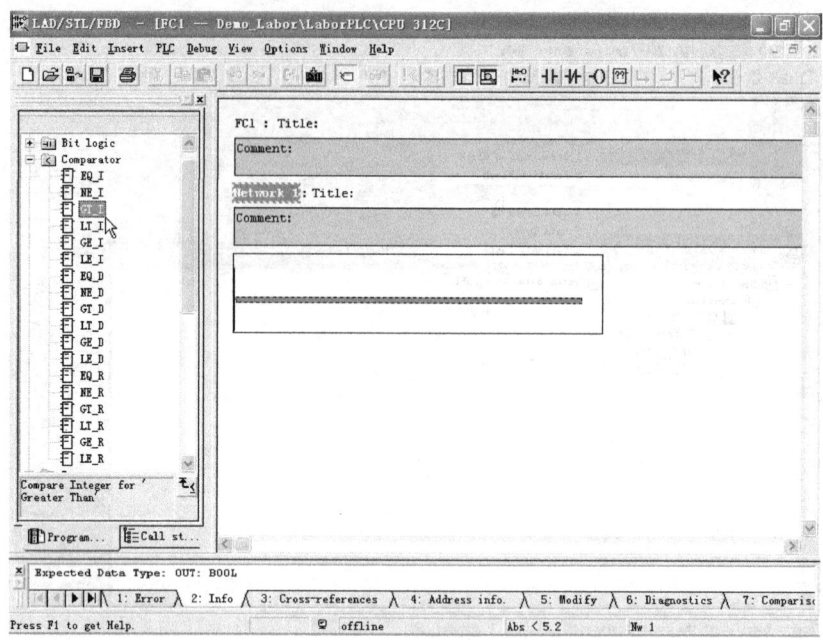

图 B-33　选择编程元件

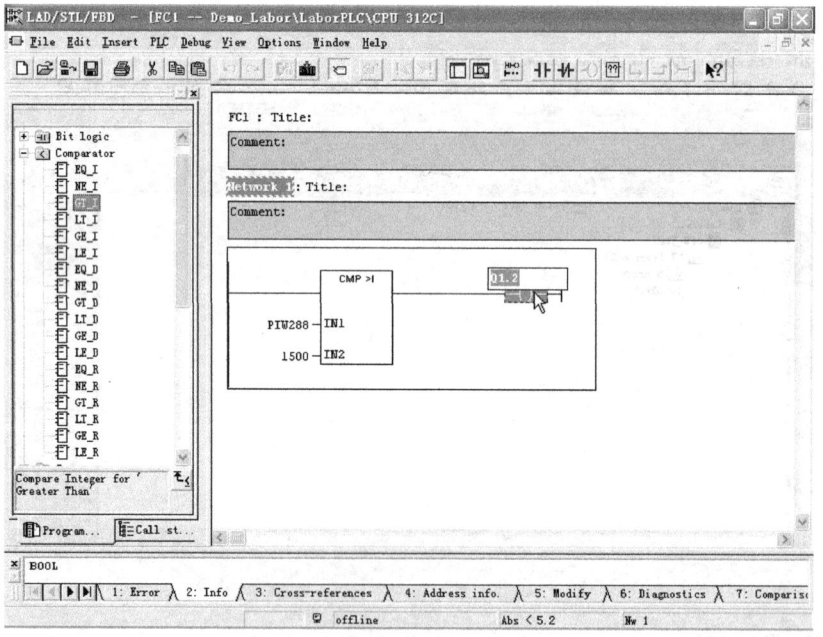

图 B-34　确定编程元件参数

5）使用工具栏中的【Save】工具，保存此子函数程序，如图 B-35 所示。则此专用子程序就被保存在【Blocks】文件夹中，成为【Program Elements】目录中【FC Blocks】文件夹里可用的程序。

（8）下载程序　当在编程器上创建、编辑并保存完一个程序之后，下一步要做的是将这些代码下载到 PLC 的 CPU 中去，须通过切换工作方式从离线到在线方式后进行。在 STEP

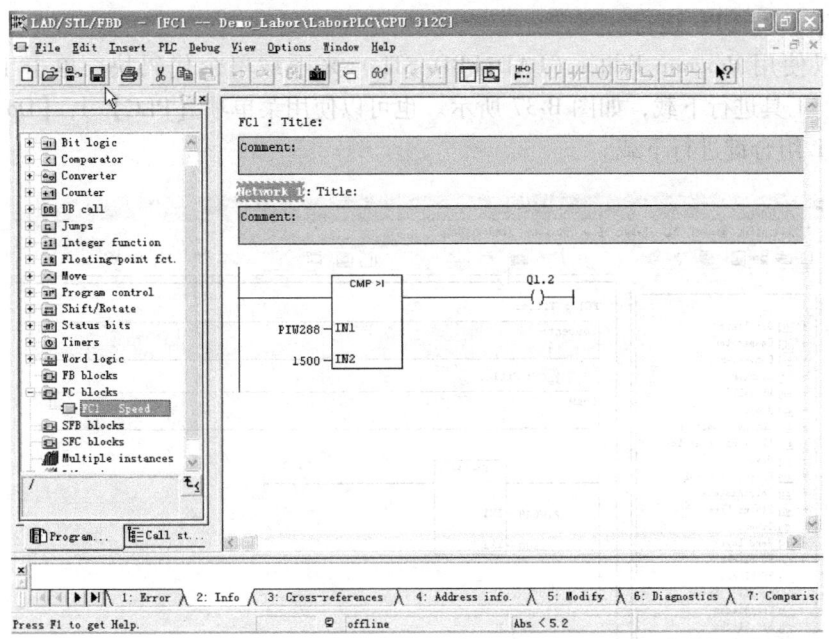

图 B-35 保存子程序

7 中,可以使用 SIMATIC Manager 来下载完整的程序或多个代码块。也可以使用 Program Editor(LAD/FBD/STL)来下载单独的代码块。

当创建完一个新的项目后,在第一次与硬件实物 PLC 的 CPU 进行连接通信时,应首先下载正确的硬件组态结果,然后再下载程序或代码块。

1)在【SIMATIC Manager】中,选中程序下的【Blocks】文件夹并单击工具栏中的【Download】工具,这将下载【Blocks】文件夹的所有内容,如图 B-36 所示。下载整个程序

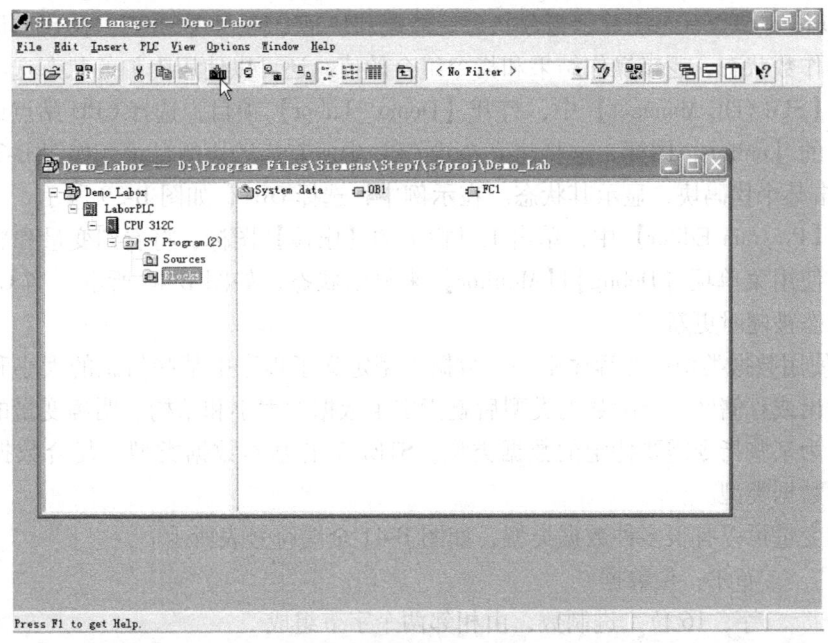

图 B-36 下载整个程序

时，一般应先停止 CPU 运行。

2) 可以使用 Program Editor (LAD/FBD/STL) 来下载单个代码块。单击工具栏中的【Download】工具进行下载，如图 B-37 所示。也可以使用菜单项【PLC】|【Download】或按下 Ctrl + L 组合键进行下载。

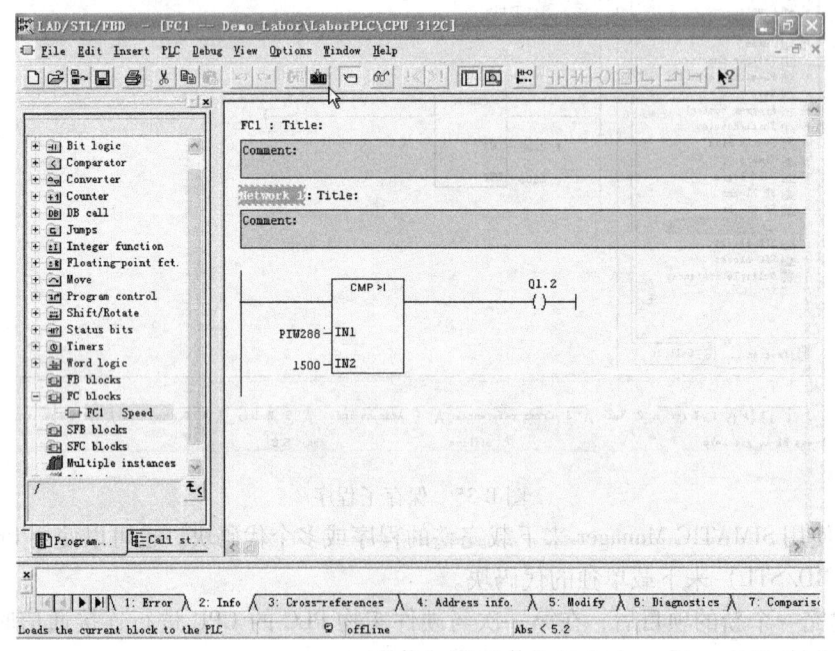

图 B-37 下载单个代码块

(9) 监视程序运行状态 在程序编辑器中，可以用三种编程语言来显示程序状态。在 LAD 和 FBD 语言编程状态能显示指令状态、能流和块指令输入/输出值；在 STL 语言编程状态能显示操作数状态、逻辑操作结果和指令组合的值，还可以使用附加的状态选项。

1) 在【SIMATIC Manager】中，打开【Demo_Labor】项目，选择 CPU 站点或程序。单击工具栏上的【online】图标，这将建立在线 CPU 中所有代码块的目录，如图 B-38 所示。

2) 双击某个代码块，显示其状态。在示例中，选择 OB1，如图 B-39 所示。

3) 在【Program Editor】中，单击工具栏上的【眼镜】图标，将看到变量和彩色的信号流。也可以使用菜单项【Debug】|【Monitor】来显示状态，如图 B-40 所示。当 CPU 在运行模式时，状态被随时更新。

(10) 使用数据类型 在程序中一个数据类型定义了程序中某些信息的大小和格式，例如输入、输出或存储区。分配数据类型后就指定了数据的大小和结构。明确变量的数据类型很重要，因为某些指令需要特定的数据类型。STEP 7 有基本数据类型、复合数据类型和参数类型三种数据类型。

地址和变量可以有很多种数据类型，如图 B-41 全局符号表所示。

BOOL　　　布尔：位数据

WORD　　　字：16 位二进制数，由相邻两个字节组成

(11) PLCSIM 仿真 PLCSIM 是一个 PLC 仿真软件，它能够在 PG/PC 上模拟 S7-300 系

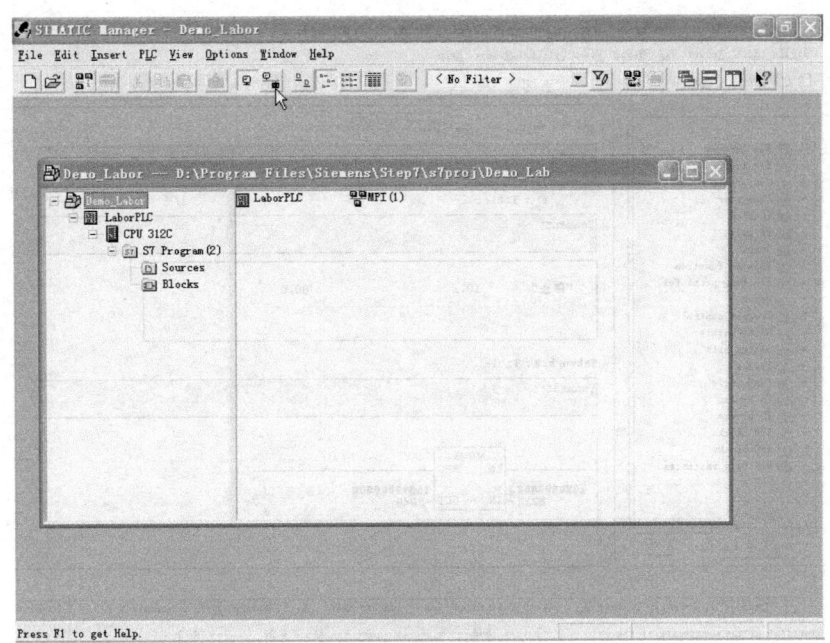

图 B-38 切换联机方式

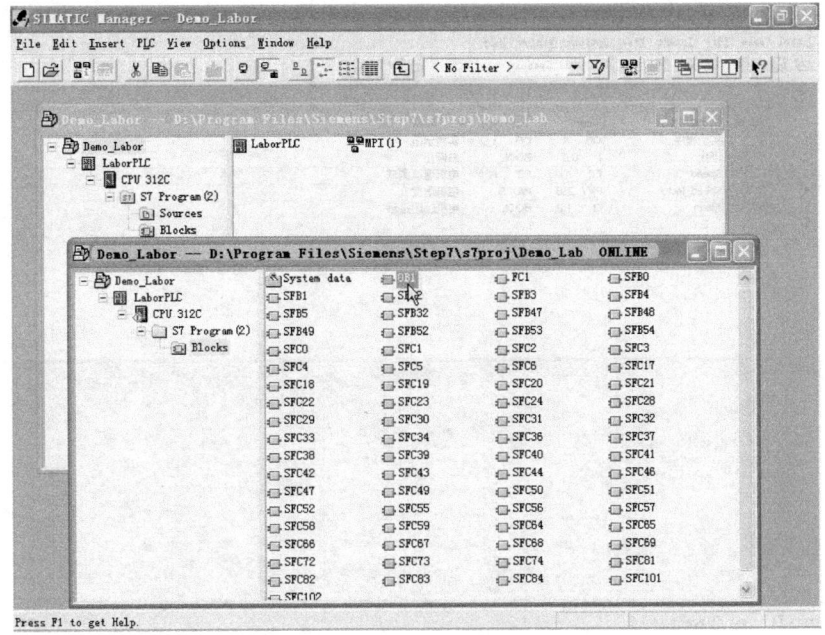

图 B-39 选择显示代码块

列 PLC/CPU 的运行,可以像对真实的硬件一样,对模拟的 PLC CPU 进行程序下载、测试和故障诊断。

1)单击工具栏上的【PLCSIM】图标,即可启动 PLCSIM 软件,如图 B-42 所示。

2)可以从显示对象工具栏中调出需要的输入/输出变量,如图 B-43 所示。

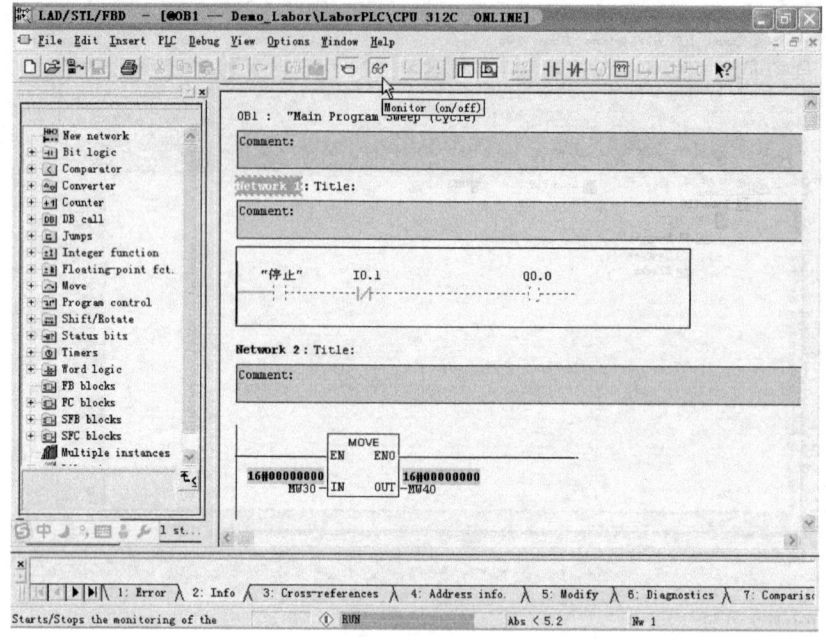

图 B-40　显示程序运行状态

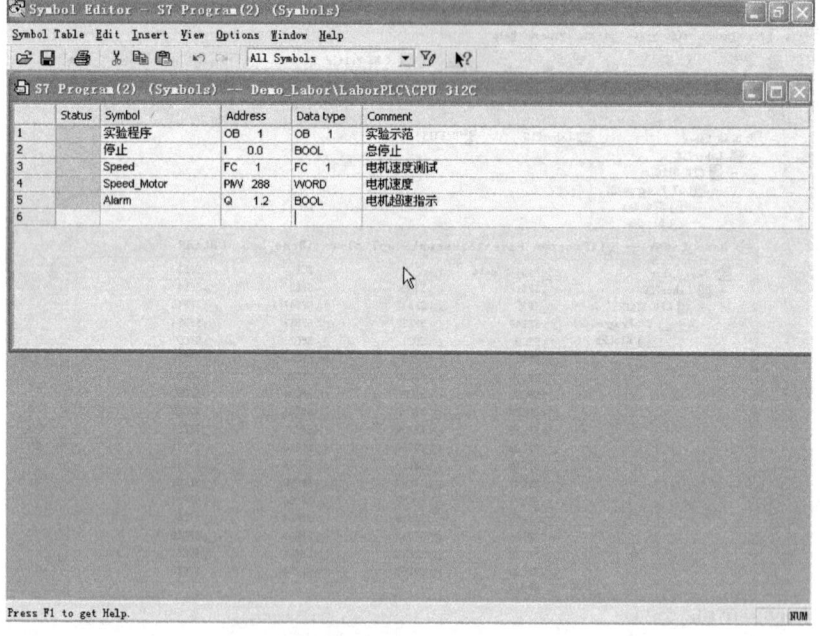

图 B-41　全局符号表

3）在调出的窗口中可以修改变量地址、显示格式等。示例中变量地址为"IB1",显示格式为"Bits",如图 B-44 所示。

4）CPU 模式工具栏中可以选择 CPU 中程序的执行模式。示例中选择【Continuous】（连续循环模式），如图 B-45 所示。

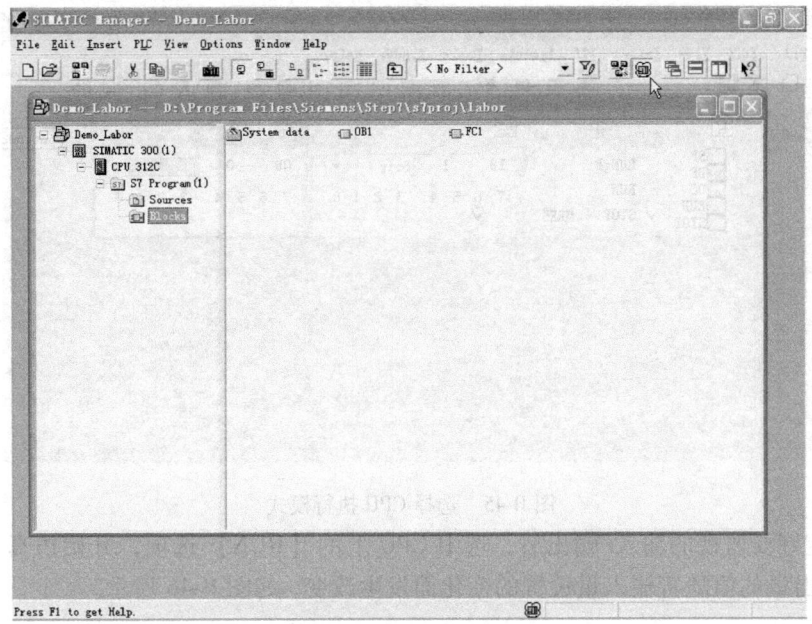

图 B-42　启动 PLCSIM

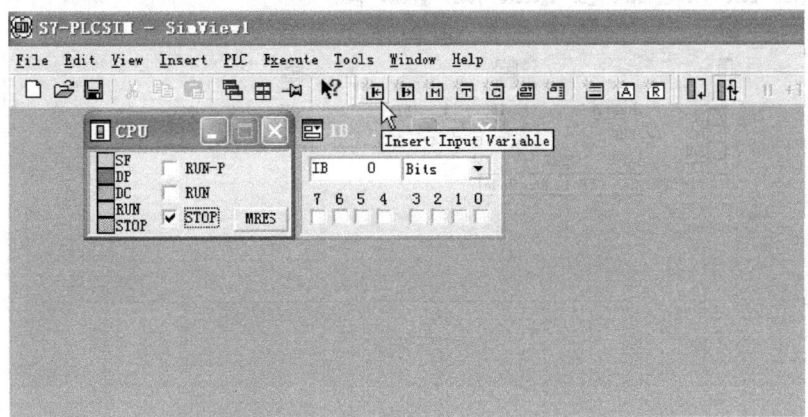

图 B-43　调出需要的输入/输出变量

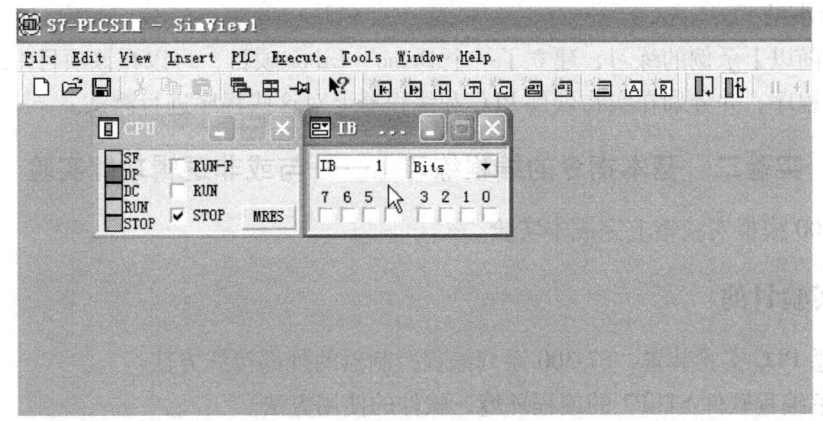

图 B-44　修改变量地址

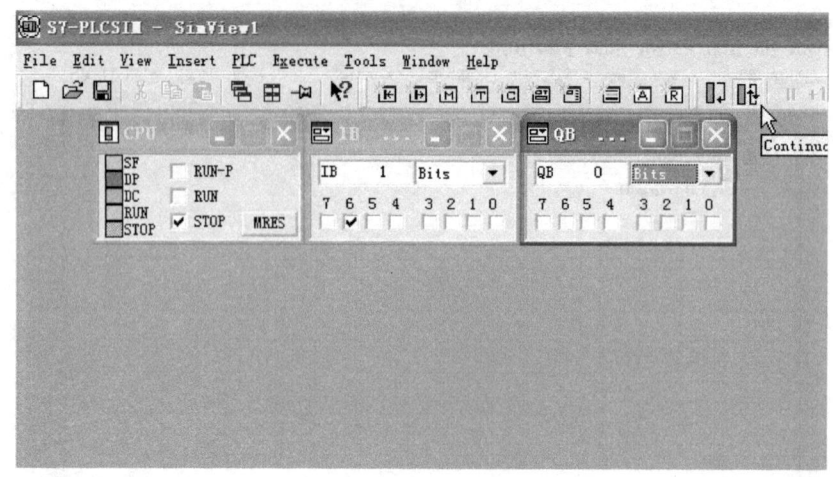

图 B-45　选择 CPU 执行模式

5）设定好要监视的输入/输出后，选中 CPU 上的【RUN】选项，开始仿真，按照程序的设计，输出量的值随着输入量设置的变化而发生改变，如图 B-46 所示。

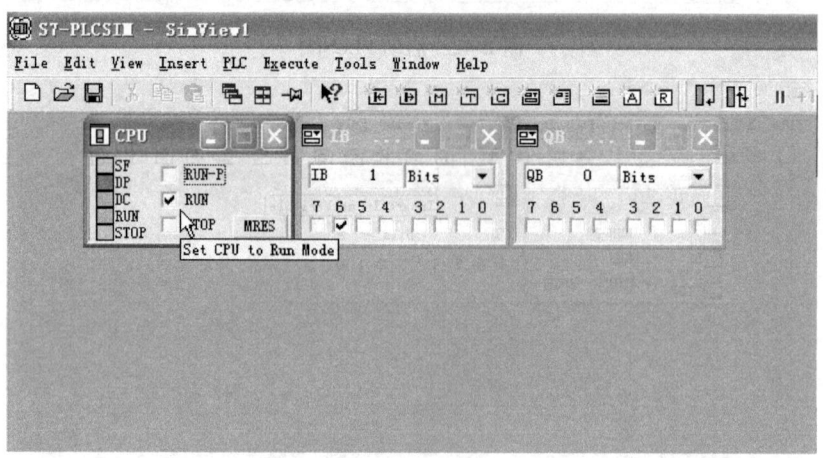

图 B-46　开始仿真

4. 实验小结

通过跟随以上示例的练习，建立了一个 Demo_Labor 项目，可以在该项目中编写设计后续实验项目程序，并分别在实物硬件 PLC 和编程器上对这些程序进行测试。

实验二　基本指令的编程练习 I——与或非逻辑功能实验

在 S7-300 模拟实验箱上完成本实验。

一、实验目的

1）熟悉 PLC 实验装置，S7-300 系列编程控制器的外部接线方法。
2）了解编程软件 STEP7 的编程环境，软件的使用方法。
3）掌握与、或、非逻辑功能的编程方法。

二、基本指令编程练习的实验面板图

图中的接线孔,通过防转插座锁紧线与 PLC 的主机相应 I/O 插孔相接。I 为输入点,Q 为输出点,如图 B-47 所示。图中下面两排 I0.0~I1.5 为输入按键和开关,模拟开关量的输入。上边两排 Q0.0~Q1.5 是 LED 指示灯,接 PLC 主机输出端,用以模拟输出负载的通与断。

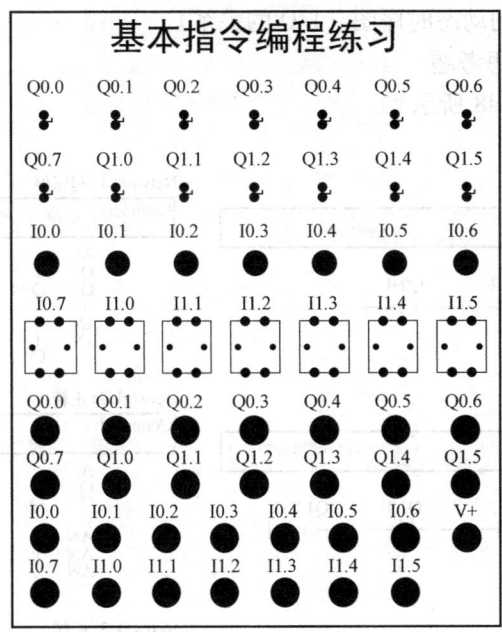

图 B-47 实验面板图

三、语句表、梯形图参考程序

实验程序中网络 1 为起停保程序,网络 2 和网络 3 组成了一个互锁程序。它们分别是电动机的起停和正反转控制简化程序。

通过程序判断 Q0.0、Q1.0、Q1.1 的输出状态,然后再输入并运行程序加以验证。

四、实验步骤

梯形图中的 I0.0、I0.1、I0.2、I1.0、I1.1、I1.2、I1.3 分别对应控制实验单元输入开关 I0.0、I0.1、I0.2、I1.0、I1.1、I1.2、I1.3。

通过专用 MPI 电缆连接计算机与 PLC 主机。打开编程软件 STEP7,在 OB1 中逐条输入程序,检查无误后,将所编程序下载到主机内,并将可编程序控制器主机上的 STOP/RUN 开关拨到 RUN 位置,运行指示灯点亮,表明程序开始运行,有关的指示灯将显示运行结果。

拨动输入开关 I0.0、I0.1、I0.2、I1.0、I1.1、I1.2、I1.3,观察输出指示灯 Q0.0、Q1.0、Q1.1 是否符合与、或、非逻辑的正确结果。

五、思考和讨论

1) 在 I/O 接线不变的情况下,能更改控制逻辑吗?

2)程序下载后,PLC 能脱离上位机正常运行吗?

3)当程序不能正常运行时,如何判断是编程错误、PLC 故障,还是外部 I/O 点连接线错误?

六、实验报告

1)画出图表中程序的动态时序图(I/O 的关系)。

2)回答"五"中的思考题。

实验参考程序如图 B-48 所示。

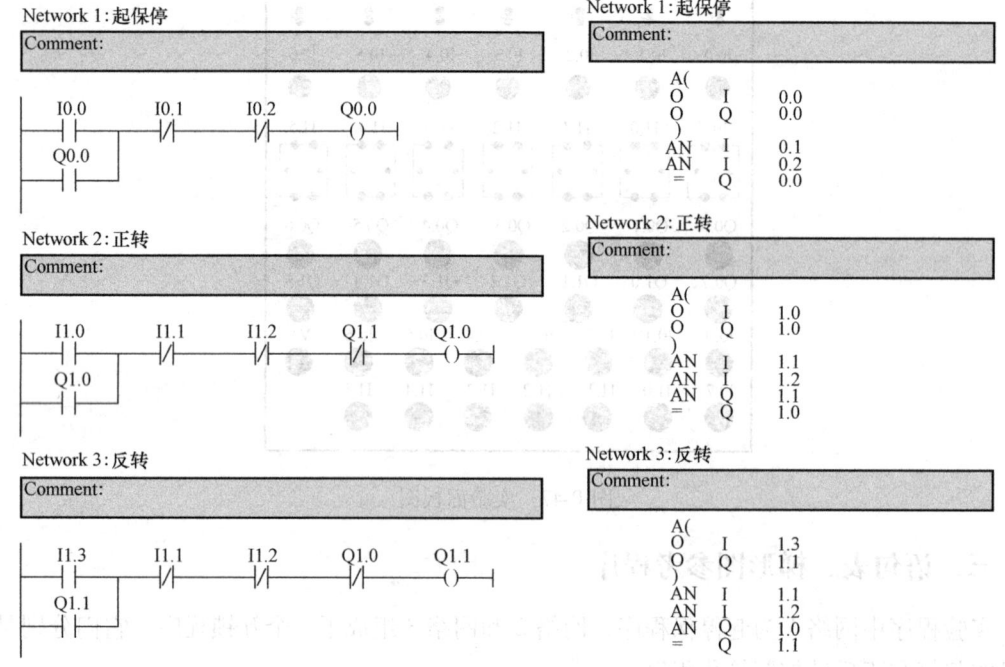

图 B-48 实验参考程序

实验三 基本指令的编程练习 Ⅱ——定时器功能实验

在 S7-300 模拟实验箱上完成本实验。

一、实验目的

掌握定时器的正确编程方法,并用编程软件对可编程序控制器运行状态进行监控。

二、预习要求

1)复习 S7-300 的各种定时器的对应功能及时间值的设定。

2)进一步熟悉 STEP 7 编程软件的功能及使用方法。

3)按要求编写实验内容和步骤中内容(2)和(3)中的 PLC 控制程序。

三、实验内容及步骤

（1）SP 脉冲定时器

1）分析下面的 SP 脉冲定时器的语句表指令程序，并作为 OB1 输入下载到 PLC 中，并查看转换成梯形图的形式。

```
A     I0.0
L     S5T#5S      //装入设定时间（5s）
SP    T2          //T2 按脉冲定时器运行
A     T2          //使用 T2 的常开触点
=     Q0.0
A     I0.1
R     T2          //复位 T2
```

2）设置输入量状态，观察 PLC 运行情况，并记录输出量状态的变化。画下输入/输出量之间的状态时序图。

（2）编制类似的 SE、SD、SS、SF 定时器程序 设置输入量状态，观察 PLC 运行情况，并记录输出量状态的变化。画下输入/输出量之间的状态时序图。

（3）利用定时器指令编程 产生连续方波信号输出，其周期设为 6s，占空比为 1∶2。

1）根据控制要求，确定 I/O 点数，I 为__点，O 为__点。

2）编制能实现控制要求的 PLC 程序。

3）运行并调试程序，产生连续方波信号输出。

四、实验报告

1）按要求分别画出 5 种定时器程序的动态时序图。

2）编写实验内容（3）中要求的程序，实验过程中是否实现，写明遇到的问题。频率和占空比在程序中如何调整？

3）用定时器梯形图指令，程序可以如何来写？

实验四　基本指令的编程练习Ⅲ——计数器功能实验

在 S7-300 模拟实验箱上完成本实验。

一、实验目的

掌握计数器的正确编程方法，并学会定时器和计数器扩展方法，用编程软件对可编程序控制器运行状态进行监控。

二、预习要求

1）复习 S7-300 的各种计数器的对应功能及初始值的设定。

2）进一步熟悉 STEP 7 编程软件的功能及使用方法。

3）按要求编写实验内容和步骤中内容（2）和（3）中的 PLC 控制程序。

三、实验内容及步骤

（1）CD 减计数器

1）分析下面的 CD 减计数器的语句表指令程序并作为 OB1 输入下载到 PLC 中。

```
A    I0.3
CD   C20        //设 C20 为减计数器
A    I0.1
L    C#7        //BCD 格式的计数初始值装入累加器 1
S    C20        //置计数初始值
A    I0.4
R    C20        //复位 C20
A    C20        //使用计数器触点
=    Q0.1
```

2）查看转换成梯形图的形式。

3）调整输入量状态，观察 PLC 运行情况，并记录输出量状态的变化。

（2）编制类似的 CU、CUD 计数器程序 设置输入量状态，观察 PLC 运行情况，并记录输出量状态的变化。通过在线监视工具观察程序运行状态及计数器当前值的变化情况。

（3）长定时电路 S7-300 PLC 中的定时器最长定时时间不到 3h，但在一些实际应用中，往往需要几小时甚至几天或更长时间的定时控制，这就需要编制程序来实现。设计一个 PLC 定时控制程序：使得当 I0.0 有效时，经过 5h20min，输出 Q0.0 置位。在实验中设法缩短定时时间（编程方法不变），以便在实验过程中检验程序的正确性。

四、实验报告

1）编写实验内容（2）和（3）中要求的程序，实验过程中是否实现，写明碰到的问题。

2）用计数器梯形图方块指令，程序可以如何来写？

3）加/减可逆计数器的加/减的基值应该怎样理解？计数器的当前值如何读取，其在编程中有何用？

4）怎样在实验过程中的较短时间内，检验实验内容（3）中所设计程序的正确性？

实验五 移位指令练习——装配流水线控制的模拟

在 S7-300 PLC 的模拟实验箱上完成本实验。

一、实验目的

了解移位寄存器指令（包括左移位、右移位指令）在控制系统中的应用及编程方法。

二、实验原理

使用移位寄存器指令，可以大大简化程序设计。移位寄存器指令所描述的操作过程如下：若在输入端输入一串脉冲信号，在移位脉冲作用下，脉冲信号依次移到移位寄存器的各个继电器中,并将这些继电器的状态输出,每个继电器可在不同的时间内得到由输入端输入的一串脉冲信号。

三、装配流水线模拟控制的实验面板图

实验面板图如图 B-49 所示。图中下框中的 A~H 表示动作输出(用 LED 发光二极管模拟),上框中的 A~G 表示各个不同的操作工位。

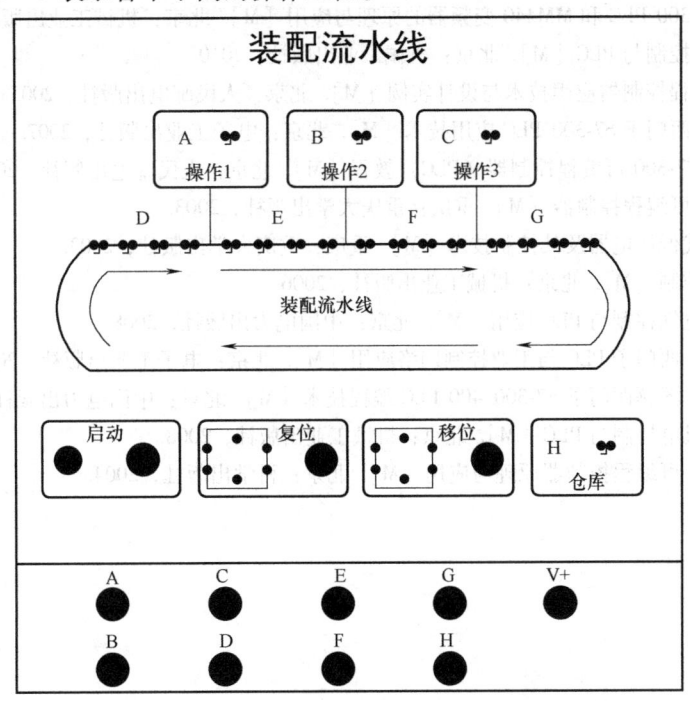

图 B-49 实验面板图

四、输入/输出接线列表

输入/输出接线列表如表 B-1 所示。

表 B-1 输入/输出接线列表

面板	起动	复位	移位	A	B	C
PLC	I0.0	I0.2	I0.1	Q0.0	Q0.1	Q0.2
面板	D	E	F	G	H	
PLC	Q0.3	Q0.4	Q0.5	Q0.6	Q0.7	

五、实验要求

传送带共有 16 个工位,工件从 1 号位装入,分别在 A(操作 1)、B(操作 2)、C(操作 3)三个工位完成三种装配操作,经最后一个工位后送入仓库,其他工位均用于传送工件。

参 考 文 献

[1] 柴瑞娟，等．西门子 PLC 编程技术及工程应用［M］．北京：机械工业出版社，2007．
[2] 廖常初．大中型 PLC 应用教程［M］．北京：机械工业出版社，2006．
[3] 胡健．西门子 S7-300 PLC 应用教程［M］．北京：机械工业出版社，2007．
[4] 马宁，等．S7-300 PLC 和 MM440 变频器的原理与应用［M］．北京：机械工业出版社，2007．
[5] 柳春生．电器控制与 PLC［M］．北京：机械工业出版社，2010．
[6] 高钦和．可编程控制器应用技术与设计实例［M］．北京：人民邮电出版社，2005．
[7] 秦益霖，等．西门子 S7-300 PLC 应用技术［M］．北京：电子工业出版社，2007．
[8] 刘艳梅，等．S7-300 可编程控制器（PLC）教程［M］．北京：人民邮电出版社，2008．
[9] 黄明琪，等．可编程控制器［M］．重庆：重庆大学出版社，2003．
[10] 倪远平．现代低压电器及其控制技术［M］．重庆：重庆大学出版社，2003．
[11] 李仁．电器控制［M］．北京：机械工业出版社，2006．
[12] 巫莉，等．电气控制与 PLC 应用［M］．北京：中国电力出版社，2008．
[13] 高鸿斌，等．西门子 PLC 与工业控制网络应用［M］．北京：电子工业出版社，2006．
[14] 阳胜峰，等．图解西门子 S7-300/400 PLC 编程技术［M］．北京：中国电力出版社，2010．
[15] 张铮，等．机电控制与 PLC［M］．北京：机械工业出版社，2008．
[16] 宋建成，等．可编程控制器原理与应用［M］．北京：科学出版社，2004．